U0803514

污染场地自然衰减修复的原理与实践

张　敏　张　巍　郭彩娟　著

科 学 出 版 社

北　京

内 容 简 介

本书系统介绍了污染场地自然衰减监测和评价技术的基本理论和方法。全书分为上下两篇：上篇回顾自然衰减的发展历程，介绍相关的概念原理，结合国内外的最新研究进展，重点阐述自然衰减的监测方法、评估等级及风险评价和管控策略；下篇以华北平原某石油类污染场地为案例，全面讲解自然衰减技术的实际应用，包括监测井布设、样品采集、检测分析、场地概念模型、自然衰减评估、长期监测方案和风险管控策略，涵盖自然衰减技术在污染场地应用的各个环节。

本书可供场地污染调查、评价、修复相关领域的科研人员、技术工程师和管理者参考。

图书在版编目(CIP)数据

污染场地自然衰减修复的原理与实践／张敏，张巍，郭彩娟著．—北京：科学出版社，2019.9

ISBN 978-7-03-062243-3

Ⅰ.①污…　Ⅱ.①张…②张…③郭…　Ⅲ.①场地-环境污染-修复　Ⅳ.①X5

中国版本图书馆 CIP 数据核字（2019）第 199151 号

责任编辑：李晓娟／责任校对：樊雅琼

责任印制：吴兆东／封面设计：无极书装

科学出版社 出版

北京东黄城根北街 16 号

邮政编码：100717

http://www.sciencep.com

北京虎彩文化传播有限公司 印刷

科学出版社发行　各地新华书店经销

*

2019 年 9 月第　一　版　开本：720×1000　1/16

2019 年 9 月第一次印刷　印张：19 1/4

字数：388 000

定价：238.00 元

（如有印装质量问题，我社负责调换）

序　一

污染场地修复治理是科学家、工程技术人员和国际社会所共同面临的技术和经济挑战。经过近半个世纪的实践尝试与探索，人们已充分认识到“盲目”使用主动修复技术治理场地消耗大、成本高，难以解决二次污染风险等问题，尤其对于地下水污染的治理效果多数情况下不尽人意，修复工程和场地管理一直在寻求和关注以绿色、低耗、高效、安全为原则的修复技术。自然衰减，作为一项被动修复技术，被公认为是当前最符合上述原则的技术，20 世纪 90 年代始，在欧美国家其已被成功应用于场地“精准”修复，其中，石油类和氯代烃类有机污染场地案例居多。我国在场地修复治理经验相对不足，自然衰减研究较少，且大多数为理论研究，实际场地应用案例罕见。实际上，自然衰减不仅仅是一项修复技术，其贯穿于场地管理的各个环节，是场地管理的灵魂与核心，是多种修复技术优化整合、各个治理阶段有效衔接的依据。自然衰减修复不仅需要考虑一个高效运行的监测网络和有效的监测方案，而且需要解译监测数据和完善场地概念模型的有效方法。因此，关于自然衰减技术理论与实践的系统总结与阐述尤为重要。

为了适应污染场地修复和风险管理需求，张敏、张巍和郭彩娟等充分搜集阅读消化文献资料，结合自身科研成果撰写了《污染场地自然衰减修复的原理与实践》一书，系统论述了污染场地自然衰减修复的基本理论和方法。全书分上下两篇，上篇详细阐述自然衰减基本理论、监测和评估方法以及风险评价管控的各个部分；下篇以自身经验，在华北平原某石油类污染场地大量一手实际资料积累支持下，全面示范了自然衰减监测方案设计、场地概念模型刻画、自然衰减分等级评估、长期监测方案和风险管控策略制定的各技术环节，并针对性提出了添加电子受体强化自然衰减的建议。该专著为我国污染场地治理，尤其是石油类污染场地治理提供了十分宝贵的参考与借鉴。

更为难能可贵的是，该书十分注重理论与实践的有机结合。如上篇自然衰减监测部分，论述了监测需要考虑的关键因素和监测方案的设计细节以及值得注意的问题，回答了监测什么、在哪里监测、何时监测以及如何监测等问题，并通过实际场地的监测示范进行了深入的阐述；自然衰减评估部分，阐述了如何以监测数据与概念模型结合的方法确认衰减和评估降解，并展示了三个评估等级的应用实例。下篇场地应用示范研究，在详细水文地质工作基础上，精细刻画了场地含水层、地下水流动及水文地球化学特征等，力求更切合实际地构建水文地质概念模型和污染概念模型，依此针对性提出自然衰减监测方案，实现对场地的“精准”修复。作者着眼于实际应用，强调基于水文地质刻画的监测方案设计对自然衰减的重要性，这是十分可贵和正确的，对该项技术的推广具有重要的指导作用。

总之，该书是一本对污染场地自然衰减监测和评价技术的基本理论方法和实践方面的著作，也是相关团队近年来在该方面研究成果的综合性总结，其实用价值很高，对我国污染场地修复与风险管控也将起到重要的示范作用。

中国地质科学院水文地质环境地质研究所

2019 年 7 月

序　二

自然衰减修复技术是一项绿色、原位、低成本修复技术，对污染场地自然衰减修复能力进行监测与评估是发达国家污染场地风险管控的重要策略。近十余年来，随着环境分子诊断技术的迅速发展，这一技术日趋成熟且应用前景广阔。我国是发展中国家，也是污染场地数量最多国家之一，据业内专家统计分析，数量达几十万个。这些场地人类健康风险和生态风险大小不同、且要求处置的时间不同，采取分类分级管控场地风险是一条正确路线，特别是对那些存在一定风险但处置时间可适当放缓的污染场地，开展自然衰减修复监测与评估可为适合我国国情的明智之举。因此，十几年前，我就坚定地选择了自然衰减修复监测与评估这一研究方向，带领团队（包括该书第一作者）在华北某石油化工污染场地，采用了地球化学方法和分子生物学方法，对一个苯系物（BTEX）地下水污染羽，开展了为期4年的自然衰减监测研究，积累了相关研究经验，深化了对自然衰减修复技术研究状况的认知，发现了这一研究方向存在的问题。近年来，由于业务方向调整，我不得不暂停自然衰减修复技术研究。然而，该书第一作者率领的团队，克服了场地准入、经费不足等困难，砥砺前行，坚守这一研究方向十年不动摇，编写出了这本著作成果。

就我所知，这是迄今见到的国内全面系统介绍污染场地自然衰减原理、技术与应用的第一部专著。通过仔细认真阅读，梳理出这本著作的特点与价值如下，与读者共勉。

一是构建了地下水污染自然衰减修复技术监测与评估理论技术体系。作者赋予了自然衰减概念新内涵，明确了自然衰减三个层级（初级、中级、高级）监测评估工作内容、关键技术及解决的主要问题。作者全面系统阐释了与自然衰减相关的物理、化学、微生物化学、放射性衰变等过程的原理、影响因素、研究现状及应用效果，基本理论与前沿研究成果结合，问题与研发方向并举，内容伸缩有度，可引导不同层级的读者找到前行的方向。

二是重视水文地质概念模型、污染概念模型构建在自然衰减研究中发挥的基础作用，注重样品采集、现场检测等野外工作关键环节质量，面向野外、根植于实践，提出了操作性强且科学规范的自然衰减监测技术要求。

三是将国外单体稳定同位素等环境分子诊断技术率先引入我国石油污染场地

自然衰减修复技术监测评估中，促进我国污染场地自然衰减修复风险管理向定量化和精细化水平发展。

四是基础理论与案例示范有机结合，提高了读者阅读兴趣和认识水平。这一特点不仅体现在著作的结构设置上，同时也在基础理论穿插的案例中予以说明。

自然衰减过程包括物理、化学、生物化学等复杂过程，准确监测与评估一个污染场地自然衰减能力，需要水文地质学、土壤学、化学、微生物学等基础理论及相关技术交叉融合，这对研究团队人员专业配置提出了较高要求。作为一名污染场地自然衰减能力研究的体验者，我认为自然衰减未来研究方向如下：①石油类场地包气带污染源区与地下水污染羽自然衰减协同监测评估研究；②复合有机污染物（如苯系物、卤代烃、多环芳烃）共用电子受体（如硝酸盐、硫酸盐等）与单个污染物生物地球化学作用对应关系辨析研究；③污染场地地下水中有机污染物降解过程单体稳定同位素分馏模型正确判定与选择。

我国的污染场地自然衰减修复技术研究工作起步于21世纪初，已积累了十几年的经验，但与发达国家比较，尚存在较大差距。我相信，这本专著的出版，将在推动我国污染场地自然衰减修复技术进步和风险管理观念转变上发挥积极作用。

中国地质调查局水文地质环境地质调查中心

2019年8月

前　　言

土壤和地下水是生态环境的重要组成部分，是基础性自然资源。党的十八大以来，国家明确推进生态文明建设，国务院 2015 年 4 月出台《水污染防治行动计划》，要求对地下水污染进行控制和修复；2016 年 5 月出台《土壤环境保护和污染治理行动计划》，对土壤和地下水污染风险管控提出了要求；2018 年 8 月 31 日全国人大常委会通过了《土壤污染防治法》，明确了土壤污染风险规制的理念。

虽然国家不断加强环境保护的力度，但随着中国经济发展和城市化进程的加快，土壤和地下水污染的问题日益凸显，由此引发的健康事件时有发生。特别是在工业企业退出、用地性质发生改变的过程中，原有工业生产造成的污染在场地后续开发中蕴藏的潜在风险，日益引起政府和公众的广泛关注。

土壤和地下水污染防治的一个主要原则是进行风险管控，即根据污染物的特征和扩散趋势，采用相应的技术措施评价和控制敏感目标的风险。结合污染物的自然衰减特征，设计基于风险评估的污染综合防控方案，是国际上普遍认同的最经济、最合理的解决土壤和地下水污染问题的方法。作为一种低成本的环境友好型修复技术，监测污染物的自然衰减受到越来越多的关注。需要指出的是，自然衰减修复并不是什么都不做，而是在监测土壤及地下水中污染物动态机理基础上，利用或强化大自然固有的物理、化学和生物作用，降低污染物的浓度、毒性、迁移性等，控制土壤和地下水中污染物导致的受体暴露风险，使其处于可接受水平。自然衰减技术是实现基于风险管控的污染场地管理的核心，“基于自然衰减监测评估的风险管控”即“受监控自然衰减修复”是国际上公认的污染场地优化管理模式。

自然衰减修复技术近年来发展较快，主要包括污染物分析、地球化学指标分析、微生物分析、稳定同位素分析等，但与国外相比，国内目前尚缺乏对自然衰减修复的体系化研究和应用实践。本书以自然衰减监控和评价为对象，介绍自然衰减修复技术的基本理论、国内外研究进展和应用。全书分为上下两篇，上篇重点阐述自然衰减的概念原理、监测方法、评估等级和风险管控，下篇以华北平原某石油类污染场地为案例，介绍自然衰减的实际应用示范。

本书上篇的相关资料主要由中国人民大学张巍、甄更崇、李元杰、任婷，中国地质科学院水文地质环境地质研究所张敏、郭彩娟、宁卓，北京大学刘波等收集整理；下篇应用示范工作主要由中国地质科学院水文地质环境地质研究所张敏团队负责，北京大学李喜青团队、中国人民大学张巍团队协助完成，北京市政路桥集团有限公司、北京市勘查设计研究院给予了基础资料支持，中国地质科学院水文地质环境地质研究所陈宗宇给予了技术指导。本书得到国家自然基金项目（41471403、41671492、41602261）、国家重点研发计划项目（2018YFC1803302）的资助。全书由张敏、张巍、郭彩娟统稿，刘波、何泽、宁卓、史婵、蔡萍萍、张宁宁和张莎等校对。对本书所有参与者的辛勤劳动深表感谢。

本书编写引用和参阅了国内外大量专著、教材、论文及网络资源等，特此感谢。由于水平所限，书中难免存在疏漏和不足，恳请广大读者批评指正。

作　者

2019 年 5 月

目　录

下篇 应用示范

上　篇

基本理论

第1章 绪　论

改革开放以来，我国经济高速发展，社会不断进步，建设取得了举世瞩目的成就。但是，伴随发展而来的环境污染危害逐渐呈现。在城市中，随着土地利用方式和使用功能的转化，生态环境时空格局演变剧烈，“棕地”（brownfield site）导致的生态环境健康问题日益突出，近年来，国家出台了“退二进三”“退城进园”“产业转移”等政策，大批污染企业搬迁、改造或停产；城市及其周边地区的大量遗留、遗弃的污染场地亟待处理、整治。在农村里，规模化养殖、生活垃圾无序堆填、农药化肥滥用及散乱小型企业偷排等现象普遍，加之为满足发展需求，城市污染企业往往转移至农村继续生产，农村的环境污染问题亦为严重。

2005～2013年，原环境保护部（现生态环境部）和原国土资源部（现自然资源部）开展了首次全国土壤污染状况调查，2014年公布的《全国土壤污染状况调查公报》显示：690家重污染企业用地及周边的5846个土壤点位超标点位占36.3%，81块工业废弃地的775个土壤点位超标点位占34.9%，146家工业园区的2523个土壤点位超标点位占29.4%，188处固体废物处理处置场地的1351个土壤点位超标点位占21.3%，13个采油区的494个土壤点位超标点位占23.6%，70个矿区的1672个土壤点位超标点位占33.4%，55个污水灌溉区39个存在土壤污染，267条干线公路两侧的1578个土壤点位超标点位占20.3%。业内人士根据美国污染场地数量和中美制造业情况对比估算，我国污染场地数量可达到30万～50万块，场地污染状况堪忧。

从污染特点来看，场地污染往往是“土壤-地下水一体化”问题。尤其是地下水污染，比大气污染、地表水污染等更具隐蔽性、滞后性、持久性，相应地，场地污染造成的危害更为隐蔽、滞后、持久。因此，许多现有环境修复技术在场地污染治理中可借鉴应用，但受场地污染特征限制明显。采用何种技术及时发现、科学预测场地污染，并有针对性地提出经济、有效的生态环境健康危害预防措施，是实现污染场地优化管理的核心。

国外污染场地工作已开展了近四十年，在20世纪80年代，经历了十几年“简单调查、传统修复”治理场地污染无效后，在20世纪90年代，场地工作者们充分认识到场地污染隐蔽、滞后、持久和不可逆特点，反思总结工作中的经验教训，逐渐建立起了科学系统的场地“调查-评价-修复”技术标准规范及管理体系，使当前“基于自然衰减评估的风险管控”成为国际上公认的污染场地优化管理模式。相对而言，中国污染场地工作起步较晚，21 世纪初，污染场地相关工作才逐步得以开展，当前场地调查、评价、修复等技术标准规范正在完善中；管理方面，存在场地修复治理责任主体不明、治理工程可参考案例缺乏、场地污染资料获取困难等诸多问题，在污染场地工作中，“轻视调查评估、盲目修复治理”现象突出。

综上所述，中国污染场地工作形势严峻，在场地污染研究工作中，有必要从其他国家吸收处理类似问题的经验，吸取教训，避免错误，少走弯路，加快建立科学实用的污染场地技术及管理体系，为实现我国绿色可持续发展目标提供支撑。

1.1 国内外污染场地管理经验

1.1.1 美国污染场地管理

1. 美国污染场地治理的起源[1]

美国是最早对污染场地监控、修复、责任划分等方面开展详尽立法的国家，在 20 世纪 80 年代就建立起相应的制度，确保污染场地得到有效治理。

20 世纪 50 年代以后，美国经济和社会发生了深刻的变革，美国的工业经历了由城市到农村，由东部到西部的转移，工业企业搬迁后留下了大量的污染程度不同的场地，即美国相关法律中规定的“棕地”，主要包括废弃的工业用地、汽车加油站、库房、可能含有有害放射性物质的建筑物等。这些场地在不同程度上被工业废弃物污染，给人体健康和生态环境造成了严重的威胁。1978 年，美国纽约州发生了拉夫运河（The Love Canal）事件，引起了公众对“棕地”危害健康的关注。拉夫运河原为修建水电站挖成，20 世纪 40 年代干涸后被废弃，后被一家化学品公司购买作为倾倒工业废弃物的场地。20 世纪 50 年代，公司将有满是毒废弃物的运河填埋覆盖好后转赠给当地政府，后这一区域被用作居住区。从 1970 年开始，当地居民，特别是儿童、孕妇等人群不断出现疾病征兆，孕妇流产、婴儿畸形、癌症等病症的发病率居高不下。相关资料显示，1974 ~ 1978 年，拉夫运河小区出生的孩子 56% 有生理缺陷，孕妇流产率与入住此处前相比增加了 300%。当局随后展开调查，最终将罪魁祸首锁定为胡克化工公司向运河中倾倒的工业废弃物。据估计，该公司共向运河倾倒了 2 万多吨含有机致癌物质的工业垃圾。由于有害物质的渗透性、累积性以及污染的长期性，在 1976 年前后引发了严重的土地污染和饮用水污染。拉夫运河事件引发美国社会对环境健康问题的深刻反思，要求政府加强污染治理和环境修复的社会舆论和呼声提高。

受“拉夫运河污染事件”等环境事故影响，1980 年美国联邦政府颁布了《综合环境反应、赔偿和责任法》(*Comprehensive Environmental Response Compensation and Liability Act*, CERCLA)。该法案是组成美国土壤和地下水污染防治体系的一部基本法律，制定该法案的主要目的是有针对性地开展全美范围内“棕地”修复；另外，包括对土地、厂房、设施的污染者、所有者和使用者在内，以溯及既往的方式，严格规定了无限连带法律责任。依据该法案，美国政府设立了名为“超级基金”（Superfund）的信托基金，为该法案的实施提供了一定的资金支持，故此该法案通常也被称为《超级基金法案》（*Superfund Act*），该法案有力地推动了全美污染场地治理工作的开展。美国国家环境保护署（简称美国国家环保署）（United States Environmental Protection Agency, EPA/USEPA）依据《超级基金法案》，建立了污染场地环境监测、风险评价、场地修复的标准化管理体系，为污染地块的管理和土地再利用提供了有力支持。

2. 超级基金制度的演变

《超级基金法案》自 1980 年颁布以来，历经了多次修订、补充，包括《超级基金修订和补充法案》（1986 年）、《公众环境应对促进法》（1992 年）、《财产保存、贷方责任及抵押保险保护法》（1996 年）以及《小企业责任减免及棕地复兴法》（2002 年），不断完善并健全了超级基金制度。纵观美国超级基金制度的发展，可分为四个阶段：政策项目诞生阶段（1976 ~ 1981 年）、建立立法基础阶段（1982 ~ 1986 年）、（1987 年、1988 年间断两年）加强立法阶段（1989 ~ 1994 年）和改进成熟阶段（1995 年至今）[2]。

政策项目诞生阶段（1976 ~ 1981 年）：1976 年左右，美国发生了数次规模较大的场地污染事件，如上述提及的纽约州拉夫运河事件，造成拉夫河谷地区环境质量恶化，同时增加了拉夫河谷地区居民健康风险，导致居民身体健康受到极大伤害。在一系列的公众游行、社会组织抗议、新闻舆论声援批评之后，政府开始采取行动防止场地污染危害恶化，并通过了《资源保护和恢复法案》(*Resource Conservation and Recovery Act*, RCRA)、《有毒物质控制法案》(*Toxic Substances Control Act*, TSCA)和《综合环境反应、赔偿和责任法》(CERCLA）等一系列场地防控法案。

建立立法基础阶段（1982 ~ 1986 年）：该阶段主要进展包括建立了场地危险评级体系，通过了《国家应急预案》(*the National Contingency Plan*, NCP)，制定了《国家优先治理污染场地顺序名单》(*National Priorities List*, NPL）等。美国国会于 1986 年 10 月通过了《超级基金法案》修正案——《超级基金修订和补充法案》(*Superfund Amendments and Reauthorization Act*, SARA)。SARA 规定了立法倡议的执行、责任、透明度和绩效衡量等内容，明确了各级政府的责任与义务，加强了各级政府之间的合作。

加强立法阶段（1989～1994 年）：该阶段取得的主要进展包括超级基金管理审查、首次提出执行第一的政策、基于税收的资金来源制度、防卫基地关闭计划、修订危险评级体系、整合 NCP 与 SARA、通过《污染预防法案》、公布超级基金加速治理模式等。在立法阶段规定了土壤污染负有责任的各方所必须承担的责任，包括各级政府部门及国防部的责任。

改进成熟阶段（1995 年至今）：根据《超级基金法案》执行中不断遇到的问题，该阶段将持续改进并融入超级基金总体发展过程中，推出《棕地行动议程》、《棕地全国合作行动议程》、《超级基金再开发倡议》和《棕地法案》等法案。同时，评估了多种修复技术的修复效果及可能存在的长期风险，美国国家环保署颁布实施了5 年回顾政策。2001 年6 月实施了《综合5 年回顾指南》(*Comprehensive Five-Year Review Guidance*)，大约每5 年进行回顾补充，2012 年 12 月出台了《蒸汽入侵场地的评估保护：综合5 年回顾指南的补充导则》(*Assessing Protectiveness at Sites for Vapor Intrusion*：*Supplement to the Comprehensive Five-Year Review Guidance*)。

另外，作为污染场地管理的重要组成部分，美国还制定了污染场地制度控制（Institutional Controls，ICs）措施，即通过行政手段或法律手段保护生态环境安全和公众健康，包括限制污染场地使用、改变污染场地相关人群的活动方式、向污染场地及其附近可能受影响的相关人群发布通知等。美国国家环保署作为污染场地制度控制的制定机构，在 2000 年颁布了首个污染场地制度控制指南，后又陆续制定了一系列关于污染场地制度控制下的识别、筛选、实施、评估方面的政策或指南，构建了相对完善的制度控制体系。

修复标准方面，基于《超级基金法案》执行下的修复行动，必须能够确保修复后的污染场地达到保护生态环境安全和公众健康的目标，同时，不论是长期还是短期的修复行动，都必须遵守“成本-效益”的原则。《超级基金修订和补充法案》中特别要求，修复行动至少达到《安全饮用水法案》中推荐的污染物最高含量水平标准，并同时达到《清洁水法案》中的水质标准，即二者中任一项水质指标的最严格标准。根据《超级基金修订和补充法案》规定，如果修复情况允许，美国国家环保署会直接选择永久性修复方法，而不是将污染废弃物（如污染土壤）填埋。如果采用非永久性的修复或处理方法，美国国家环保署必须每 5 年对污染场地进行一次调查，以确认污染场地是否存在着污染威胁。[3-5]

3. 超级基金制度的主要特点[1]

《超级基金法案》是美国污染场地管理框架中最为全面的规范污染场地修复的法律，也是世界上最具代表性的土壤和地下水污染场地管理制度，为大多数国家建立土壤和地下水污染场地管理制度提供了参考范本。它主要是针对“历史遗留”污染场地，特别是工业危险废弃物填埋场、露天化工废弃物倾倒场地和回收利用拆解场地。超级基金制度授权美国国家环保署对全国污染场地进行管理，并责令相关责任者对污染特别严重的场地进行修复；对找不到责任者或责任者没有修复能力的污染场地，由超级基金来支付污染场地的修复费用；对不愿支付修复费用或当时尚未找到责任者的场地，可由超级基金先支付污染场地修复费用，再由美国国家环保署向能找到的责任主体追索其所支付的治理费用。

《超级基金法案》的突出特点是污染行为的连带责任和追溯本源。《超级基金法案》第 107(a)条规定了治理费用的承担主体（图 1-1），包括：①泄漏危险废弃物或有泄漏危险的设施的所有人或营运人；②危险废弃物处理时，处理设施的所有人或营运人；③危险物品的生产者以及对危险废弃物的处置、处理和运输做出安排的人；④由其选择危险废弃物处理场或设施的运输者。

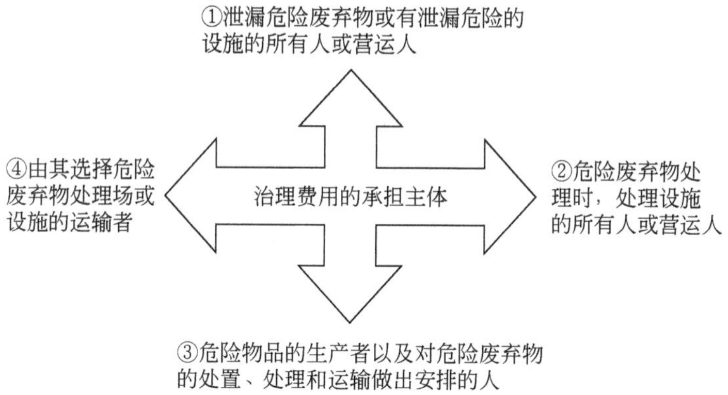

图 1-1　《超级基金法案》中的治理费用承担主体

《超级基金法案》确立了“污染者付费原则”，规定不同当事人都需要承担修复遗留的被污染场地的责任。此外，《超级基金法案》授权美国国家环保署，可以强制潜在的责任方支付场地的修复费用，包括没有直接造成污染的该块土地的所有者和经营者。场地修复费用的分担和责任的分摊将在各潜在责任方之间解决。法案中的“有关责任方”不仅包括危险物质排放时的场地的业主或使用人以及危险物质的排放者，也包括了该场地现在的业主或使用人。这种责任事实上是一种无限责任，即如果有关责任方无力负担其根据法律规定应当偿付的污染清理费用和损害赔偿费用，则任何对其控股或参股的组织和个人均可成为追责的对象。而溯本追源的规定，使一些按照原有法律规定不属于违法的污染行为，如果按照该法的标准可能构成环境污染的，也可以认为相关企业应负治理责任，同时也使现在的业主以及使用人负有治理的法定责任。此外，《超级基金法案》在确定责任主体的同时，还规定了在发生不可抗力、战争、灾害，以及以上三种原因混合的情况下，上述责任主体不承担治理费用，治理费用由超级基金支付。

超级基金经费主要来源于国内生产石油和进口石油产品税、化学品原料税及环境税，上述税收全部进入超级基金的托管基金，然后按每年的实际需要进行拨款（图 1-2）。1986 年制定的《超级基金修订和补充法案》只允许上述税种征收至 1991 年。1990 年，《综合预算调整法案》(*Integrated Budget Adjustment Programme*) 又将征收期延长至 1995 年。2002 年 1 月通过的《小企业责任减免及棕地复兴法》，对《综合环境反应、赔偿和责任法》进行了补充修订。超级基金经费的其他来源包括常规拨款、从污染责任者追讨的修复和管理费用、罚款、利息及其他投资收入等。2005 年 8 月 10 日，美国国会规定，棕地贷款可以给予合格的“预期诚信购买者”，并建立了“棕地贷款基金”，向治理棕地的公私团体提供贷款。目前超级基金主要资金来源于联邦常规拨款。[6]

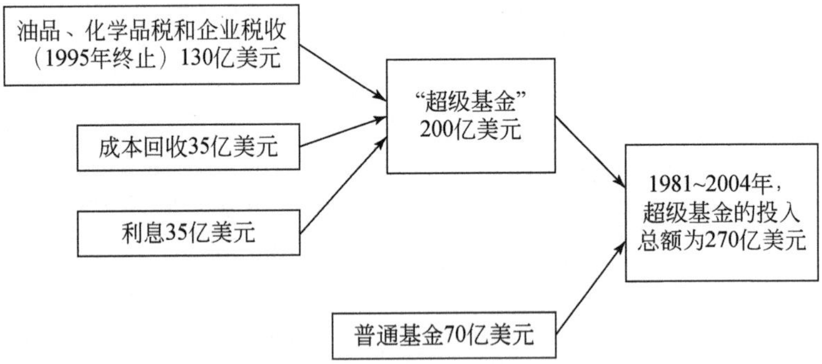

图 1-2　超级基金的资金来源（1981 ~ 2004 年）

在超级基金的适用范围方面，为了利用有限的资金使更多的受污染土地得到治理，美国政府建立了《国家优先治理污染场地顺序名单》制度，超级基金只支持被列入名单上的污染土地。法案对超级基金运作程序做出了明确规定（图 1-3）。首先对污染场地进行初步评估，利用污染危害评分系统对污染严重程度进行定性评估，并在污染场地调查基础上拟定《国家优先治理污染场地顺序名单》。按照法律规定，联邦土地登记处推荐待评估的污染场地名单，环保局或有资质机构对污染场地进行初步环境评估，在此基础上确定名单内各污染场地的治理顺序。根据法案的相关规定，只有当责任主体不能确定、无力或拒绝承担相关费用时，超级基金才可被用来支付修复费用。污染场地在开始修复程序前，先要提出修复调查与可行性研究，再由联邦政府提出修复计划。修复计划包括研究范围、污染场地描述、替代方案筛选、方案可行性调研四部分。修复方案经由社区民众参与讨论与提出建议后，由政府选择具体方案并形成决策报告书。决策报告书明确治理方法与预定目标，并且在报告书中对污染修复期间相关流程与事项做出具体规定（表 1-1）。

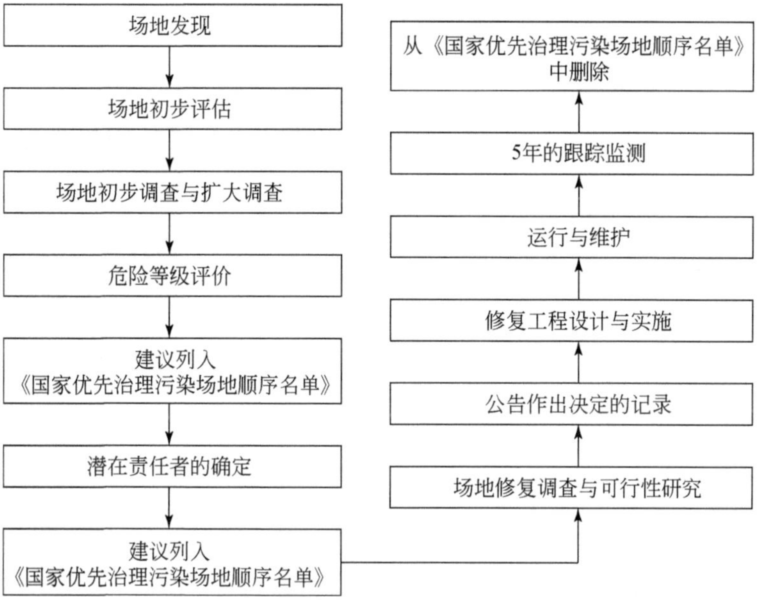

图 1-3　超级基金场地治理基本程序[7]

表 1-1　超级基金污染场地管理的基本步骤[7]

超级基金污染场地管理的基本步骤	详细内容
场地发现	所在地环境管理部门的定期或不定期监测；通过公众检举土壤污染事件，土地所有者或使用者均有通报土地污染的义务；一些特定行业在开业、停业或进行土地使用转让时，要求企业出具土壤污染的检测资料
场地初步调查与扩大调查	场地的初步调查和扩大调查可进行多次，因为仅进行一次初步调查可能无法发现重大问题，通常是在后期调查中才发现更严重的问题，因此有必要再进行场地扩大调查
危险等级评价	危险等级系统是将污染场地列入《国家优先治理污染场地顺序名单》的主要机制，即利用场地调查信息，通过数值方式评价场地对人体健康和环境的潜在威胁。危险等级系统利用结构分析方法对场地进行赋分，该方法对与风险相关的因素，如场地释放危险物质的可能性、废弃物特征、人群或敏感靶标等赋值，再对地下水迁移、地表水迁移、土壤暴露和空气传输四种途径计算分值，然后将这些分值通过均方根方程进行组合，产生场地总得分。当危险等级分值超过 28. 5 分时，即符合列入《国家优先治理污染场地顺序名单》场地的条件

续表

超级基金污染场地管理的基本步骤	详细内容
列入《国家优先治理污染场地名单》	有3种机制可将场地列入《国家优先治理污染场地顺序名单》：最常见的是危险等级打分机制，当场地的危险等级分值超过28.5分后，还必须进行为期60天的公示，若美国国家环保署对公众的评价做出响应后仍然认为该场地符合列入《国家优先治理污染场地名单》的要求，则该场地列入；每个州或地区可提出优先列入《国家优先治理污染场地顺序名单》的场地；美国公共卫生服务部的毒物与疾病登记署已发出让人群离开相关场地的决定，并且该场地已被美国国家环保署确认为严重威胁公众健康而且采取修复行动比紧急搬迁行动更经济，则该场地列入《国家优先治理污染场地顺序名单》中
场地修复	首先进行场地修复调查，以获得污染程度、修复标准、可能的修复技术筛选和修复费用预算等数据，再编制可行性研究报告；此后，进行修复工程的设计实施与运行维护；当修复场地达到修复标准后，一般还需进行5年的跟踪监测，确定稳定达标时，可将其从《国家优先治理污染场地顺序名单》中删除

在场地污染修复期间，美国国家环保署可以将污染场地中已经稳定达标的部分区域或部分污染物从《国家优先治理污染场地顺序名单》中提前删除。超级基金场地管理的各阶段，美国国家环保署需要通知潜在的责任者参与相关管理事宜，在污染场地上将要采取的修复措施和各项决定要及时向公众公开。污染场地经修复后，如果发现再次被污染，美国国家环保署还可以再次将该场地列入《国家优先治理污染场地顺序名单》。

《超级基金法案》授权美国国家环保署督促潜在责任方及时开展场地修复行动。同时，法案赋予美国国家环保署无限期的追溯权力，且不需要把过多精力花费到污染责任的认定上，即可以向多个污染责任方的任何一方提起全额赔偿要求，然后由此责任方自行通过法律程序向其他潜在责任方追讨治理费用。在污染责任不清的情况下，超级基金可以垫付场地治理费用，再由美国国家环保署向责任者追讨，这种污染治理优先的体系大大提高了系统运行效率。超级基金项目依靠州政府、地方政府以及公众一起参与管理，它将污染项目分成两类并提出了相应的污染防治措施：第一类是典型的短期污染清除行动，指的是从环境中清除已经泄漏或即将泄漏的危险物质的应急行动，如含有危险物质的贮罐和遗弃的桶罐，对人体健康或环境构成极大风险的表层污染土壤等；第二类是长期污染清理项目，需要进行场地修复行动。相对于污染清除行动，修复行动通常是指长期的反应行动。修复行动将永久性地、显著地减少因危险物质的释放或可能的释放带来的风险。

4. 超级基金制度的实施效果

超级基金制度在美国实施三十多年，经过不断的调整和修正，为美国生态环境保护和民众健康做出了重大贡献。据统计，自相关法规颁布实施的三十多年来，至 2008 年，超级基金实施项目花费了约 650 亿美元，共清理有害土壤、废弃物和沉积物 1 亿多立方米，清理垃圾渗滤液、地下水、地表水约 12.9 亿 m^3，为数百万人提供了洁净的饮用水源，并修复污染土壤、沉积物等 1 亿多立方米[1]。经过修复，2015 年美国含有危险物质与持续污染的场地数量，由 20 世纪 70 年代约 65 万块减少到 4.4 万块。为了推动土壤和地下水修复技术的发展，美国国家环保署设立了“超级基金创新技术评价”标志和场地清理技术交流平台，鼓励企业与科研单位进行技术创新。

对“棕地”的再开发，可在缓解环境压力的同时刺激经济增长、增加就业，实现经济发展与环保的双赢。美国市长协会 2010 年公布的调查报告显示，自 1993 年以来，美国 50 个城市通过棕地再开发获得总额达 3.09 亿美元税收，54 个城市通过棕地治理新增了近 16.2 万个工作岗位。超级基金制度还因其严厉的连带环境责任制度，催生了一系列相关的环境管理政策，如“绿色信贷政策”“环境责任保险政策”等。这些政策对美国的环保、企业生产和发展产生了深远的影响，并在某种程度上对企业起到了震慑作用，使它们以更加谨慎的态度对待环境保护和污染防治。

由此可见，超级基金制度的建立对于污染场地管理具有里程碑意义。但其实施过程中许多弊端和问题也凸显出来。管理方面，长期经费需求量及资金来源未能明确，管理成本过高、治理时间较长；技术方面，前期缺乏基于风险管控的修复理念，修复目标制定合理性存在问题，修复技术方案针对性不强，过度修复耗费了大量人力物力，而治理效果不佳。[7]

1.1.2　欧盟污染场地管理

近三十年来，欧洲国家，特别是荷兰、英国、德国，污染场地管理体系基本完善。荷兰 1985 年颁布了《城市和乡村复兴法》，1987 年颁布了《土壤保护法》，并于 1994 年扩展增加了“土壤清理”一节。英国 1990 年颁布了《环境保护法案》，其中第 2A 部分为《污染场地法规》。德国 1999 年颁布了《联邦土壤保护法》、《区域规划法》以及《建筑法》，其中包括编制污染场地名录和制定目标值（指导值），用于确定需要优先开展修复的场地。这些方案对欧洲国家的污染场地管理产生了重要影响。此外，欧盟各成员国的工业代表和相关领域专家之间建立了多个协调组织与机构，以方便欧盟成员国之间学习、交流、传播与污染场地相关的科研信息。目前，虽然在欧盟层面上尚未出现针对土壤保护的专门性立法文件，但是在水、空气、废弃物、化学品影响评价以及环境责任的文件中，均包含了直接或间接与土壤污染修复相关的规定。为了更好地识别与修复污染场地，欧盟2006年9月通过了有关土壤保护的专项草案，其中包含《土壤框架指令》草案。草案要求欧盟各成员国防治土壤污染，编制污染场地清单，并修复已经确认的污染场地。[8]

欧盟《土壤框架指令》草案的主要有以下特点。[9]

第一，欧盟把土壤视为不可再生资源，所有修复活动都必须认真考虑到场地未来的可持续利用和土壤功能。

第二，规定各成员国有责任采取恰当措施，预防危险有害物质进入土壤。

第三，各成员国有责任制定各国的污染场地名录，并着重考虑未来土地利用情形下的风险。

第四，各成员国有责任对确认的污染场地开展修复。

第五，在实施指令的七年时间内，各成员国必须制定各国污染场地修复战略，修复战略需包括修复目标、污染场地修复的优先次序、执行时间表，以及划拨修复款项。

第六，各成员国的污染场地名录和修复战略必须向公众公布。

当前，欧洲23个国家已经制定了污染场地的管理指南。其中，遵守“基于风险管控的土壤质量目标（公众健康风险和生态环境安全风险）”的指导关键思想贯穿于整个管理过程。部分国家已经编制完成了基于风险管控的国家指导值或规范，以便能够有效地指导污染场地分类。指导值（限值）代表了污染场地所处的不同污染程度和风险水平，一旦污染场地浓度高于限值时，需要开展相应行动（如土壤污染调查、风险评估、修复等）防控风险。值得注意的是，大多数国家都没有制定强制性执行的国家统一指导值。在一些国家，土壤质量目标与修复目标是通过污染场地风险评估确定的，而污染场地相应的风险评估有专门的针对性指导值以供参考。欧洲各国的这些方法（如目标值、筛选值等）与美国的做法非常相似，都是基于风险管控的方法。

在地下水污染方面，欧盟尤其重视，2000年欧洲委员会提出建立欧盟水框架指令的要求《关于建立欧共体水政策领域行动框架的2000/60/EC指令》(简称“欧盟水框架指令”)，即“防控地下水污染、保护地下水质量”的法规。欧洲委员会2003年9月提出地下水监测和保护法规指令《关于保护地下水免受污染和防止水质状况恶化的2006/118/EC指令》，要求27个成员国监测和评价地下水质量，并控制和逆转地下水受污染的趋势，促进、协调各成员国的地下水立法事项。另外，还发布了《欧盟水框架指令手册》《欧盟地下水指令手册》等技术操作手册，全面介绍欧盟地下水指令的关键原则、管理规定和工作指南，促进了欧盟地下水保护立法的有效实施。实际上，在欧盟开始提出和正式实施地下水立法之前，大部分欧盟成员国已经构建了比较完善的地下水保护与修复法律体系。例如，英国《污染控制法》(1974 年)、《水资源法》(1991 年)、《规划与赔偿法》(1991 年) 以及《地下水管理条例》(1998 年) 等法律法规中都包括有关地下水保护的具体且明确的规定。荷兰的地下水保护立法工作的历史也比较悠久，形成了一套完备的法律体系，主要包括《水管理基本法》(20 世纪 90 年代中期)、《地下水法》(1983 年) 以及《土壤保护法》(1987 年) 等。

1. 英国

英国 1990 年颁布了《环境保护法案》，其中第 2A 部分“污染场地法规”是英国有关污染场地管理的最重要法规，建立了英国污染场地确认、评估与修复法规体系。该部分法规针对土壤污染而设置，主要目的是为了解决历史上遗留的受污染土地问题，侧重于提高受污染土地的利用能力，并降低其公众健康风险和生态环境安全风险。“污染场地法规”主要规定了以下六点内容：第一，污染场地治理由地方政府负责执行；第二，采取基于风险管控的决策方法解决污染场地问题；第三，采取“满足使用”的原则作为污染场地修复的标准；第四，在正常开发过程中，必须修复污染严重的场地；第五，污染场地的修复和再开发利用可以通过紧急和立法的刺激手段得到资助或支持；第六，污染责任可以视具体情况由最先污染者或目前土地占有者/拥有者承担。其他有关污染场地的重要法规还有：《规划政策声明》，该声明要求再开发利用场地适应未来的土地利用用途需求，同时不能存在“不可接受”的污染安全风险；1991 年颁布的《水资源法》，赋予环保机构相关权力，以遏制和修复受污染土地可引发的相关水域的污染；1996 年颁布的《金融法》，它规定场地内若存在土壤污染或废弃物等情况需征收一定的处置税，而对于符合规定条件的修复完成场地可以不征收此类处置税，以此鼓励污染场地修复再开发利用。[10]

由此可见，英国污染场地管理明确指出了法律责任等级制度和污染者付费的基本原则，以及基于风险管理方法的污染场地管理框架，并重点强调污染场地再开发。在战略层面上，英国政府将污染场地再开发作为实现城市繁荣与可持续发展的一个关键措施。英国政府通过污染场地再开发的形式减少城市中绿地需求的压力，并规定新住宅可以建在污染场地（修复达标后）之上，或利用现有建筑物改建完成。

其中，“污染者付费”的原则具体规定为：造成污染场地的任何个人或集体都被视为场地管理的责任方；对于无法找到污染者的场地（水污染除外），由污染场地目前的所有者或经营者代替承担相应的责任[11]。而基于风险管控的分层管理则是英国污染场地管理的最显著特征，从污染场地的识别到治理行动的实施，均需系统评估公众健康和生态环境安全的健康风险，且分层级开展工作，具体为：第一层，构建合适的概念模型以确定污染物、受体和暴露途径之间的关系；第二层，依据污染场地暴露评估模型，获取各暴露参数的总体风险概率，并计算出土壤指导值，用于判断是否需要采取进一步修复行动，并进行污染场地的优先次序排列；第三层，根据详细的定量风险评估，估算场地污染严重程度以及预测修复所需要的时间[12]。同时，场地修复的标准应满足“满足使用”的原则，既满足未来规划土地用途的要求，同时需考虑重新开发利用过程中的潜在污染。

2. 德国

德国污染场地治理的最主要法律是1998年生效的《联邦土壤保护法》，以及1999年生效的配套法规《联邦土壤保护和污染场地条例》。该配套条例对《联邦土壤保护法》的重点内容进行了细化，使其更具可操作性。《联邦防止土地不利改变与污染场地修复法》规定了土地保护、污染场地识别与修复中的行政权力和相对义务。《联邦土壤保护法》与其他环境相关法律之间相互协调与融合，全面预防土壤污染和保护未受污染土地。一方面，《联邦土壤保护法》规定只要可能导致土地变更的土地责任人，都有义务预防、避免或减少其活动可能对土地造成的影响，污染场地修复的责任人具体包括：污染者，场地全部权利继受人，以及场地所有权人和场地使用权人，这些责任人应当考虑实施与土地的使用目的相适应的预防措施，并确保污染场地在采取相应的修复措施后，不会对个体或公共再次产生危害和显著的不利影响，并且防止污染转移；另一方面，其他环境立法规定通过控制性的许可或审批等行政手段，以预防污染源的出现。根据《联邦土壤保护法》和《联邦土壤保护和污染场地条例》，德国政府已经构建了相对完善的污染场地管理制度，规定须严格执行现场调查、风险评估等程序，排除较低风险或无风险的场地，确保良好的成本—效益，提高污染场地修复的可行性。对于紧急性危害的污染场地，德国政府则要求必须立即采取有效措施，消除对公众健康和生态环境的危害。具体看，德国的污染场地管理制度，包括污染场地识别、风险评估、场地修复和监测四个阶段，每一个阶段都有着明确的管理要求。针对污染场地相应危害性，修复措施一般采取多技术方法组合方式。[13]

在基本法律规定之外，对于治理污染场地的具体操作，还通过条例、附件和标准等系统的法规体系进一步予以明确。另外，还制定了一些对实际操作有着具体指导作用的工作指南文件（如《土壤和地下水保护工作指南》），以便对土壤和地下水污染进行识别、调查和修复；《污染场地调查指南》则为政府职能机构、调查人员、专家调查提供了污染场地调查的具体操作方法。对于污染场地风险管理，在污染场地管理与修复实践中不断总结经验与教训，完善场地管理体系以及具体修复技术体系。德国污染场地的全过程处置经验包括三个方面：首先，修复前有着严格的管理制度体系，强调污染预防与场地治理相结合，提前制定污染场地修复计划，准确识别和评估场地风险；其次，修复应采用成熟的污染场地修复技术，以减少或避免场地修复过程中对公众健康和生态环境的损害，确保修复工作的顺利推进；最后，修复后有着严格的监测系统，对污染场地的修复情况以及风险进行监测，同时还制定相应的可行性方案，确保污染场地修复后的再开发利用[14]。

3. 荷兰

荷兰是欧盟最先制定土壤保护专门立法的国家。荷兰《土壤修复法案》（1983 年生效）以及《土壤保护法》(1987 年生效）赋予了土壤修复的法律地位。1983 年生效的《土壤修复法案》制定了统一的土壤修复标准值，并要求修复达到标准值，修复后的土壤须满足多种用途。该阶段的管理思路直接导致了土壤修复成本的大幅增加，很多情况下土壤修复未能达到规定标准值，导致大量污染土地的再开发利用严重滞后。1987 年生效的《土壤保护法》调整优化了土壤环境管理的理念。经过对前期实践经验的总结分析，荷兰的土壤管理理念得以逐步完善。新制定的基于场地利用风险所确定的修复标准值，代替了旧的基于全国统一的修复标准值，这一管理思路还被用于评估实施土壤修复的“紧迫性”。与此同时，修订后的法律规定了政府原则上不再为污染场地买单，而应该由土壤污染的责任方承担污染土壤的修复责任。1994 年，对《土壤保护法》进行了重要修订，构建了基于风险管控的标准值体系。2000 年，发布了用于土壤修复的目标值和干预值。2008 年，《荷兰土壤质量法令》生效，为荷兰建立了新的土壤质量标准框架，该法令在公众健康风险、生态环境风险和农业生产基础上，制定不同的土壤功能国家标准，新制定的标准体系进一步推动了“满足使用功能”的修复方式。同年，修订颁布了《土壤修复通令》，规定历史性污染土壤（1987 年 1 月 1 日前的污染场地）基于风险评估实施监管，土壤修复的目标是保障土壤环境质量满足特定使用用途的安全利用。2009 年，设立了国家污染土壤管理目标，计划在 2030 年前完成对所有严重污染土壤的修复工作。而对于造成不可接受的公众健康风险、生态环境风险或污染物迁移风险的严重污染场地，必须在 2015 年前完成修复工作。原来的为适合多种使用用途而进行彻底修复的模式，已经被基于风险管控下特定使用用途的修复模式取代。[15]

基于长期的修复实践以及不断修订的相关法律法规和标准，2013 年新的《土壤修复通令》修订颁布，该法案规定了土壤修复的工作程序，基本构建了场地调查、场地监测、风险评估、治理修复和后续管理等 5 个步骤的土壤污染修复工程程序。《土壤修复通令》中规定了氯代烃（28 种）、农药（17 种）、芳香烃（7 种）、多环芳烃（1 种）、无机物（3 种）、金属（13 种）和其他物质（14 种）等共六大类 83 项指标的土壤干预值标准。除此之外，对于分析测试方法标准尚未建立或者制定干预值时所需生态毒性数据尚不充分的部分污染物，荷兰又制定了土壤严重污染的指示值，但指示值与干预值相比具有较大的不确定性。在土壤污染监测中含量值超过指示值时，还需综合考虑其他因素方可确定土壤是否受到严重污染。需要指出的是，荷兰的土壤干预值是基于标准土壤（黏粒含量 25%、有机质含量 10%）的污染物含量限值，在具体应用时需根据特定土壤黏粒含量和有机质含量去计算适用的干预值[16-19]。

经费来源方面，荷兰土壤修复政策的重要基础是污染者付费原则。在该原则指导下，政府开展并资助了大量的污染场地修复工作，满足了综合性土地使用用途需求，污染场地必须被恢复至其原有的状态，即适合所有类别的土地用途。无法查明污染者或者污染者已经破产的场地，以 1987 年生效的《土壤保护法》为分水岭，按照时间顺序划分污染场地的具体修复责任，1987 年 1 月 1 日前造成的污染划为“历史性污染”，与其后造成的污染区分开来。在客观条件允许的情况下，新污染场地应该尽快被彻底修复。1987 年前的历史性污染被划分为非严重污染与严重污染两类，当受污染土壤大于 25m^3或受污染地下水大于 100m^3时，且其中某一项或几项污染指标超出了干预值，则可以被认定为严重污染。严重污染场地需修复的紧迫性强，非严重污染场地则无法律义务要求。公众健康风险、生态环境风险或污染物迁移风险达到不可接受水平的场地，需按法律规定在四年内开展污染场地修复工作；风险未达到不可接受水平的场地，则被登记在册限制使用。[20]

从欧盟各国污染场地管理制度来看，英国较早采取了基于风险的污染场地管理模式，比美国更客观、更实际，在设定污染场地修复目标时，考虑了该场地的未来用途和经济效益。荷兰和德国的突出特点则在于把土壤看作不可再生资源，并把土壤修复视为恢复土地特定功能的一项工作。

1.1.3 日本污染场地管理

日本是世界上第一个对污染场地进行立法的国家，其污染场地管理政策主要针对土壤污染。在土壤污染管理的立法中，区分了农用地和城市工业用地的土壤污染情况，并分别制定了《农用地土壤污染防治法》和《土壤污染对策法》。1970 年，制定的《农用地土壤污染防治法》(该法最新修订于 2011 年 8 月)，包括立法目的、定义、对策的确定、土地利用方式的限制、调查监测等内容。2002 年，制定的用于管理城市工业场地土壤污染的《土壤污染对策法》(该法最新修订于 2011 年 6 月)，规定了土壤污染状况调查制度、污染土壤净化制度等。目前，日本已建立了以《环境基本法》为基础，以土壤环境标准为目标，分农用地和城市工业用地两类管理土壤污染的基本法律框架，构建了完善的土壤污染相关的法律、法规和标准等防治政策体系，规定了土壤污染防治政策的制定、执行和监测等措施，确定了监测对象和适用范围，指定并公布了土壤超标地区，厘清了利益相关者的责任，指导土壤污染治理和清除。[21,22]

日本的土壤环境标准涵盖25项监测指标，并设立了土壤浸出液标准，规定了土壤浸出液中25种污染物的浓度标准值。此外还规定，调查地块中特定有害物质溶出量高出相应标准，则需要开展土壤气体污染物含量调查，在筛选污染治理技术时需考虑土壤气体中污染物含量。人体健康损害则依据《土壤污染对策法实施规则》认定：①超出土壤溶出标准，且如果周边居民饮用地下水的情况下，则认定为产生人体健康损害或具有潜在人体危害；②超出土壤含有量标准，且周边人群存在直接接触该土壤可能的情况下，认定为产生人体健康损害或具有潜在人体危害。[21,22]

地下水污染方面，日本主要依据《水质污浊防止法》(该法最新修订于2010年）管理，个别地方政府也出台了针对地下水污染防治更加严格的法规。《水质污浊防止法》规定禁止含有有害物质的污水向地下水渗透，防止地下水污染，而且制定了对已经污染的地下水采取净化措施的制度。该法第14条之第3款规定，当企业向地下渗透含有有害物质的水时，即被认定为对人体健康产生危害或者有产生危害的可能，都、道、府、县知事等有权根据环境省令规定，命令该企业在防止危害的限度内采取地下水水质净化措施。该法中对地下水的保护对策包括：监测地下水常规水质、禁止有害物质向地下入渗、净化污染地下水。[21,22]

1.1.4　我国污染场地管理

我国污染场地工作起步较晚，21世纪初才拉开序幕，如2000年，中国矿业大学等单位开展了山东大武水源地地下水四氯化碳污染研究工作；2005年，吉林大学等开展了“松花江污染事件”硝基苯污染研究；2006年，中国地质调查局开展了保定石化厂污染场地研究工作等。2004年4月，北京宋家庄地铁站施工过程中发生一起工人中毒事件，污染土壤被挖出运走进行焚烧处理，这被看作是中国开始重视工业污染场地修复与再开发的标志；2014年，兰州“4·11”水污染事件，兰州石化公司历史积存的地下含油污水和多次环境污染事故，经土壤渗流造成自来水苯污染的，引起社会广泛关注；2016年4月，媒体曝光常州外国语学校新址污染事件，大批学生身体情况异常疑与化工厂“毒地”相关，该事件引发社会强烈反应。[23-26]

我国逐渐意识到土壤和地下水管理的迫切性，近年来，污染场地管理法律法规和技术规范等正在积极健全中。2011 年，环境保护部发布了《全国地下水污染防治规划（2011—2020 年)》；2014 年，环境保护部又发布了《场地环境调查技术导则》(HJ 25. 1—2014)、《场地环境监测技术导则》(HJ 25. 2—2014)、《污染场地风险评估技术导则》(HJ 25. 3—2014)、《污染场地土壤修复技术导则》(HJ 25. 4—2014）和《污染场地术语》(HJ 682—2014）5 项污染场地管理相关技术导则，为污染场地的调查、评估和修复提供技术指导和支持。同年，原国土资源部中国地质调查局发布了《污染场地土壤和地下水调查与风险评价规范》，该规范强调“土水一体化”的水文地质概念，是一独立的场地土壤和地下水污染调查评价标准。2015 和 2016 年，国务院相继颁布《水污染防治行动计划》“水十条”和《土壤污染防治行动计划》“土十条”，尤其是“土十条”的发布，可作为中国土壤修复的里程碑事件，标志着全国场地污染工作的启动。2017 年 7 月 1 日施行的《污染地块土壤环境管理办法（试行)》，提出了土壤场地修复的整个治理和管理等流程。2018 年 5 月 1 日起，《地下水质量标准》(GB/T 14848—2017）正式实施；2018 年 8 月 1 日起，《土壤环境质量 农用地土壤污染风险管控标准(试行)》(GB 15618—2018）和《土壤环境质量 建设用地土壤污染风险管控标准(试行)》(GB 36600—2018）实施，使污染场地风险管控工作有标准可依。最具标志意义的是 2018 年 8 月 31 日第十三届全国人民代表大会常务委员会第五次会议通过了《中华人民共和国土壤污染防治法》，明确了“污染人付费”原则，从法律层面上规范了我国场地污染防治，从该法律解读出查明污染场地基本情况、制定场地分类和分级管理标准是我国现阶段主要工作内容。由此可见，我国在污染场地管理方面，充分借鉴了国外先进管理理念和经验，结合我国国情，提出“预防为主、保护优先、分类管理、风险管控、污染担责、公众参与”的原则与国际接轨。

一些经济发达的省份和城市，如北京市、重庆市、浙江省、南京市、沈阳市等陆续研究和制定了一些地方法规、规范性文件和标准。北京市 2007 年制定了《关于开展工业企业搬迁后原址土壤环境评价有关问题的通知》和《场地环境评价导则》。针对 2010 年上海世界博览会的会展场馆土地使用，上海市发布了《展览会用地土壤环境质量评价标准》，这是中国第一次制定此类标准，另外上海市修复了世博会中的受污染地块，为其他省市的土壤修复管理和行动提供了很好的借鉴。2011 年，借鉴重庆大学与中国环境科学研究院共同开展的《重庆市污染场地环境管理对策研究项目》成果，重庆市制定了《重庆市污染场地环境监督与管理办法》。沈阳市印发了《沈阳市污染场地环境治理及修复管理办法（试行)》，为当地的污染场地治理和修复工作发挥了指导作用。2015 年，福建出台《福建省土壤污染防治办法》。2016 年以来，包括湖北省在内的 20 多个省、直辖市、自治区陆续颁布了本区域的土壤污染防治条例。上述通知、意见、地方性文件虽然文件效力层级较低，但是从发文的内容来看，省市级的环保部门已注意到土壤污染，开始自主进行管理标准制定，推动促进了土壤污染的治理。截至 2017 年 5 月，全国已经有 28 个省、自治区、直辖市出台了配套土壤防治条例。我国污染场地工作已呈燎原之势。

但从技术层面，如何优化实现污染场地防治，是污染场地技术工作者必须面对的问题。众所周知，污染场地的修复治理技术选择是污染场地防治的重要环节，所选择的技术将直接影响场地修复效果、周期及费用。国外经过近 40 年的污染场地修复治理实践，在绿色可持续理念引导下，修复技术选择从初期异位修复为主发展为原位修复为主。但由于场地污染具有隐蔽性、滞后性和持久性特点，原位修复达标后污染“反弹”现象屡见不鲜，且大部分场地修复时间至少数年，普遍采用的原位修复技术如地下水抽出处理、土壤气相抽提等短期见效修复技术在修复后期对“反弹”束手无策，责任方则需承担无限且不确定的责任。实际工作中，在完成基于风险评价制定修复目标之后，需要综合考虑场地条件、污染物特征、修复费用及时间等多种因素，以绿色可持续修复治理技术选择为主。

然而，与发达国家相比，我国污染场地修复治理技术落后，大部分技术存在较大差距，并且我国的应用性技术研发起步晚，缺乏体系，技术种类单一，尤其是缺乏原位、扰动小、成本低、适用于在场地应用的技术。此外，工程化修复案例少，成本高，缺乏成熟的市场化运作，技术与装备严重缺乏，尚未形成产业化，难以大规模应用。2014 年，环境保护部公布的《2014 年污染场地修复技术目录（第一批）》显示，我国污染场地治理以异位修复技术为主，除地下水抽出处理、多相抽提外，其他原位修复技术基本处于小试或中试阶段，国际推崇的绿色可持续的自然衰减未见完整工程案例。加之我国地质地貌复杂，地质环境条件各异，场地污染类型多样，现成的单一技术缺乏针对性，污染调查监测、风险评估、方案优化、工程运行验收、次生污染防治、成本-效益分析等全过程的管理技术体系尚未健全，修复治理效果往往不佳或不明。“土十条”“水十条”的颁布使我国污染场地修复治理进入上升期，但在“重修复、轻调查、无监测、快验收”思想左右下，场地污染的隐蔽性、滞后性和持久性特点在工作中常被忽视，我国修复技术筛选及方案制定的针对性不强，基于风险管控的污染场地管理模式近年来才在一些场地被试用，绿色可持续的修复技术应用比重偏低。

1.2　自然衰减——污染场地绿色可持续修复首选技术

目前，污染场地修复技术已有很多，新修复技术的研发也不断取得进展，但是受到场地特点和经济成本制约，筛选何种技术实现治理最佳效果，需要经过多个工程案例进行不断探索。技术成熟度、场地水文地质特征、适用污染物类型、污染去除率、处理周期、修复成本等诸多因素均可作为某场地最佳修复技术筛选的评价指标。在满足以上评价指标前提下，经济、有效、可行的绿色可持续修复治理是污染场地管理必然趋势。

可以预见，通过吸收国外污染场地管理经验教训，在我国现阶段污染场地政策指导下，基于风险管控的污染场地管理模式将逐渐在我国污染场地工作中被采用，并适合于在大范围内推广。该模式可概括为：通过风险源、暴露途径、受体监控，制定科学合理的长期风险规避制度，在防止污染发生、扩散的前提下，分类、分级管理场地。

在此背景下，自然衰减作为一种低成本的环境友好型技术，受到越来越多的关注。该技术是实现基于风险管控的污染场地管理的核心，其原理为：在监测土壤-地下水中污染物动态机理基础上，合理设定环境受体，利用或强化大自然固有的物理、化学和生物作用，降低污染物的浓度、毒性、迁移性等，控制土壤和地下水中污染物导致的受体暴露风险处于可接受水平。与其他修复技术相比，自然衰减技术更经济、有效、绿色可持续。通过抽样调查美国实施自然衰减的 20 个场地，可以看到其费用为 14 万～44 万美元，内容主要为监测井建造、污染监测和场地管理，时间为 1～8 年，低于“超级基金项目”平均成本的 2700 万美元，平均时间的 11 年。自然衰减是典型的基于风险管控的污染场地修复方法，与工程修复方法相比，其主要技术优势概况如下。

1）环境效应方面：自然衰减技术避免了工程修复过程的“三废”等问题，几乎可以确认无次生污染问题，最接近恢复至生态环境原貌，符合绿色可持续的修复要求。

2）现场施工方面：自然衰减要点是合理布设监测井、采集测试代表性样品和精确解译数据资料等软性工作，相比工程施工等硬性工作，对场地环境扰动影响小。

3）成本-效益方面：基于自然衰减技术的工作要点，其人力、物资投入和环境效应收益比例最佳，成本-效益优势明显。

然而，由于主要依靠自然能力，且需对衰减机理有全面深刻的认知，自然衰减技术在应用过程中存在一些弊端，主要体现在以下几方面。

1）修复时间方面：自然衰减监测需要一定的周期，且仅靠（强化）自然能力达到修复目标所需时间可能较长，特别急于开发的场地不太适用该技术。

2）技术手段方面：自然衰减的技术门槛较高，需要场地岩性结构、水文地质条件、污染物特征等精确识别技术，一般在进行污染物浓度和水文地球化学测试分析的同时，还需结合同位素、分子微生物等高端测试分析技术手段。

3）人员素质方面：专业性要求较强，场地环境条件，尤其是水文地质条件演变可能较大，自然衰减能力随之变化，需要从业者具有较强的专业功底，在修复过程中能够适时调整监控方案以控制风险。

与其他污染场地修复技术相比，目前我国对自然衰减技术的研究较少，场地示范经验不足，尚未达到大规模推广应用阶段。但在《中华人民共和国土壤污染防治法》的“分类管理、风险管控”的原则下，宜将监控自然衰减与其他工程修复技术结合，建立我国基于风险管控的污染场地修复技术体系。

1. 国外研究进展

美国和欧洲对自然衰减修复方法的研究起步较早，积累了丰富成熟的科研和应用技术经验。多个国家的环保机构和行业协会都制定了自然衰减修复的技术指南。1980 年，“拉夫运河事件”发生与《超级基金法案》通过以后，在美国数万个污染场地中，自然衰减开始被大规模应用于修复污染场地，代替或者与工程修复技术联合使用，以消除土壤和地下水中的污染。重要标志事件如：1994 年，美国空军制定了第一份污染场地汽油类污染物自然衰减监测实施的技术方案；1998 年美国国家环保署发布有机氯污染物自然衰减监测的技术方案；此后，美国国家环保署陆续发布了甲基叔丁基醚（MTBE）自然衰减监控指南（2005 年）和无机污染物自然衰减监控指南（2007 年），并针对性地建立了相关自然衰减的决策支持系统模型，包括：用于地下水中石油烃、氯代溶剂自然衰减的 BIOSCREEN、BIOCHLOR 解析解模型，用于模拟地下水中有机污染物自然衰减的 BIOPLUME 二维有限差分模型。2000 年，英国环境部发布了自然衰减的通用规程。2000 年，荷兰编制了自然衰减方案。欧盟许多成员国也在积极推动更多污染物的自然衰减技术方案。

经过二十多年的发展，自然衰减已经成为发达国家常用的场地污染修复方式(图 1-4)[27]。在产业化方面，国外的自然衰减修复相关技术体系已经逐渐规范化，具有较强的可操作性，在自然衰减技术适用的污染场地类型和污染物种类、自然衰减过程的评价方法、监测数据的有效性分析、构建自然衰减的跟踪监测与长期监测系统、自然衰减的强化技术等方面都有持续的进步。在科研方面，对于污染物的自然衰减研究，国外的研究主要集中于自然衰减的机理、影响机制、生物地球化学作用，以及自然衰减证据和指标体系的建立等方面。

应用效果方面，1995 年，美国劳伦斯利弗莫尔国家实验室的一份报告评估了加利福尼亚州 271 个地下燃料罐泄露后的地下水污染羽状结构，得出的结论是，90% 的羽状结构是稳定的，或者由于自然衰减的作用而大范围缩减[28]。美国得克萨斯大学[29]曾经对该州 605 个石油烃污染的场地进行了统计分析，有 75% 的

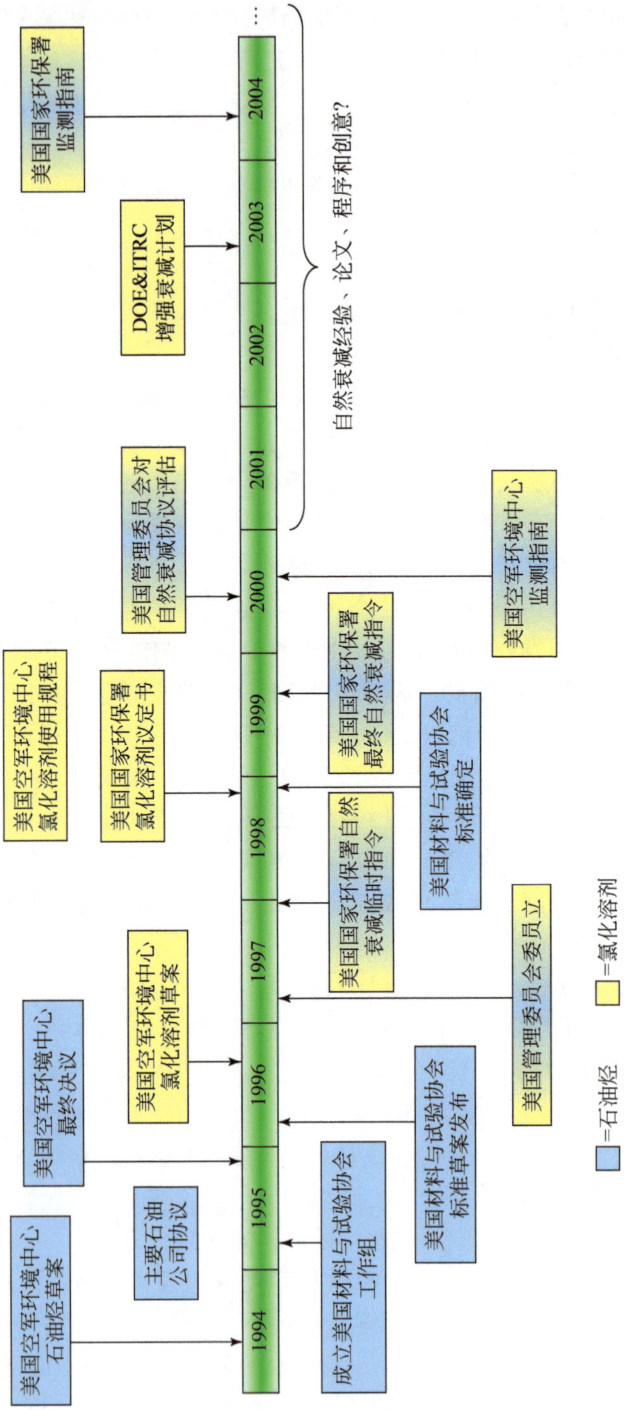

图 1-4 自然衰减发展成熟历程（石油烃和氯化溶剂类为主）

场地，地下水中苯污染羽长度小于 75m，只有 3% 的场地污染羽处于扩展之中。尽管其中约 60% 的场地附近半径 800m 范围内建有公共供水井或家庭自备井，但只有不到 5% 的井受到了污染威胁。该研究认为，主要是自然衰减作用有效地修复了大部分受石油烃污染的地下水。伊朗伊斯法罕医学科学大学等研究团队的研究显示[30]，自然衰减修复方法适用于爆炸性污染物（2,4,6-三硝基甲苯，TNT）的污染场地，而且基于微生物作用的自然衰减过程对这类污染场地更加经济、有效。印度德里大学等研究团队利用单体稳定同位素分析（compound-specific isotope analysis，CSIA）技术，研究了污染土壤和地下水中有毒污染物六氯环己烷的稳定同位素组成变化，评估了六氯环己烷的生物和非生物降解效率[31]。Neuhauser 等[32]对 1991 年关闭的一处焦油污染场地进行了长达 14 年的自然衰减跟踪监控，发现难降解的多环芳烃类污染物在自然降解作用下减少了 99%，每年的质量降解速率为 0.30（半衰期为 2.3 年）。该研究表明，去除污染源后，利用自然衰减去除多环芳烃类污染物是可行的修复措施。对 48 个加油站场地中难降解含氧有机物甲基叔丁基醚（MTBE）和叔丁醇（TBA）的污染羽监测总结发现[27]：大部分 MTBE 与苯的污染羽长度相似（中位数：约 43m），处于缩减或稳定状态，衰减速率约为 0.63/a，污染羽缩减和稳定的场地所占比例为：苯（95%）>MTBE（90%）>TBA（68%），对于该类难降解污染物自然衰减监测依然可行（图 1-5）。[33,34]

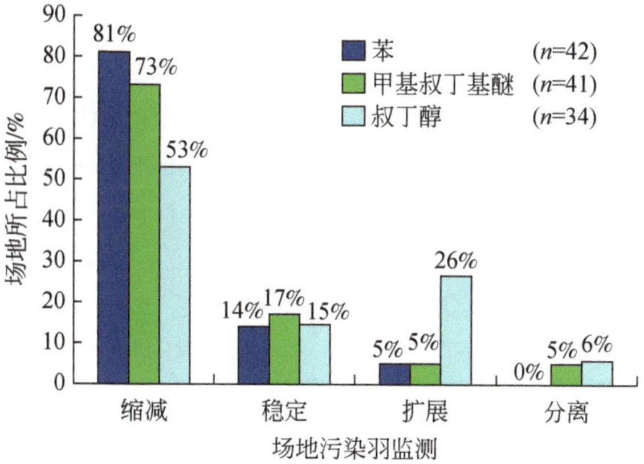

图 1-5　加油站场地关注污染物的污染羽监测结果

近十几年来，美国在“超级基金”的执行过程中，也逐渐大量应用自然衰减技术修复受污染场地，处理地下水中的有机污染物，并趋向于与其他修复技术联合使用。从污染物迁移转化来看，在自然衰减涉及的物理、化学和生物降解等过程中，美国国家环保署更倾向于利用生物降解消除污染物。从污染扩散来看，美国国家环保署认为，自然衰减通常适用于污染物迁移可能性较低的场地[35]。2017 年 7 月第 15 版《超级基金污染修复报告》显示：1986～2014 年，地下水修复案例中自然衰减技术的应用比例（含联合其他修复技术）由 1990 年前不到 10%增加到 1995 年的 30%左右，1998 年和 2005 年该比例接近 50%，2005～2008 年、2009～2011 年、2012～2014 年这一技术的应用比例分别为 36%、27%、33%（图 1-6）[35]。石油类场地几乎均采用该技术修复治理。

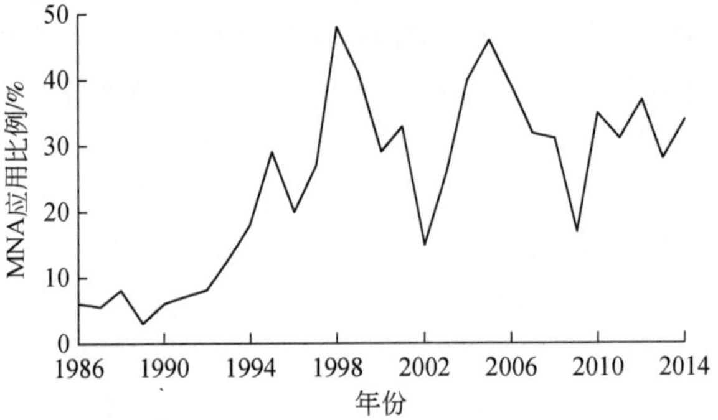

图 1-6　美国地下水修复案例中监测自然衰减的应用比例

2. 国内研究进展

自然衰减技术在我国处于试验阶段，国内的科研人员近年来开始关注此方面的研究，国内在污染场地自然衰减的作用过程和降解机制、可行性评估与自然衰减方法监控体系构建等方面仍停留在起步阶段。研究较多侧重于实验室模拟实验，以及部分野外实际取样，探索并分析自然衰减过程的作用对象与范围、降解机制、有效性、降解速率，验证自然衰减作用。考虑到实际应用中的土壤组成、地下水水文地质特征、氧化还原条件、地球化学成分等环境条件的复杂性，相关研究仍存在一定局限性。2014 年环境保护部发布的《污染场地修复技术目录（第一批）》中将自然衰减技术纳入地下水污染修复技术，2016～2017 年，中国地质科学院水文地质环境地质研究所、北京大学、中国人民大学等单位在对北京某石油污染场地进行修复时，联合抽出处理、原位化学氧化方法，首次在国内工程案例中应用、改进了自然衰减，实现了我国基于风险管控的污染场地管理模式技术创新。2018 年 4 月，生态环境部推出《污染场地地下水修复技术导则》，其中明确提出了自然衰减技术。

国内自然衰减科研工作主要侧重于加油站与石化等石油类污染场地、化工厂废弃场地、垃圾填埋场、污水灌溉场地等，污染物种类包括石油烃类、芳香烃、有机氯溶剂等。吉林大学相关团队的李洋[36]选取某一油田污染场地开展研究，将其浅层的污染地下水作为研究对象，利用场地的野外实际样品采集、实验室室内分析、结合场地地下水水质评价与模型模拟等方法，分析了污染场地浅层地下水中的石油类污染特性与自然衰减过程，构建了石油类污染物在地下水中的迁移、扩散与转化模型，评估了自然衰减修复的预期效果。吉林大学相关团队的张文静[37]通过实验室模拟实验研究城市垃圾渗滤液污染物在地下环境中的自然衰减规律，定量分析地下水中微生物对垃圾渗滤液中有机物的自然衰减降解作用，分析影响自然衰减过程的各种可能因素，并在污染物自然衰减机理揭示基础上，构建了强化修复地下水含水层污染的方法。吉林大学相关团队的王冰[38]也进行了类似的自然衰减实验室模拟实验，探索在不同包气带介质中的柴油等污染物的自然衰减机理，讨论包气带的埋深、介质特性以及含水率等地质环境条件对该类污染物自然衰减作用的影响，分析柴油等物质在地下含水层中迁移、扩散、转化、衰减等作用的规律。清华大学相关团队的贾慧等[39]在北京某加油站开展了石油类污染物自然衰减试验，对污染土壤中石油污染物的降解速率和半衰期进行了计算，并在此基础上对该加油站包气带土壤的自然衰减能力和环境质量进行了评价。桂林理工大学相关团队的蒋灵芝等[40]利用质量通量方法，计算地下水中苯系物［苯（benzene），甲苯（methylbenzene，toluene），乙苯（ethylbenzene），二甲苯（xylenes），BTEX］和乙醇等物质的自然衰减速率常数；结合使用非反应性示踪剂溴离子，分析了 BTEX 和乙醇自然衰减过程中吸附效应和微生物的联合降解效应。中国科学院南京土壤研究所相关团队的陈梦舫等[41]对场地含水层中的氯代烃污染物的自然衰减机制进行了研究，综述国外典型的工业污染场地（地下水污染）中有机溶剂污染物的自然衰减机制和修复技术的研究现状以及发展趋势。华东师范大学相关团队的李小平等[42]介绍了 4 种监测自然衰减技术的主要途径以及欧美国家中污染土壤和地下水场地修复中的应用情况，并提出了监测自然衰减技术的方法步骤，以及该技术在中国污染场地修复中的应用潜力。中国地质调查局相关团队的蔡婧怡等[43]以华北平原的某石油化工类场地作为案例，通过调查场地的水文地质条件、土壤与地下水的污染现状，监测污染场地地下水中的 BTEX 浓度以及相关化学参数变化，采用微生物水文地球化学方法与水文地质方法，估算了该场地中含水层自然降解苯系物量。吉林大学相关团队的夏雨波等[44]研究了东北某石油污染场地地下水中石油类污染物，并采用溶质通量计算法，对自然衰减原位修复的能力及其微生物降解效果等进行了评估，表明自然衰减可以有效修复地下水中石油污染。中国环境科学研究院相关团队的 An 等[45]对 MNA（monitored natural attenuation）、PRB（permeable reactive barriers）、AS（air sparing）、P&T（pump & treat）等修复技术进行了比较评价。这些基础研究和污染修复实践活动对我国污染场地修复中自然衰减的研究与应用具有重要推动作用。[34]

随着国内绿色可持续修复理念的加强，以及对于污染场地修复成本效益和长期监测的重视，自然衰减修复技术的优势将逐渐凸显，相关的科研工作也将得到显著推进，所取得的科研成果将有助于污染场地的治理取得更好的社会经济和环境综合效益。

第2章 自然衰减概念内涵及体系框架

2.1 概念及理论依据

2.1.1 概念

关于自然衰减的概念，目前存在多种不同的学术定义。以下列举五个具有代表性的定义：

美国国家环保署定义[46]：自然衰减是依赖自然环境中污染物的衰减作用，在一定时间范围内，实现场地特定治理目标。“自然衰减过程”是一种包括物理、化学和生物过程在内的场地修复方法，即在有利的自然条件下无须人为干预，减少土壤或地下水中污染物的数量、毒性、迁移率、体积或浓度。这些过程包括生物降解、扩散、稀释、吸附、挥发、放射性衰变，以及化学或生物稳定、转化或污染物的消除。

美国材料与试验协会（American Society for Testing and Materials，ASTM）定义[47]：自然衰减是在地下水中自然发生的物理、化学和生物过程，如生物降解、扩散、稀释、吸附、挥发等，随着时间的推移或与污染源距离的增加，目标化合物的质量或浓度降低。

美国空军制定了两个用于自然衰减的场地监测指南。第一个指南将自然衰减过程定义为[48]：地下水的衰减机制被划分为消除性和非消除性机制。生物降解是最重要的消除性衰减机制，非消除性衰减机制包括吸附、扩散、稀释以及挥发。第二个指南使用了美国国家环保署的自然衰减定义。

美国陆军定义[49]：自然衰减为随着时间的推移，在地下水、土壤、地表水中，污染物自然减少的过程。这种过程包括对流、稀释、扩散、挥发、非生物和生物转化、吸附/解吸、离子交换、络合和动植物摄取等。

我国《污染场地修复技术目录（第一批）》中，对自然衰减的定义为：通过实施有计划的监控策略，依据场地自然发生的物理、化学及生物作用，包含生物降解、扩散、吸附、稀释、挥发、放射性衰减以及化学性或生物性稳定等，使得地下水和土壤中污染物的数量、毒性、移动性降低到风险可接受水平。

根据以上定义及相关文献，本书通过总结归纳，将自然衰减定义为：通过监测土壤和地下水中污染物及其相关指标，揭示自然作用下场地污染物的时空动态过程及其机理，并适时制定实施相应措施以引导自然作用，控制土壤和地下水环境风险处于可接受水平以内。其中，自然作用包括但不局限于：生物降解、对流-弥散、吸附、挥发、化学反应、放射性衰减，以及化学或生物稳定等可降低污染物的含量、毒性、移动性的物理、化学和生物作用。

2.1.2 理论依据

自然衰减依据场地自然（或天然）发生的物理、化学和生物作用，使得土壤和地下水中污染物的含量、毒性、移动性降低至人体健康/生态可接受的风险水平。其中对流、弥散、稀释、吸附、沉淀、挥发等是起到浓度稀释的作用，或是一种相转移到另一种相，污染物仍然存在，属非破坏性作用；纯化学的转化一般很少见，过程也很缓慢，更常见的是有微生物参与的生物降解作用，这种作用可将污染物转化为无害物质，属破坏性作用，可真正的去除污染物。因此，生物降解作用是非常重要的自然衰减作用。自然衰减的降解机制如图 2-1 所示[50,51]。

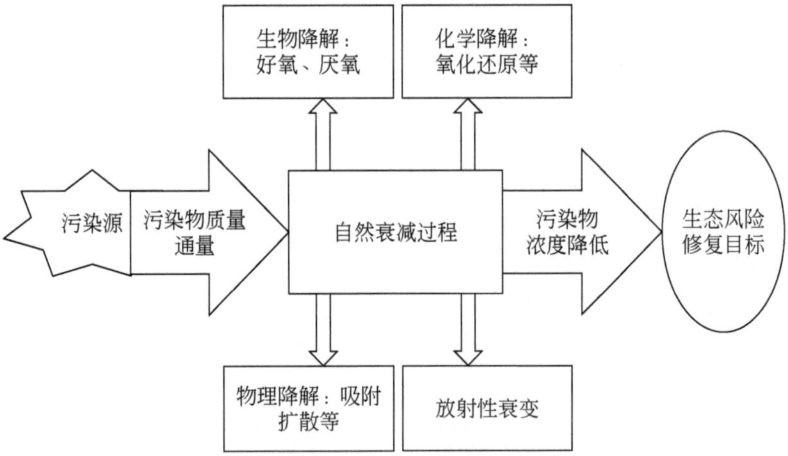

图 2-1　自然衰减机制

2.2 适用的污染物

自然衰减并不能适用于所有类型污染物场地的修复，在某些场地中的特定类型污染物，经转化生成的中间产物甚至会使毒性增加。目前欧美国家通过实践发现，适合使用自然衰减方法的污染物主要包括石油烃、有机溶剂、杀虫剂、重金属、硝酸盐、放射性核素和氰化物。美国采用自然衰减技术的主要污染物包括苯系物、有机氯化物、石油类碳氢化合物等；欧洲主要利用自然衰减处理土壤中氯化溶剂、矿物油、苯系物、多环芳烃类、氨和氰化物等污染物质；2000 年荷兰编制了针对氯化溶剂、矿物油等污染物的自然衰减监测方案；很多欧洲国家也积极推动编制适用更多污染物的自然衰减技术方案。但是，北欧的一些国家（如芬兰等）对该技术的推广较少，可能是因为天气较为寒冷，生物降解速度慢[42,52]。

我国对自然衰减技术的研究目前以实验室研究为主，应用于污染场地的案例较少。总结国内对于场地污染物的自然衰减的研究成果，研究的污染物主要有：石油类（石油烃、柴油、加油站油罐泄漏物）、有机溶剂（氯化溶剂、氯代烃等）、苯系物、垃圾渗滤液等。用于重金属等污染场地的修复未见。

2.3 自然衰减应用一般流程

对于某土壤和地下水污染场地而言，自然衰减是否适合作为修复技术，可按图 2-2 评估流程进行评估[47]。

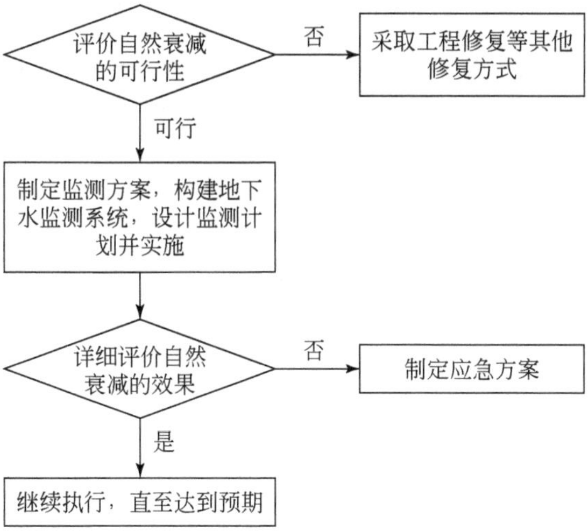

图 2-2　自然衰减的一般流程

2.3.1 场地调查及自然衰减可行性评估

在利用自然衰减进行场地修复前，应进行相应的场地特征详细调查，以评估该技术是否适用，并为监测井网设计提供基础参数。场地特征详细调查要明确主要污染物的类型、浓度范围及其分布、水文地质条件及暴露途径和潜在环境敏感点，进行必要的生态风险评估，全面考虑技术和经济等方面的因素，结合场地的水文、地质、扩散特征以及附近敏感点等，建立场地风险概念模型。

利用二维或三维可视化模型展示场地内污染物分布情形、高污染源区附近地下水环境、下游未受污染地区的状态、地下水流场以及污染传输系统等，即建立场地特征概念模型。

获取相关的地质、生物、地球化学、水文学、气候学与污染分析数据后，利用污染传输模式或自然衰减模式进行模拟，并利用实际场地特征调查结果进行验证，修正先前所建立的场地概念模型；如果场地差异性较大，可以适当修正模型的相关参数，并重新进行模拟。在后续执行自然衰减过程中，如获取最新的监测数据资料，也应随时修正场地概念模型，以便精确评估及预测自然衰减修复效果。

在场地概念模型的基础上，对场地内可能发生的自然衰减过程进行分析和评估，确认自然衰减过程的有效性。需要进行可能环境敏感点暴露途径分析，界定出潜在的人体与生物环境敏感点或是其他自然资源，结合现有与未来的土地和地下水使用功能，分析其可能产生的危害风险。通过对场地的风险评估，明确健康风险。在充分考虑技术经济因素的基础上，评估是否采取强化措施或采取工程修复措施。如果暴露途径分析结果表明，自然衰减作用可在设计时间内有效控制污染物的扩散、控制暴露风险，并能保证自然衰减作用的长期可持续性，则开始设计长期性的监测方案，完成自然衰减可行性评估，开展自然衰减修复技术的具体实施。

2.3.2 自然衰减方案及实施

根据污染场地调查和自然衰减可行性评价的情况，设计自然衰减技术方案，构建适合该场地的监测系统，综合评估场地自然衰减过程和拟采取的强化措施的时间要求和效果，根据时效要求，设计必要的监测计划，确定监测点位和频率，并严格实施自然衰减修复的计划。修复方案通常包括以下内容[47]。

1）评价单独使用或与其他工程措施结合使用自然衰减的可行性。

2）构建地下水监测系统。

3）制定监测计划。

4）详细评价自然衰减的效果，审查监控数据、污染物的化学和物理参数。根据监测到的自然衰减情况，必要时可能需要增加或调整强化措施，保证自然衰减过程在设计周期内的有效性。

5）制定应急方案，在监控过程中，在合理时间框架下，若发现自然衰减无效时，则需要执行应急方案。

在自然衰减项目中，监测井网系统的设计，要能够确定地下水中污染物在横向和垂向的分布范围，确定污染羽呈现状态（稳定、缩减或扩大），确定自然衰减速率是否为常数，确定监测井对于环境敏感点是否有预警作用，监测井设置密度（位置与数量）需根据场地地质条件、水文条件、污染羽范围、污染羽在空间与时间上的分布而定，且能够满足统计分析上可信度要求所需要的数量。

监测计划中，监测分析项目主要集中在污染物及其降解产物上。在监测初期，所有监测区域均需要分析污染物、污染物的降解产物及完整的地球化学参数，以充分了解整个场地的水文地质特性与污染分布。后续监测过程中，则可以依据不同的监测区域与目的，做适当的调整。在项目开始的前两年，地下水监测频率至少每季度一次，以确认污染物随着季节的变化情况。对于地下水文条件差异性大，或随季节有明显变化的地区，则需要更密集的监测频率，掌握长期变化趋势。

根据场地监测数据，定期评价自然衰减的效果是自然衰减实施过程中的重要内容。包括判定污染物自然衰减是否如预期方向进行，并评估自然衰减对污染治理的成效。自然衰减效果评估的依据主要来源于监测过程中所得到的检测分析结果，主要根据监测数据与前一次（或历史资料）的数据比对，主要包括以下几个方面。

1）自然衰减是否如预期一样正在发生。

2）发生可削弱自然衰减效果的环境状况是否改变，包括水文地质、地球化学、微生物群落结构或其他的改变。

3）是否产生了毒性或移动性更强的降解产物，其是否可能释放到环境中，是否影响了自然衰减修复的效果。

4）污染羽是否正持续衰减。

5）是否会对下游潜在环境敏感点产生无法接受的影响。

6）是否可以达到修复目标。

当分析自然衰减场地的数据时，通常关键的问题是：如果污染源区域释放污染物进入地下水，消除或固定污染物的机制是否是可持续的。更具体地说，自然衰减机制的速率是否持续等于污染物进入地下水的速率。作为一种污染修复方法，自然衰减效果的可持续性受到污染源区域污染物迁移速率和衰减机制双方面的影响。但是，迄今为止，大多数自然衰减的评价未详尽分析其可持续性。

当污染物释放率高时，可持续性成为最大的关注点。当污染源源区大，浓度高时，污染物容易转移到地下水中，便会出现此种情形，如尾矿库和垃圾填埋场。此时，污染源区的污染物浓度，通常可以通过污染源附近的地下水或污染羽中心的高浓度检测值来反演。尽管污染源往往不能准确地定位和量化，但是质量分析可以提供一种估算污染源向地下水中释放污染物速率的方法。质量分析（或更复杂环境中的溶质运移模型）还可以根据地下水特征和地球化学特征来估算污染物消除和/或固定化反应速率。

衰减机制方面，一些衰减机制是持续的，但有些机制并非如此。评估自然衰减的可持续性则要求识别有效的衰减机制、区分可持续的机制与不可持续的机制，并将污染物的释放速率与潜在的转化和固定化速率相比较。质量分析是评估可持续性的重要工具。不过，对于质量分析，由于场地评估固有的不确定性，这种不确定性对可持续性预测有很大的影响。因此，需要长期监测以确保自然衰减能够持续保护公众健康和环境。

在监控过程中，在合理时间框架下，若发现自然衰减无效、场地内污染有恶化情形、污染羽有持续扩散的趋势时，需要执行应急方案。应急方案主要是对修复方法的调整，包括其他清除和传输阻断措施，更严格的制度控制，以及强化自然衰减与其他的修复措施。需要启动应急方案的主要情形如下。

1）地下水中污染物浓度大幅度增加或监测井中出现新的污染物。

2）发生新的污染源释放。

3）在原污染羽边界以外发现污染物。

4）影响到下游地区的环境敏感点。

5）污染物浓度下降速率不足以达到修复目标。

6）场地的地下水水文地质条件或地球化学参数改变，导致自然衰减能力下降。

7）土地或地下水使用功能改变，形成新的污染暴露途径。

2.3.3 自然衰减公众参与

在美国，随着自然衰减技术应用的增加，一些受土壤和地下水污染影响地区的公众对这种措施表示质疑。公众通常认为自然衰减是一种“消极”的方法。多个社区团体的代表认为：法律上的漏洞、节省治理成本的愿望，以及监管机构关闭场地的压力等原因导致了自然衰减技术的迅速应用，自然衰减技术不足以保护公众健康和环境安全，并导致污染物稀释和向外转移。

因此，美国在进行场地修复时，会向公众提供免费的科普教育，用实际的科学技术结论和数据，向公众表明自然衰减确实发挥了作用，并可以在一定时间内达到修复目标，以消除公众疑虑，获取公众支持。在采用自然衰减技术过程中，公众参与十分重要。公众参与主要包括以下环节。

（1）社区参与

美国国家环保署的指南中指出，修复方案选择的过程中，应提供公众参与的机会，用于教育有关各方，并就决策过程征求反馈意见。新泽西州环保局要求责任方书面通知有关市政当局、公共卫生机构，在必要的情况下，书面通知居民个人。通知要说明地下水污染的类型和程度、拟定的修复方案，预估的修复持续时间，以及在受影响区域中哪些区域含水层将被暂停使用。如果拟定的修复区在地下水使用区内，则要通知所有受影响的业主和地方官员。如果拟定的修复区域不在地下水使用区内，则只通知地方行政部门即可。在 30 天的征求意见期内，必须对拟定的自然衰减方案进行清晰的说明。

（2）制度控制和长期监测

自然衰减作为一种修复措施，需要很多年才可能达到要求的修复目标，因此对场地进行制度控制非常重要。在制度控制的实施过程中，需要根据长期监测结果对为保护社区免受污染的制度控制方案进行持续的协调和修订。社区公众想要了解自然衰减是否继续发挥作用，以及公众健康是否得到保护。在公众参与过程中，对监测井布置、监测持续时间、划分监测阶段，以及自然衰减修复过程中的制度控制措施，需要充分与公众沟通。

长期监测的目的是为了证明，随着时间的推移，主要的自然衰减过程是可持续的，而且污染羽没有扩展。地下水中污染羽的演变过程，是需要结合场地实践不断研究的科学问题。特别是在残留非水溶相液体（non-aqueous phase liquids，NAPLs）的情况下，持续监测自然衰减过程，并及时进行信息公开，是至关重要的。

（3）应急方案

美国国家环保署发布的指南建议，自然衰减的技术方案中，必须包括应急计划和措施。美国材料与试验协会发布的指南也指出，在长期监测期间，如果监测数据表明自然衰减不足以达到修复目标，那么应实施应急计划。该计划可以改变修复技术，包括污染源清除、工程控制措施、更严格的制度控制，以及强化自然衰减和其他修复的措施。在公众参与过程中，应急方案要向公众公开并征求意见，以增加公众对修复效果的信心。

2.4 监测评估等级

美国国家环保署、美国材料与试验协会和美国空军环境中心等研究机构的自然衰减技术规范中均要求提供3个层面证据[27]，本书将其对应为自然衰减的初级监测评估、中级监测评估、高级监测评估三个等级，如表2-1所示。初级监测评估主要监测污染物和地下水流场，刻画污染物变化特征和污染羽状态变化趋势。中级监测评估主要监测地球化学组分，筛选自然衰减关键因子及评估降解能力。高级监测评估主要涉及微生物和同位素分析，可以为制定强化自然衰减及风险管控措施提供依据。

表2-1　自然衰减监测评估等级

等级	研究内容	工作方案	获取数据	解决问题
初级	污染变化规律	污染物动态监测	污染物浓度、水位	污染羽缩减、稳定、扩展状态
中级	自然衰减过程及降解机制	污染物及水文地球化学动态监测	污染物浓度、水位、水化学	自然衰减关键因子及降解速率
高级	微生物降解机理	关键因子动态监测、微宇宙实验	污染物浓度、水位、水化学、微生物、同位素	强化自然衰减及风险管控措施

目前，国外自然衰减的初、中级监测评估相对已较为成熟，市场化接受度高，广泛应用于大多数场地修复工作中，高级监测评估尚在发展更新中，多以科学研究为主，市场接受度相对不高。在我国，针对自然衰减的监测评估较少，为数不多的污染监测评估相当于采用的是初级监测评估方法，中级监测评估则以科学研究为主，高级监测评估罕见。

2.4.1 初级监测评估

1. 污染物变化

监测污染物的浓度、范围等的变化，可预测衰减趋势和修复时间。一般分析以下内容。

（1）污染物浓度变化趋势

开展特定点位的长期浓度监测并进行统计分析，评价污染羽的状态（扩展、稳定或缩减状态）。

（2）污染物质量守恒与通量分析

前者指利用质量守恒分析来估算降解后剩余污染物的质量以及降解产物的质量；后者是计算污染物经过某一横截面的质量通量，来评价污染羽状态（扩展、稳定或缩减状态），其中质量通量指在单位时间内通过与地下水流向垂直的监测断面的污染物的质量。

（3）溶质运移数学模拟

溶质运移数学模型主要有解析模型与数值模型。解析模型可以模拟预测污染羽的迁移距离，以及污染达到稳定状态所需要的时间，以此来评估自然衰减的进程。数值模型适用于更加复杂条件下的污染场地模拟预测。由于地下水环境中污染物的自然衰减过程复杂，使用数值模型评价自然衰减不仅可以表征自然衰减机制，更重要的是能够模拟预测污染物浓度的时间和空间变化规律，为自然衰减技术的研究与应用提供数据支撑。

2. 污染羽演化

受地下水流影响，污染物多呈羽状扩散，在场地概念模型中，需要确定污染源区和污染羽轮廓，以便对地下水污染进行有效的治理和修复。通常污染物浓度最高的地方被视为羽流的核心，而低浓度范围一般处于污染羽的边缘区域。

场地调查时，要设置恰当的监测井位对污染物的横向和纵向迁移进行准确描述。通常情况下，研究人员通过空间和图形方法，辅以统计分析来表征污染羽流行为。所有这些方法旨在评估随时间推移污染源负荷和/或含水层净化能力的变化，以及浓度、质量或分布的变化。这些指标的稳定或下降趋势可以表明自然衰减过程的有效性。

污染羽扩展：指污染羽继续向边缘移动和/或污染羽内监测点检测浓度随着时间而增大。在扩展的污染羽上总迟滞因子可以用来评估自然衰减过程的影响。如果污染羽扩展的迟滞因子仅仅是由于吸附过程的作用，则对于苯系物污染羽的自然衰减的迟滞因子，通常有一个范围，文献中给出的范围是 1.5～3.0。如果迟滞因子大于这个范围，那么除吸附之外的其他过程就是有可能的。如果污染羽是扩展的但是其速率远远低于地下水的流速，自然衰减修复机制要使风险减小和达到修复目标，则取决于受体的存在与否与存在的位置。这种情况下就需要进一步的调查和评估，对潜在的污染羽的迁移程度做更精准的预测，确保受体得到保护。

污染羽稳定：指随着时间推移，污染羽的边缘很稳定和/或羽内监测点的检测浓度非常均等，为统一的羽结构。如果污染羽稳定，虽然地下水流动在扩散污染物，但是污染分布范围未发生明显变化。简单地说，对于稳定的污染羽，就是自然衰减消耗污染物的速率等同于从污染源释放进入到羽内污染物的速率。稳定污染羽的自然衰减速率可以通过质量守恒法或浓度-距离法计算。

污染羽缩减：指污染羽的边缘随着时间缩减或/和羽中监测点检测浓度随时间降低。如果污染羽缩减，虽然地下水流动在扩散污染物，但是污染分布范围却明显减小。简单地说就是，对于缩减的污染羽，自然衰减消耗污染物的速率要远远大于污染源释放污染物进入污染羽的速率。缩减的污染羽的自然衰减率也可以通过质量守恒法或浓度-时间法计算。

2.4.2 中级监测评估

含水层的地球化学数据可以作为污染物发生生物降解的指标，对判定含水层污染物的自然衰减能力非常重要。在地下水有机污染物的自然衰减研究中，可以指示和计算生物降解作用发生的地球化学指标包括以下方面。

1）相比场地背景浓度，污染羽中最终电子受体（主要有 O_2、NO_3^-、Fe^{3+}、Mn^{4+}和 SO_4^{2-}）浓度下降，污染羽中还原产物（如 CH_4、Fe^{2+}、Mn^{2+}）浓度升高。

2）降解中间产物出现：例如，出现中间产物有机酸。

3）地下水中溶解性无机碳浓度与碱度变化：一般机理为异养微生物代谢产生二氧化碳，地下水中溶解性无机碳浓度增加，然而，笔者所在研究团队最新研究发现，也可能存在自养微生物代谢消耗二氧化碳，地下水中溶解性无机碳浓度减少[54]，导致地下水碱度发生变化，通过溶解无机碳和地下水碱度的变化曲线图，可以判断污染羽中的微生物降解进程。

4）pH、温度和电导率：地下水 pH 与微生物种群及其活性有关，温度则直接影响地下水中微生物的代谢活动，电导率与地下水中的离子量成正比，这些均可作为污染物生物降解发生的条件指标。

5）氧化还原电位：氧化还原电位表征含水层氧化还原状态，地下水的氧化还原电位值通常是-400～800mV，某些微生物降解只能在特定氧化还原电位条件范围内发生，氧化还原电位可作为微生物降解指示指标。

通过观测以上地球化学指标，可以定性判断污染物降解类型，并定量计算自然衰减的微生物降解速率。

2.4.3 高级监测评估

高级监测评估通过场地监测、微宇宙实验等手段，主要利用环境分子诊断（environmental molecular diagnostic，EMD）技术，主要包括单体稳定同位素分析（compound specific isotope analysis，CSIA）（化学分析）和分子微生物学技术

(molecular biological tools，MBTs)(微生物分析）两类技术，获取同位素、微生物等分子数据，刻画土壤和地下水的化学和生物特征，揭示自然衰减降解机理，为强化自然衰减措施（添加电子供/受体和营养物质等）及场地长期自然衰减监测方案制定提供科学依据。

1. 稳定同位素分析[55]

稳定同位素分析，尤其是单体稳定同位素分析，已经越来越普遍地应用到自然衰减研究中，单体稳定同位素分析的理论基础是稳定同位素瑞利分馏理论。因构成污染物（如氯代烃、石油烃）的碳、氢、氯等元素存在稳定同位素（$^{13}C/^{12}C$、$^{2}H/^{1}H$、$^{37}Cl/^{35}Cl$)，且污染物中该系列元素同位素丰度比值相对稳定，以 δ 值(即相对于标准物质的同位素丰度比值的千分差）表示，如碳的 δ 值计算公式为

$$\delta(‰)=(R_{sq}/R_{st}-1)\times 1000 \tag{2-1}$$

式中，R_{sq}是污染物中^{13}C 和^{12}C 的丰度比值；R_{st}是标准物质中^{13}C 和^{12}C 的丰度比值。

在多数生物化学和非生物反应过程中，相比含有较重稳定同位素的分子，含有较轻同位素的分子倾向于更快地反应。这是由于轻同位素化学键较弱，更易断裂，导致降解产物中轻同位素富集，而反应物中重同位素富集。如，^{13}C 是^{12}C 的重同位素，发生反应时含^{12}C 的分子优先转化。伴随着反应发生，剩余污染物中含^{13}C 的分子相对含量不断增加，即 δ 值不断增加，发生同位素分馏。一阶衰减速率情况，相比污染物降解前的同位素初值（δ_{source})，检测污染物中同位素值($\delta_{groundwater}$）变化，其与剩余污染物浓度 C_t和初值浓度 C_0之比 f，存在如下关系：

$$f=e^{(\delta_{groundwater}-\delta_{source})/\varepsilon} \tag{2-2}$$

$$f=C_t/C_0 \tag{2-3}$$

式中，ε 是富集系数，不同反应或降解途径（好氧降解、厌氧降解等）的 ε 不同，ε 一般由实验室微宇宙实验测定或参考相关文献获取。

因此，测定地下水污染物中的 $\delta_{groundwater}$值、δ_{source}值、初值浓度 C_0即可计算污染物剩余浓度 C_t，反映自然衰减程度。

结合场地基础资料，可分别计算出污染物随距离和时间的衰减速率 $\lambda_{distance}$和 λ_{time}：

$$\lambda_{distance}=-\ln f/d \tag{2-4}$$

$$\lambda_{time}=-\ln f\cdot v/d \tag{2-5}$$

式中，v 是地下水流速；d 是地下水流动距离。

根据衰减速率 $\lambda_{distance}$，可推算污染物衰减至风险可接受水平的距离 D：

$$D=-\ln F/\lambda_{distance} \tag{2-6}$$

$$F=C/C_t \tag{2-7}$$

式中，F 是允许浓度 C 和当前浓度 C_t 的比值。

同理，可推算出污染羽中某一点污染物衰减至允许浓度的时间 T，如下面公式所示：

$$k \cdot T = \ln\left[C_0/(C_0 - C)\right] \tag{2-8}$$

式中，k 是一阶反应常数。

如果衰减至允许浓度的距离 D 不至于达到下游的环境敏感点，且污染物衰减至允许浓度的时间 T 在可接受范围内，则场地可不采取工程修复措施，采用自然衰减即可。

2. 微生物群落结构分析

微生物群落结构分析可表明场地自然衰减的微生物过程，以及评估微生物降解目标污染物的潜力，其可作为支撑场地自然衰减进程和能力的判据。

以往微生物群落结构分析主要采用微生物培养法。即，采集野外原位地下水或土壤样品中的微生物菌群开展室内培养实验，分析其对污染物的降解潜力。随着分子生物检测技术的不断发展，当前，分子生物学技术已成为微生物群落分析的基本成熟和常用方法。如，通过测定目标微生物标记物（特定的核酸序列、多肽、蛋白质和脂质），提供与污染物降解相关的微生物活动和降解过程信息；通过定量聚合酶链式反应（polymerase chain reaction，PCR）技术定量与污染降解相关的功能微生物；通过宏转录组分析有活性的微生物群落结构与功能；甚至可应用基因工程菌来强化污染物自然衰减的能力[56]。

第3章 自然衰减基础理论

自然衰减作用包括物理（对流–弥散、吸附/解吸、挥发等）、化学或生物降解等过程。在实际场地应用中，因污染场地的水文地质条件和污染物的迁移转化过程复杂，一般为多过程的复合作用。

3.1 水文地质学基础

我国水文地质专业普遍采用的教材《水文地质学基础》[57]指出：水文地质学是研究地下水的科学。它研究与岩石圈、水圈、大气圈、生物圈以及人类活动相互作用下地下水水量和水质的时空变化规律，研究如何运用这些规律去兴利除害，为人类服务。本书所述的水文地质基础主要是指与地下水中污染物迁移转化有关的基础知识，主要包括：地下水的存在形式、赋存条件、运动规律，地下水的物理和化学性质，以及地下水与其他水体的关系。

3.1.1 地下水的存在形式

地壳岩石中的水包括岩石“骨架”中的矿物结合水（沸石水、结晶水和结构水）和岩石空隙中的水。其中，水文地质学重点研究岩石空隙中的水，包括重力水、结合水、毛细水以及气态水、固态水。重力水，是岩土空隙中水分子在自身重力影响下，能够产生自由流动的水，井泉取用的地下水，均属重力水，是运动水的最主要部分。结合水，是固相表面的张力大于水分子自身重力的那部分水，该部分水束缚于固相表面，不能在自身重力影响下运动。毛细水，是由于毛细管力作用而保存于包气带内岩层空隙中的地下水。

3.1.2 地下水的赋存条件

地表以下一定深度上，岩石空隙充满重力水，形成地下水面；地下水面以上为包气带，以下为饱水带；包气带自上而下可分为土壤水带、中间带和毛细水带；包气带顶部植物根系发育与微生物活动的带为土壤层，其中含有土壤水；包气带底部由地下水面支持的毛细水构成毛细带，包气带厚度较大时，土壤水带与毛细水带之间还存在中间带。根据岩性的渗透性不同可将水文地质结构划分为：透水层与不透水层，其中，饱含水的透水层称为含水层，不透水层称为隔水层。地下水分类依据一般有两种：根据地下水埋藏条件，地下水分为包气带水、潜水及承压水；根据含水介质（空隙）类型不同，地下水分为孔隙水、裂隙水和岩溶水。

3.1.3 地下水的运动规律

地下水的运动称为渗流，发生渗流的区域称为渗流场，由于受到介质的阻滞作用，地下水的渗流较地表水流动而言极为缓慢。当渗流场内各运动要素（水位、流速、流向等）不随时间变化，称为稳定流；反之，称为非稳定流。在渗流场的某一典型剖面或切线上，存在一系列等水头线与流线组成的网格，即流网。均质各向同性的介质中，地下水沿垂直于等水头线方向运动，形成的是流线与等水头线正交的流网，但当含水层存在强渗透的透镜体时，流线汇聚，而当存在低渗透透镜体时，流线绕流。当地下水在狭小的空隙岩石（如砂土、狭窄裂隙）中流动时，重力水受介质的吸引力较大，水的质点排列较有秩序，此种水的质点相对有秩序的、互不混杂的流动，被称为层流运动；反之，当地下水在宽大的空隙（如大溶穴、宽大裂隙）中流动时，水流质点无秩序的、互相混杂的流动，被称为紊流运动。一般认为，当地下水满足层流运动，且雷诺数（R_e）在 1 ~ 10，则地下水运动满足达西定律，即渗透流速与水力梯度成正比，大多数情况下，地下水运动满足达西定律。以上主要指重力水的运动规律，低渗透介质和结合水的运动可称为低速非达西流，一般认为该方面研究尚无定论，应用中往往暂不考虑该作用。

3.1.4 地下水的物理和化学性质

相比地表水而言，天然条件下，地下水处于较为密闭的系统，水温、矿化度、酸碱度、氧化还原电位等物理和化学参数相对稳定，其中含有各种气体、离子、胶体物质、有机质以及微生物等。主要气体成分有 O_2、N_2、CO_2、CH_4、H_2S 等；主要离子成分包括 Cl^-、SO_4^{2-}、HCO_3^-、Na^+、K^+、Ca^{2+} 及 Mg^{2+} 七大离子；次要离子包括 H^+、Fe^{2+}、Fe^{3+}、Mn^{2+}、NH_4^+、OH^-、NO_3^-、CO_3^{2-}、SiO_3^{2-} 及 PO_4^{3-} 等；微量组分包括 Br、I、F、B、Sr 等。主要化学成分通常包括钙、镁、二氧化硅、钠、重碳酸盐、氯化物和硫酸盐；次要成分通常包括铁、钾、硼、氟、硝酸盐和天然有机腐殖物质。水文地球化学反应是地下水化学成分形成的原因，主要包括：溶滤作用、浓缩作用、脱碳酸作用、脱硫酸作用、阳离子交替吸附作用、混合作用。人类活动可以很大程度改变地下水的化学成分，如石油类场地污染物迁移过程中，石油类污染物化学结构和组成会发生转化，且一般以生物降解为主，主要依次发生好氧作用、硝酸盐还原作用、铁锰还原作用、硫酸盐还原作用、产甲烷作用等，直接产生或消耗相关化学成分，改变气体成分 O_2、N_2、CO_2、CH_4、H_2S 等含量，同时，其改变酸碱度、氧化还原电位等参数，影响水文地球化学反应，本书将该系列生物降解与水文地球化学反应的交互统称为生物水文地球化学反应。

3.1.5 地下水与其他水体的关系

地下水与其他水体通过补给和排泄过程建立联系。天然条件下，地下水的补给来源主要有大气降水、地表水、凝结水，以及其他含水层或含水层系统的水补给；人类活动影响条件下，灌溉回补、人工补给、水库蓄水渗漏等也均可补给地下水。地下水的排泄，天然条件下的方式主要有泉、向河流泄流、蒸发、蒸腾，及向其他含水层或含水层系统排泄；人类活动条件下，地下水井开采利用、人工渠道、矿坑排水等均可排泄地下水。地下水补给与排泄均在水量交换外，伴随着地下水化学成分及能量的交换，导致一系列生物水文地球化学反应的发生，影响地下水水质。

3.2 污染物迁移转化基本原理

3.2.1 场地污染源

场地污染源位置主要取决于场地和污染物特点两个方面。从场地特点看，有些情况下，污染物明显发生于某点位，或集中于某范围内，例如，垃圾填埋场、化学品地下储罐、矿山尾矿堆等。该类污染源相对比较明显，易于定位，且移除目标明确。然而，更多情况下，污染源定位极其困难，例如，地下存在某一黏土层透镜体，其范围不大，一般的物化探调查往往错失其存在，但污染物经过该黏土层时却被大量截留，形成一个长期向地下环境释放污染物的浓度高聚集区域，该区域也可认定为污染源，该类污染源往往极难捕获、移除。从污染物特点看，非水溶相液体（non-aqueous phase liquids，NAPLs）污染物是影响污染源位置的主要因素，其又可分为密度大于水的重质非水溶相液体（dense non-aqueous phase liquids，DNAPLs）污染物和密度小于水的轻质非水溶相液体（light non-aqueous phase liquids，LNAPLs）污染物两类。由于NAPLs密度的不同，二者在地下水中的迁移方式不同。LNAPLs一般在地下水面附近积聚，DNAPLs则易于穿透地下水层，沿地质裂隙向下形成污染带。两种类型的NAPLs污染物均可吸附于土壤孔隙，即使地下水中的NAPLs污染物被清除，吸附在土壤颗粒和沉积在水面下的残余NAPLs又会重新释放，其往往是修复过程中污染浓度“拖尾”和“反弹”效应的根源。常见的LNAPLs主要是燃料（汽油、煤油和喷气燃料），常见的DNAPLs主要是工业溶剂（三氯乙烯、四氯乙烯和四氯化碳）。NAPLs一旦迁移到地下，地下污染源区的位置往往难以确定。

一般而言，污染源区内污染物的量比污染羽中的量要大得多，污染源区中污染物的降解通常会持续更长的时间。因此，大多数情况下，污染源移除是加快污染羽自然衰减的一种实用方法，是自然衰减修复中常用的配套修复措施。污染源移除可达到两个目标：第一，尽可能多地去除污染物，直接降低污染物浓度和污染时间；第二，尽量消除“拖尾”和“反弹”效应，避免污染物持续释放，影响自然衰减效果。理论上，如果能够精准定位污染源，并成功去除残余NAPLs污染物，自然衰减修复几乎适用于所有场地。但实际修复案例中更常见的情况是，由于污染场地往往存在水文地质的非均质性和各向异性，导致污染源区形状极不规则，污染源区范围极难圈定，污染源移除效果往往不尽人意。美国提出的自然衰减的技术准则，介绍了一些主动修复技术用于污染源的移除，包括抽出处理、土壤气相抽提、空气注入等。配套以上修复技术，自然衰减可作为污染源长期管理的方法。

3.2.2 污染物的迁移

污染物的迁移主要指污染物在土壤和地下水等环境中发生的对流、弥散、吸附/解吸、挥发、相迁移等物理过程，不包括污染物发生的结构变化和化学反应。场地中污染物一般以非水溶相液体（NAPLs）在重力作用下向下迁移，或溶解在渗透水中随着重力水运动而迁移，或发生固、液、气的相迁移等。其中，尤其是挥发性有机物的迁移相对复杂。常见普遍存在的挥发性有机物如石油烃类（可形成LNAPLs）、卤代烃类（可形成DNAPLs）等。石油烃类污染多见于地下储油罐腐蚀、意外事故、长期缺乏维护等原因破损导致的油料泄漏；卤代烃类则是工业上重要的有机溶剂和产品中间体，因其具有溶解能力强、热稳定性高等优点，在工业中作为溶剂、灭火剂、涂料等被广泛应用。对流、弥散、吸附/解吸等将在下文详细介绍，在此对挥发、相迁移过程做简单介绍。

挥发是使地下水体系中污染物含量减少的作用，可用亨利定律和亨利常数表达。液体中溶解的化合物，其挥发性受到外部和内部因素双重控制，外部因素如压强、液体表面空气流动速度和温度等，内部因素为化合物与溶剂液体间的内在吸引力水平。亨利定律是指在一定的压强和温度条件下，一种挥发性溶质（一般为气体）在液体内的溶解度与液面上该溶质的平衡压力成正比。亨利定律适用的条件是液体内溶解度不大的挥发性溶质，且在溶液中的气体不与溶剂发生作用（或发生一些反应，但是极少电离）。亨利定律还可表述为：在一定温度下，稀溶液中溶质的蒸气分压与溶液浓度成正比。对于稀溶液而言，溶质在溶液上方产生的分压，与溶液的浓度直接成比例，该比例常数即为亨利常数。亨利常数亦可作为描述化合物在气液两相中分配能力的物理常数，有机物在气液两相中的迁移方向和速率主要取决于亨利常数的大小。根据有机物的亨利常数，可以判断气体在液体中的溶解度、液体的挥发作用和在多介质环境中的迁移及趋势。亨利常数是地下水污染修复的一个关键参数。

相迁移是指污染物以不同相态分布在包气带的地下水、土壤颗粒、NAPLs 和土壤气体中。污染物在不同相态间的转移可以增加或减少地下水中污染物的浓度。虽然相迁移的基本概念简单，但难以量化，不容易建模模拟，目前是一个正在探索的研究领域。

3.2.3 污染物的转化

污染物的转化是指污染物在环境中经过化学、物理或生物的作用改变形态或者转变为另一种物质的过程。有机物的转化包括氧化还原、水解，以及生物降解等化学和生物过程，在此过程中有机污染物的结构发生变化。污染物的转化与迁移相互联系又有所不同，迁移只是污染物空间位置的相对移动，转化涉及到污染物本身的结构变化[58]。

实际上，污染物的转化与迁移往往是伴随发生的，污染物转化的过程取决于其本身的物理化学性质、环境条件等。

污染物进入土壤后，与土壤中的组分发生物理、化学或生物反应，主要包括吸附解吸、沉淀溶解、同化矿化、络合解络、降解等过程。土壤是自然环境中微生物最为活跃的场所，生物降解对土壤中污染物的转化发挥着重要的作用。土壤中固、液、气三种相态的分布是影响污染物运动与微生物活动的关键因素。土壤的湿度、温度、pH、离子交换能力和微生物种类等，是污染物转化的依赖条件。土壤的氧化还原条件影响污染物的转化与存在状态。许多有机物通过微生物的作用，可以分解转化为二氧化碳和水等无害物质。在合适的环境条件下，微生物也可以使含磷、硫、氮的污染物转化为其他无毒或毒性较小的化合物。例如，在强还原条件下，磷酸通过土壤中厌氧性细菌的脱氧作用，可以转化为亚磷酸、次磷酸及磷化氢等；土壤中的硫酸盐还原菌可以使硫酸盐还原成硫化氢，进入大气；有机氮可被土壤中微生物转化为氨氮或硝态氮，被植物吸收或者通过水气交换进入大气。[59,60]

在地下水中，污染物的转化主要通过生物降解、氧化还原、水解等反应进行。污染物可以通过生物吸收和代谢反应发生转化。在一定的氧化还原条件下，地下水中的污染物还会发生接受电子或失去电子的过程，出现价态的变化。这不仅导致污染物化学性质的变化，而且也会发生迁移能力的变化。地下水中的三价砷和五价砷、三价铬和六价铬等重金属就是比较突出的例子。水解是污染物与水发生反应，不仅可使污染物的性质发生变化，而且还能促进污染物进一步分解和转化。水中含有的各种有机和无机配位体、螯合剂，可以与水中的污染物发生配合反应而改变污染物的存在状态（如无机汞可以转化为甲基汞或二甲基汞）。在这些转化过程中，可能发生的反应可被统称为生物地球化学反应，它们都是发生在地质环境中的化学反应，且许多反应是由微生物催化发生的。[61]

3.3 对流迁移过程

对流输送是地下水中污染物的迁移主要过程，饱水带中污染物的对流输送受水力梯度、渗透系数和孔隙度三个关键因素支配，符合达西定律。

3.3.1 水力梯度

水力梯度（hydraulic gradient），又称水力坡降或者水力坡度。指沿渗透途径水头损失与相应渗透途径长度的比值。可以理解为水流通过单位长度渗透途径为克服摩擦阻力所耗失的机械能，或者克服摩擦力而使水以一定流速流动的驱动力，也可以理解为在含水层中沿水流方向每单位距离的水头下降值。也可以说，在各向同性介质中，水力梯度就是沿着地下水流动方向上单位距离（长度）渗透途径上的水头损失。地下水的水力梯度是地下水运动的关键参数。由于流场为一个标量场，依场论标量场可构成一个梯度场。水力梯度定义为最大水头降方向上单位长度上的水头降值，表示为

$$\boldsymbol{I}=-\frac{\Delta H}{\Delta L} \tag{3-1}$$

式中，$\boldsymbol{I}$ 为水力梯度（无量纲），ΔL 为沿等水头线法线方向的运动距离（m）；

ΔH 为 ΔL 距离上的水头降（m）。其微分表示形式为

$$\boldsymbol{I} = -\frac{\mathrm{d}H}{\mathrm{d}N} = -\ \mathrm{grad}H \tag{3-2}$$

式中，N 为等水头线（面）的外法线方向（水头的降低方向），$\mathrm{d}H/\mathrm{d}N$ 为水头对距离的微分，grad 为梯度运算符号。

水力梯度 $\boldsymbol{I}$ 为一个矢量，其既有方向，又有大小。地下水沿着水力梯度下降的方向流动，在满足达西定律条件下，地下水流动的速率与水力梯度呈正比，提醒注意的是，计算水力梯度时，水头差必须与渗流路径相对应。

3.3.2 渗透系数

渗透系数，也称水力传导系数（hydraulic conductivity），是指饱和多孔介质单位水力梯度时的渗流速度，表征多孔介质或沉积物传输流体的能力。普通岩石与沉积物之间的渗透系数，从几乎不透水的结晶石到高度透水的砂砾，其变化幅度超过十个数量级；破碎岩石、砂石以及黏土的渗透系数处在这二者数量级之间。

在各向同性介质中，渗透系数是指在单位水力梯度下的单位流量，用于表示流体经过孔隙骨架的难易程度。渗透系数与含水层的渗透率以及通过它传导的流体有关，定义为

$$K = \frac{k\rho g}{\mu} \tag{3-3}$$

式中，K 为渗透系数（m/d）；k 为空隙介质的渗透率（m^2），只与固体骨架的性质有关；ρ 为流体密度（$\mathrm{kg/m}^3$）；g 为重力加速度（$\mathrm{m/d}^2$）；μ 为流体的动力（绝对）黏度［kg/(m · d)］。浅层地下水的密度和动力黏度通常分别为 $1.0\times10^3\mathrm{kg/m}^3$ 和 0.01Pa · s，其中 Pa · s 为动力黏度另一表达单位，1Pa · s 等于 1kg/(m · s) 左右。密度和动力黏度都取决于温度，一般随温度增加而增加。[62]

在各向异性介质中，渗透系数可以用张量形式表示。渗透系数主要取决于岩石的渗透率（由粒度成分、颗粒排列、充填状况、裂隙性质及其发育程度等决定），同时也与渗透流体的物理性质（容重、动力黏度等）有关。针对一般地下水而言，渗透系数越大，含水层介质透水性（岩石允许水透过的能力）越强，经验值如下：极强透水的粗砂、砾石层渗透系数约为 20 ~ 150m/d，卵石约为 100 ~ 500m/d；较强透水的中砂渗透系数为 5 ~ 20m/d；一般透水的细砂、粉砂渗透系数约为 0.50 ~ 5.0m/d；弱透水的粉土、粉质黏土渗透系数约为 0.001 ~ 0.50m/d；不透水的黏土渗透系数小于 0.001m/d。

3.3.3 孔隙度

孔隙度是相对于总体积的内部表面孔隙空间体积的度量，是固体中的孔隙空间体积占固体体积的比例，通常分为岩石孔隙度和土壤孔隙度。像渗透系数一样，它取决于地质介质的类型，可以通过现场测试或样品测试来确定。孔隙度表示为岩石样品中所有空隙的体积之和与该岩石样品体积的比值，一般采用百分数形式。总孔隙度越大，表示岩石中孔隙空间越大。互相连通的孔隙流体在其中才具有流动性，才能发生渗流。因此，在实践中，提出了有效孔隙度的概念。有效孔隙度表示为，在一般压力条件下，互相连通的、允许流体（如地下水等）在其中流动的空隙空间体积之和与岩石样品总体积的比值，一般采用百分数形式。有效孔隙度小于总孔隙度。

3.3.4 达西定律

在水力梯度、渗透系数和孔隙度基础上，深入描述地下水渗流的规律定律——达西定律，即饱和土水中的渗流速度与水力坡降之间存在线性关系规律（线性渗流定律）：

$$v = KI, \qquad Q = KAI \tag{3-4}$$

式中，v 为地下水达西渗流速度（m/d）；I 为水力坡度（无量纲）；Q 为渗透流量（m^3/d）；A 为过水断面面积（m^2）。地下水实际速度 u 为

$$u = \frac{v}{n_e} \tag{3-5}$$

式中，n_e为有效孔隙度。由于介质中的污染物会随着流体运动发生流动，产生对流迁移过程，该过程又称为对流作用。基于地下水实际流速，污染物对流迁移通量 F_a表示为

$$F_a = un_eC \tag{3-6}$$

式中，C 为污染物浓度（mg/L）。对流作用是污染物迁移的重要动力，只要流体流动，便会发生对流，在渗透性好、流速快的含水层中，其通常是污染物迁移的主要动力。

3.4 弥散迁移过程

弥散，即水动力弥散（hydrodynamic dispersion），是地下水中的污染物沿流向逐渐传播扩散，并在渗流区域中占有愈来愈大的体积的现象。沿地下水流向的

弥散称“纵向弥散”，垂直于地下水流向的弥散称“横向弥散”，但天然条件下，大多数地下水垂向上的水流运动很小，横向弥散作用可忽略。弥散作用引起污染物迁移距离变远、污染羽范围变大、污染羽中的污染物浓度呈梯度变化。

弥散由两类基本现象组成。一是由对流作用衍生的，称机械弥散，指污染物随水流一起在多孔介质中流动，污染物实际是沿着曲折的渗透路径运动的，由于孔隙、裂隙等分布的不均匀，几何形状和大小的差异，局部水流速度在大小和方向上都与平均流速不同，引起溶质在介质中扩散的范围扩展。机械弥散可认为是恒温条件下，多孔介质中流体所产生的溶质扩散效应。水流静止条件下无机械弥散。由于中流速、慢流速是地下水流速的大部分，平均速度主要是该两部分的平均值，快流速相对较少，而这较少的快流速正是机械弥散的主要成因，因此，从结果上看，机械弥散使污染物在平均流速方向上迁移更远。二是分子扩散，指在浓度梯度作用下，污染物由高浓度向低浓度位置的扩散。分子弥散可认为是在水流静止条件下，浓度梯度所产生的溶质扩散效应。溶液中溶质的分子扩散速度服从费克定律。

弥散系数是表征地下水中污染物迁移的重要水文地质参数，是一定流速下，多孔介质对某种溶解物质弥散能力的参数。弥散系数是一个与流速及多孔介质有关的张量，具有方向性，沿水流方向以纵向弥散系数表示，垂直水流方向以横向弥散系数表示。从扩散方式上，仍可分为机械弥散系数与分子扩散系数，但一般二者不易区分，在实际应用中一般将二者合并计算。在渗透性能较好的含水层中，当地下水流速较大时，机械弥散作用比分子扩散作用大，分子扩散系数可以忽略；而在较细颗粒的多孔介质中，地下水流速通常很慢，分子扩散作用比较明显，应考虑分子扩散系数。

值得注意的是，以上对流-弥散作用只会导致污染物在地下水中的重新分散，并不会减少污染物的总量。

3.5 吸附/解吸迁移过程

当介质中的流体与固体骨架相接触，由于固体表面力的存在，随着流体迁移的污染物被固体捕获，这种现象被称为吸附。解吸则为吸附的反过程。吸附容量主要受介质表面积和表面性质影响，吸附作用还与被吸附物的分子引力相关，这种力构成了吸附亲合力。亲合力大的物质比亲合力小的物质优先被吸附。吸附过程主要包括物理吸附、化学吸附、吸收、离子交换吸附等。物理吸附是指固体颗粒表面附着污染物。化学吸附是指沉积物、土壤及岩石表面通过化学反应附着物质。吸收是多孔介质骨架内部颗粒的内表面对物质的吸附。离子交换包括：阳离子交换，指通过静电作用吸附于带负电荷的颗粒表面；阴离子交换，指阴离子被铁、铝等氧化物表面或黏土矿物颗粒吸附。

吸附可减缓污染物迁移，使污染羽的扩散速度低于地下水流速，但吸附只是暂时降低污染物移动性，污染物仍然存在。在一定地球化学条件下，污染物仍可解吸后污染地下水，吸附被认为是可逆的动态平衡，吸附速率与解吸速率大致相等。含水层中影响吸附作用的最主要的因素为：有机质和黏土矿物质含量。对于疏水性的有机污染物而言，有机质含量是决定其吸附的主要因素，对于金属和放射性核素则较为复杂。然而，吸附却是重金属和核素等自然衰减的主要作用，下面主要介绍其吸附机理。

表面官能团（SOH）与金属阳离子（M^{m+}），及与产生净负电荷的吸附物质（ML^{l-}）反应的一般形式如下：

$$SOH+M^{m+}\overset{K_M}{\rightleftharpoons}SOM^{(m-1)}+H^+$$

$$SOH+H^++ML^{l-}\overset{K_L}{\rightleftharpoons}SOH_2^++ML^{l-}$$

K_M或K_L，分别是对于金属交换和配体交换反应的反应平衡常数。由于H^+是每个反应的一部分，表面吸附对溶液 pH 很敏感。低 pH 有利于配体的吸附，高 pH 有利于金属的吸附。金属阳离子吸附到层状硅酸盐上的固定电荷位点（SX^-），可以描述为如下形式的交换反应：

$$mC(SX)_u+uM^{m+}\overset{K_{MX}}{\rightleftharpoons}uM(SX)_m+mC^{u+}$$

其中K_{MX}是离子交换常数；C^{u+}是交换阳离子。阳离子交换反应取决于固体表面上的交换阳离子（例如Ca^{2+}和Na^+）的浓度。由于所有吸附反应几乎都是多组分复合的，因此，吸附程度取决于吸附复合物的强度（由K_M、K_L或K_{MX}表示）、表面官能团（SOH 或SX^-）的浓度、吸附物质（M^{m+}或ML^{l-}）的浓度，以及竞争物（特别是H^+和交换阳离子）的浓度。

特定金属对特定固体的吸附程度通过分布或分配系数（K_d）来量化。金属和放射性核素污染物吸附由污染物与含水层矿物表面的静电引力引起。污染物可能仅靠静电引力较弱地吸附在表面，或者通过与表面的化学键较强地结合在一起。靠静电引力吸附在表面的污染物通常K_d值较低，通过与表面的化学键结合在一起的污染物通常K_d值较高。由实验得到的特定土壤样本对污染物的分布系数，其值会受到 pH、碱度、盐度以及测定时使用的固体溶液比的影响。因此，应用K_d值时，必须要考虑到污染羽的条件，如 pH、离子强度等。

pH 不但能够影响污染物的水溶态，而且能够影响矿物质的表面性质，因此 pH 是吸附最敏感的地球化学变量。特别是那些形成较强羟基或碳酸盐配合物的污染物水溶态受到 pH 影响。相应地，水溶态控制着污染物离子的电荷数以及水化半径，这两个条件对于污染物与矿物表面自身的静电引力都很重要。pH 对矿物表面性能的影响更大，大多数矿物质表面电荷吸附大量金属和放射性核素的能力随 pH 变化，这是因为在水中，羟基能够结合氢离子附着在这些矿物表面的晶体结构上。

离子强度（与盐度、电导率或总溶解固体弱相关）也会影响金属和放射性核素的吸附。离子强度值影响矿物质表面的静电性质，从而影响吸附。另外，在离子强度较高的溶液中，污染物更容易形成水相络合物，从而阻碍吸附。如果离子强度中很大一部分是由类似于污染物性质的离子组成的，这些离子就会与污染物竞争吸附电位，导致污染物吸附减少。

含水层的矿物质对于金属和放射性核素的吸附也是十分重要的。特别是黏粒矿物的类型和丰富程度以及方解石的存在与否是很重要的。含水层中的方解石是地下水化学中 pH 为 7 ~ 8.5 的缓冲以及增加碳酸盐碱度的控制物。pH 缓冲对于吸附的影响已经在上面讨论过。碳酸盐碱度的增加可能会降低一些污染物的吸附程度，尤其是铀，会结合溶解的碳酸盐，形成稳定的络合物。这些络合物通常是阴性的，因此当 pH 升高时吸附会减少。在给定的地球化学条件下，污染物的吸附与其可吸附点的数量成正比。这一因素受含水层矿物的表面积控制。黏土颗粒具有更大的表面积，相对吸附更多的金属和放射性核素。同样的，不同的黏土矿物类型也具有不同的表面性质。黏土中三价铁氧化物和氢氧化物（如赤铁矿、针铁矿、铁矿等）通常占大部分。然而，含水层黏土矿物量并不总与污染物吸附程度相关。多数情况下，仅小部分含水层中的黏土矿物可与地下水接触，污染物吸附较小；大部分三价铁离子矿物以金属结核形式存在，其不可吸附污染物。

吸附反应的复杂性对自然衰减的模型模拟有两个影响。首先，吸附通常不能以单一模型描述，往往是复合模型。其次，吸附的金属可能随地球化学条件（如 pH 或交换阳离子）变化而变化。

3.6 化学转化过程

3.6.1 酸碱反应

溶液的酸碱度是衡量活性 H^+的一种有效手段，定义为

$$pH = -\lg a_{H^+} \approx -\lg[H^+] \tag{3-7}$$

式中，$[H^+]$ 指的是溶液中氢离子的物质的量浓度（有时也被写为 $[H_3O^+]$，水合氢离子的物质的量浓度），单位为 mol/L；a_{H^+}为氢离子活度，在稀溶液中，氢

离子活度约等于氢离子的浓度，因此一般 pH 可以用氢离子浓度来进行近似计算。地下水中许多化学物质表现为酸性或碱性，可提供或接受氢离子。

酸碱反应涉及氢离子的转移，几乎影响到地下水中其他所有类型的反应，其反应一般很快。酸碱反应决定了水的酸碱度，酸碱度又会影响沉淀、化学吸附、络合、水解、氧化还原及微生物降解等。因此酸碱反应在污染物的自然衰减过程中非常重要。

酸碱反应的一个重要特征是"缓冲"（稳定）溶液的酸碱度，使 pH 接近中性（pH 为7）。如果向溶液中添加酸或者其他反应产生了酸，那么溶液中的碱（A^-）会获取 H^+形成 HA。如果在溶液中添加碱，那么酸释放 H^+形成共轭碱和水。只要系统含有酸和碱，pH 变化很小。系统的总酸中和能力称为碱度。一旦所有的碱都转化为对应的共轭酸，该溶液的 H^+缓冲能力就会耗尽；当溶液中酸过量（添加过多），pH 会急剧下降，从而改变污染物的存在状态及反应趋势。

3.6.2 氧化还原反应

地下水中污染物自然衰减的氧化还原反应一般是微生物引发的生物化学反应，但一些氧化还原反应在没有微生物参与的情况下也会发生。不管微生物是否参与，氧化还原反应的概念是一样的，都涉及将电子从供体（还原剂）转移到受体（氧化剂）的过程。

氧化还原反应是有机物降解的普遍反应，其为《有机化学》的基础内容之一，在此不做介绍。氧化还原反应对于金属和放射性核素的衰减过程也至关重要，其引起污染物氧化态的改变可以直接影响污染物的迁移能力；也可以导致矿物质的沉淀，或导致矿物质的溶解，从而为污染物吸附提供吸附基质。

氧化还原反应发生时，电子从一种物质转移到另一种物质。当一种物质被氧化时，它失去电子，另一种物质得到电子被还原，如：

电子供体（D）失去了 n 个电子（e^-）被氧化：

$$D - ne^- = D^{n+} \tag{3-8}$$

电子受体（A）获得的 n 个电子被还原：

$$A + ne^- = A^{n-} \tag{3-9}$$

氧化还原强调一个受体的还原和一个供体的氧化共同发生，所以所有离开供体的电子都会被受体接受：

$$D + A = D^{n+} + A^{n-} \tag{3-10}$$

在此出现了电子活度 pE 的概念，与酸碱反应 pH 定义类似：

$$pE = -\lg a_e \tag{3-11}$$

其中，a_e 是氧化还原体系处于平衡状态时体系（设想）的电子活度。pE 则是衡量溶液接受或迁移电子的相对趋势，指示氧化还原反应发生趋势。pE 越小，电子浓度越高，体系越倾向于提供电子受体，发生氧化反应，反之，pE 越大，电子浓度越低，体系越倾向于接受电子，发生还原反应。

与 pH 不同的是，目前未见直接测定 pE 的仪器，但其可通过测量氧化还原电位 Eh 或 ORP（oxidation-reduction potential）来表征。根据能斯特（Nenster）方程推导：

$$\mathrm{pE}=\frac{F}{2.303RT}\times \mathrm{Eh} \tag{3-12}$$

式中，F 为法拉第常数（96 485C/mol），R 为气体常数［8.314J/(mol·K)］，T 为开氏温度。标准条件，25℃时，

$$\mathrm{pE}=\frac{\mathrm{Eh}}{0.059}=16.89\mathrm{Eh} \tag{3-13}$$

氧化还原电位 Eh，是水溶液系统中所有氧化还原物质对的净电势之和，通常水中产生 Eh 的氧化还原对包括 O_2/H_2O、NO_3^-/N_2、Fe^{3+}/Fe^{2+}、Mn^{4+}/Mn^{2+}、SO_4^{2-}/S^{2-}等。Eh 可用来反映水溶液中所有物质表现出来的宏观氧化–还原性。氧化还原电位越高，氧化性越强，电位越低，还原性越强。在地下水的温度条件和没有催化剂加快反应速率的条件下，氧化还原反应速率通常很慢。通过测量氧化还原电位得出的主要氧化还原对的状态，并不能充分说明某物质是否被还原或氧化，但氧化还原电位在空间和时间上的变化，可判断某一场地是否正在发生氧化还原反应。如果氧化还原电位从污染中心到污染羽边缘发生了很大变化，极有可能说明氧化还原反应正在发生，污染羽往往发生极强的地球化学反应。

另外，Eh 和 pH 二者负相关，二者可指示氧化还原环境：Eh 升高、pH 降低，即可认为电子浓度降低、质子浓度升高，指示趋向氧化环境；反之，指示趋向还原环境。绘制 Eh-pH 图，则可用以判定氧化还原反应的方向和各组分化学物质的稳定状态。

3.6.3 沉淀和溶解反应

沉淀和溶解是水文地球化学主要研究内容，天然条件下，其是影响地下水化学成分形成与演化的最主要过程，该方面研究较为成熟，可参考相关书籍，在此不做介绍。

污染条件下，沉淀和溶解是污染物衰减的重要过程，尤其是金属污染物的常见衰减机制。溶解性金属阳离子（带正电荷的离子）一般可与阴离子（带负电荷的离子）反应，以沉淀的形式从水中除去至固相中；且当金属沉淀快、溶解少

时，可认为其已被永久性固定化，不再产生危害。以固体（$C_mL_{n(s)}$）与阳离子（C^{n+}）和阴离子（L^{m-}）表示的溶解-沉淀方程如下：

$$C_mL_{n(s)} \xrightleftharpoons{K_{S0}} mC^{n+}\ (aq) + nL^{m-}\ (aq)$$

$C_mL_{n(s)}$中的（S）表示固体。(aq）表示溶解物质。K_{S0}表示平衡溶解度，是与金属溶解度相关的常数，K_{S0}值高表示溶解度高。

污染物的溶解-沉淀是一个以某个平衡常数进行的化学反应，目前，地下水中常见化合物的K_{S0}值已普遍获取，但溶解-沉淀速率（动力学）获取相对困难，这是由于现实情况下类似于化学反应催化剂的微生物在自然界中普遍存在，且千差万别，其参与发生的生物化学反应速率不一。因此，沉淀预测是自然衰减中极具挑战性的研究。

下面以Pb^{2+}沉淀为矿物质$PbCO_3$（s）为例，介绍典型重金属沉淀如下：

$$Pb^{2+} + CO_3^{2-} = PbCO_3\ (s)$$

反应的平衡常数为

$$K_{eq} = \frac{1}{(a_{Pb^{2+}}) \times (a_{CO_3^{2-}})} \tag{3-14}$$

纯物质如$PbCO_3$（s）的活度为1。然而，沉淀反应一般从承载污染物的固体溶解角度（逆反应）来考虑。因此，反应逆方向进行，平衡常数如下：

$$1/K_{eq} = (a_{Pb^{2+}}) \times (a_{CO_3^{2-}}) = K_{sp} \tag{3-15}$$

式中，K_{sp}为溶度积，其相关概念为：当难溶电解质溶于水而成饱和溶液时，溶液中同时存在溶解离子和未溶解的固体，在给定的温度下，溶液中相应方次的离子的活度乘积是一个常数，对难溶盐而言，即为“溶度积”或“溶度积常数”。当离子活度乘积（$a_{Pb^{2+}}$）×（$a_{CO_3^{2-}}$），超过溶度积K_{sp}时，从热力学角度，可发生沉淀作用，反之，可发生溶解作用。但其发生速率与温度、压力等有关，即受动力学控制，与溶解度有关。溶解度含义是：在给定温度和压强下，达到溶解平衡时，溶液中溶解物质的总量。

溶解-沉淀反应在热力学上是否可发生，以饱和、不饱和、过饱和表示。饱和是指溶液处于矿物质的平衡状态，溶度积等于离子活度积。过饱和是指溶液可发生沉淀作用，即离子活度积大于溶度积。不饱和是指溶液可发生溶解作用，即离子活度积小于溶度积。因此，引入饱和指数（saturation index，SI）(离子活度积与溶度积的比值关系)，判断溶解-沉淀方向；常以对数形式使用，即SI=0 溶液饱和无反应；SI>0 溶液过饱和沉淀；SI<0 溶液未饱和溶解。

Pb^{2+}也可通过与方解石（$CaCO_3$）共沉淀去除。一种情况是，Pb^{2+}可替代Ca^{2+}进入方解石的晶体结构。该情况下方解石中铅的含量由热力学关系和地下水中溶解的铅钙比决定。另外，共沉淀也可能是一种物质物理上纳入一种矿物，但并非矿物晶体结构的一部分，如某污染物沉淀在正在生长的矿物质晶体表面，从而被包裹在矿物质内或吸附矿物质表面，聚合成大量的矿物沉淀。在这些共沉淀的情况中，污染物的再迁移取决于母体矿物质的溶解性。[63]

由于与原生矿物相比，污染物浓度通常较低，在矿物质上难以观察到，识别污染物的沉淀或共沉淀比较困难。地下水水化学类型分析与饱和指数，可指示污染物是否发生沉淀和共沉淀，但不确定性较大。因此，通常需要分析地下水中污染物浓度的时空变化趋势，计算地下水中污染物饱和指数，以及开展含水层固体污染物浸出试验等，提供更多沉淀发生证据。其中，含水层固体污染物浸出试验，可区分污染物是被吸附还是发生沉淀，或者发生共沉淀。顺序萃取是一种常见的浸出试验，操作简单，且非常有效。其主要是使用萃取性质逐渐增强的溶剂，顺序浸泡受污染样本，被性质较弱的溶剂洗去的污染物通常被认为是吸附污染物，仅能被性质较强的溶剂洗掉的污染物通常被认为是发生沉淀或者共沉淀的污染物。目前，也有可以区分吸附及沉淀（共沉淀）的仪器，但价格相对昂贵。

对于一般金属污染物而言，天然条件下，碳酸盐、氢氧化物和硫化物是发生沉淀最常见的阴离子。pH 则对金属碳酸盐、氢氧化物和硫化物沉淀溶解度有显著影响，pH 越高越有利于沉淀反应。磷酸盐、硫酸盐和硅酸盐也可与金属阳离子一起沉淀，其中磷酸盐是最重要的。以高电荷阳离子存在的金属污染物（如 U^{4+}，Th^{4+}，Pu^{4+}和 Cr^{3+}）一般与地下水中的羟基和大量其他物质形成极不溶性的沉淀物。相比之下，以阴离子形式存在的金属，如 SeO_3^{2-}，SeO_4^{2-}，CrO_4^{2-}和 $Cr_2O_7^{2-}$ 通常不能形成低溶解性沉淀物［$BaCrO_4$（s）例外］。在低浓度情形下，金属共沉淀则是金属污染衰减的重要机制。金属污染物与地下水中的金属离子（例如 Ca、Al 或 Fe 的离子）形成固体一起沉淀或被捕获。例如，Mn^{2+}、Cd^{2+}与方解石（碳酸钙矿物质）形成混合固体；Cr^{3+}、V^{3+}、Mn^{3+}、Co^{3+}与 Fe^{3+}氧化物共沉淀；Zn^{2+}、Cu^{2+}、Co^{2+}、Ni^{2+}与 Al^{3+}氧化物一起形成固体；Cd^{2+}、Pb^{2+}、UO_2^{2+} 与羟基磷灰石形成混合固体。自然条件下，与纯物质沉淀相比，共沉淀更为常见，且共沉淀易于形成稳定固体，有毒金属可长期固定在主离子形成的固体中，对于自然衰减的意义更大。

3.6.4 络合反应

络合反应是污染物化学转化的另一重要过程，除了形成沉淀物之外，金属离子和某些分子或离子也可形成稳定的络合物，其对金属污染自然衰减亦有重要意义。

络合物又称配位化合物，包含由中心原子或离子与几个配体分子或离子以配位键相结合而形成的复杂分子或离子，通常称为配位单元。电中性的络合单元或络离子与相反电荷的离子组成的化合物称为络合物。常见含有络离子的络合物如络盐 $Ag(NH_3)_2Cl$、络酸 H_2PtCl_6、络碱 $Cu(NH_3)_4(OH)_2$ 等；另外，一些不带电荷的络合分子也叫络合物，例如 $Fe(SCN)_3$、$Co(NH_3)_3Cl_3$ 等。近年来，络合化学一直在飞速发展，络合物包含的范围越来越广泛，甚至把 NH_4^+、SO_4^{2-}、MnO_4^- 等列入络合物的范围，称作广义的络合物。当前，络合物通常包括三类：单核络合物、螯合物及其他特殊络合物。其他特殊络合物包含多核络合物（含两个或两个以上的中心离子或原子），多酸型络合物，分子氮络合物，π-酸配位体络合物，π-络合物等。[63]

随着污染水文地质学的快速发展，络合反应的重要性日益体现，例如，在络合反应过程中，有毒的重金属可以被迁移，而且迁移的程度会加深，该种反应对表面吸附亦能够产生影响。将简单的阳离子、阴离子和分子结合即为络合，阳离子或主要原子为元素周期表中典型的金属，阴离子通常称为配合基（体），它包括地下水中发现的常见离子，如 Cl^-、Br^-、SO_4^{2-}；配合基有时也包括各种有机分子，如氨基酸等。

溶解的金属阳离子（$Me^{u+}_{(aq)}$）和配体（$L^{l-}_{(aq)}$）之间的反应形式如下：

$$(Me^{u+}_{(aq)}) + (L^{l-}_{(aq)}) \xrightleftharpoons{K_{MeL}} MeL^{(u-l)}_{(aq)}$$

(aq) 表示与沉淀反应相反，包括 $MeL^{(u-l)}_{(aq)}$ 在内的所有物质都被溶解。配体可以是无机或有机的。

地下水中的重要无机配体包括 SO_4^{2-}、S^{2-}、CO_3^{2-}、HCO_3^- 和 OH^-。有机配体包括腐殖酸和富里酸（来自腐烂的植物和生物体）、低分子量有机酸盐（例如柠檬酸盐、草酸盐和乙酸盐）、蛋白质，以及工业化生产中的人造化学品［例如乙二胺四乙酸（EDTA）和次氮基三乙酸（NTA）］。虽然络合不能从地下水系统中除去污染物质，但其可显著影响溶解的金属在地下水中的自然衰减过程。原因有三：第一，络合物溶解的金属离子可能主要是复合物，而不是裸离子（Me^{u+}），其迁移转化机理及环境效应不同；第二，金属络合物通常抑制金属沉淀，阻碍沉淀衰减；第三，金属络合物的吸附（吸收）不同于固体，但是强于游离金属离子，影响吸附衰减。

另外，由于大多数溶解态的金属和放射性核素并不以一种孤立的离子形式存在于溶液中。它们可能形成自身的离子，也可能形成离子对，并且/或者与其他多种离子组成更为复杂的络合物。自然界中易与金属污染物形成络合物的阴离子是氢氧根离子（OH^-）、碳酸根离子（CO_3^{2-}）、磷酸根离子（PO_4^{3-}）、硫酸根离子（SO_4^{2-}）和氯离子（Cl^-）。多种带负电荷的可溶性有机化合物也能够与金属形成络合物，包括羧酸和黄腐酸。污染羽中可能含有合成的有机化学品，如工业生产中常用作保护液的乙二胺四乙酸（EDTA）也能够络合金属。以上络合形态的污染物，或至少其中占主导作用的几种，被称作某金属的水溶态。由此可见，金属的水溶态不仅取决于金属的化学行为，也取决于可能与之结合形成络合物的阴离子的浓度。

一些污染物具有复杂的水溶态，以铀为例，氢氧根离子、碳酸根离子、磷酸根离子，均可与之形成十分稳定的络合物。水溶态含量取决于这些阴离子的浓度以及铀的总浓度。不过，其中氧化铀的水溶态的决定性因素是 pH。通过改变水的 pH，可直接决定氢氧根离子的浓度，pH 还能控制碳酸根离子和磷酸根离子的浓度。例如，能够与铀形成最稳定络合物的溶解态碳酸盐是 CO_3^{2-}，但它只是铀的溶解无机碳三种形态（HCO_3^-、CO_3^{2-}、CO_2）之一。pH 决定了这个系统 DIC 的三种形态分布，从而决定了 CO_3^{2-}的浓度。当 pH 较高时，CO_3^{2-}是主要的形态，与铀形成络合物，当 pH 较低时，其他的铀络合物占主导地位。与铀相比，其他金属和放射性核素污染物的水溶态的复杂程度不一。一些污染物，例如钚，情况比铀更复杂，而镍则简单得多。除氚之外，pH 是其他所有金属和放射性核素水溶态的最主要影响因素。氧化还原电位是影响污染物水溶态的另一个重要因素，与许多其他金属和放射性核素一样，铀有多种氧化态，每一种氧化态都能形成多种络合物。另外，各种金属离子形成络合物的能力不同。地下水接近中性时，Mn^{2+}和 Fe^{2+}的络合非常有限；Fe^{3+}、Al^{3+}和 Cu^{2+}可能被有机物质或 OH^-完全络合；并且 Ni^{2+}、Co^{2+}和 Pb^{2+}可能形成络合物。在评价放射性核素（如 U，Th，Pu，Np）的自然衰减，络合非常重要，因为这些元素与地下水中的 CO_3^{2-}、OH^-和有机配体均能形成高度稳定的络合物。

3.7 生物降解转化过程

3.7.1 微生物降解转化的基本原理

微生物降解转化是污染物自然衰减研究的核心内容之一，尤其对于有机物而言，它一般被看作是将有机污染物彻底无毒害化转化的过程。其中，微生物降解，是复杂有机化合物在微生物作用下转化成结构较简单的化合物或被完全分解的过程；微生物转化，是通过微生物代谢导致有机或无机化合物的分子结构发生某种改变生成新的化合物的过程。

由于微生物一般对污染物有着特异性的降解转化潜力，自然环境中存在的各种天然物质（尤其是有机化合物），几乎都可以找到与之匹配的、可以使其降解或转化的微生物。近几十年来，伴随人工合成有机物种类的快速增长，一些有机物已经对环境造成了极大的危害。对于这些新的人造化合物，自然界中可能暂时不存在使它们降解的微生物，这类化合物在自然界中的降解及转化是一个备受关注的问题。然而，现有研究认为，微生物具有代谢类型多样、易变异且适应性强，以及个体微小、繁殖迅速等特点，对于进入环境的新化合物，通过驯化培养，能够筛选出特异性的微生物菌种，或通过诱导合成新的酶，甚至通过基因技术培育出新的菌种来降解这些物质。另外，微生物之间还可以通过共代谢作用，加速对环境中污染物的降解和转化[64]。

实际上，微生物降解与转化可视为通过酶加速反应速率的化学反应，其中，最重要的是氧化还原反应。氧化还原反应涉及将电子从一个供体分子转移到一个受体分子中，这些转移可以使微生物获得能量生长。在地下水环境中，几乎所有微生物的生命都是由氧化还原反应驱动的，氧化还原反应为细胞生长提供能量。在自然衰减研究中，微生物降解与转化主要涉及氧化还原反应中交叉联系的三个方面的过程研究。

1）微生物生长繁殖过程：微生物生长繁殖过程是微生物通过有序的化学反应创建细胞的组成成分（例如，膜、蛋白质、核酸、细胞壁）的过程。从生物学角度，生长是指细胞物质有规律的、不可逆的增加，导致个体体积扩大的生物学过程；繁殖是指当细胞个体生长到一定阶段，通过特定的方式产生新的生命个体，即引起生命个体数量增加。微生物的生长繁殖，指群体生长，其测定方式有数量和生物量测定两种。其中，数量测定有培养平板计数法、膜过滤培养法、液体稀释法、显微镜直接计数法等；生物量测定有比浊法、重量法、生理指标法。以测定数值绘制生长曲线，即可描述微生物的生长过程，一条典型的生长曲线一般可以分为迟缓期、对数期、稳定期和衰亡期四个生长时期。

2）能量代谢过程：能量代谢过程即微生物通过催化氧化还原反应产生三磷酸腺苷（ATP），把电子从最初电子供体（简称“电子供体”）转移到最终电子受体（简称“电子受体”）的过程。

微生物可以广泛使用电子供体，包括有机和无机化合物，而在封闭系统中最终电子受体是有限的。常见的最终电子受体包括 O_2、NO_3^-、SO_4^{2-}、Fe^{3+}、Mn^{4+}、CO_2等。地下水系统一般可视为一个半封闭的系统，其中含有相对丰富的电子受体，如土中铁锰矿物含有的 Fe^{3+}、Mn^{4+}，周边地下水可以补充 NO_3^-、SO_4^{2-}等，因此当有机污染物碳源作为电子供体进入含水层，微生物就会催化电子供受体发生反应，释放能量大的电子受体氧化能力最强则优先反应。通常，电子受体的反应次序如下：$O_2>NO_3^->Mn^{4+}>Fe^{3+}>SO_4^{2-}>CO_2$。实际上，在细胞内的氧化还原化学反应中，供体的电子不会直接转移给受体，而是转移到内部的中间电子载体（电子传递体)，电子在载体间传递，直到它们到达受体，整个反应过程的净能量变化取决于供体和受体间的还原势之差。在以上氧化还原反应中，电子供体一般指能源，供受体耦联发生氧化还原反应时释放能量，两个相耦联（氧化-还原分子对或O-R）反应间的还原势差越大，释放能量越多。中间电子载体分为两类：一类是游离的，另一类是牢固结合在细胞膜中的辅酶上。供受体氧化还原反应产生的能量可转变为高能化合物，即水解过程中能够释放大量自由能的有机物分子供细胞用于作功。三磷酸腺苷（Adenosine Triphosphate，ATP）则是最常见的高能磷酸化合物，当细胞需要能量时，ATP末端磷酸基水解，产生一分子的二磷酸腺苷（Adenosine Diphosphate，ADP）和一分子的无机磷酸（Pi），并释放能量。微生物产生ATP的方式有3种：底物水平磷酸化、氧化磷酸化和光合磷酸化。能量代谢主要研究不同电子供受体氧化还原反应过程中微生物产生能量的方式，按照电子受体性质不同，产能方式可分为发酵、好氧降解和厌氧降解三大类，电子受体分别是有机物、分子态氧（O_2）和无机氧化物（如NO_3^-、SO_4^{2-}、CO_2等）[65]。

3）酶促反应过程：酶促反应过程是微生物在生长过程中产生酶，这些酶作为催化剂催化化学反应的过程。生物体内的化学反应绝大多数属于酶促反应。酶促反应过程主要研究酶促反应速度及其影响因素。这些因素主要包括酶的浓度、底物的浓度、pH、温度、抑制剂和激活剂等。在研究某一因素对酶促反应速度的影响时，应该维持反应中其他因素不变，而只改变要研究的因素。但必须注意的是，酶促反应过程中所指的速度是反应初速度，因为此时反应速度与酶的浓度呈正比关系，这样避免了反应产物以及其他因素的影响。

3.7.2 微生物降解转化的影响因素

土壤及地下水的环境因素能够影响微生物降解转化污染物，尤其对石油烃等有机物，其往往具有决定性作用。这些环境因素主要包括温度、营养物质、电子受体、pH等。

（1）温度

温度对微生物的代谢活性（可用ATP表示）和降解酶会产生影响。例如，能降解石油类污染物的微生物有嗜冷菌、嗜热菌和中温菌等，在进行微生物修复时，要紧密结合当地的气候条件和环境因子。

（2）营养物质

营养物质由C、H、N、P及其他矿物质元素组成，用于微生物的生长繁殖。C和H存在于石油烃污染物中，较易获得，N和P相对比较稀缺，是限制微生物降解的主要因素。营养物质投加前，必须明确所投加营养盐的类型、比例及其浓度。理论上，N、P需要投加的量可计算得出，但计算结果与实际情况往往相差甚远。

(3) 电子受体

微生物在有氧条件下对化合物的降解速率快，其分解所得的二氧化碳和水对环境不会造成影响。一般在厌氧条件下，降解速率不如有氧条件快，且其最终生成的物质可能会影响环境质量。所以选择氧气浓度大的条件对石油类污染的土壤和地下水进行生物修复。在土壤和地下水中，氧含量非常少，微生物进行新陈代谢需要的 O_2 主要来源是大气，而如果土壤的间隙中充满水，氧的传递速率就会降低。微生物呼吸消耗氧气，一旦大气中的含氧量低于其呼吸耗氧量，微环境就会由好氧变为厌氧。在实际情况中，可以利用翻土等方法为土壤微生物提供足够的氧，也可在待处理的地下污染区域设置管道进行通气，将空气注入污染区域，增加氧气浓度，这两种方式可使污染区域形成好氧环境。

(4) pH

pH的变化对微生物活性存在很大影响，不同微生物最适应的pH范围不尽相同。

(5) 生物可利用性

除以上影响因素外，污染物的存在形态影响生物对污染物的可利用性，称为生物可利用性，其对微生物降解转化至关重要。由于地下环境中的污染物，除吸附在土壤大孔隙和颗粒表面的污染物，还有部分污染物扩散到微生物无法进入的土壤微孔，甚至土壤有机质中，微生物往往无法直接利用大多数被吸附的污染物。对于水溶性相对较低的污染物，其一旦形成独立的非水溶相（non-aqueous phase，NAP），更难被微生物直接降解。生物可利用的污染物可分为三类：①可直接利用：水溶相和少量“直接接触”的吸附态；②潜在可利用：与可直接利用动态平衡的，如吸附态和大部分非水溶相；③不可利用：土壤微孔中、部分进入有机质内部的、小部分被隔离的非水溶相[66]。

3.7.3 典型有机污染物的降解转化

微生物对有机污染物的降解转化性能存在差异。有些有机污染物很容易被微生物降解，而有些则不易。通常，分子结构简单的有机污染物（结构类似于自然界天然存在的有机化合物），能溶于水且无毒，可以通过有氧代谢转化，其生物降解性更强。相比之下，分子结构复杂的有机污染物（特别是自然界中不常见的结构），具有水溶性低、不支持微生物生长、又有可能毒害微生物体等特性，则不易被微生物降解。虽然微生物降解转化普遍被认为是修复过程，但有时候可能会生成比原来污染物毒害性更强的新产物。比如氯化溶剂不完全生物降解产生了毒害性更强的氯乙烯。

（1）有机污染物降解转化的主要方式

对自然衰减具有积极意义的有机污染物降解转化途径主要是矿化和共代谢两种。

1）矿化作用。矿化是指有机污染物在一种或者多种微生物的作用下，彻底分解（降解）为水、二氧化碳和简单的无机化合物（如含磷化合物、含硫化合物、含氮化合物和含氯化合物等）的过程。矿化作用本身是彻底的生物降解作用，即终极降解，可以从根本上消除有害物质对环境的污染，并且不产生有害的代谢副产物。矿化作用的过程包括氧化、还原、脱氨基、脱羧基、水解、脱水、脱卤和裂解等生化反应，这些反应都是在各种微生物代谢过程中出现的，其反应实质都是酶促反应。

环境中的一些污染物，比如氯苯、多氯联苯、硝基苯酚等可以被相应的降解微生物所矿化。在通过矿化作用降解污染物的同时，微生物还可以从污染物中获取生长所必需的能量、碳源、磷源、氮源和硫源等。

2）共代谢作用。共代谢作用是指一些难以降解的有机化合物无法作为直接的能源物质或碳源被微生物利用，只有在环境中存在着其他可利用的能源物质或碳源时，才能被微生物利用。共代谢作用一般有以下3种情况：①依靠降解其他有机物提供能源，如在20世纪60年代，发现过一株假单胞菌无法单独利用三氯乙酸作碳源继续生长，但是在一氯乙酸存在时，其可以使三氯乙酸发生降解；②依靠其他微生物的协同作用，比如农药二嗪农的嘧啶基环，需要链霉菌和节杆菌共同协作才能发生降解，两种菌在各自单独存在的情况下则不能发生降解作用；③先经过其他物质的诱导，比如一种铜绿假单胞菌需要先经过正庚烷诱导才能产生羟化酶，以使链烷羟基化为相应的醇。[67,68]

微生物利用其他基质提供的能源与碳源，难降解有机物在发生共代谢作用时，并不会引起微生物自身细胞的增长。比如不动杆菌的菌株可以共代谢^{14}C标记的2,5,2′-三氯联苯，但是^{14}C不能进入细胞，也不产生$^{14}CO_2$。一般情况下，共代谢作用主要是使难降解有机物得到修饰或转化，并非彻底分解。然而，共代谢的产物也不会在自然界中积累，其常被其他微生物种群利用。[69]

相比矿化作用，共代谢作用是环境中污染物生物降解的更为重要的一种方式。自然环境中，能够完全矿化污染物的降解菌占总降解菌菌群数量的比例还不到10%，大多数微生物通过共代谢作用来降解污染物。

（2）石油烃

石油烃是一类组分差异很大的混合物，其生物降解的可能性取决于烃的类型。随着社会的发展，石油污染已经严重地影响了整个土壤和地下水生态系统。石油烃类物质的生物学毒性极高，一旦污染了土壤和地下水，其残留时间较长且危害很大。如何有效修复被石油烃类物质污染的土壤和地下水是当前环境问题研究热点。微生物修复石油烃技术具有成本低、操作简单易行、不存在二次污染的特点，该技术越来越受到重视。

1）石油烃的降解特性。石油烃成分影响其降解性。石油烃的成分较为复杂，主要包括链烷烃、环烷烃、芳香烃及少量非烃类化合物。石油烃组分的种类及其分子大小不相同，其可降解性也有所不同。其组分的抗氧化性与其原子数呈正比，原子数越大，其抗氧化性越强，复杂的化合物比简单的化合物更不容易被降解。不饱和的烃类和饱和的烃类相比，前者不容易被降解。如果某种物质中含有硫元素，则该物质比不含硫同系物的降解性低一半。短链的液态烃不易溶解于水相，且其可对细胞质进行改组，不适合作为微生物的基质。因此，如果石油烃中饱和烃较多、硫较少，则该种石油比较容易被降解，反之则不容易被降解。[70]

石油烃浓度影响其降解性。有研究指出，石油浓度超过某一界限，其降解速率与浓度成反比。将含油污泥投入土壤中，当土壤中的石油烃上升至一定浓度时，微生物的降解速率加快，当烃浓度继续升高，超过某一数值时，微生物的活性受到抑制，其降解的速率不再增强，甚至出现下降的现象。研究发现，原油降解转化的速率从小到大的顺序是：特稠油、稠油、高凝油、稀油。目前，针对高浓度污染物抑制生物降解这一难题，解决的办法是选取合适的方法降低污染物的浓度。相反，如果土壤中的污染物浓度极低，甚至比环境质量标准还要低时，生物也基本无法降解污染物，原因可能有二：一为低浓度污染物的分解与微生物细胞内的反应调节机制不完全契合；二为物质供应条件的不足使降解污染物的微生物种群无法生存。在此条件下，无论环境是否处于最佳状态，微生物依旧无法对污染物进行降解。这是目前生态环境中一个较为棘手的问题。另有研究表明，污染物与微生物之间存在一种隔离关系，污染物浓度很小的情况下，这种作用就会显现出来，制约微生物对污染物的降解。[71]

此外，石油烃的物理状态也会对生物降解产生明显影响。

2）降解石油烃的微生物种类。自然界中存在着很多可以降解石油烃的微生物，截至目前，世界上已发现的可降解石油污染物的微生物有一二百种，大多分布在受到石油污染的生态系统中。研究结果表明，细菌对石油烃的降解效率最高，种类也最多，是降解石油烃微生物的最为重要的部分。

3）石油烃降解转化的主要方式。矿化作用是微生物降解转化石油烃的主要方式，微生物可用石油烃类物质作为自身代谢需要的能量来源，经过一系列生化反应将其分解利用最终生成无害的无机物二氧化碳和水，从而实现微生物对石油烃的终极降解。

(3) 苯系物

苯系物包括苯、甲苯、乙苯和二甲苯，是汽油的组成成分。由于汽油的广泛使用，以及汽油储罐的普遍泄露，苯系物是常见的土壤和地下水污染物。其在场地中的降解机理研究较为成熟。明尼苏达州伯米吉市原油污染场地研究发现，含水层中所有的苯系物，均以 Fe^{3+} 为电子受体，在微生物作用下，发生铁还原反应。南卡罗来纳州的石油泄漏污染场地研究发现，地下水中甲苯，以硫酸盐为电子受体，在微生物作用下，发生硫酸盐还原反应。加利福尼亚海豹海滩的一个汽油污染场地厌氧含水层，以溴化物为示踪剂，开展硝酸盐、硫酸盐还原苯系物注入试验发现：在硝酸盐还原条件下，甲苯、乙苯和间二甲苯在 10 天内转化；硫酸盐还原条件下，甲苯、间二甲苯和邻二甲苯在 72 天内完全转化。[72]

苯系物具体降解机理为：有机物微生物降解一般包括好氧降解和厌氧降解两个过程，苯系物的微生物降解亦如此。苯系物进入地下环境，首先，好氧微生物利用氧作为电子受体，将苯系物最终降解转化成二氧化碳和水，此过程中氧浓度是主要影响因素。由于地下环境相对密闭，与大气基本隔绝，气体交换不畅，土壤和地下水中的氧含量往往极低，一旦好氧菌将土壤和地下水中的 O_2 消耗，便难以补充，易形成无氧的地下环境条件。此时，厌氧菌开始发挥作用，其利用硝酸盐、硫酸盐、铁离子、锰离子及二氧化碳等作为电子受体，将苯系物最终降解成甲烷、CO_2 和矿物盐。降解苯系物的微生物多为细菌，少数真菌降解效果也较明显。

土壤和地下水中苯系物生物降解影响因素很多，包括污染物自身性质、地球化学（电子受体）条件、微生物菌群差异、微生物生长影响因素（如温度、pH）等，其中污染物自身性质和电子受体条件至关重要。硝酸盐和硫酸盐还原的不同电子受体条件下，利用某常见混合菌开展苯系物降解研究，结果发现：硝酸盐比硫酸盐更适合作为电子受体，不同苯系物的降解速率为：甲苯>乙苯>间二甲苯>邻二甲苯>对二甲苯>苯[73]。

此外，苯系物理化性质相近，苯系物各化合物降解间存在交互作用（协同效应、拮抗效应）。一般认为，苯系物浓度较小时，苯系物降解间为协同效应，反之，为拮抗效应。

(4) 多环芳烃

多环芳烃是一类常见难降解持久性有机污染物，来源于矿物燃料不完全燃烧、石油产品生产使用以及运输过程意外泄露等，广泛存在于土、水、气介质中。在美国，近 100 年来，为生产用于城市照明、餐饮和供暖的气态燃料，有 1000～2000 家工厂以焦炭、煤炭和石油为原料提取可燃气体。在原料存放地，几十年来，多环芳烃一直被缓慢释放至地下。由于多环芳烃具有水溶性低、土壤颗粒吸附性强特点，土壤和地下水多环芳烃污染影响深远。加之多环芳烃具有毒性，尤其是某些高分子量多环芳烃致突变、致癌、致畸效应明显，其日益受到了人们的重视。

地下环境中多环芳烃的降解转化受控于其疏水性质，即水溶性低、土壤颗粒吸附性强，导致多环芳烃易于形成非水溶相液体或吸附于土壤颗粒，致使微生物难以充分接触对其降解，多环芳烃的吸附/解吸是影响多环芳烃生物降解的关键因素。

多环芳烃微生物降解缓慢，且分子量越高越难降解，在地下环境中多环芳烃持续时间较长，并通过食物链转移富集，最终对人体健康造成危害。不过多环芳烃溶解也很缓慢，因此，只要生物降解速率大于其溶解速率，多环芳烃也可采用自然衰减控制其污染。

与苯系物各化合物降解交互作用类似，多环芳烃通常也并非以单一化合物形式存在，而是多种混合而成。研究发现，处于有氧环境条件时，如果有萘存在，微生物对于菲的降解可提高 4 倍，对芘的降解程度也会加强，表现为协同效应；如果萘与菲同时存在，芘的降解速率却会明显减小，表现为拮抗效应。混合基质存在的环境下，菲的降解水平最高，芘最低[74,75]。

降解多环芳烃的微生物研究表明，自然界中广泛存在可降解多环芳烃的细菌、真菌及部分藻类。某些细菌-真菌联合，可将高分子量多环芳烃（如苯并(a)蒽、苯并(a)芘、二苯并(a,h)蒽）作为唯一碳源和能源，甚至能降解五苯环以上溶解的多环芳烃。在好氧条件下，多环芳烃一般可通过双加氧酶途径降解，四环及以上的多环芳烃是好氧降解研究的热点。在厌氧硝酸盐与硫酸盐还原条件下，微生物可以降解多环芳烃的分子量相对较低（较少苯环）。厌氧微生物降解多环芳烃的难易程度与好氧一致，如菲、芘、蒽、苊、芴降解效率均依次变小。[76-80]

（5）含氧烃-甲基叔丁基醚

含氧烃即烃的含氧衍生物，大部分低分子量的醇、酮、酯和醚等含氧烃均较易被微生物降解，甲基叔丁基醚却尤为独特，难以降解且具有一定毒性。甲基叔丁基醚常温下为无色、透明液体，具有特殊醚样气味，是生产无铅、高辛烷值、含氧汽油的重要成分，其是世界范围汽油行业广泛使用的添加剂，添加含量可高达 15%（体积）。2000 年左右，美国约 86% 以上的新型汽油都使用甲基叔丁基醚作为含氧化合物。与一般汽油组分不同，甲基叔丁基醚是一种可溶的挥发性有机物，常温下其水溶度可达 5%，约为苯的 30 倍。高水溶性使其从地下储油罐泄漏后会很快渗透到地下水中，并向四周扩散。而且由于甲基叔丁基醚对其他物质的共溶作用，能使汽油中的其他化合物在水中的溶解度增加了一个数量级，加剧化学污染。许多地下汽油储罐泄露场地地下水中均发现了甲基叔丁基醚。鉴于甲基叔丁基醚的危害，2004 年，美国首先开始禁用甲基叔丁基醚，截至目前，甲基叔丁基醚的需求量一直处于逐渐减少的趋势。[81-83]

甲基叔丁基醚的难降解性是由于其稳定的分子结构及其与生物膜的反应特性决定的。然而，只要微生物具有某种氧化酶，氧化酶便可能使氧气进入甲基叔丁基醚分子，氧的进入即可使甲基叔丁基醚容易被酶分解。实验室和野外研究均发现，甲基叔丁基醚可发生缓慢的生物降解，一些细菌能够降解甲基叔丁基醚，并缓慢生长。甲基叔丁基醚可部分被降解成叔丁醇，但叔丁醇也是对环境健康有危害的物质。截至目前，实验室和野外观察到微生物降解甲基叔丁基醚的研究相对有限。在好氧条件下，无论是室内实验还是野外观测均证明甲基叔丁基醚可微生物降解。土壤中存在好氧条件下能够较好利用甲基叔丁基醚作为唯一碳源生长的微生物，但是甲基叔丁基醚的好氧微生物降解受许多因素影响，如甲基叔丁基醚初始浓度、溶解氧、温度、pH、微生物接种量，及其他共存物质 K^+、Ba^{2+}、Fe^{2+}、Cu^{2+}、乙醇、甲苯等。在厌氧条件下，少数研究者在室内实验条件下观测到了甲基叔丁基醚的生物降解，而野外条件下甲基叔丁基醚的生物降解证据罕见。[84-87]

（6）卤代脂肪族化合物

卤代脂肪族化合物是开链烃中的氢原子被卤族元素取代后生成的衍生物，包括氟代、氯代、溴代、碘代衍生物，又称卤代脂肪烃。其可用作灭火剂（如四氯化碳）、清洗剂（四氯乙烯为干洗剂、三氯乙烯为机件洗涤剂），以及高分子工业的原料（如氯乙烯、四氟乙烯）等被广泛使用。不同卤代脂肪烃的理化性质区别较大。一般在常温条件下，低碳卤代脂肪烃是气体，高碳卤代脂肪烃是固体，中间的是液体。大部分卤代脂肪烃不溶于水，易溶于有机溶剂。碳–卤键一般比碳–碳键、碳–氢键化学性质活泼，易断裂。氯代烃的毒性比溴、碘代烃小，氟代烃毒性小，极少存在毒性较大的氟代烃。自然环境中大多数卤代烃较难生物降解，但许多卤代脂肪烃的生物降解潜力已被广泛发现。无论是好氧还是厌氧环境，微生物均可代谢卤代脂肪烃。

卤代脂肪烃的好氧微生物降解受诸多因素限制。第一，氧气必须充足，在高度污染地下水中，氧气极易消耗、缺乏。第二，需要一些必要底物，如甲烷、甲苯、苯酚或其他加氧酶诱导的电子供体。第三，初级电子供体浓度与氯代烃浓度比必须相对较高，能够提供脱氯反应充足电子，并能够维持生物体的活性。因此，自然条件下卤代脂肪烃好氧降解有限。一般可发生在有氧含水层污染羽边缘，且对生物水文地球化学条件有较严格要求：在污染羽边缘，羽外部无污染高氧气含量地下水可扩散氧气至污染羽边缘，羽内厌氧降解产生甲烷等输送底物电子供体，方可能发生氯代烃好氧降解。少数情况下，当向微生物提供如甲烷、甲苯或苯酚等电子供体时，微生物可以有氧代谢部分卤化脂肪烃。研究表明：将天然气作为电子供体时，受三氯乙烯污染的土壤样品中微生物易受甲烷好氧降解的影响。这一过程涉及：甲烷氧化菌、微生物体从甲烷氧化过程中获取能量和营养物质、甲烷降解过程中微生物产生了可降解三氯乙烯的酶（甲烷单加氧酶）。[88,89]

厌氧微生物降解是地下水中卤代脂肪烃降解的主要方式。1981 年，研究人员首次证明了存在卤代脂肪烃的厌氧生物转化。随后大量研究表明，厌氧环境条件下，许多卤代脂肪烃可以发生“还原脱氯”途径的生物降解转化，即其中一个氯离子释放作为受体分子，接受来自电子载体的两个电子。例如，四氯乙烯可以被还原脱氯至三氯乙烯，接着三氯乙烯又可以被还原为二氯乙烯，二氯乙烯可以再被转化为氯乙烯和乙烯。但其也需要一定的环境条件：首先，需要存在可生物降解的有机物底物，作为还原脱氯的电子供体；其次，需要许多微生物的聚生体，实现“接力降解”。其一般过程如下：第一步，一些微生物将有机物底物转化为糖、氨基酸和有机酸，并将这些产物发酵为醇和脂肪酸以获取能量；第二步，一些微生物氧化醇和有机酸，产生乙酸盐和氢气（H_2）；第三步，还有一些微生物利用乙酸盐和氢气作为电子供体，将污染物（氯化溶剂等）还原降解。污染物还原脱氯的过程会与其他氧化还原过程竞争来自氢和乙酸盐的电子，在这种竞争中当还原脱氯处于弱势时，只能获得一小部分的可用电子，只有少量的氯化污染物被还原降解。理论上，至少需要 0.04mol 的氢才可以将 0.01mol 的四氯乙烯（1.7g）还原为乙烯，这样的氢量，在合适的厌氧条件下，微生物分解 1.0～1.5g 的有机物底物就能够满足。然而，由于竞争，分解底物产生的氢只有 1%～10% 可用于脱卤，因此，如果存在 0.10mg/L 污染物，那么可能需要 1.0～10.0mg/L 的有机物底物才能实现完全脱卤。但是天然含水层一般不会有如此浓度的有机物底物，所以电子供体（有机物底物）不足是氯代脂肪烃脱氯普遍不完全的主要原因。[90,91]

由此可见，氯化脂肪烃的降解一般需要特殊环境条件，但也有例外，如二氯甲烷可以在一系列环境条件下支持各种微生物（有氧和无氧）生长。因此，在很多场地中，相比其他的氯代脂肪烃，二氯甲烷更容易被生物降解，发生自然衰减而去除。

（7）卤代芳香族化合物[92]

卤代芳香族化合物是芳烃分子中的一个或几个氢原子被卤素原子取代后生成芳烃的卤素衍生物，又称卤代芳烃，简称芳卤。芳卤被广泛用于制造化工产品，包括溶剂、农药、热交换液、木材处理化学制剂等。芳卤也是某些制造过程的副产物，如造纸、氯化废物的不完全燃烧等。

作为芳卤核心官能团的苯环，相对而言容易发生生物降解，但是卤素原子的加入完全改变了苯环的生物降解性。苯环上卤素原子的数量和位置决定了化合物的生物可降解性。具有多种卤素原子的化合物在有氧条件下一般不能被生物降解。然而，在特殊环境条件下，这些化合物可以通过与卤化脂肪烃相同类型的微生物脱卤方法还原性脱卤。当还原性脱卤过程从苯环中除去卤素原子时，相应的物质就容易发生好氧微生物降解。当环境条件合适时，自然衰减可控制芳卤污染，但这些条件一般较难满足。芳卤的生物降解一般需要先通过还原脱卤途径进行。

氯代芳烃是最常见的芳卤，其种类繁多。这类化合物的应用范围非常广，染料、农药、有机物合成及医药等行业均有涉及，易致畸、致癌、致突变，对人体的伤害很大。20 世纪 80 年代，美国国家环保署公布的一百多种污染中，氯代芳烃占 20% 左右。我国公布的 60 多种水体污染物中，大部分属于氯代芳烃。与其他烃类不同，氯代芳烃不易溶于水，且其溶解性与氯原子的个数成反比，但是其亲脂性很强，这一特性使其较容易堆积于脂肪组织中，一旦进入人体，经过不断累积，会对人体的很多器官系统造成严重伤害，甚至危及生命。另外，少数此种化合物经过一系列的代谢，最终会生成具有更强生物活性的诱变物或者致癌物，如氯代酚等。由于氯原子会改变芳烃结构，氯代芳烃的生物降解性比芳烃类化合物低。因此，提高其生物降解性，必须将氯原子脱除。氯代芳烃的降解过程中，共代谢机制起着至关重要的作用，这种机制可以使化合物的分子结构发生变化，能提高其生物降解性。[93-95]

但五氯苯酚的生物降解除外。五氯苯酚是一种广泛使用的木材防腐剂，其结构是苯环上具有五个氯原子和一个羟基。羟基的存在使一些好氧微生物能够完全生物降解五氯苯酚。然而，多数五氯苯酚污染场地，自然条件下，这些微生物存在可能性或活性较低，五氯苯酚生物降解非常缓慢。因此，生物降解控制五氯苯酚污染的可行性不大。

多氯联苯也是一种特殊的氯代芳烃。考虑到其对环境的影响，20 世纪 70 年代被禁止使用。在此之前，多氯联苯作为性能稳定、不可燃且易导热的化学物质被应用于工业和商业。虽然多氯联苯已经被禁止使用，但是这些化学物质仍然存在于环境中，特别是在沉积物和水生系统中，它们对生物降解的抗性是其持久存在于环境中的原因之一。多氯联苯由多达十个氯和氢原子连接到（由碳原子之间的键连接）两个苯环上所构成。化学合成可以通过在十个位置上氯和氢原子的各种可能组合产生多种可能的同系物。多氯联苯一般抗化学或生物转化，但是在合适的环境条件下可以发生生物转化。高度氯化多氯联苯可以发生缓慢的还原脱卤。在自然环境中存在比母体化合物氯原子少的同系物则证明还原性脱卤反应的发生。轻度氯化的多氯联苯（含有一至四个氯原子的多氯联苯），随着氯原子数目增加其好氧生物降解的速率减小。包裹在非水溶相液体内或吸附在固体上的多氯联苯不能被微生物降解，多氯联苯的溶解速率是生物降解速率的重要决定因素。[96-98]

其他特殊的氯代芳烃污染物如二恶英，是许多工业生产过程（如造纸漂白和农药制造）和焚烧处理过程的副产物。二恶英实际上是二恶英类的简称，指的并不是一种单一物质，而是结构和性质都很相似的包含众多同类物或异构体的两大类有机化合物。二恶英包括 210 种化合物，这类物质非常稳定，熔点较高，极难溶于水，可以溶于大部分有机溶剂，是无色无味的脂溶性物质，所以非常容易在生物体内积累，对人体危害严重。有研究表明，二恶英可以被微生物脱氯，但是自然条件下，它复杂的化学结构和强吸附性使其几乎不可能被生物降解。[99-102]

（8）硝基芳香族化合物[103]

硝基芳香族化合物可看作是芳烃分子中的一个或多个氢原子被硝基（$-NO_2$）取代后生成的衍生物，也可称为芳香族硝基化合物。硝基芳香族组化合物（如硝基苯、硝基甲苯、硝基氯苯及多硝基芳香族组化合物类等）作为一类重要的化工原料，被广泛应用于燃料、染料、炸药、农药、医药、塑料、涂料及精细化工中间体和其他化工产品等领域，其毒性大、水溶性差，对环境构成了严重的威胁。硝基芳香族化合物通常与军事活动相关，包括炸药三硝基甲苯，环三亚甲基三硝胺（RDX）或六氢-1,3,5-三硝基-1,3,5-三嗪和八氢-1,3,5,7-四硝基-1,3,5,7-四唑（HMX）等。在它们的制造、装卸、储存和回收过程中产生废物，进入环境造成污染。随着化工工业的发展，硝基苯类化合物的需求量逐年上升，据统计，全球每年向环境中的排放量约三万吨。硝基芳香族组化合物不易被转化，在生态环境体系中停留较长时间。由于其具有致癌性、致突变性，并随着食物链进行生物毒性聚积，对整个生态系统及人类的威胁极大。人体皮肤接触到硝基类芳香烃，会将其吸收，引起人体中毒，甚至致死。如何降低硝基芳香族组化合物的摄入量，减少其对环境的污染以及对人类健康的危害，成为人们关注的焦点。[104-108]

自然界中降解硝基芳香族化合物的微生物很多，其微生物降解一般不会产生二次污染，且操作简单，容易实施。实验室研究表明，微生物具有代谢硝基芳香族化合物的潜力，但微生物不能轻易地利用 TNT、RDX 或 HMX 作为它们生长所需的碳源和能源。硝基芳香族化合物污染的场地数量很多，但确定微生物活动可影响硝基芳香族的迁移、归趋的野外研究较少。[109]

微生物通常将硝基芳香族化合物上的硝基还原为氨基硝基。然而，这种反应会增加分子的毒性，导致它们形成聚合物，强烈吸附到土壤上。好氧和厌氧生长的细菌可以使用 TNT 和 RDX 作为营养氮源，但通常会发生代谢物积累。绝大部分优化的生物体内包含硝基还原酶，可以把硝基芳香族化合物转化为对应的胺类，但在自然环境条件下，可以将硝基芳香族化合物彻底分解的酶极少，在转化过程中，会生成非常多的中间产物，最终降低转化速率。不过微生物对环境适应能力很强，一般在短时间内可以驯化出新的代谢方式。如果环境中存在生物异源物质（其他类型的碳源）支持微生物生长繁殖，则短时间内就可以再次驯化出各种分解转化硝基芳香族化合物的菌株。[110]

有氧条件下，大多数的真菌可以降解硝基芳香族化合物。针对真菌的降解原理，有学者对木质素进行深入研究得出，在其降解过程中，真菌白腐菌能够产生降解多种有机物的化合物混合体系，包括对硝基芳香族化合物的降解。

无氧条件下，硝基芳香族化合物主要进行硝基的还原反应。很多细菌在此反应过程中催化了反应的进行。微生物利用硝基还原酶催化硝基芳香族化合物上的硝基，使其接受共底物不间断地供给的电子对。大多数试验表明，处于厌氧环境中时，聚硝基芳香族化合物容易被降解，但并不是所有的厌氧性微生物均能完全转化硝基芳香族化合物底物为二氧化碳或甲烷。

共代谢反应可在有外加碳源时将硝基芳香族化合物最终氧化或还原成低毒或无毒物质。硝基芳香族化合物在生物系统中可被还原产生二级的非生物偶联反应，形成惰性的偶氮、氧化偶氮和聚合物。该反应由两类反应酶催化，Ⅰ型酶为氧气不敏感型，Ⅱ型酶为氧气敏感型。反应酶可将一个或两个电子转移到硝基或亚硝基上，Ⅰ型硝酸还原酶在电子对供体和无氧条件下，最终产生芳香胺；Ⅱ型酶在梭菌属、大肠杆菌、植物和动物中广泛存在，可把硝基还原为亚硝基。这种生物介导的还原反应主要发生在邻位上。[111-113]

3.7.4 典型无机污染物的降解转化

（1）无机污染物降解转化的基本概念

已有研究表明，微生物可以转化无机污染物。然而，与微生物将有机污染物降解转化为二氧化碳、水和其他无毒的简单化合物不同，微生物对无机污染物，特别是重金属和准金属的转化通常认为是干预各种环境化学和物理循环过程，影响沉淀-溶解、氧化-还原、吸附/解吸、络合、胶体形成等物理化学反应，主要改变水/土介质中污染物的比例关系、赋存形态和价态，影响污染物的迁移性和毒性等。然而，对于含水层而言，污染物并未被去除。从干预方式看，微生物可通过产生酶直接影响反应，或其产物改变地球化学环境因素间接影响反应。

其中，微生物吸附降低水中无机污染物浓度是微生物作用的一种较普遍方式。吸附可以通过金属和微生物之间的静电引力发生，也可通过细胞内富集高浓度金属的特异性金属转运系统发生。虽然微生物体的吸附会影响无机污染物的反应，但是这种吸附不能从根本上阻止污染物的持续释放，严格地说，该方式不易彻底实现自然衰减。

（2）金属

在金属的衰减过程中，微生物主要通过催化氧化还原反应发挥作用。微生物可从非平衡状态的热力学反应中获取所需要的能量。在能量允许的情况下，它们通过分泌特异的氧化还原酶来加速反应速率，改变氧化还原状态，而在很大程度上，氧化还原状态改变有可能会导致金属污染物迁移能力变化，因此，微生物催化氧化还原反应速率对于金属和放射性核素的迁移有很大影响。例如，晶质铀矿在还原条件下具有较大的稳定区域，在还原条件下，晶质铀矿（U^{4+}）的溶解度远低于大部分氧化态矿物质铀（U^{6+}）。加速 U^{6+} 转化为 U^{4+} 的氧化还原反应速率则可降低铀的迁移能力，这对铀污染来说意味着较强的衰减。

微生物可以直接通过催化氧化还原反应来改变金属或放射性核素的氧化态，但这些反应在热力学上必须是可行的。在一个连续充足供氧的氧化系统中，微生物可以催化金属和放射性核素的氧化，反应中氧作为电子受体，金属或放射性核素作为电子供体；在还原系统中，微生物可以催化金属或放射性核素的还原，反应中氧化态的金属和放射性核素作为电子受体，有机碳等组分作为电子供体。对于金属和放射性核素的衰减而言，一般指对氧化还原敏感的金属和放射性核素，在自发或微生物催化作用下发生还原反应。

对于重金属来说，微生物降解转化的方式包括：氧化及还原、甲基化与去甲基化和络合配位等，采用这些方式分解转化可降低重金属离子的生态毒性。例如：细菌催化 Hg 发生氧化还原反应时，将有机二价汞离子化合物转化成低毒性挥发态 Hg，其中起到关键作用的是 Hg 还原酶；金属还原细菌可将三价铁离子还原成二价铁离子，Mn^{4+} 还原成为 Mn^{3+}，硫酸盐形式的六价硫还原为 S^{2-}（H_2S）等；假单胞菌属使金属或类金属离子在一定环境条件下发生甲基化反应，降低金属离子的活性或毒性；嗜酸铁氧化细菌可以将 Fe^{2+}、还原态的 S、金属硫化物等氧化来获取能源，影响许多金属的活动性。除上述提及的催化氧化还原作用，微生物还通过吸附、分解及转化过程来实现重金属的修复。微生物吸附环境中的重金属过程中，利用其自身的化学成分和结构特性来完成重金属的吸附。微生物吸附分为三类，分别是胞外、细胞表面和胞内三个不同部位的吸附。对常见重金属的微生物转化介绍如下。[114]

1）铬。重金属铬（Cr）主要用于电镀、制革、金属加工等行业，在超级基金场地中是最常见的地下水污染物之一。微生物参与铬的化学形态（氧化态）转化是自然衰减重点关注内容。水中铬的主要化学形态是氧化的铬（Cr^{6+}），如铬酸盐（CrO_4^{2-}）和重铬酸盐（$Cr_2O_7^{2-}$）。其中，高价态的六价铬（Cr^{6+}）毒性大，且迁移性强；低价态的三价铬（Cr^{3+}）毒性较小，且迁移性较差，当 pH 大于 5 时 Cr^{3+}便会发生沉淀。研究发现，好氧和厌氧微生物均可通过酶促反应将 Cr^{6+}还原成 Cr^{3+}，其机理研究尚不够充分，但已有认识基本可以确定，这种还原通常是依靠微生物自身的还原酶和其他具还原性的物质来完成的，处于有氧环境条件下时进行酶促还原，无氧条件下通过电子传递链降低化学价态。反应过程是：第一步，Cr^{6+}被还原为 Cr^{3+}；第二步，Cr^{3+}与溶液中的 OH^-形成 $Cr(OH)_3$沉淀。在针对铬污染的治理过程中，将高毒性的 Cr^{6+}降解为低毒性的化合物是最关键的步骤。解释这些还原反应的假说是解毒（使 Cr 离开细胞）、代谢（偶然的酶促反应），以及 Cr^{6+}作为呼吸作用的电子受体。微生物还可能通过生成硫化物、Fe^{2+}和还原性有机化合物而导致 Cr^{6+}的间接还原，在这些物质存在条件下 Cr^{6+}会自发还原。无论哪种机制起作用，铬还原自然衰减对微生物地球化学环境条件的要求较高。[115]

2）汞。重金属汞（Hg）常以无机汞（离子态 Hg^{2+}）、金属汞（单质 Hg）和有机汞［甲基汞（CH_3Hg）］和二甲基汞［（$CH_3)_2Hg$］的形态存在。尤其是有机汞，易发生生物累积，可通过食物链累积危害人体健康，环境危害巨大。微生物对汞的转化方式主要有两种：无机汞的甲基化作用、有机汞还原成单质汞的还原作用。梭菌、脉胞菌、假单胞菌及许多真菌微生物等具有甲基化汞的能力；铜绿假单胞菌、金黄色葡萄球菌、大肠埃希氏菌等抗汞微生物能使无机汞和有机汞转化为单质汞。[116]

汞的所有微生物转化都可视为微生物将汞从自身移出的解毒过程。大多数解毒过程是通过好氧菌和厌氧菌进行的酶促反应，该过程涉及 Hg^{2+}的摄取，随后将 Hg^{2+}还原成挥发形态（元素 Hg、甲基和二甲基汞），或形成高度不溶性的硫化物沉淀从而固定，这种固定在电子供体和硫酸盐存在的情况下是可能的，然而，一般来说还原为挥发形态对于自然衰减是不可取的，因为挥发形态仍然是可移动的。

3）铅。铅（Pb）在自然界中分布很广。蓄电池、汽油中的防爆剂、建筑材料、电缆外防护层、弹药等的生产或使用过程均涉及铅，其中蓄电池的生产约占铅总量的 50%。然而，所有的铅，只有 25% 左右被回收再利用，有约 75% 的铅被排入环境中，严重污染了大气、水及土壤环境。铅可以随着食物链的积累逐步增大，最终对人体造成极大危害。

微生物对 Pb 的转化的重要机制之一为吸附。微生物自身化学成分与结构不同，其吸附重金属 Pb 的机理不同，金属的吸附可分为胞外吸附、细胞表面吸附、胞内吸附与转化三种。胞外吸附：指一些微生物可以分泌多聚糖、糖蛋白、脂多糖、可溶性氨基酸等胞外聚合物，胞外聚合物具有络合或沉淀金属离子的作用。如，茁芽短梗霉可分泌胞外聚合物，将 Pb^{2+} 积累于整个细胞表面，且随着细胞的存活时间增长，胞外聚合物的分泌量增多，积累于细胞表面的 Pb^{2+} 吸附越多。此外，蓝细菌能分泌多糖等胞外聚合物，一些白腐真菌可分泌柠檬酸（金属螯合剂）或草酸（草酸盐沉淀）。细胞表面吸附：指金属离子与细胞表面细胞壁组分蛋白质、多糖、脂类等的羟基、羧基、氨基、磷酰基等化学基团发生作用，吸附在细胞的表面上。如，革兰氏阴性菌中的嗜麦芽寡养单胞菌，其细胞壁主要由类脂质和蛋白质组成，并含有少许的聚糖，在细菌的表面有很多官能团，如 $-COOH$，$-NH_2$ 和 $-PO_3$ 等，细菌利用静电吸附及各种官能团的络合作用将重 Pb^{2+} 固定。将铅吸附之后，菌株细胞内被铅覆盖，铅离子由此进入细胞内部，聚集于内部而被固定。胞内吸附与转化：指一些金属离子透过细胞壁，进入细胞内，并通过区域化作用将金属离子分布于代谢不活泼区域，或将其与热稳定蛋白结合，转化为低毒形式，胞内吸附与转化的机理较为复杂。[117,118]

4）镉。随着电镀工业、颜料工业、电子工业、农药和食品添加剂生产等工业的发展，致使过量的镉化物排放到水体、大气、土壤等环境中，造成严重的污染。金属镉对人体的危害极大，镉具有生物累积效应，可通过食物链危害人体健康。

吸附是 Cd 的微生物转化的重要机制。微生物中细菌占比较高，细菌的比表面积大、带电、代谢活动旺盛，针对土壤中金属镉的污染，细菌可以进行生物吸附，或通过其他方式降低镉的活性，大大减轻镉污染给环境带来的影响。镉的含量也可以通过胞内吸附与转化被降低，金属离子通过细胞膜上的通道进入细胞内，然后发生吸附和转化。微生物自身有一个区域化功能，即其能够把金属离子转移至不活跃的代谢区，或使金属离子和热稳定蛋白结合在一起，将其转化为毒性不强的物质。热稳定蛋白的主要组成是金属硫蛋白，其分子质量相对偏低，半胱氨酸的含量较高，容易被金属镉诱导并结合。[119]

（3）非金属

1）砷。砷（As）是地下水中一种比较常见的有毒污染物，其在工业和农业中的应用以及岩石的自然风化，引发地下水污染。砷的工业用途包括半导体制造、石油精炼、木材防腐、除草剂等。砷存在五种价态：As^{3-}、As、As^{2+}、As^{3+}、As^{5+}，价态不同毒性不同，其中，As^{3+} 毒性极强，一般认为其毒性是 As^{5+} 的 100 倍以上。根据其价态及存在的环境，砷常以硫化矿物（例如，As_2

S_3)、单质 As、亚砷酸盐(AsO_2^-)、砷酸盐(AsO_4^{3-}),或以甲基砷酸盐(如 $CH_3AsNa_2O_3$)和三甲基砷[$(CH_3)_3As$]等多种有机形式存在。任何形态的 As 均是有毒的。

砷的化学反应和微生物反应很复杂。微生物可以通过以下生理情形转化砷:在无氧条件下,微生物可以利用砷酸盐作为终端电子受体;在有氧条件下,还原态的砷可为微生物产生能量。在有氧无氧兼性条件下,微生物通过甲基化、氧化或还原机制转化砷,从而将其从微生物细胞中移出。因为砷元素以许多易变的形式存在,所以利用微生物转化来达到砷完全去除十分困难。然而,微生物可以把砷作为营养物质加以利用,这一情况在 20 世纪就有所发现,砷是一些微生物生长代谢必备的元素,微生物利用砷是砷去除的一个研究方向。目前,对微生物利用砷的研究越来越多。近年来,研究人员在实验室共得出六种关于微生物利用砷进行代谢的原理机制:微生物的 As^{3+} 氧化、细胞质 As^{5+} 还原、呼吸性 As^{5+} 还原和 As^{3+} 甲基化,As^{3+} 氧化偶联的光合作用以及 As^{5+} 代替磷维持微生物生长。[120]

2)硒。硒(Se)用于许多商业和工业(包括复印、钢铁制造、玻璃制造和半导体制造业)。灌溉是导致土壤中硒污染的重要原因之一。硒是植物、动物、人类和一些微生物(主要是因为其在一些关键氨基酸中的作用)需要的一种重要微量元素,但在较高浓度下它是有毒的。在自然环境中,硒(Se)主要有四种无机形态:Se^{6+}、Se^{4+}、Se 以及 Se^{2-}。与砷类似,硒也有许多挥发性有机形式。还原的无机硒化合物可以在有氧条件下被氧化,但是这种氧化不支持微生物的生长。氧化硒(硒酸盐)可以作为厌氧微生物的最终电子受体,从而产生硒化物和/或元素硒。各种硒化合物的甲基化是将硒从微生物细胞中移出的解毒机制,但是甲基硒的移动性强,并且对哺乳动物具有高度毒性。硒酸盐和亚硒酸钠被厌氧微生物还原至不溶性元素硒,可以固化和去除水溶液中的硒。尽管如此,硒的化学和生物过程复杂,目前,尚未将微生物转化作为控制硒污染的手段。

3)氰化物。含有氰基(CN^-)的化合物称为氰化物。氰化物包括有机和无机两种,分类依据是与氰基连接的元素或基团,如果与其相连的是有机物,则该氰化物称为有机氰化物,如果与其相连的是无机物,则该氰化物称为无机氰化物,分类情况见表 3-1。氰化物降解方式主要有两种,一种是氰化物作为碳源或氮源被霉菌和细菌降解;另一种是氰水解酶将氰化物水解转化为甲酸盐和 NH_3,该酶可以通过催化诱导生成,适应能力很强,有氧和无氧环境均有活性,且不需要辅酶和辅基的再生。

表 3-1　氰化物分类

氰化物		细分
无机氰化物	简单氰化物	易溶氰化物：HCN、KCN、NH_4CN、$Ca(CN)_2$、$Hg(CN)_2$
		难溶氰化物：$Zn(CN)_2$、$Cd(CN)_2$、$Cu(CN)_2$
	络合氰化物	弱络合物：$Zn(CN)_2^{2-}$、$Cd(CN)_2^{2-}$、$Pb(CN)_4^{2-}$
		较强络合物：$Cu(CN)_2^-$、$Cu(CN)_3^{2-}$、$Ni(CN)_4^{2-}$、$Ag(CN)_2^-$
		强络合物：$Fe(CN)_6^{4-}$、$Co(CN)_6^{4-}$、$Au(CN)_2^-$、$Fe(CN)_6^{3-}$
有机氰化物		乙腈、丁腈、丙烯腈等

微生物降解氰化物的实验研究和应用较为成熟，在此对其不做过多介绍。第一个商业规模的氰化物微生物降解工厂是 Homestake 公司。总氰化物的去除率为 91% ~99.5%，可溶于弱酸的氰化物的去除率为 98% ~100%，生物降解氰化物成本低，在固定投资方面是过氧化氢法的 60%，操作费用是过氧化氢法的 29%。英国 Cardiff 的生物处理公司采用传统工程和生物技术联合取得更好的降氰效果。[121]

4）氟。氟（F）是一种极活泼的非金属元素，其在常温常压下呈气态，为地壳中分布最广的元素之一。氟在土及水环境中的存在形态多种多样。有些存在形态如水溶态氟和可交换态氟，对各种生物的危害性较大。以离子或络合物形态存在的氟均称为水溶态氟，包括 F^-、HF_2^-、$H_2F_3^-$、$H_3F_4^-$、AlF_6^{3-}、FeF_6^{3-} 等。很多重工业的生产过程中及煤的燃烧过程中均会产生氟化物。用含氟物质生产经营的企业在工业生产过程中所排放的含氟“三废”较多。例如，电解铝企业在高温条件时进行电解，电解质是冰晶石，添加剂是氟化钠、氟化钙、氟化铝，最终生成氟化氢（HF）和四氟化硅（SiF_4）气体、含氟粉尘。

研究发现，改性的好氧微生物颗粒在中性 pH 下对氟离子发生吸附。改性的好氧微生物颗粒对氟离子可能的去除机理包括静电吸附、络合反应以及氢键作用。微生物对氟化物，如全氟化合物的降解转化是较前沿的研究方向。[122]

（4）含氧阴离子

含氧阴离子是中心原子被氧包围的水溶性、带负电荷的离子。土壤和地下水常见含氧阴离子污染物生物降解转化介绍如下。

1）硝酸盐。土壤和地下水中无机“三氮”（硝酸盐氮（NO_3^--N）、亚硝酸盐氮（NO_2^--N）和氨氮（NH_3-N 和 NH_4^+-N）污染是国内外研究热点，研究成果众多。其中，硝酸盐（NO_3^-）即为含氧阴离子，其在地下水中的来源主要有居民生活污水与垃圾、粪便、化肥、工业废水、大气氮氧化合物干湿沉降以及污水灌溉等。硝酸盐是地下水中常见的最终电子受体，当氧气缺乏时，微生物可以利用硝酸盐作为最终电子受体。去除硝酸盐的主要微生物过程是将其还原成氮气（N_2），该过程为“反硝化（脱氮）”。反硝化过程广泛存在于微生物代谢中，它几乎可以发生在每一个有丰富碳源和电子来源的厌氧环境中。只要电子供体的供给率足以维持反应，就可以进行反硝化自然衰减。许多有机化合物，以及 H_2 和 H_2S 都可作为电子供体。

2）氯的含氧阴离子。含氧阴离子氯酸盐（ClO_3^-）和高氯酸盐（ClO_4^-）或它们的前体（二氧化氯、次氯酸盐和亚氯酸盐）产生于造纸、消毒水、航空航天以及国防工业等生产过程。虽然不是天然存在的，但是这些高度氧化形式的氯是非常有利于微生物降解的电子受体。与反硝化过程相比，氯酸盐和高氯酸盐的降解过程还有待进一步的研究。不过，实验室中的细菌培养和环境样品（土壤、淡水沉积物和污水）研究表明，当提供常见电子供体（如碳水化合物、羧酸、氨基酸或 H_2、H_2S）时，微生物可以还原高氯酸和氯酸盐生成无毒的氯离子。如果电子供体的供给量足够，微生物可以完全转化高氯酸盐和氯酸盐。

3）硫酸盐。硫酸盐（SO_4^{2-}）为地下水化学成分七大常规离子之一，无污染情况下，其含量受水文地球化学过程控制。硫元素在自然的循环过程中会生成富含硫酸盐的污水，人类的生活以及工业生产过程中，将富含硫酸盐的污水排放到环境中，而且在矿山、冶金、食品及医药等行业中，硫酸盐的污染情况也比较严重。与硝酸盐类似，硫酸盐是地下水中常见的最终电子受体，硫酸盐微生物降解研究成果也颇多。自然界中广泛存在可还原硫酸盐的硫酸盐还原菌，在厌氧条件下，硫酸盐还原菌可通过异化硫酸盐还原作用将 SO_4^{2-} 还原为 H_2S。产生的 H_2S 则可与重金属离子发生反应，形成金属硫化物沉淀，因此，可采用硫酸盐降解去除重金属。

4）磷酸盐。磷（P）分布广泛，水体、矿石、生物体内均含有磷元素，细胞原生质的组成中也包括磷元素。磷是生物新陈代谢、生长繁殖的重要元素，磷的生物可用性直接影响生物繁殖速率。磷在水体中的形态组成多种多样，正磷酸盐是最主要的无机磷，根据环境条件不同，按其存在形态可分为 4 种：存在于强碱条件下的磷酸盐离子；存在于弱碱条件下的磷酸氢盐离子；存在于弱酸环境下磷酸二氢盐离子；存在于强酸条件下的水溶磷酸。生活污水、化肥和农业废弃物及含磷洗涤剂是磷污染主要来源。通常情况下，生活污水中有机磷与无机磷的比例为 1∶3 左右，无机磷的含量为 4～15mg/L。

磷酸盐在地表水中的研究较多，在土壤和地下水中研究相对较少。磷酸盐存在于水体中时，易吸附于颗粒物上，然后发生沉降作用至底泥中，导致磷的生物可利用性降低，此过程减少了水体中磷的含量，因此会降低水体发生富营养化的可能，从另一个角度来讲，这有利于水体的治理。另外，磷元素的存在严重制约着其他元素的降解转化，特别是 Fe[123]。

微生物对磷酸盐转化研究方面，研究者提出了水体中以微生物新陈代谢为基础的生物诱导的化学沉淀理论：微生物通过自身的吸收转化过程，改变环境条件，一些易溶性的磷酸盐，积累在池底的污泥中，随之排放出去，达到减少水体中磷酸盐的效果。然而，该理论的缺点在于无法解释活性污泥对磷酸盐积聚作用的机理。实际情况下，微生物会超富集磷元素，并将磷元素以磷酸盐的形式积累在自身细胞内。微生物自身的吸磷现象被认为是生物现象，生物代谢过程中发生生物累积作用，吸磷于自身体内。但该除磷方式仅在特定环境条件下才会发生，不足以解释生物除磷，而上述提到的生物诱导的化学沉淀除磷可以完美地解释生物除磷现象[124]。

（5）放射性核素

人们对放射性核素的环境危害关注日益增强，如何以微生物去除环境中存在的放射性材料成为研究热点。天然铀的加工场所、武器生产场所、核反应堆、核电厂中均发现了大量的放射性物质。放射性物质的处理场所环境复杂，微生物种类各异，能够在这种场所存活下来的微生物大多表现出降解放射性化学物的潜力。放射性污染场地常见核素如铀、钚、铯、钍等及其生物降解性介绍如下。

微生物可以通过氧化还原反应转化放射性核素的存在形态，影响其迁移性。如铀（U）在自然界中存在形态多样，其中不溶性 UO_2（Ⅳ）和可溶性 UO_2^{2+}（Ⅵ）占主导地位。已有研究发现 U（Ⅵ）可以作为厌氧微生物的终端电子受体。微生物在代谢有机化合物的过程中可将高度可溶的 U（Ⅵ）转化为固定态的 U（Ⅳ）沉淀物。这种类型的铀固定可作为一种自然衰减控制手段。当然，在复杂的自然环境条件下，分子氧可能直接化学氧化固化的 U（Ⅳ）将导致铀的再溶解，因此，利用该沉淀作用固定铀存在潜在风险。钚（Pu）也易受微生物转化影响，铁还原微生物将不溶性 Pu（Ⅳ）还原成易溶性 Pu（Ⅲ），导致污染物更容易移动，这对自然衰减产生负作用。相比之下，与钚密切相关的放射性核素镎（Np），可以被硫酸盐还原菌还原为难以迁移的形态。类似地，厌氧微生物可将锝（Tc）的 Tc（Ⅶ）还原成可固定在微生物细胞和/或其他固体上的不溶性形态［Tc（Ⅳ）和 Tc（Ⅴ）氧化物］。随着微生物参与放射性核素氧化还原反应的研究增多，越来越多的成果显示：在适当的条件下自然衰减可以控制这些污染物。为了使这些微生物反应成功地控制放射性核素，微生物反应必须固定污染物，并且必须使适当的电子供体和受体具有足够且持续的供应速率，以便形成和维持固定化的物质。然而，在确定生物反应控制放射性核素的重要性之前，需要更进一步的基础研究和实地研究。

微生物也可以通过吸附作用，直接减少水中某些放射性核素。如钍是一种核燃料元素，存在于原子能工业及稀土湿法冶金的生产过程及其生产排放的废水中，该元素对环境的污染非常严重，而且对人类的身体健康产生了很大威胁，甚至危及生命。微生物能吸附污水中的钍，减少生态系统中钍的含量，减轻该元素对环境的影响，提取吸附钍的微生物处理后所得的物质亦可以成为增殖反应堆的核燃料。研究发现，当钍溶于水时，真菌少根根霉会对钍表现出很强的吸附能力，其吸附量约占干细胞重量的19%，是对钍的吸附量最大的生物。[125]

微生物可去除放射性核素，但同时核素也可毒害微生物，且其毒害机制往往不同于一般的有毒物质。如，铯（^{133}Cs），该核素在自然界中分布较少，铯污染主要来源于核技术运用向生态系统排放的废弃物。铯的毒性机制不同于一般有毒物质，铯不与生物体内的主要分子官能团发生反应，亦不破坏生物细胞膜的完整性，在稳定状态下毒性比较小。但当Cs^+进入细胞后，会取代微生物生长必需的常规元素K^+，致使细胞代谢过程受到影响，这是Cs^+对生物产生毒性作用的主要机制。因此，针对铯的污染，微生物控制机制可能是增加细胞内K^+的停留时间，或制约Cs^+积累的转移系统发挥作用，从而减小Cs^+对微生物代谢的影响。由此可见，微生物是基于能量代谢来吸收铯，即，活体微生物方可去除铯。因此，微生物去除铯应采用连续处理系统，微生物在此种环境条件下持续生长，适应性更强，经过一代代的衍生，其去除铯的能力会越来越强。有研究表明，红平红球菌可以在24小时内从培养基中去除90%的Cs^+[126]。

迄今为止，尚未发现细菌能够将放射性元素完全代谢成无害的产物。微生物去除地下水中放射性核素铀的研究案例有：马萨诸塞州大学的研究人员发现，地杆菌中的一部分物种能够减少地下水中溶解态铀的含量，使溶解态铀成为不溶于水的铀。耐辐射奇球菌是一种非常特殊的菌株，是大约50年前人类在变质的罐头牛肉中分离得到。后来，科学家发现，耐辐射奇球菌能承受的辐射量大概是包括人类在内所有生物的3000倍。一般生物在高辐射环境条件下DNA的双链结构会被破坏，基因发生突变，但耐辐射奇球菌并不会受到影响。究其原因是，这种微生物明显拥有折叠基因组的复杂系统，从而减少了辐射的损伤，同时也具有DNA修复机制，可以取代损坏的基因组。最近，耐辐射奇球菌的基因组图谱已经完成，预计将对其独特的DNA修复基因提供有价值的研究依据。采用生物修复技术，利用耐辐射奇球菌和其他细菌（如脱硫弧菌）对放射性区域进行生物修复是目前较为流行的研究趋势。美国能源部和明尼苏达州的研究人员培养出了这个微生物的重组菌株，将耐辐射奇球菌的一个基因启动子序列加入到涉及甲苯代谢的基因中（甲苯双加氧酶）。在超高辐射的环境中，这种菌株具有降解甲苯的能力。科学家希望利用相同的方法，使耐辐射奇球菌带有其他微生物编码结合蛋白的基因。[127,128]

3.7.5 微生物修复治理

以土著微生物为主体的生物修复工程，通常适用于长期且污染较轻的场地污染治理。通过采用从污染土壤纯化培养的优势菌种，扩配后释放到污染土壤中以强化生物处理效果。在处理过程中，可以定期投加菌液、营养液以保持微生物对污染物的高效降解。对于突发性污染且污染较严重的场地，或者被污染后需要立即处理的场地，土著微生物可能会出现生长速度缓慢、代谢活性降低或种群数量下降的情况，因此可以通过接种一些外源微生物或者工程菌以强化生物修复效果。同时，也要考虑外来微生物接种时可能会受到土著微生物的竞争，所以在引入外源微生物或者工程菌时必须考虑以下情况。

1）外源微生物能否降解目标污染物。

2）外源微生物的遗传性是否保持稳定性。

3）外源微生物在环境中是否可以快速生长，并具有较高的酶活性。

4）外源微生物与土著微生物相比，是否具有较强的生存生长竞争能力。

5）外源微生物是否无致病性。

6）外源微生物是否产生有毒代谢产物。

3.8 放射性衰变

放射性衰变是放射性元素自然衰减的特有作用。放射性是指原子核放射出不同种射线的现象，放射的射线包括 α，β，γ 三类。如果原子核可以自发地放射不同种射线的同位素，则称为放射性同位素，其经过外界环境的影响和刺激，又释放出不同的射线，这种反应是由于自身或是环境因素发生，这个过程叫放射性衰变。母体是这种物质在衰变之前所存在的一种状态，随衰变的进行，新的同位素生成，则此时的状态便称为子体。即所有放射性元素的自发衰变产物被称为“子体”产物。

衰变时最终产生释放出三类射线中的某一种，该过程取决于其能量，会对生物体产生危害。放射性同位素衰变过程的方式包括以下方面。

（1）α 衰变

在没有外界条件的影响下，原子核自发地放射出 α 粒子，之后转变为不同种核，该过程是 α 衰变。如果天然放射性同位素的质量数小于 140，则其不能发生 α 衰变。原子序数大于 82 以及质量数大于 209 的放射性同位素，很容易发生 α 衰变。

（2）β 衰变

原子核自发地放射出 β 粒子或俘获一个轨道电子而发生的转变。β 粒子有正、负电子之分。放出负电子的衰变过程称为β-衰变；放出正电子的衰变过程称为β+衰变。

（3）K 轨道电子捕获

原子核从核外 K 层捕获一个轨道电子的过程称为轨道电子捕获。K 捕获和β 衰变所产生的子体是相同的，究竟发生何种衰变，取决于衰变前后能量的变化。

（4）γ 衰变

γ 射线是一种电磁辐射，它是从原子核内部放出的，发生的同时经常有 α 或β 射线产生。γ 衰变仅仅改变了核内部的能量状态，其母体和子体是同种同位素。γ 衰变亦可称为同质异能跃迁。

（5）核裂变

重核分裂成两个及以上中等质量的碎片，并伴随有中子和能量发射出去的过程称为原子核裂变。自发裂变是在没有外界干扰的条件下自行发生的核裂变，它亦可用半衰期来衡量裂变发生的难易程度。自然环境中仅观察到铀和钍的同位素发生自发裂变的现象。诱发裂变是指原子核在外来粒子轰击下发生的裂变。用各种粒子（中子、质子、γ 射线等）轰击铀和钍的同位素都可以导致诱发裂变。

衰变以及裂变，其速度并不受环境因素的影响，可是如果是单个原子，其衰变没有规律，无法进行预估；针对大量的放射性原子核，利用统计学原理，可大致确定整个原子数量随时间变化的规律。

式（3-16）表示放射性衰变：

$$\text{放射性核素减少的质量比例} = \lambda C \tag{3-16}$$

式中，λ 为每个放射性核素的一阶衰减常数；C 为放射性核素的浓度。

式（3-17）表明放射性核素衰变的指数速率：

$$C(t) = C(0)\exp(-\lambda t) = C(0)\exp(-0.693t/T_{1/2}) \tag{3-17}$$

式中，C（0）为起始浓度；C（t）是在 t 时间后的浓度；$T_{1/2}$是半衰期，它等于 0.693/λ。对于所有放射性核素，放射性核素衰变所需的时间都是已知的。放射性母体同位素的平均寿命是指其在衰变前所存在的平均时间，一般记为 τ。半衰期是从开始衰减计时，至原子数衰减到原有数目的一半时截止，这段时间称为半衰期，记作 $T_{1/2}$。半衰期并不会随着外界条件、元素状态或质量的变化而发生改变，是一个主要特征常数，它的长短差别非常大，短的只需要千万分之一秒，长的甚至可以达数百亿年，同位素半衰期的长短与其放射性的强弱成反比，半衰期越短，放射性越强。所有放射性核素的半衰期（即半数放射性核素衰变所需的时间）是已知的。对于半衰期较短的放射性核素，可以通过放射性衰变进行自然衰减。例如：^{3}H，12.5 年；^{137}Cs，30 年；^{90}Sr，也是 30 年；^{131}I 是 8 年。然而，一些放射性核素的半衰期很长，如^{238}U 的半衰期是 4.5×10^{9} 年。放射性衰变可能形成放射性或非放射性的子体产物，这取决于特定的放射性核素。

衰变进行的时间内，衰变时间越长，母体的原子数目随之越来越少，子体的原子数不断增多。单衰变是指放射性母体经过单次衰变后就形成一种稳定的子体。连续衰变顾名思义就是不断发生衰变，衰变次数不止一次，每次发生衰变形成的中间子体均不太稳定，自身又会再次发生衰变，直至产生稳定的最终子体。很多情况下，放射性同位素只能由母体转变成特定的某一种子体，从而引发衰变。少数放射性同位素可以有两种及其两种以上多种衰变方式形成不同的子体，也就是说，一种母体能同时产生不同子体，此种衰变被称为分支衰变。在自然界中这些衰变类型均存在，时时刻刻均有发生。子体产物的性质可以与母体放射性核素完全不相同，在环境中的表现形式也可能截然不同。

地下固体可以吸收放射，因此只要受污染的地下水不发生暴露，那么留在地下的放射性核素就不会具有风险。[129]

3.9 自然衰减与迁移转化过程的关系

在自然衰减和污染物迁移转化过程介绍基础上，本章对二者之间关系概括梳理如下。

从技术原理层面来讲，自然衰减可认为是在不受人为主动修复影响的情况下，完全依赖污染区域自然发生的物理、化学及微生物等过程，如对流-弥散、吸附、化学反应、生物降解等，降低污染物的浓度或迁移性等，使污染物的体积和数量减少，最终达到毒性和扩散性降低的效果。即可以认为自然衰减主要是控制污染物迁移转化过程的技术。迁移转化过程则主要包括物理过程（对流、弥散和相迁移）、化学和生化过程（酸碱、氧化还原、沉淀、溶解、络合、吸附、水解、放射性衰变）及其他可能与特定污染物发生作用的相关过程。对有机污染场地而言，自然衰减技术已得到广泛应用，主要利用的是自然衰减中微生物将有机污染物转化成无害或毒害性低产物的生化过程。近年来，在重金属和放射性核素污染场地自然衰减技术也受到了越来越多的关注，但由于重金属和放射性核素不能彻底转化为无害物质，其自然衰减的概念不同于有机污染场地。对重金属和放射性核素污染场地而言，无论通过何种地球化学过程（如沉淀、吸附、放射性衰变等），金属元素或衰变产物都将留在修复场地中，没有达到传统意义上的去除效果，但是，通过自然衰减的固化和螯合等方式，可将这些污染物从可迁移和可生物利用的形态转变为稳定的、不可迁移和不可生物利用的形态，最终降低敏感人群和生态受体的暴露，从而实现对重金属污染场地的有效控制。

从技术实施层面来讲，初级自然衰减主要监控污染物的浓度。然而，虽然地下水中污染物浓度降低或者消失是证明自然衰减正在发挥作用的重要信息，但是这样的证据即使在简单的加油站污染场地上也是不够充分的。首先，由于地下水的流动性，溶解在地下水中的污染物可能会随着地下水迁移，从而绕过采样位置，导致所采样品污染物浓度偏低。此外，如吸附等的一些物理机制可减少污染物，实际上只是污染物转移或转变为其他难以被检测到的形式，污染风险仍然存在，甚至增大。鉴于自然衰减中浓度监测的局限性，美国国家研究委员会提出需要更多证据来证明污染物的自然衰减有效。首先，需要提供实验室证据或者相关文献证据，证明在类似目标污染物场地，自然衰减去除或管控该目标污染物是科学可行的。其次，需要提供直接数据，证明自然衰减机制正在场地发生作用。其核心问题是，观测到的污染物减少或去除，必须与场地内起修复作用的机制相关联，即必须证明自然衰减机制与污染物浓度减少存在因果关系。

基本的自然衰减监控方法，可用以证明自然衰减机制对降低污染物浓度发挥作用。一般来说，场地污染物转化或降解机制很难识别，甚至不可能被直接测量。通常需要将若干种类型的场地数据与地下水模型结合，将观测到的污染物浓度降低与相应的生物化学机制联系起来，解译场地自然衰减过程。自然衰减过程所需监测的数据，及数据分析的详细程度因场地复杂程度而异。相对而言，在一些加油站泄漏的污染场地，汽柴油类污染物的降解可能相对较易监控，而对大型复杂污染场地，污染物在地下水中的降解行为却较难监控。以下举例对一般自然衰减过程分析作简单介绍。

例如，当污染物从非水溶相液体或固体溶解时，对流–弥散将其迁移到其他位置，而生物降解和化学反应可在污染物移动时转化污染物。为了确认和评估自然衰减，所有的过程必须与相应模型结合，以确定哪些是控制污染物迁移转化的主要过程。这种过程分析主要采用两套工具：一为污染物的“质量平衡”，另一为微生物地球化学反应的“指示物（指标）”。

工具一：“质量平衡”是跟踪在地下的单位体积（其可以被认为是小的立方体）中的污染物质量的方程。“质量平衡”描述的污染物质量变化如下所示：

水中溶解化学物质的变化量 = 对流量 + 弥散量 + 相迁移量 − 反应消耗量

方程的左边代表不同过程的净效应，方程右边前三项代表迁移过程：对流、弥散和相迁移。因为每个迁移过程的行为不同，并且数学表示也是不同的，所以需要单独的项。最后一项是所有生物地球化学反应消耗的总和，当影响污染物的反应为多个时，每一个反应需要列为单独项。最后，所有项必须具有完全相同的单位，如单位时间的质量（如毫克每天）。

工具二：生物地球化学反应的“指示物”。污染物的生物降解或化学反应等转化产生或消耗其他物质，而这些物质可以作为“指示物”。一般地，所有转化地下水污染物的生物地球化学反应都会留下“指示物”，其中许多可以被检测，这有助于确定污染物的归趋。常见“指示物”指示不同类型污染物生物地球化学反应如下。

1）三氯乙烯和四氯乙烯的还原脱氯产物，以产生氯乙烯、乙烯和 Cl^- 指示。

2）苯、甲苯、乙苯、二甲苯等苯系物氧化还原降解，以其反应最终电子受体/产物，如，氧、硝酸盐和硫酸盐的消耗，或者还原性最终产物如甲烷和 Fe^{2+} 指示。

3）金属生成氢氧化物固体沉淀，以碱度损失指示。需要注意的是，重金属或放射性核素在使用自然衰减技术时，必须考虑场地的地球化学条件在时间和空间上可能发生的变化，这种变化可能会导致已经固定下来的重金属和放射性核素重新发生迁移。因此这种方法一般只适用于地球化学条件比较稳定，发生再迁移可能性比较小的场地。

第 4 章　场地概念模型

场地概念模型建立是贯穿污染场地研究各工作环节的重要内容，各环节不同阶段建立的场地概念模型所主要刻画的对象及详细程度不同，场地概念模型既可以对下阶段的工作内容进行指导，又可以作为不同阶段的调查成果。

《污染场地术语》（HJ682—2014）中定义场地概念模型是“用文字、图、表等方式来综合污染源、污染物迁移途径、人体或生态受体接触污染介质的过程及其接触方式等”。可见，其几乎涵盖了与污染场地相关的所有数据以及信息，本书则根据污染场地研究工作需求，将其细分为：水文地质概念模型、污染概念模型、污染水文地质模型、风险概念模型四类。

水文地质概念模型，顾名思义主要刻画场地包气带、含水层结构特征及其相关水文地质参数，主要包括的数据信息如，场地的基本信息、含水层边界条件、水文地质结构、渗透性能、水力特征、补给排泄条件等。污染概念模型主要刻画污染源、污染羽的时空特征，主要包括的数据信息如，场地污染物的浓度分布及其动态数据。污染水文地质概念模型和风险概念模型可理解为水文地质概念模型和污染概念模型的信息深入分析的成果。污染水文地质概念模型，主要刻画污染物的迁移转化特征，可理解为以水文地质概念模型解译污染概念模型。风险概念模型，主要刻画环境受体的暴露途径，即对某污染物的迁移转化路径的更详细的刻画，可理解为环境受体叠加基础上对污染水文地质概念模型的深化。

综上，水文地质概念模型和污染概念模型是场地概念模型的基础组成部分，理论上完善的场地概念模型一旦建立，即可判断自然衰减的可行性，并可适时优化制定各种风险管控措施，指导污染场地工作的开展。然而，在实际工作中，往往出现获取数据与实际数据相差甚远的问题，场地概念模型构建过程存在诸多不确定性，主要体现于以下三个方面：①污染物的迁移转化过程自身不确定性，由污染物迁移、转化的复杂性及环境条件的可变性等系统自身因素导致；②参数和数据不确定性，由于参数和数据的获取均来自于代表性点，非均质性、各向异性、界面反应多样性等造成了水文地质条件的不确定性，地下水中污染物的代表性问题、分布非均一性、取样测试误差等均可造成数据的不确定性；③模拟计算方法不确定性，由概念模型、建模及其解法等造成的不确定性[130]。因此，在污染场地概念模型建立及监控自然衰减研究工作中必须充分关注各种不确定性。

4.1 水文地质概念模型

根据场地的复杂程度和现有资料的情况，在现场踏勘阶段的后期，即应根据场地的水文地质要素初步建立场地的水文地质概念模型。场地的地下水水文地质概念模型需要把含水层实际的边界性质、内部结构、渗透性能、水力特征和补给排泄等条件进行概化，以便于与数学和物理模拟的基本模式相吻合。

4.1.1 水文地质要素

水文地质概念模型首要任务为识别地下水的类型[57,132]。

按照含水层介质特征，地下水可以分为孔隙水、裂隙水和岩溶水三类。①孔隙水，是指赋存并运移于松散沉积物颗粒构成的孔隙网络中的水。其特征为：它一般与岩层分布具有一致性，呈层状分布，水量空间分布均匀；连续性好，同一含水层的水具有水力联系，且具有统一的水位；地下水运动一般呈现层流状态，流动缓慢，符合达西定律。②裂隙水，指的是赋存并运移于坚硬基岩裂隙中的水。其特征为：其分布与裂隙分布相关，分布随机性较强，水量空间分布不均匀；连续性差，各裂隙含水层系统内部具有统一的水力联系，但各系统间水力联系较小；地下水运动各向异性较强，流动较快。③岩溶水，又称喀斯特水，是指赋存并运移于岩溶化岩层中的地下水。其特征与演化阶段有关，表现为：演化初期，岩溶水与裂隙水特征十分相似；演化后期，管道系统发育成熟，形成大范围的地下河，表现特征与地表水相似，即空间分布极其不均一，时间上变化剧烈，地下水流动迅速，排泄集中。综合比较三类水而言，污染控制一般难易程度依次为岩溶水>裂隙水>孔隙水，孔隙水比裂隙和岩溶水污染一般更缓慢、持久，更适于监控自然衰减技术实施。

按埋藏条件，广义地下水（地面以下岩土空隙中的水）可分为上层滞水、包气带水、潜水、承压水四种类型（图 4-1）。其中，潜水和承压水又称含水层的水，可认为是狭义地下水（饱水带岩土空隙中的水）的重点研究对象，二者也是场地水文地质概念模型重点识别对象。①潜水，是埋藏在地表以下第一层较稳定的隔水层以上具有自由水面的重力水。其特征为：自由水面以上无明显黏土、粉质黏土等作为隔水顶板，与包气带直接相通；无承压性，即钻进初见水位与成井后静止水位基本一致；接受大气降水和地表水的补给，补给区与分布区一致；水位季节动态变化影响较大，且对大气降水和地表水的补给有滞后响应。②承压水，是充满于两个隔水层（弱透水层）之间的含水层中的水。其特征为：

上下各有较为明显的黏土、粉质黏土等的隔水顶底板，与包气带基本无大范围直接联通；有承压性，即钻进初见水位低于成井后静止水位；主要接受侧向或越流补给排泄；水位季节性动态变化影响较小。一般而言，潜水由于上部没有隔水层，较承压水更易污染，但承压水一旦污染，控制修复更难。

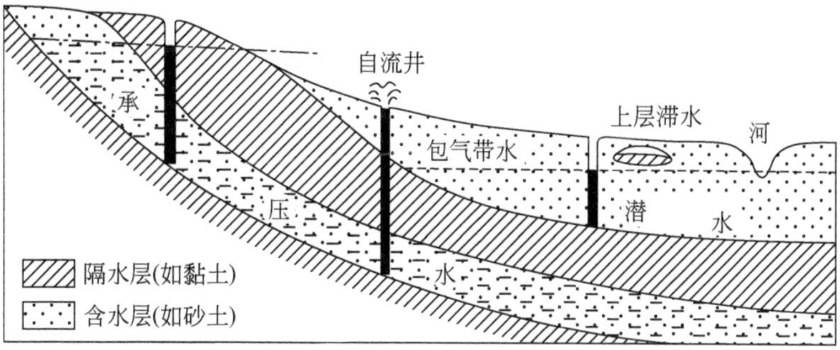

图 4-1　不同类型地下水埋藏条件概念模型示意图

在实际工作中，含水层结构特征一般需视研究时空尺度、补—径—排条件等概化，因为含水层与隔水层的划分是相对的，不存在绝对的界线，二者在一定条件下可以相互转化。如黏土层，在一般条件下，由于孔隙细小、饱含结合水、不能透水与给水，起隔水层作用。但在较大水头压力的作用下，部分结合水会发生运动而使其所在地层表现出含水层的特点。因此，在自然界中并没有绝对不含水的岩层。

含水层特征是影响污染物迁移速度和污染羽时空变化的重要因素。明确表征含水层特征的水文地质参数（包括：水力梯度、渗透系数、弥散系数、孔隙度等）是自然衰减技术应用的前提。水文地质学有多种获取水文地质参数的传统手段，这些手段对于以应用为目的的水文地质学，主要是供水水文地质学是适用的。但这些传统手段求取的参数是否适用于污染迁移转化是值得商榷的，如抽水试验是获取渗透系数的传统手段，但实际上抽水试验获取渗透系数的水动力条件与天然情况并不一致，其通过抽水形成降落漏斗，水力坡度远大于天然条件，宏观上表现为地下水流速与水力坡度不满足达西定律，即渗透系数（渗透率）并非定值，从流体动力学原理来看，流体运动克服的阻力与天然条件下可能存在较大差异。笔者所在研究团队室内砂箱模拟试验发现[131]，模拟抽水试验情形求解的渗透系数甚至是模拟天然情形的 2 倍。对于供水水文地质学，供水即抽水过程，抽水试验求取的渗透系数完全符合现实情况，然而对于天然条件下污染物的迁移，其对流迁移速率却要减半。虽然这些传统手段解决天然情况下污染物迁移可能存在问题，但目前尚未形成新的方法体系。在现行的污染场地研究工作中，仍使用这些手段获取相关水文地质参数，现对该系列参数介绍如下。

(1) 水力梯度（详见3.3）

水力梯度是与地下水流向和流速相关的参数。渗流场中水头相等的各点连成的线（面）为等水头线（面）。沿等水头线（面）法线方向（水头降低方向）的水头变化率称为水力梯度（hydraulic gradient），记为 I，即：

$$I = -\frac{dH}{dN} \tag{4-1}$$

式中，N 为等水头线（面）的外法线方向，同时也是指水头降低的方向。

求算水力梯度时，水头差必须与渗透途径相对应。在实际工作中，通常采用克里金插值法绘制渗流场的等水头线（面），将垂直等水头线（面）的水头降与距离之比作为水力梯度。

(2) 渗透系数

渗透系数 K（水力传导系数），是渗流特性的一个综合性指标，其数值大小会在很大程度上影响渗流的计算结果，是最关键的水文地质参数之一。根据达西定律，渗透系数等于水力梯度为1时的渗流速度，即 K 是饱和多孔介质单位水力梯度时的渗流速度，其表征多孔介质或沉积物传输流体的能力。虽然渗透系数与介质性质和流体性质均有关，但当流体为水时，常忽略流体性质变化造成的影响，则含水层中影响渗透系数的主要因素为介质性质、土的孔隙比、土颗粒的尺寸与级配、土颗粒的矿物组成和土的结构等。实际工作中，渗透系数的影响因素很多，土体非均匀性及水温等也会对渗透系数造成影响，要精确确定其数值比较困难，通常采用以下方法获取 K 值。

经验法：经验值法是根据土的颗粒形状、大小、孔隙率、温度等参数总结出的经验公式或规律选定 K 值。关于经验值的 K 值说法也不一，有学者认为，不透水的均匀黏土的渗透系数 K 一般为 $10^{-9} \sim 10^{-7}$ cm/s；而透水性较好的均匀卵石层的渗透系数 K 可达到 1～100cm/s。工程地质上认为 $K=1.0$cm/s 是土中水渗透为层流与紊流的界限，$K=10^{-4}$ cm/s 是土体排水良好与否的界限，$K=10^{-9}$ cm/s 是土层为不透水层的标志。实际工作中，土的渗透系数变化范围很大，普遍认同的各类常见土的渗透系数如表4-1所示[133]。在近似计算时，常采用该表中的 K 值。

表4-1　各类常见岩土的渗透系数

土的类别	渗透系数/(cm/s)	土的类别	渗透系数/(cm/s)
黏土	$\leqslant 1.2\times10^{-6}$	中砂	$6.0\times10^{-3} \sim 2.4\times10^{-2}$
粉质黏土	$1.2\times10^{-6} \sim 6.0\times10^{-5}$	粗砂	$2.4\times10^{-2} \sim 6.0\times10^{-2}$
粉土	$6.0\times10^{-6} \sim 6.0\times10^{-4}$	砾砂、砾石	$6.0\times10^{-2} \sim 1.8\times10^{-1}$

续表

土的类别	渗透系数/(cm/s)	土的类别	渗透系数/(cm/s)
粉砂	$6.0\times10^{-4}\sim1.2\times10^{-3}$	卵石	$1.8\times10^{-1}\sim6.0\times10^{-1}$
细砂	$1.2\times10^{-3}\sim6.0\times10^{-3}$	漂石	$6.0\times10^{-1}\sim1.2$

实验室测定法：是取土壤室内开展渗流实验，从而求得渗透系数，具体可参考《土工试验方法标准》（GB/T 50123—1999）。这种方法相对来说比较简单，设备简单，费用也比较少，缺点是天然土并非完全均质土，很难完全反映真实情况，并且难以保证在取样和操作过程中对土壤的结构不造成破坏，即使多次试验计算出的平均值，求取的也仅是局部小范围土的渗透性，表征场地尺度渗透性可能存在偏差。

现场测定法：该方法获取的参数相对其他两种方法更可靠，但规模相对大，人物力消耗多。微水试验和抽水试验是现场获取 K 值的主要方法。微水试验能有效代表局部小范围含水层渗透性，也正是因其影响范围小，微水试验一般应用电子水位监测设备（压力传感器和数据记录仪）对多个监测井监测水位，特别是砂土含水层中响应时间非常短。微水试验在国外已经做了大量研究，并在生产中广泛应用，形成了完整理论。该方法的缺点是只能在饱和含水层中进行试验，确定的含水层参数仅代表井筒附近小范围岩土体的渗透性。与抽水试验相比，该方法经济、成本低，测试系统数量少、体积小、便携，测试精度高，但测试尺度较小（影响半径小），且容易被干扰。抽水试验在一般的场地调查中不开展该项工作，但如果要对地下水污染进行治理或控制，必须开展该项工作，该方法比微水试验对含水层的影响更大，其数据更具有代表性，但其应用于污染物迁移存在一定局限性（上文已有论述）。抽水试验实施可参考中国地质调查局主编的《水文地质手册》（第二版）、《供水水文地质勘察规范》（GB 50027—2001）等相关规范执行，关于其数据处理方法及其原理国内可参考王洪涛编著的《多孔介质污染物迁移动力学》。且关于抽水试验已开发出相关专业软件如，Aquifer Test Pro、AQTESOLV 等。

（3）孔隙度

孔隙度是指岩石或土壤中孔隙空间的百分比。有效孔隙率（η_e）代表可供流体流动的孔隙度，它排除了小于水分子的孔或者那些没有相互连通的孔。由于达西渗流速度方程中包含了有效孔隙度，所以 η_e 对估算污染物运移时间是必需的。表 4-2 是参考大量文献资料给定的孔隙度的经验值范围。孔隙度及有效孔隙度均一般采用部分岩心或岩屑在实验室中测定，具体可参考《土工试验方法标准》（GB/T 50123—1999）。此外，还有几种估计孔隙度的方法，如各种测井（如放射性测井、微电极测井、声波测井等）和显微镜（如扫描电镜）观测法。

表 4-2　不同岩性土壤类型的孔隙度范围

土壤类型	孔隙度
黏土	0.01～0.20
淤泥	0.01～0.30
细砂	0.10～0.30
中砂	0.15～0.30
粗砂	0.20～0.35
砾石	0.10～0.35
砂岩	0.005～0.10
未破裂的石灰岩	0.001～0.05
破裂的花岗岩	0.000 05～0.01

（4）有机质含量

有机质含量（f_{oc}）是天然有机碳成分占含水层土壤基质的比例，有机质含量是评估有机污染物运输的一个重要特征参数，是影响吸附过程的一个重要因子。天然有机碳越多意味着含水层基质的吸附能力越强，污染物的衰减能力加强。不过，在天然土壤中有机化合物的吸附与溶质、溶剂的性质有关，这是一个相对来说特别复杂的过程。有机物的吸附作用发生时，土壤中长期沉淀的一些物质，能够强烈干扰化合物的浓度、生物活性以及毒性，同时也影响其在土壤中迁移、转化等环境行为，一些污染物处于非饱和状态，吸附作用是其转入固相的重要方式。加之，有机化合物发生吸附作用也并不是一个简单的过程，其中包含了多种作用模式和机制，有机物的浓度直接影响着吸附系数，而一些因子能够对有机化合物在水相和固相的含量造成影响，进而间接影响着吸附系数，从而会导致吸附系数的预测值与实测值存在或高或低的偏差，对土壤吸附的预测产生影响[134]。

有机质含量可通过从未被污染的区域收集含水层材料样本，进行实验室分析和测量获取，具体可参考 ASTM D 2974-14。相关文献给定 f_{oc} 范围通常为 0.0002～0.02（0.02%～2.0%）；如果未知，在应用过程中通常设定为默认值 0.001（0.10%）。

4.1.2　不确定性分析

场地存在诸多水文地质特征不确定性，必须开展水文地质概念模型不确定性分析。

首先，必须考虑场地自身水文地质的时空变异性对模型参数的影响。时间变异性，通常指由于自然现象（如季节和极端天气事件）和人为原因（如抽水或回灌）导致的地下水瞬时流动，这些瞬时流动意味着某一天的水位测量不一定代表长期平均值，即水力梯度存在不确定性。空间变异性主要指含水层的非均质性（异质性）和各向异性，均一系统只发生在实验室或模型中，场地含水层介质的非均质性（异质性）会导致各点渗流场的流速大小和方向各异，渗透系数存在不确定性；弥散度则存在尺度效应，其受空间变异性影响导致的不确定性更大。然而，目前针对场地自身的水文地质概念模型不确定性研究相对较少，该方面研究并未得到足够重视。此外，技术、经济水平等人为因素会影响区域内水文地质资料搜集的准确性，导致了水文地质概念模型数据的可靠性无法确定。如果只通过单一的概念模型来对数据进行估计，不确定性的概率就会增加，最终形成的预测模型的预测能力也会被高估，因此，这些人为因素也是不可忽略的。在模型预测过程中，如果不经过模型参数识别，则最终得出的数据误差会极大，整个模型预测失败的风险会加大。

4.2 污染概念模型

4.2.1 污染源识别

识别污染源是建立污染概念模型的最关键环节之一。通常，真实有效的地下水污染评估与防控，必须确定污染源信息（包括污染源位置、排放方式及污染物组分及释放强度等信息），了解含水层中污染羽的时空分布情况。本书污染概念模型中的“污染源”，主要指污染物在场地地上或地下的集聚区域，并向地下释放污染物。理想情况是，污染源即为污染物在地上或地下的泄漏点，该类污染源可以根据历史资料或现场勘查轻易发现，定位方便，该类污染源可称为“明显污染源”。但大多数情况是，由于资料的缺失、污染历史久远或污染物的迁移，污染源往往难以定位。比如污染物以 DNAPLs 形式存在，由于其密度大于水，在土壤和地下水中可以持续地向下迁移，并在特定的地质条件下聚集累积，最初以泄漏点形式存在的污染源即使被移除，DNAPLs 在地下仍呈现于一个聚集区域，并以“手掌状”的方式不断迁移扩散，形成新的污染源，称为“隐蔽污染源”。

钻探调查及地下水污染监测是获取污染源信息和污染羽情况的常规方法。然而该方法依然存在一定的局限性，尤其对“隐蔽污染源”局限性更明显，对于几平方公里的场地而言，污染源的聚集区域所占面积甚至可能仅为几平方米，即使开展精细钻探，恰好调查到该污染集聚区概率也不高。假设场地存在直径 15m

污染源，钻探调查以网格法 19m、15m、13m 的点间距捕获该污染源的概率分别为 50%、80%、95%，即错失发现该污染源的概率为 50%、20%、5%[135]。对于事物的认知错失概率 5% 一般是推荐可信，即 13m 的钻探调查点间距的可信度才可接受，即便降低可信度为 50%，采用 19m 的钻探调查间距，对于一般场地调查都难以接受，准确定位污染源的具体位置在实际工程中几乎是不可能的，污染物释放强度则更无从识别。即实际工作取样不足和过量均会出现问题，如果取样过度，势必会造成人力物力上的浪费；而如果取样不足，获取信息不足，所得信息可能根本无法真实反映污染物随时空变化的规律，进而无法确定地下水污染控制方式及途径。为此，基于案例数据支撑，污染场地工作者总结了常见几类场地污染羽长度的经验值，如，碳氢化合物燃料污染场地 76m，苯污染场地小于 76m，苯系物（BTEX）污染场地 65m，氯化溶剂［如四氯乙烯（PCE）、三氯乙烯（TCE）、二氯乙烯（DCE）、氯乙烯（VC）］污染场地 305m，氯化溶剂［如三氯乙烷（TCA）、二氯乙烷（DCA）］污染场地 152m，当然受场地水文地质特征等制约，该经验值不可能适用于所有场地，但参照其可适当减少取样，优化地下水污染监测网的设计，尽量减少不必要的工作，获取更必要数据。此外，作为必要补充，国际上，相对成本较低的地球物理（物探）方法被用于场地调查中，并形成了相对完整的污染源调查方法；国内也有相关研究和相关技术标准［中国地质调查局地质调查技术标准《污染场地土壤和地下水调查与风险评价规范》（DD2014-06）］出台，但工程应用罕见。

从污染物类别来说，地下水的有机污染形成的污染源更为复杂，有机污染源的精准识别极为困难。确定污染源位置，是决定地下水系统中有机物能否彻底去除的关键。从技术层面，目前地下水有机污染源识别技术主要包括：污染调查技术、单体同位素技术、地下水数值模型反演技术等，其组合形成的污染源识别方法基本流程如下。

第一，场地调查。搜集场地及其影响区域的环境水文地质相关材料，获取污染场地的环境地质基础信息；开展场地及其周围污染踏勘调研，初步判断可能造成区域水质影响的污染源，取水、土样品测试，以了解污染物情况。

第二，污染源推断。分析地下水中有机污染物检测结果，获取并掌握污染物的含量、种类等基本信息，根据有机物检出率、检测浓度、毒性特征，开展污染评价，提取场地特征污染物；结合场地污染历史现状及水文地质条件，推断场地污染源。

第三，污染源确认。分为两种情形：一种情形是上述证据可明确推断污染源，则对可能存在污染源的所有范围加密水、土、气样品测试，综合分析数据，从而准确判定出污染源；另一种情形是上述证据无法明确推断污染源，则运用地下水溶质运移模型和单体同位素技术与已有结果相互验证，进一步识别污染源。

第四，不确定性分析。分析有机污染源确定所有过程中出现的不确定性误差，提出污染源及污染羽控制方案。污染源识别的不确定性主要来自两个方面。一方面来自于污染特征自身：污染源在时空上可能分布不均匀，并且组分变化很大，各个组分产生的羽流是有所变化的；甚至即使已经检测到污染羽，有时仍不能定位污染源。在描述污染源中，这些污染源的特性导致了固有的不确定性，正如含水层性质的时空变异性导致的不确定性一样。该部分不确定性是现有条件难以克服的，其主要依赖于基础理论的进步，在此不做过多描述。另一方面来自于人为因素：地下水污染源特性的实际状况（尤其是 NAPLs 污染物）是快速变化的，减少并不意味着污染消除。传统的污染源表征方法依赖于从地下采集的固体或水的离散样本分析。在传统方法中，从许多点位收集样本，例如通过在多个采样井中的每一个井进行垂直间隔采样。相对于污染场地分布面积和极端非均质性来说，通常被认为可以代表污染源的样本数量还是比较小的，其结果是污染源（尤其是 NAPLs 污染物）不能被完全描述出来。通常，离散采样是用来识别受污染区域的最外层边缘，而没有关于分布和组分的内部细节。没有污染源本身的细节，就不可能预测一些自然衰减的最重要的信息。包括污染羽中污染物的量和在污染源中残余污染物的量。

为减少人为因素导致的不确定。国际上，常结合地球物理方法及分区示踪剂测试法确认污染源。地球物理方法主要使用高密度电法、地质雷达等地下探测技术，圈定污染源的三维空间范围，该方法尚难以揭示污染源中污染物的总量和成分。分区示踪剂测试法主要采用混合于污染源中污染物的示踪剂冲洗源区，以示踪剂的回收量估计污染物总量，但该方法不能圈定污染源的三维空间范围，也无法揭示污染源组分，且成本相对较高。近几年，笔者所在研究团队在分子微生物功能基因定量技术发展成熟背景下，结合数理统计学，建立了一套以测定表土中挥发性有机气体的指示性微生物功能基因（如甲烷氧化菌 *pmoA* 基因、丙烷氧化菌 *prmA* 基因、C5 ~ C16 烃氧化菌 *alkB* 基因、苯系物代谢功能基因 *bssA* 等）圈定地下有机污染物分布，确定有机污染源的方法，并已成功应用于场地案例中。

4.2.2 污染羽刻画

污染羽作为污染概念模型的重要部分，其基本轮廓必须明确，以便对地下水污染场地进行有效的治理和修复。一般认为，污染羽的核心或中心线所在区域污染物浓度高，污染羽的边缘区域浓度低，污染羽的中心线与地下水流动路径一致，且无论自然衰减是否正在发生作用或者是污染物已在污染源被隔离，采自羽流横断面的样品，都呈现从羽流中心线到边缘污染物浓度梯度降低的规律。然而，如果自然衰减作用在污染羽的中心线大量消减污染物，那么，来自边缘的样本可能比来自中心线的样本具有更高的浓度。为了避免因污染羽中心线误判所带来的误导，监控自然衰减技术应用前，必须首先要识别污染羽中心线及其边缘。

许多场地在自然衰减修复开始前，需要布置大量的采样井。不过，即使有高精度的仪器设备辅助，现有的采样井通常也很难完全跟踪污染羽中心线，因为许多污染羽内核极窄和边缘极泛。为了追踪污染羽的中心线，通常根据现有资料分析需要加密监测井的最佳位置，在场地中现有采样监测井以外，设置水位监测井。主要利用等水位线图，一般以旱季和雨季的地下水水位判断地下水的主流向，并视该主流向为污染羽的中心线。另外，使用临时钻孔现场初判，也可以作为一个相对成本较低的辅助识别污染羽中心线的方法。而对于垂直和水平方向的最大浓度的位置（羽流中心）确定，则需要沿垂直于羽流轴平面设置多级监测井网。

由此可见，监测井网的布设对于污染羽刻画十分重要，与地表水相比，地下水污染监测修复往往需要更长的时间（常常持续 30 年以上）[136]，且其治理和修复费用极为昂贵。刻画污染羽是一个艰巨的任务，合理使用已有的地下水流量和污染物浓度的数据，设计具有最少数量采样井的高效监控网。基于此设计的长期监测网，才会最大限度地减少采样井数量，实现自然衰减高效监控。即监控自然衰减的有效性主要取决于：监测井网是否可客观真实地监测到地下水污染羽中污染物浓度随时间的变化规律。图 4-2 概化了较为理想的场地监测井网的设置示意图：根据地下水流向，监测井由污染羽监测井和控制监测井组成，其中的污染羽监测井以监测污染羽范围为目的，根据其有、无污染又可分为污染监测井和背景监测井至少两类：污染监测井位于污染源区及污染羽的纵向、横向及边缘，背景监测井（位于污染源上游）；控制监测井以目标受体的风险预警为主要目的，位于污染羽下游和目标受体之间。

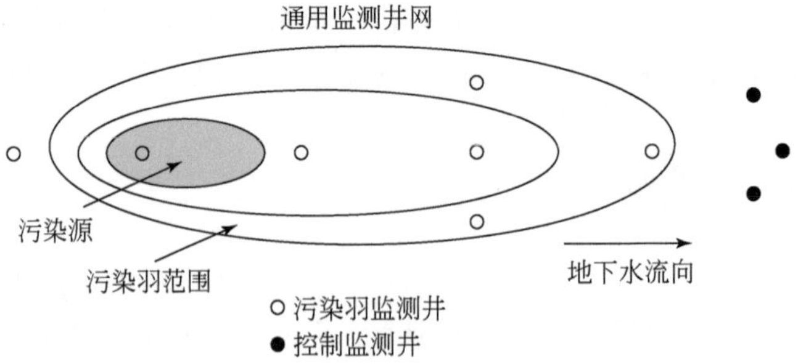

图 4-2　自然衰减监测井网布设示意图

依此监测井网可监测污染物随着时间的变化规律，描述污染物迁移轨迹，刻画污染羽状态变化，其变化主要分为以下三种（图 4-3）。

1）缩减（Shrinking）：监测井中污染物浓度随着时间推移不断降低。

2）稳定（Stable）：监测井中污染物浓度随着时间推移保持不变。

3）扩展（Expanding）：污染羽监测井中污染物浓度随着时间推移日益增加，或控制监测井污染物浓度高于地下水质量标准。

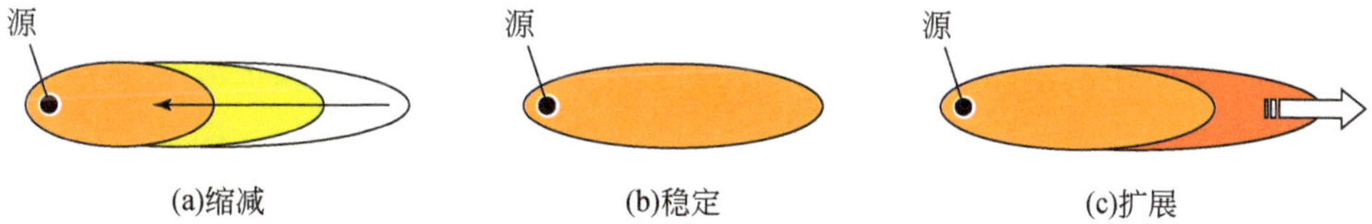

图 4-3　污染羽的状态变化

判断污染物随时间变化导致污染羽缩减或稳定状态的机制通常可概化为如下三种。

1）当污染羽尺度较大污染羽边缘有机碳含量和溶解氧浓度较高，在污染羽边缘发生较为强烈的好氧降解，污染羽边缘污染物减小速度不小于污染源区污染物传输速率，此时污染羽的状态稳定或缩减。

2）当污染羽内部微生物水文地球化学条件有利于污染物浓度下降，如岩土提供了大量的 Fe^{3+}、Mn^{4+}等电子受体，在微生物作用下与石油烃类发生氧化还原反应，污染源释放污染物的速率与降解反应速率相等，在这种情况下，污染羽形态和污染物浓度不变化，下游监测井中也观察不到污染物浓度的变化，此时污染羽的状态稳定或缩减。

3）在许多情况下，除了监测井采样检测结果可以判断污染羽的缩减或稳定外，还可根据场地地质环境条件（地层岩性结构、微生物地球化学环境等）差异性分析，以及对污染物的认识，判断污染羽的状态，如存在与上文所统计污染羽的经验值场地地质环境条件类似的碳氢化合物燃料污染场地，当其污染羽范围接近 76m，则此时基本可以预测污染羽的状态稳定或缩减。

实际工作中，通常以污染羽边际分析、污染物质量通量分析等方法，辅以统计分析，以空间和图形的形式刻画污染羽的状态。如威斯康星州政府自然资源部门（Wisconsin Department of Natural Resources）2003 年发布的污染羽边际分析评估其状态的方法，主要实施步骤如下。

1）使用达西定律和阻滞因子，估算地下水渗流速度和污染物迁移速度。

2）在污染羽的中心线上，识别最接近污染羽边缘监测井（最好是未受污染的监测井）和沿着污染物流动路径且离该井最近的污染监测井，确定二者之间的距离。

3）监测两口井的污染物浓度及自然数衰减相关参数，监测周期应不少于单独依据地下水渗流速度（不考虑阻滞因子）估算的污染物迁移距离所用的时间，确定污染物从污染监测井迁移至边缘井所用的时间。

4.2.3 不确定性分析

地下水水位时空变动可导致污染羽中污染物浓度波动。平面上，如地下水流向改变，污染羽的中心线也随着改变，通常污染羽中心线位置附近的污染物浓度可能会暂时减少，当流向再次回到原来的方向上时则又会增加。垂向上，若枯水期地下水水位可能回落到土壤中截留的残余非水溶相液体（NAPLs）污染物水位以下，可视为地下水污染源被暂时去除，但当丰水期，地下水水位升高，与土壤中的 NAPLs 再次接触，污染羽中的污染物浓度将再次上升。为了避免该效应所误导的不确定性，应在污染羽的纵向和横向边缘区域开展长期的污染物消减及其他水文地球化学等的监测。应特别关注最大潜在风险污染物的迁移途径，如果迁移途径存在显著不确定性，在评估自然衰减时应充分考虑数据的有效性。

非均质性含水层渗透率的变异也可导致污染羽运动复杂化。最常见的非均质性，如冲积沉积物造成含水层中砂土、砾石和黏土等不连续分布。该类含水层在地表附近尤其常见，水和污染物优先迁移通过渗透性能高的区域，即污染物优先迁移通过地下河道的砂土和砾石，形成污染羽。非均质性还影响 NAPLs 位置的捕获，NAPLs 可以迁移到岩石裂缝中，非均质性介质中 NAPLs 可被截留形成多个污染源，并且来自 NAPLs 的污染物甚至可以扩散到低渗透性介质区域中。实际上，每个 NAPLs 源溶解可以形成其各自的污染羽。因此，在某些情况下从场地采集的地下水样品，可能是来自不同 NAPLs 源产生的污染羽，该地下水样品反映的不是任何单一污染源的性质。场地工作中，尤其要关注范围最大和移动最快的污染羽的状态，一般这些污染羽都是沿着最高渗透率路径迁移的。如在砾石和高渗透砂岩地层中采样，最关键的是所采的样品需能确定污染羽扩散的最大范围。

此外，人为因素如监测井布设、样品采集检测及数据结果分析等因素对模型的影响也很大，该系列因素是污染场地普遍问题，其导致污染概念模型的不确定性在此不做详细介绍。

4.3 地下水污染计算机模拟

地下水污染计算机模拟并非自然衰减必须工作，但其在当前场地污染工作中被普遍采用。在场地水文地质概念模型和污染概念模型基础上，利用地下水模拟为辅助手段，可预测污染羽在自然衰减多因素作用下的变化趋势，结合污染目标受体情景设定条件下，其可量化预测各暴露途径的风险，指导污染场地风险评价概念模型构建，地下水计算机模拟是基于自然衰减评估的风险管控措施实施的主要依赖工具。

地下水污染计算机模拟包括解析解模拟和数值模拟两种，通常用于自然衰减的解析解模型软件如：基于 Domenico 方程的 BIOSCREEN（适用于模拟地下水中石油烃）、BIOCHLOR（适用于模拟地下水中氯代溶剂）和基于 Richards 方程的 CHEMFLO-2000（适用于模拟非饱和带中化学物质）等；数值模拟软件如：BIOPLUME（地下水中有机污染物有限差分法）、GMS（有限差分法）、FEFLOW（有限元法）、HYDRUS（非饱和带有限元法）、VLEACH（非饱和带有机一维有限差分模型）等。尤其随着计算机及数值计算方法越来越成熟，地下水数值模拟已广泛应用于污染场地。

但是由于天然水文地质过程的复杂性，以及受人类活动和气候变化等因素的影响，地下水计算机模型与客观地下水系统相比较，往往会存在着一些差异。多数情况下将这种差异归结于地下水计算机模拟的不确定性。虽然人们试图利用精密的设备和先进的分析技术来表征地下水特征，但某些时空变异性仍是难以识别的，其造成的污染物自然衰减评估的不确定性仍是不可避免的。这种不确定性的存在，加之一般场地污染观测资料都会出现部分缺失，模拟得到数据的准确性更难以衡量。

对地下水数值模拟而言，其不确定性来自于三方面：输入参数不确定性；概念模型不确定性；观测资料不确定性。三者相互牵制、相互影响。目前，在这三种情况中针对参数不确定性的研究相对较多。①输入参数不确定性。主要指场地本身固有性质导致的参数难以识别。受地质、地貌以及气候环境的影响，诸多水文地质参数和水文地球化学参数均具有空间变异性，以上参数的识别需要大量信息，任务艰难。以渗透系数为例，以往一般参考仅有的实验值或经验对整个场地赋值，代表性往往存在争议，大量研究通过实验和地质统计方法发现渗透系数变化具有一定的概率分布规律，且普遍认为其服从对数正态分布。因此，可利用有限资料，采用合理插值方法，估算场地各区域的渗透系数，减少输入参数不确定性。②概念模型不确定性。主要是包含边界条件和初始条件设定问题。承接输入参数不确定性，如若不能充分掌握现有条件下水文地质参数（如水力坡度、渗透系数等），便难以建立反映真实情况的水文地质概念模型，则地下水计算机模型的边界选定问题难以解决。另外，想要建立精确的地下水污染预测模型，必须精确获取现有条件下的水质（主要是污染物浓度）、水量等基础数据，如果现有基础数据存在问题，则污染水文地质概念模型不可靠性增大，短期的污染评估预测结果将极不可靠，但这种不可靠性会随着模拟时间的延长而降低。③观测资料不确定性。观测资料总是存在绝对误差和相对误差，加之，数学模型在求解过程中存在不可避免的误差。如已存在的对流-弥散方程，由于不存在足够小、足够精确的尺度来观测对流-弥散过程，因而，无法在数值模拟划分的典型单元概念基础上表达介质的非均质性，然而，现实中非均质性几乎无处不在，非均质介质造成的溶质运移变化并不能完全体现。另外，很多溶质运移模型的数值解法也无法彻底解决弥散等问题。地下水计算机模拟需要搜集大量的监测资料，并针对性开展必要的水文地质调查。但实际工作往往受到一些客观条件因素制约，场地资料的时空分布相对较稀疏，常应用插值法来延展，从而又导致误差产生。以上误差的存在均可导致模拟的不确定性，不可忽略[137]。

第 5 章 自然衰减监测

5.1 监测实施步骤及要点

自然衰减监测所采用的技术方法决定其监测工作的实施，实施自然衰减监测的基本步骤（一般流程）如下。

第一步，在场地污染调查基础上，综合分析资料，构建场地的水文地质概念模型、污染水文地质概念模型，在此过程中基本确定场地主要发生的生物地球化学反应，并根据需求，选择性构建地下水污染计算机模型。

第二步，布设监测井，开展所有指标的场地监测，分析场地的监测数据，寻找污染特征指示指标，确定指示物，分析污染物的迁移转化规律，量化区分对流-弥散、吸附解吸、挥发等非降解和微生物降解等自然衰减过程，初步判断污染羽的状态（缩减、稳定、扩展）和预测污染风险，并修正第一步建立的各类场地模型。

第三步，以指示物监测为主，制定长期监测方案，并继续第二步各项工作，针对性预设各种风险管控，甚至场地应急修复治理的方案，保障在场地风险可控范围内污染物的自然衰减能够如预期持续发生。

虽然所有场地实施自然衰减监测的基本步骤相同，但每个场地的复杂性及污染物的自然衰减可控性可能明显不同，因此，每个污染场地的自然衰减监测的工作程度不尽相同。一般来说，场地水文地质条件越复杂、污染物越难降解转化，要求开展数据收集和分析内容越多，对典型情景简单介绍如下。

1）简单型：场地水文地质条件简单，污染物成功降解转化的可能性大，自然衰减机制可持续潜力大。数据收集和分析必须能够证明：地下水流动方向是相对恒定的，污染物迁移与水流方向一致，并且污染物浓度随着与污染源的距离增加而降低。监测的指示指标中，至少有一种指示物能直接指示污染物减少。一些常见的数据分析方法是：绘制枯水和丰水期的水位等值线图，评估地下水流动方向的一致性；绘制污染物和指示物浓度的等值线图，表明污染物迁移的主要方向及污染物的减少与衰减机制相关联；在污染羽核心部分设置一组至少两三个（具体参考岩性结构）垂直方向上不同位置的采样井，评估污染物垂直迁移的速率。

即使在这些相对简单的场地，自然衰减反应的可持续性也必须通过污染物和指示物的长期监测进行验证。

2）复杂型：场地水文地质条件复杂，污染物成功降解转化的可能性难以判断，自然衰减机制存在不可持续的可能。如果场地的非均质性极强，则需要绘制高精度场地水文地质的横截剖面图，精细刻画影响污染物迁移转化的主要岩性单元及其性质。概念模型应该显示：非均质性如何影响污染羽迁移；水平和垂直监测数据应表明，污染羽迁移与概念模型是一致的。如果成功降解的可能性不高，或自然衰减的可持续性有较大的不确定性（例如，来自污染源的浓度较高），那么必须根据查明的含水层地球化学条件，来辅助证明发生了导致污染物减少的氧化还原反应（例如，石油类污染场地监测数据表明，反硝化作用正在降解石油类污染物，且提供给反硝化降解的电子受体硝酸盐在含水层中大量存在）或吸附反应等。且一般情况下，需要通过质量守恒分析表明，自然衰减反应足以消除或固定所有的污染物，并持续较长时间。在某些情况下，可能需要运用简单的溶质运移模型，模拟解译污染物浓度随空间和时间的变化而减少的过程。

3）高度复杂型：场地水文地质条件高度复杂，污染物（混合复杂）成功降解转化的可能性小，自然衰减机制可持续潜力不明。该类型场地需要开展更多的工作，收集足够的数据资料，宜构建精细的地下水水流和污染物运移的地下水污染计算机模拟模型，详细刻画和预测污染羽的状态；监测点位置、样品数量以及检测指标（包括污染物和指示指标）必须与模型模拟范围及其复杂性相匹配，模型应着重模拟导致污染物质量变化的关键自然衰减机制；应该通过长期监测数据与模型预测结果的拟合，评估所构建模型的准确性，并不断获取新数据对模型进行校准修正。

在自然衰减监测实施过程中，还需要注意以下要点问题。

1）观察到污染物浓度的降低是证明自然衰减发挥作用的重要证据，但应注意，污染物浓度的下降并不足以证明自然衰减过程的有效性，如发生作用的自然衰减过程为吸附过程，可能存在吸附物质被重新解吸的潜在风险。

2）应该使用自然衰减过程的指示物去证明：哪些机制对观察到的地下水中的污染物浓度下降起作用。指示物通常是转化或固定污染物的生物地球化学过程的反应物或产物（如石油类污染降解电子受体/反应物 NO_3^-、SO_4^{2-} 和产物 Fe^{2+} 等）。对一些生物降解反应（如 BTEX 和 PCE 生物降解），降解过程较为明确，可观察几种不同的指示物，并将其与污染物浓度的降低相关联，用于证明自然衰减作用有效或无效，这样有助于克服一些复杂因素的影响。

3）应建立场地的水文地质和污染的概念模型，从而建立水文地球化学反应概念模型。水文地球化学概念模型应该包括地下水流量、污染源、污染羽和场地自然衰减相关的反应和目标物质。一个好的概念模型，可以指导场地的调查和决策的制定。

4）要采集和分析足够的数据，通过简单的图表和统计分析，到质量守恒分析计算，再到溶质运移模拟，逐步对场地的水文地质特征、污染物衰减机制和速率、衰减的可持续性进行精细刻画。

5）对自然衰减作为正式修复措施的污染场地，要制定一个长期监测计划。所需的监测频率必须根据场地条件和自然衰减可持续性的评价结果而具体制定。自然衰减场地的长期监测尚缺乏技术规范和指南，不同类型的场地上必须建立与之相适应的监测计划，这是制定监测计划的基本原则。

5.2 监测井布设原则

本部分及以下 5.3 节和 5.4 节，主要根据国内现状，笔者所在团队总结的一套经验方法，与国外方法并不完全一致，供广大读者参考。

1）监测井布设应根据场地土壤与地下水污染调查结果，围绕圈定的污染范围进行布设。

2）监测井按照用途分为背景监测井、污染监测井和控制监测井，其中污染监测井又可进一步细化为污染源、污染源上游、污染源下游监测井等，可详细刻画污染羽重点区域的动态。当存在多含水层系统或监测包气带多级深度时，背景监测井和污染监测井应建造为巢式或丛式监测井，而控制监测井建造为监测某一目标含水层或某一包气带深度的单管监测井即可。

3）以用途为依据进行布井。各监测井用途可以根据所监测含水层情况进行调换。控制监测井可作为监测某一目标含水层的背景监测井；背景监测井可作为监测多个目标含水层的控制监测井；当场地污染迁移至背景或控制监测井时，则背景或控制监测井转变为污染监测井或观测某一目标含水层的污染监测井。监测井用途改变后，应重新布设监测井。

5.3 样品采集与现场检测

5.3.1 土样采集

污染场地土壤样品布点及采样方法，国内可参考技术以及规范标准等较多，如，原环境保护部发布《场地环境监测技术导则》（HJ 25.2—2014）、中国地质调查局发布《污染场地土壤和地下水调查与风险评价规范》（DD 2014-06）等，在此不做论述。强调有机物采样，尤其是挥发性有机物采样，汲取国际上采集挥发性有机物土样的方法，并结合我国实验室的测试能力，在一个土层取样点，同时采集挥发性有机物样品、半挥发有机物样品、岩性与物化指标样品、自留样品4个样品，具体的采集方法如下所示。

（1）挥发性有机物（VOCs）样品

用一个40ml瓶盖为聚四氟乙烯的棕色玻璃瓶，采集20～25g土样，现场加20～25ml的高效液相分析甲醇溶液，快速将瓶盖盖上。这个方法较其他采样方法，能多保留一个数量级的挥发性有机物浓度。值得注意的是，采样务必迅速，以防挥发性有机物散失；采样前、后应将采样瓶称重，记录其重量；还要记录加入甲醇溶液的毫升数；使用甲醇溶液前，最好测量其内二氯甲烷的浓度。

（2）半挥发有机物（SVOCs）样品

用250ml的棕色磨砂玻璃瓶，采集约100g土样，瓶盖可用锡箔纸或专用封闭带封闭。要求土样在装瓶之前，采用四分对角线法将样品混合均匀。

（3）岩性与物化指标样品

用高20～25cm、直径10～12cm圆柱形铝盒，采集相应体积的原状土样，以确定土样的岩性，分析土样的粒级组成、孔隙度、天然含水量、容重、有机碳含量等物理、化学指标。

（4）自留样品

用棉布袋或塑料袋采集一定量的岩芯样品，放在制备好的岩芯箱中，留作自查样品长期保存。

5.3.2 水样采集

5.3.2.1 洗井

地下水样品取样前必须洗井，洗井主要是为了清除监测井中长期与空气、管壁等作用而改变性质的积水，取得代表性地下水样品。监测多个含水层系统应按照含水层水位由高至低的顺序洗井，同一含水层多个监测井应按照污染由轻至重的顺序洗井。洗井前测定场地每个井的地下水水位，洗井过程中观测被洗井的地下水水位变化，且洗井过程中需控制流量，不可使水位大幅度下降，实际操作中，即流量不可明显大于地下水补给速率，避免造成浊度增加、气提、曝气及相邻监测井中井水补给被洗井等现象发生。

井水置换法是目前国内污染场地洗井主推的方法。在用井水置换法洗井前应测定井水体积，基本步骤如下：①测量井管内径（直径）的大小；②用水位计测量地下水水位面至井口的高度和井底至井口的高度；③计算井水深度：井水深度＝井底至井口高度－水位面至井口高度；④计算井水体积：井水体积＝π×(井管内径/2)^2×井水深度。

不同器具取样的工作原理不同，导致的取样结果不同。低流速气囊泵取样（不洗井）是国际上地下水微扰动取样的推荐方法，尤其对挥发性有机物效果显著。但根据我国经济社会情况，国内少部分场地研究以潜水泵低流速洗井取样替代低流速气囊泵取样[138]，但应用还是以潜水泵或贝勒管进行井水置换洗井取样为主。当水量或井水体积较大时，宜采用潜水泵洗井；当水量或井水体积较小且观测小尺度范围地下水污染情况时，宜采用贝勒管进行洗井。具体各类器具洗井基本流程介绍如下。

（1）潜水泵井水置换法洗井

1）洗井操作。根据成井结构图，判断滤水管位置；缓慢匀速将潜水泵放置于接近井底；开启潜水泵逐渐调节流量至预先设定的定流量，不间断洗井；出水直接连入水质测量仪器，观测水质指标，直至洗井结束。若备有原位水质测定仪器，可紧邻潜水泵将其一同放置于滤水管中央位置。

2）洗井流量确定。根据观测评价目的，确定洗井流量。若观测小尺度范围地下水污染情况，则监测井布设密度较大，应采集紧邻监测井周边含水层内的新鲜水样，宜以不大于 2.5L/min 流量抽水，尽量减小抽水影响半径，保证水样代表性；若观测大尺度范围地下水污染情况，则监测井布设密度较小，应采集监测井周边更大范围含水层内的新鲜水样，根据监测井布井控制范围需求，适当增大抽水流量，增大抽水降深，扩大抽水影响半径，保证水样代表性。

3）洗井完成判断。实时观测流量，每抽出水量达 0.5 倍井水体积为一个测定周期，记录水温、pH、电导率、溶解氧、氧化还原电位、浊度等水质指标，待相邻 3 次测试水质指标稳定（表 5-1），且洗井体积大于井水体积的 3 倍时，停止洗井。若安装有原位水质测定仪，可以原位水质测试结果辅助判断水质指标稳定与否。

表 5-1　水质指标稳定判断标准

水质指标	稳定标准
水温	±1℃
pH	±0.2
电导率	±3% μs/cm
溶解氧	±10% 或±0.2mg/L
氧化还原电位	±20mV

4）洗井废水处理。洗井废水必须收集、保存、处理后才可排放。

（2）贝勒管井水置换法洗井

1）洗井操作。贝勒管底部捆绑水位计后下放贝勒管，最初快速下放贝勒管；待水位计显示接触水位后，缓慢匀速下放贝勒管；观测水位计下放深度，以“井水体积”计算的井水深度为依据，待水位计下放至接近井底后（避免触底造成浑浊），缓慢匀速上提贝勒管；水位计显示离开水面后，快速上提贝勒管；将水样置于测量杯中，测量水质指标；以此往复直至洗井结束。

2）洗井流量确定。流量确定方法同“潜水泵井水置换法洗井”中观测小尺度范围地下水污染情况，即提水时贝勒管从提水位置至水面的取水流量不大于2.5L/min，换算为贝勒管上升速度为，贝勒管上升速度不大于（2.5L/min×井水深度÷贝勒管容积），贝勒管入水后下降速率应与上升速率相等。

3）洗井完成判断。测定指标同“潜水泵井水置换法洗井”，待相邻3次测试水质指标稳定（见表5-1），且洗井体积大于井水体积的3倍时，停止洗井。

4）洗井废水处理。洗井废水必须收集、保存、处理后才可排放。

（3）潜水泵低流速法洗井

潜水泵低流速洗井，除潜水泵应放置于滤水管中央位置，其他洗井操作与潜水泵井水置换法取样基本相同，不同的是：低流速洗井须调节抽水流量于0.1～0.5L/min，每隔1～2min测量水位1次，直到水位达到平衡为止，定流量抽水，相邻3次测试水质指标稳定后取样，整个过程须保证水位降深未超过1/8倍滤水管长度。此洗井方法流量、水位控制精度较高，不易掌控。

5.3.2.2 采集流程

选择上述一种洗井方法洗井后取样，选用相应取样器具采集样品，样品到达地面后立刻装瓶，装瓶过程中应减小水样扰动，减小水样与空气接触，尽量实现密封采集，在取样前（后）添加保护剂，密封样品，保存于4℃冰箱中，准备运输。

以成分复杂、非均一性强、不稳定性强的石油类污染为例，采集流程简单介绍如下。

1）取样时间确定。井水置换法洗井取样，若观测小尺度范围地下水污染情况，宜于洗井完成后两小时内水位基本恢复后取样，若两小时内水位无法恢复，待新鲜水补给至满足取样体积后取样；若观测大尺度范围地下水污染情况，则应待水位完全恢复后，方可取样。低流速洗井取样，洗井完成后，立即取样。

2）取样器具选择。潜水泵井水置换法洗井后，宜直接采用该洗井设备采集水样，也可采用贝勒管、气囊泵等其他设备采集水样；贝勒管井水置换法洗井后，宜采用该洗井设备采集水样，也可采用气囊泵等其他设备采集水样；低流速取样器（气囊泵）/潜水泵低流速洗井后，应采用洗井设备低流速取样器/潜水泵采集水样。

3）取样位置确定。井水置换洗井取样，应将器具放置于接近井底；低流速洗井取样，应将器具放置于滤水管中央。

4）取样流量确定。井水置换法洗井取样，控制取样流量为小于 2.5L/min；低流速洗井取样，应控制流量在 0.1 ~ 0.5L/min。

5）样品装瓶。①针对不同的检测指标，应按照待测指标的取样易损失程度（如挥发性）由高到低的顺序将水样装瓶，所有样品均需采集平行样。②装瓶时应小心操作，尽量减小扰动，防止挥发性组分的散失。③根据不同指标测试方法的选择，按照实验室测试要求，选择样品瓶，向需要添加保护剂的观测指标样品瓶中添加保护剂。常见的需添加保护剂的指标、所需保护剂及容器情况（表 5-2）。④保证样品瓶顶端的气泡空间最小化，直到瓶口水面微微凸起为止。盖严瓶塞后，上下翻转取样瓶，确保瓶口无漏水现象，然后密封瓶口。若样品运送较远，则应先用纱布或细绳将瓶口拧紧，再用石蜡或火漆封住。⑤装瓶过程中，所有水样均禁止过滤，浑浊物处理应在实验室进行。

表 5-2　石油类污染样品常见需添加保护剂的指标

检测项目	容器	体积	加保护剂
SVOCs	棕色瓶	1L	盐酸（2 滴）
VOCs	吹扫捕集瓶	40mL	盐酸（4 滴）
COD	棕色瓶	250mL	硫酸（数滴）
BOD_5	溶解氧瓶	250mL	无
总油	棕色瓶	250mL	盐酸
石油类	棕色瓶	1L	无

6）标签粘贴。标签纸应具有防水、耐用、不易脱落的特性，签字笔油墨应防水，标签上的字迹应清晰。

标签内容应至少包括取样编号、取样时间、分析测试项目名称。有危险或潜在危险的样品应当显著标记。

7）运输保存。低温保存运输至实验室分析，运输过程中防止容器间交叉污染和容器破碎，在指定的时间内运输到实验室。

5.3.3　现场测试

现场测试主要包括土、水样品的现场测试。

（1）土样现场测试

现有X-荧光金属检测仪可实现重金属类直接测定，便携式气体检测仪（FID/PID/GC-MS等可检测VOC、H_2S、CO_2等）可通过测定土-气平衡的气体量，间接测定有机污染及其转化情况，土的测定一般不作为定量数据评估自然衰减，在此不做详细介绍。

（2）地下水样品现场测试

主要包括水位和常规水质（水温、pH、电导率、溶解氧、氧化还原电位、浊度等）的测试。常规水质测试，国内现阶段一般将水样盛放入容器中，采用异位测试；近些年，原位测试仪器发展较为成熟，若条件允许现阶段可采用原位与异位相结合的方法开展水质指标测试，以便与以往单独异位测试资料对比。

水位测定必须在洗井取样前进行，测定地下水静水位。一般应采用精度毫米的电子水位计测定水位，测定过程及注意事项如下：①水位计现场清洗。为防止交叉污染，测量水位前，必须清洗水位计。首先，将水位计探头以及入井着水部分刻度尺放入清洗桶中清水清洗；其次，用滤纸将其擦拭干净，若仍可察觉（眼看、鼻闻）有大量污染物，则沾适量酒精，再次用滤纸擦拭；最后，蒸馏水润洗、擦干。②水位测定。应尽量减少不同井的水位测定时间跨度，防止地下水水位波动影响测试结果，且水位计应缓慢放入井中，禁止抛丢水位计，扰动井水。③含LNAPLs地下水测定。应先用油水界面仪测定油面和水面，若存在明显油水界面，应参照相应公式校对地下水水位；若不存在明显油水界面，则以电子水位计测定水位为真实地下水水位。

常规水质指标测定必须在洗井完成后进行，原则上按照洗井顺序进行。若污染存在较大差异，则应按照污染由轻至重原则，结合场地实际情况安排测定顺序。测定过程及注意事项如下：①探头现场活化。水质测定前约半小时，将仪器连接完毕，开启仪器，将探头放入清水中。②容器现场清洗。尽量每个井孔配置一个专用清洁容器。若采用通用容器，需依次用清洁水清洗、滤纸擦拭、清洁水清洗、待测水样润洗后测定；若上个样品污染严重，需依次用专用清洗液清洗、清洁水清洗、滤纸擦拭、清洁水清洗、待测水样润洗后测定。③探头现场清洗。依次用清水冲洗、滤纸擦拭、棉签蘸酒精擦拭、待测水样润洗。④样品转移。按照本书上文样品装瓶方法将水样转移至容器中，测定过程中应采用保温措施，尽量选择避风、平坦地点放置容器，将待测水样倒入容器，切不可置于阳光下暴晒。⑤参数测定顺序。水样提出水面后立即用温度计测定水温，然后测定其他参数。若所用仪器为多探头集成水质仪器则按照读数稳定顺序依次记录数据即可。若探头为分离式且每次只可测定一个参数，则按溶解氧、pH、氧化还原电位、浊度、电导率的顺序测定记录。⑥溶解氧、pH、氧化还原电位测定不可随意搅动、摇晃容器，避免空气中氧气、二氧化碳等气体物质进入；浊度、电导率测定，若放置时间过长，应摇匀水样。一般每个探头均有温度校准感应功能，记录每个参数稳定时的温度，以便数据校准处理。⑦仪器现场验准。利用仪器携带的pH、电导率、浊度校准液等，随机验证仪器准确性。

以上指标可视为现场检测必测。实际上，综合污染指标 COD 是最直接反映污染情况的指标，一直是污染监测重点关注指标，但局限于便携性和准确性，其现场测定应用并不多。现阶段可采用便携式分光光度计消解法现场测定 COD，该方法主要需配置便携式消解仪、便携式分光光度计及配套消解试剂等，测定过程主要包括测样制备、测样消解和比色测定三个步骤，一般该类仪器每批次样品测定所需时间不超过 3 小时。该类仪器基本操作步骤及注意事项如下：①测样制备。在水质指标测定的同时，用移液枪（管）在水质探头测定处取样，注入装有消解液的 COD 比色试剂管中，拧紧瓶盖，同时用蒸馏水制备空白样一支。②测样消解。将装有测样的 COD 试管放入消解器中进行消解，一般为 2h。③COD比色测定。开启分光光度计，进入 COD 测试程序，首先测定空白样，设定“0”对照值，然后按照测样制备顺序依次将试剂管放入仪器中读出 COD 值，记录实验结果，关闭仪器。重复以上操作 3 次，以三次均值作为最终 COD 测定结果，不可连续测定同一试管 3 次，作为平均值。比色测定过程中，应确保测样中无悬浊颗粒。值得一提的是，近些年，全光谱分析法被引入了现场在线水质监测，该方法可在线监测综合污染指标 COD、TOC 及苯系物的苯、甲苯、二甲苯等，其在地表水水质常态在线监测中已有应用。笔者所在研究团队开展该仪器监测石油类污染地下水应用研究发现，该方法可指示石油类污染基本情况，但由于石油类污染成分复合、降解产物多样，局限于全光谱法原理，基质环境影响可导致仪器误判，因此，污染地下水应用需因场地污染特征定制修正检测方案。此外，地下水中碱度（重碳酸根为主）、无机硝酸盐、重金属等现场检测也可实现，但当前在国内场地污染研究中尚不常用。

5.3.4 注意事项

含水层的非均质性使得场地的现场数据收集变得较为复杂。加之，自然衰减监测是一个水文地质、环境科学、微生物学、分析化学等多学科交叉的研究工作，对现场工作人员综合专业技术水平要求较高，然而在现实工作中往往很多人员并没有接受严格训练，导致现场测试数据和采集处理样品存在错误，从而使结论的准确性产生重大偏差。以下对现场注意事项着重介绍。

1）监测井洗井问题。传统的采样指导建议，采集地下水样品前洗井体积一般大于井水体积的3倍井水置换，国内标准一般规定为3~5倍。然而，在渗透性差和非均质性强含水层中，井水置换的方法存在许多问题。对于非均质含水层的低渗透区，如果大流量大体积过度清洗，会将距离采样井很远地方的水抽出甚至完全抽干，地下水代表性失真，如，氧化还原电位和溶解氧浓度等均不能代表周围含水层的实际情况。此外，随着采样井内地下水的补给，地下水会汇集到砾石填充的采样井壁或采样井内部，暴露于空气中。若需要观测的是挥发性污染物或代谢产物（如CO_2、H_2S等气体），其会迅速挥发到空气中而无法检测到；而对氧化还原敏感的溶解性金属，则通常会氧化和沉淀。因此，低流量地下水采样应是自然衰减监测的理想采样方法。

2）浊度干扰问题。一些现场使用的化学分析试剂盒通常采用比色分析法（如碱度、氯离子等）。由于比色分析法是通过测试单位体积的透光率，折算被检测物浓度，当地下水样品存在混浊时会对透光率造成影响。在进行比色分析之前，浑浊的样品可能需要静置一段时间，静置时样品必须密封，以避免接触空气，并建议对存储条件和时间做好详细的记录。

3）溶解氧测试问题。取样过程极易造成温度、压力等环境条件变化，导致溶解氧现场测试受影响。采样前，一般使用包括溶解氧在内的常规水质指标作为采样洗井过程中水质稳定判断的一种简便方法，并以此记录为当期地下水水质数据。然而，洗井操作可能会造成一个新的溶解氧动态平衡，此操作条件下测定的溶解氧可能并不能真实反映含水层中溶解氧水平。现场工作人员可使用更精确的溶解氧和氧化还原探针，用标准溶液进行校准，根据氧化还原和溶解氧间的相关性等一些专业知识判断其可靠性，获取更真实的数据，并现场检查一些理论上不可能出现的数值（如无特殊情况溶解氧不可能大于10ppm）。

4）采样探头实时检查。一般情况下，探头在现场工作前均需检查校准。但现场工作中探头出现问题的可能性仍比较高，如探头附着杂物、上一样品浓度过高导致探头失灵、探头线路接触不良等种种问题。需要根据场地的实际情况判断数据的合理性。因此，在现场一般要携带各种探头的校准液和1~2种已知水质指标较稳定的水样，实时检查仪器探头。

5）空气接触影响问题。空气接触问题是影响现场测试的最大因素之一，特别是溶解氧、氧化还原电位，以及可能与氧反应的化合物浓度。若将待测样品长时间敞口放置，会使得空气（氧气、二氧化碳等）与水发生气体交换，直接导致溶解氧、碱度等测试不准，同时可间接导致许多其他指标测量结果不准确。因此，一般水样的现场分析应使用在线探头，使用现场测试试剂盒时尽快进行。

5.4 室内检测技术方法

按照监测评估等级不同，所需开展的室内检测项目不同。初级和中级监测评估中，主要需获取的是土、水样品中污染及地球化学等一般化学物质浓度数据，检测方法相对较为成熟；高级监测评估则需获取同位素和微生物等分子水平证据，其所采用的环境分子诊断技术，尤其是单体同位素分析和分子微生物高通量测序技术（High-throughput Sequencing Technology），近几年一直处于快速发展更新中，尚未硬性标准化。

5.4.1 一般化学物质检测

一般化学物质的检测通常可参考国内相关标准中规定的方法，如《土壤环境质量-农用地土壤污染风险管控标准（试行）（GB 15618—2018）》、《土壤环境质量-建设用地土壤污染风险管控标准（试行）（GB 36600—2018）》、《地下水质量标准》（GB/T 14848—2017）等，以上标准中的规定方法基本可满足初级监测评估和中级监测评估的要求，在此不做详细介绍。

5.4.2 单体稳定同位素分析

（1）气相色谱和同位素质谱联用

自 20 世纪 70 年代始，国内外众多文献报道了 CSIA 测试技术及其适应条件。经过几十年的发展，气相色谱和同位素质谱联用的“GC-C/TC-IRMS”技术被普遍接受，“GC-C/TC-IRMS”中“GC”和“IRMS”分别代表气相色谱和气体同位素质谱仪，“C”和“TC”分别代表联结在 GC 和 IRMS 之间的高温燃烧（氧化、还原）炉和高温裂解炉。以碳、氢为例，其分析流程如下：首先，地下水样品进入色谱 GC 进行分离；其次，依次进入装有 CuO 与 Pt 混合或 CuO 与 NiO、Pt 混合的燃烧炉，高温氧化、还原后转化成为 CO_2 或者进入高温裂解炉转化为 H_2；最后，通过接口 CO_2 和 H_2 进入气相同位素质谱仪进行同位素比值的测量（图 5-1）。

（2）污染物进样前处理技术

有机单体同位素分析使用 GC-C/TC-IRMS 测量时要求提供的化合物中至少含有 1nmol 的碳和 8nmol 的氢，才能满足气相分离要求的分辨率并得到较好的峰形。目前采用的有机前处理技术主要是顶空分析、固相微萃取、吹扫-捕集等方

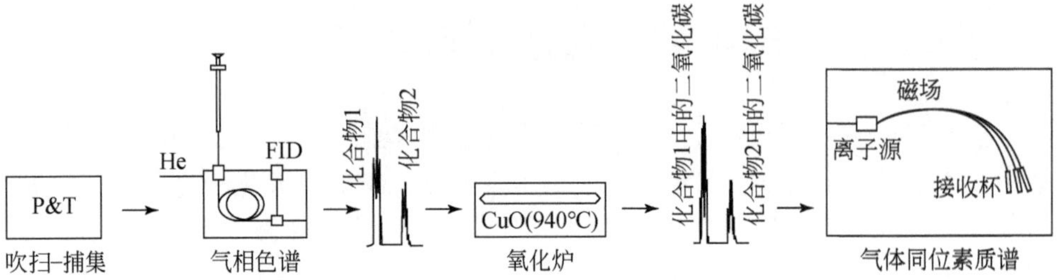

图 5-1　GC-C/TC-IRMS 检测 $\delta^{13}C$ 流程图

法。当地下水中有机污染物质量浓度范围为 100 ~ 5 000μg/L 时一般推荐使用顶空进样方法；当地下水中有机污染物质量浓度为微量或痕量（μg/L）测量 $\delta^{13}C$ 时，常用固相微萃取（solid-phase microextraction，SPME）和吹扫-捕集（P&T）方法进行测量；起初，固相微萃取（SPME）方法因其方便、快捷、无污染在大量的实验中得到了应用，由于该方法富集效率的原因，此前处理方法限于检出有机污染物中微量的单体碳同位素；吹扫-捕集与 GC-C/TC/TC-IRMS 联用技术因分析成本的原因而未能广泛应用，但吹扫-捕集技术是有机分析中富集效率最高的前处理方法，单体碳同位素分析可得到最低的检出限（甲苯 0. 25μg/L，苯 0. 3μg/L，甲基叔丁基醚 0. 63μg/L）。随着对有机污染检测限要求的提高，有机物质量浓度常在 ng/L，吹扫-捕集与 GC-C/TC-IRMS 联用技术是目前该研究的主要方向。[139]

CSIA 具体流程可参考美国国家环保署 2008 年出版的技术导则 *A Guide for Assessing Biodegradation and Source Identification of Organic Ground Water Contaminants using Compound Specific Isotope Analysis*。

5. 4. 3　高通量测序技术

DNA 测序技术，尤其高通量测序技术，是分子微生物学的重要方法。从 20 世纪 70 年代，Sanger 等提出“DNA 双脱氧链末端终止测序”（又称 Sanger 测序或 DNA 链终止法），Maxam 等提出“DNA 化学降解测序”（又称化学降解法），再到以大规模平行测序为标志的第二代测序平台的产生，以及近年来新兴的单分子长读长的第三代测序技术，DNA 测序技术已有数十年历史，它的发展为基因组学及其相关学科发展做出了巨大贡献[140]。在微生物学领域，从第一代测序技术开始其便被用于细菌分类学、比较基因组学和演化基因组学、转录组学、宏基因组学、单细胞测序等诸多方向。该技术的出现对于微生物降解机理的认识具有革命性意义。

第一代测序技术，以 Sanger 测序法为例，原理是以 DNA 单链为模板，进行聚合酶链式反应（Polymerase Chain Reaction，PCR）扩增，扩增体系中加入碱基

dNTP 和荧光 ddNTP，对得到不同长度的产物进行电泳分离和激光诱导荧光颜色区分，经过信息转换，获得长达 800bp 的 DNA 链碱基组成序列[141]。该方法在 PCR 产物、载体克隆测序等方面得到广泛应用，但测序通量低、成本高，不适用于大规模测序。目前广泛应用的是第二代测序技术——高通量测序技术，其比一代测序的主要改进是可边合成边测序（sequencing by synthesis），即通过捕捉新合成的末端的标记来确定 DNA 的序列。该技术具有高度的并行性、高通量、操作简单、成本低等优势。二代测序平台的主要生产商家为 Illumina 公司、Life Sciences 公司、Pacific Biosciences 公司等。其技术原理和流程[142]介绍如下（图 5-2）。

1）构建短链片段 DNA 库：利用超声波把待测的 DNA 样本打断成小片段（图 5-2 中 B），主要是打断成 200 ~ 500bp 长的片段，并在这些小片段的两端添加上不同的接头引物（图 5-2 中 C），构建出单链 DNA 文库。

2）DNA 片段吸附：当 DNA 文库建好后，用 NaOH 将双链 DNA 变性形成单链（图 5-2 中 D），随后便进入测序芯片（图 5-2 中 E）。每个测序芯片有 8 个槽道，每个槽道的上下表面都附有很多接头（图 5-2 中 F），这些接头能和建库过程中加在 DNA 片段两端的接头相互配对。因此，带有接头的文库单链 DNA 在通过测序芯片槽道的时候会随机附着在槽道上（图 5-2 中 G），并能支持 DNA 在其表面进行后续的聚合酶链式反应（PCR）扩增。

3）DNA 扩增：DNA 扩增以槽道表面所固定的接头为模板，进行 PCR 扩增。经过不断的扩增和变性循环，最终每个 DNA 片段都将在各自的位置上集成一束（图 5-2 中 H），每一束都含有单个 DNA 模板的很多分拷贝，进行这一过程的目的在于实现将碱基的信号强度放大，以达到测序所需的信号要求。

4）荧光测序（图 5-2 中 I）：荧光测序是在前面的 DNA 扩增过程中同步进行的。向 DNA 扩增的反应体系中添加 DNA 聚合酶、特定一端的接头引物和带有不同荧光标记的 4 种 dNTP，这些 dNTP 的 3’-OH 被化学方法所保护，因而每次只能添加一个 dNTP，DNA 链复制反应就会停止。在 dNTP 被添加到合成链上后，所有未使用的游离 dNTP 和 DNA 聚合酶会被洗脱掉。接着，再加入激发荧光所需的缓冲液，用激光激发荧光信号，搜集信号记录在计算机中并找出对应碱基。在荧光信号记录完成后，再加入化学试剂淬灭荧光信号并去除 dNTP 3’-OH 保护基团，以便能进行下一轮的测序反应，如此循环至序列结束。

由于第二代测序技术基于克隆扩增，故存在序列读长较短的致命缺陷，这就给后期的基因组序列组装带来了巨大的压力。为了克服第二代测序的读长短问题，以单分子、长读长测序为改进目标的第三代测序技术应运而生。第三代测序技术也是一种边合成边测序的测序技术，然而不同于第二代测序依赖于 DNA 模板与固体表面相结合然后边合成边测序，第三代分子测序不需要进行聚合酶链式

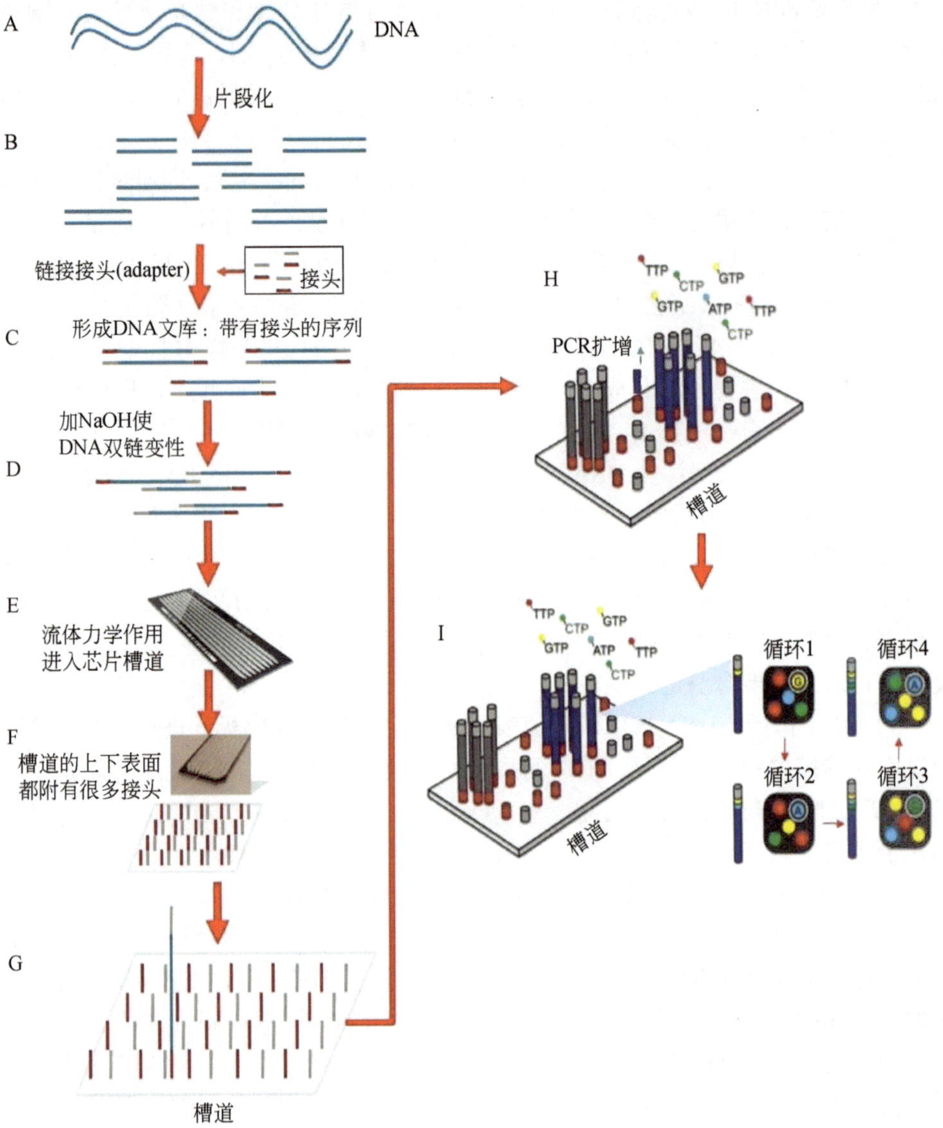

图 5-2　第二代测序 Illumina 测序流程①

反应（PCR）扩增，能够直接观察和测定 DNA 分子的数量和序列的结构。代表性的第三代测序平台，主要有 Pacific Bioscience 公司的单分子实时测序技术（即 Single Molecule，Real-Time Sequencing，SMRT 技术）、Helico BioScience 公司单分

① 资料来源：Decoding Life | DNA 测序技术的前世今生。http://www.sohu.com/a/139848890_653813。

子测序技术、Oxford Nanopore Technologies 公司的纳米孔单分子测序技术，以及基于高密度半导体芯片的 Ion Torrent 技术。应用比较多的是 Pacific Bioscience 的 SMRT 技术。就目前来说，第二代测序技术为主流，第三代测序技术并未大规模推广应用。

5.5 自然衰减监测数据分析

自然衰减监测数据分析具有其独特性。在一般场地污染监测数据分析判断污染物减少归趋的前提下，自然衰减监测数据分析的关键任务是：基于场地概念模型，探究污染物变化和控制变化过程之间的因果关系。在此强调，自然衰减指示物（如苯系物发生硫酸盐还原降解的指示物硫化氢）的存在并不一定能够证明自然衰减可靠，必须指示物产生的速率与污染物去除的速率相当，且在污染物的整个降解周期中，该自然衰减过程是可持续的，才可证明自然衰减可靠。数据分析可以采用逐层分析方法，具体选择哪些方法合适，取决于场地的复杂性、污染物的性质，以及污染扩散的预期风险。按照分析深入程度，一般数据分析分为四个层面：①污染物和其他物质的浓度趋势图和统计分析；②追踪污染物归趋的质量估算；③简单的溶质运移模型模拟；④综合的溶质运移模型模拟。一般来说，对于污染物浓度较低和水文地质条件简单的场地，分析层面较浅，而对污染物浓度较高和水文地质条件复杂的场地，则分析层面较为深入。此外，分析深入程度也随污染物的类别而变化。相比特定地球化学环境条件下才能自然衰减的物质，对通常条件下就能有效自然衰减的物质，只需要较简单分析即可。水文地质条件和污染物类型相同，相比低风险的场地，高风险的场地需要更为详细的分析（如目标受体暴露在污染已经发生或即将发生的场地）。

不管场地分析的详细程度如何，自然衰减监测数据的分析一般步骤类似。第一步，均为检查数据的完整性和一致性。此步骤对于识别数据在时间或空间上的差异，以及检查现场数据可能出现的错误是很有必要的。水文地质资料（如水头、渗透系数、流量和边界条件等）必须与水文地质概念模型相一致。污染羽浓度数据，以及污染源位置和强度估算的数据，必须足以刻画污染物迁移途径链条。最后，各种地球化学参数数据测量，应该与可能的地球化学反应概念模型相一致（如溶解氧浓度和氧化还原电位数据明显不一致：高溶解氧浓度和负氧化还原电位同时出现，表示至少一项检测数据是不准确的或不具代表性。又如，现实工作中许多监测井采集的水样是几个不同深度层位的混合水样，如果各层位微生物降解的地球化学环境均不同，那么该混合水样将不能代表任何层位地球化学环境。）。只有当获取的地球化学数据具有达标性，才可用来推测哪些氧化还原反应在场地的地球化学条件下有助于自然衰减，其即为后续强化自然衰减的主攻方向。各步骤分述如下。

5.5.1 数据统计检验

统计学模型软件可以评估样品测量结果可靠性和刻画场地污染特征，其可定量评估数据结果的置信区间，并预测污染的发展趋势，甚至判断自然衰减机制是否发生等。具体的统计检验模型方法需根据场地特定条件和数据分析要求而选定。下面通过两个例子，说明统计学分析如何用于帮助自然衰减数据分析。

（1）测量得到的污染物浓度代表性如何

假设某场地已重复测量了同一样品的五个污染物浓度值：13.55、6.39、13.81、11.20 和 13.88。其测量平均值为 $\bar{x}=11.77$，标准偏差 S = 3.30。想要评估这些测量值平均值是否有效性，即，测量平均值 $\bar{x}$ 接近于样品真实浓度值的程度，需要根据"置信区间"进行评估：

$$c=\bar{x}\pm\frac{ts}{\sqrt{n}}=11.77\pm\frac{(2.78)(3.30)}{\sqrt{5}}=11.77\pm4.10 \tag{5-1}$$

此计算结果表明，样品真实浓度值（c）处于区间范围 11.77±4.10。式中的 t 是反映少量测量数据平均值的概率误差分布（t 分布）的值，而在某 t 值时测量平均值处于该区间范围内的概率，称为置信水平或置信度或置信概率（本例中置信水平为 95%，据此，对应 t 值即可在常见统计学教材或计算机软件中查询获取）；n 为测量样本数量，可见增加样本数 n，可以缩小置信区间。

（2）污染物是否存在随时间变化的趋势

图 5-3 显示了 1981～1983 年圣路易斯机场（St. Louis Airport）存储场地中测得的地下水的铀-238 浓度[143]。结果直观显示，浓度有上升的趋势，采用统计方

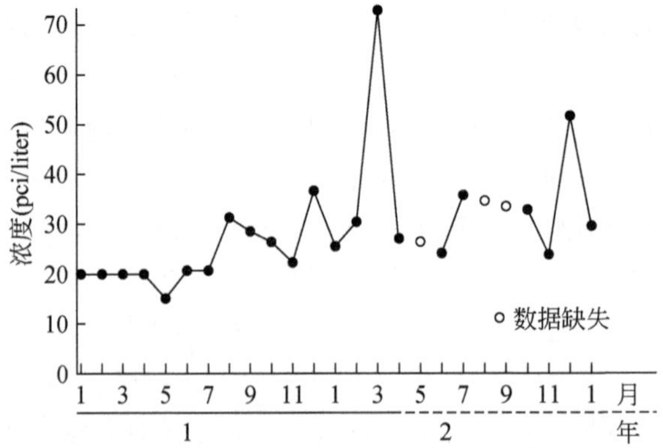

图 5-3　1981～1983 年圣路易斯机场存储场地中地下水铀-238 浓度

法则可以确定这一增长是否为真实的。吉尔伯特使用曼-肯德尔检验（Mann-Kendall 检验）分析发现，污染物存在概率 95% 真实上升趋势。该方法即 Mann-Kendall 趋势检验法，其被广泛应用于水文、气候、化学、矿物成分检验等各个方面[144]。

由此可见，统计学方法可通过时间数据的变异性分析，分析数据的发展趋势。例如，污染物浓度在时间（空间）上的变化可以用来计算衰减率，并可量化置信区间，通过置信区间又可描述预期达到场地相关修复目标的可能性。如果所有衰减率的值均落在置信区间内，那么可以预测，在要求时间框架内可以达到场地修复目标，这定量化了自然衰减实现修复目标的可信度。广泛应用的统计学方法如：回归分析、Mann-Whitney U 检验、Mann-Kendall 检验和 Sen 非参数检验等，在此主要对回归分析和 Mann-Kendall 检验简介如下。

回归分析：回归分析（regression analysis）是确定两种或两种以上变量间相互依赖的定量关系的一种统计分析方法，运用十分广泛。回归分析按照涉及的变量的多少，分为一元回归和多元回归分析；在线性回归中，按照因变量的多少，可分为简单回归分析和多重回归分析；按照自变量和因变量之间的关系类型，可分为线性回归分析和非线性回归分析。如果在回归分析中，只包括一个自变量和一个因变量，且二者的关系可用一条直线近似表示，这种回归分析称为一元线性回归分析。如果回归分析中包括两个或两个以上的自变量，且因变量和自变量之间是线性关系，则称为多元线性回归分析。应用回归预测法时应首先确定变量之间是否存在相关关系。如果变量之间不存在相关关系，对这些变量应用回归预测法就会得出错误的结果。正确应用回归分析预测时应注意以下三点：①用定性分析判断现象之间的依存关系；②避免回归预测的任意外推；③应用合适的数据资料。线性回归分析一般使用现成工具和软件包，非常容易计算。数据异常值和显著偏度可能导致趋势检验结果的偏置或无效，以及导致在所选用的样本中标准线性回归方法不能解释检测到的或者确定的数值。回归包括几个假设参数和统计独立的回归残差的参数分析方法，常数方差和正态分布的误差。计算线性回归一般至少需要 8～10 个测量值。可以应用非线性回归模型（例如，指数、对数、多项式等）来预测数据的趋势。非线性回归模型利用某种形式的数据转换，为回归线提供更准确的拟合。指数回归通常用于石油化合物，因为它与一阶衰减过程有很好的相关性。检验回归分析结果的参数包括：相关系数（r）和皮尔森积矩相关系数（R^2）。相关系数（r）提供了参数关联程度的数量测度，即该联系的强度。皮尔森相关系数 R^2 值越接近于 1（例如，大于 0.9 或 0.95），回归越好。

Mann-Kendall 检验：这是线性趋势分析的一种非参数检验，它的原理是：如果一个数据集确实存在一种增长趋势，那么首先随机收集样品的一对测量值的平均值低于稍后收集的测量值。这一原理适用于增长趋势的测定；与此相反，对于MNA的审查，首先收集的样本测量值的平均值要高于稍后收集的测量值。这种方法将一对测量值和其他稍后的样本浓度相比较，如果前者大于后者则赋值为-1，前者小于后者则赋值为+1（如果二者相等则赋值为0）。在一对数据赋值后，得到Mann-Kendall统计（S），它的正值代表了向上（增长）的趋势，负值代表了下降趋势。S值为0时，表示没有趋势，“无增长趋势”结果可以用于支持稳定羽假设。在Mann-Kendall统计中，需要将浓度值的相对量相互比较，并且用于S值的计算。由于不使用实际的浓度值，检验独立于绝对的浓度结果之外（即，不受大量数据误差和异常值影响）。检验的优点包括常态或其他分布的非假设情况（即，该检验是非参数的），不足之处在于不能解释季节性波动。季节性Mann-Kendall检验可用于解决季节性显著波动。季节性检验对Mann-Kendall检验的修正，解决了短期的季节变化问题并对整体趋势进行评估[145]。Mann-Kendall测试被分别应用到每个季节中，然后将结果结合为整体检验。该检验具有Mann-Kendall的优点，被认为更适用于环境监测，因为它消除了季节性引起的短期变化。如果在场地鉴定或者长期监测计划的早期阶段期间，季节性影响被确定，持续的季节监控可能是必要的，这也是决定长期监测频率的一个考量因素。

适用于地下水监测的统计检验方法还包括Mann-Whitney U检验、Sen非参数检验等，具体信息可以参考相关的统计类资料获取。

5.5.2 空间分析

污染羽的浓度分布通常用等值线（等浓度线）反映。在简单情况下，这些线可以直观地插值或手绘。在复杂的情况下，通常使用数据空间插值软件计算机软件（如Surfer、MapGIS、ArcGIS等），当使用空间插值软件时，应重点关注插值结果与场地水文条件和水文地质条件的一致性。

污染物分布随着时间的变化，有无衰减、吸附和（或）生物降解等，可以用常见的商用软件或免费软件绘制完成（如，BIOSCREEN、BIOCHLOR解析解；BIOPLUME、GMS数值模拟等）。在许多情况下，可以用简单的解析解来校准现有条件和估计未来污染羽的行为。涉及多个来源、水平或垂直有显著变化的水文地质条件，或者动态条件（例如，抽水、季节性补给）必须与场地相适应的模型，通常需要进行溶质运移数值模拟。

5.5.3 图形分析

图形分析是评估污染羽特征的直接和必要的组成部分，可以绘制某个位置监测井中污染物浓度随时间变化图，以及绘制多期监测的污染物浓度沿着污染羽路径变化图。

5.6 典型污染物的自然衰减监测

地下水污染物被去除的过程是无法直接观察到的，但是该过程，尤其是微生物利用电子供受体发生氧化还原反应，会消耗电子供受体或产生其他物质（降解产物），这些物质很多是可以被检测到的，即该过程会留下自然衰减的“证据”。因此，监测污染物及电子供体或受体的减少，以及监测降解产物，有助于建立污染物去除的因果关系，这种因果关系对证明场地环境中的自然衰减机制非常重要。

1）如石油碳氢化合物，其好氧生物降解，消耗氧气产生无机碳。通过检测氧气及无机碳浓度的变化，就可以定量估计石油碳氢化合物的生物降解速率。其厌氧生物降解，在反硝化或硫酸盐还原等条件下，其消耗硝酸盐或硫酸盐产生无机碳和碱度。通过检测硝酸盐或硫酸盐的减少量及无机碳浓度和碱度的增加量，就可以估算微生物降解速率，从而为自然衰减提供证据。

2）如氯乙烯的还原脱氯生物降解，三氯乙烯（TCE）和三氯乙烷（1,1,1-TCA）在还原脱氯时（消耗电子供体），可以释放氯离子（Cl^-）和强酸。在多数情况下，只有一小部分的电子供体是用来还原TCE或1,1,1-TCA，因此，即便是Cl^-产生的量和碱性下降不容易检测到，电子供体的消耗量是巨大且容易被测量的，其可作为自然衰减的证据。

3）无机物的降解，以铀为例，如UO_2(S）的沉淀，由于不稳定的UO_2^{2+}类型铀的还原，需要消耗电子供体，并产生强酸。因此，电子供体减少和碱度降低，可作为溶液中UO_2^{2+}发生自然衰减的证据。

以上因果关系证据的两个重要特点是：首先，提供的证据支持或否定衰减机制的存在。例如，在美国的圣约瑟夫场地，发现有机物质［以化学需氧量（COD）表征］转化为甲烷的证据，表明三氯乙烯（TCE）还原脱氯机制可能存在；在爱德华兹空军基地，未发现COD去除的证据，表明三氯乙烯的还原脱氯是不可能的。其次，所谓观测到污染物减少的直接证据，并不一定意味着污染物被去除，即使发生微生物降解作用，污染物的不完全降解或产物毒性等仍意味着污染程度仍处于高水平。

使用证据链接因果关系并不总是简明直接，在某些情况下，因果变化引起的原始状态变化是微小的或难以辨别的。比如，在低浓度的TCE还原脱氯中，产生氯化物和酸的速率可能会被自然背景水平所掩盖；某些反应机制也可以产生指示自然衰减的证据或利用指示自然衰减证据的物质从而混淆测试结果的解释。例如钙质矿物的溶解，会增加碱度和无机碳含量，这样一来，就可能掩盖生物降解反应所改变的碱度或无机碳浓度的证据。另一个混杂因素是污染物或作为证据的化学物质发生相转移，例如二氧化碳或氧气与土壤气体的交换。此外，采样误差也会影响结果考量。

由于可能存在各种混杂因素，通常必须测量多个证据，结合使用权重法以证明自然衰减。虽然某一种类型的证据可能难以证明自然衰减的发生，但是若干不同类型的证据往往可以得出结论。一般而言，场地的不确定程度越大，所需要的证据信息类型越多。

与自然衰减监测相呼应，以“证据”证明自然衰减的因果关系通常需要三个步骤。第一步是创建一个场地的概念模型。概念模型应包括地下水流系统的描述、估计污染源和污染羽的位置，以及一系列可能有助于自然衰减的反应。第二步是分析数据，以量化衰减过程。这种分析可以采取多种形式，包括：识别污染物和证据物质浓度的趋势，对污染物质量变化和证据物质质量的变化做一个简单的估算，或者使用质量平衡方程来跟踪污染物和证据的综合计算机基础模型。最后一步是建立一个长期的监测计划，以验证自然衰减是否符合预期。在长期监测过程中，收集的数据应能显示污染羽范围趋势，并对比其是否以与该场地的概念和定量（数量）模型相一致的方式进行。

5.6.1 石油烃

石油烃污染是指石油开采、运输、装卸、加工和使用过程中，由于泄漏和排放石油引起的。因此，石油类污染物的主要成分是各种烷烃、环烷烃、芳香烃的碳氢有机化合物，其自然衰减研究由来已久，且应用广泛。

(1) 石油烃的微生物降解

自然条件下，石油烃污染较易被微生物降解，但地球化学环境条件会影响微生物的降解效果。从微生物看，微生物在分解转化反应中通过自身的生物行为，衍生出特定的生物地球化学行为。通常情况下，生长于地下的微生物，其无氧呼吸和好氧呼吸均在进行。微生物呼吸（化学物质氧化还原反应）的过程中释放能量，为自己的新陈代谢和生长提供所需的条件，进而降解污染物。产能代谢类型的差异以及不同的电子传递途径，对应着不同的氧化还原过程。从生物地球化学的角度来看，电子传递至最终的电子受体就完成了代谢过程的主要部分。需要注意的是，在产甲烷降解过程中，一部分有机物发生氧化反应，另一部分发生还原反应，最终产物是二氧化碳和甲烷。

（2）石油烃自然衰减机制

微生物降解是石油类污染物自然衰减的重要机制，石油类污染物降解通常依次发生的氧化还原反应如下[70,146]：发生好氧降解反应，有机物的分解比较完全，最终生成的产物是CO_2和H_2O；氧大量耗尽后，硝酸盐发生还原反应，硝酸根离子被转化，其浓度逐渐降低，DOC、DO、Eh 均逐渐减少，但会生成中间产物NO_2^-；硝酸盐大量耗尽后，铁锰发生还原，矿物相中的三价铁离子以及四价锰离子等浓度降低，这些离子均转移至水系统中，引起地下水中的溶解二价铁和二价锰离子等浓度升高；氧化态铁锰大量耗尽后，发生硫酸盐还原反应，硫酸盐被消耗，水系统中硫元素一般是处于物质守恒状态的，随着硫酸盐的减少，水中硫化物的浓度逐渐增大，并与存在于水中的铁离子生成沉淀，以及气体硫化氢。如果环境条件一直处于厌氧状态，微生物会不断分解有机物，从而产生氢气，微生物再利用Fe^{3+}、硫酸盐、CO_2等作最终电子受体，分解转化污染物，在此过程中，上一阶段产生的氢气被消耗，即为氢传递过程。由于不同还原菌在以上几种终端电子受体作用下对H_2的利用效率不尽相同，因此不同的氧化还原过程，氢气的含量也不尽相同。

（3）石油烃自然衰减的证据

石油类污染物自然衰减中，关键的证据大都是可测量的。这些证据包括以下方面：电子受体的减少（主要是O_2、NO_3^-、Fe^{3+}、SO_4^{2-}）；电子受体还原产物的产生（如Fe^{2+}和CH_4）；存在的有机酸是已知的石油烃降解中间产物；溶解无机碳浓度的增加；碱度的变化。

例如，表5-3显示了石油类污染物之一甲苯（C_7H_8）发生微生物降解的证据。在表5-3中的反应，左侧的化学物质被微生物反应消耗，右侧的化学物质则被生成：污染物C_7H_8在所有可能的反应中被消耗。当O_2、NO_3^-或SO_4^{2-}是电子受体（表5-3的前三组）时，它们中每一个都会被消耗。这些化学物质的消失与甲苯的氧化相一致（同时发生），这提供了自然衰减的证据。对于铁还原，电子受体是固体$Fe(OH)_3(s)$中的三价铁（Fe^{3+}）。三价铁还原成溶解态的亚铁离子（Fe^{2+}），这也是自然衰减的证据。对于甲烷，甲烷的产生就是自然衰减的证据。所有的反应都会产生无机碳，由方程中的二氧化碳表示。因此，CO_2浓度或溶解无机碳的增加就是自然衰减的证据。但有一点需注意，笔者所在研究团队近些年研究发现，在华北平原某些污染场地的监测均发现了溶解无机碳浓度增加的现象，场地可能存在自养微生物大量消耗CO_2的氧化还原反应[54]。H^+的消耗导致了碱度的增加；反之，H^+的生成表明碱度下降。甲苯的有氧和产甲烷的生物降解不会改变碱度，而NO_3^-、SO_4^{2-}和Fe^{3+}的还原会不同程度增加碱度。因此，碱度的增加是自然衰减的证据。

表 5-3 生物完全降解甲苯（C_7H_8）的 5 个不同过程

过程	电子受体	反应过程
好氧氧化	O_2	$C_7H_8+9O_2 \longrightarrow 7CO_2+4H_2O$
硝酸盐还原	NO_3^-	$C_7H_8+7.2NO_3^-+7.2H^+ \longrightarrow 7CO_2+3.6N_2(g)+7.6H_2O$
硫酸盐还原	SO_4^{2-}	$C_7H_8+4.5SO_4^{2-}+9H^+ \longrightarrow 7CO_2+4.5H_2S+4H_2O$
铁还原	Fe^{3+}	$C_7H_8+36Fe(OH)_3(S)+72H^+ \longrightarrow 7CO_2+36Fe^{2+}+94H_2O$
产甲烷反应	发酵生成 CH_4 和 CO_2	$C_7H_8+5H_2O \longrightarrow 2.5CO_2+4.5CH_4$

（4）应用注意问题

石油烃生物降解过程中，最快速的过程是好氧降解。然而，氧在水中的溶解度是有限的。在自然条件下，水中氧的最大浓度仅为 10mg/L，这只能完全氧化约 3mg 的甲苯。虽然氧气可以穿透污染羽的边缘，但是它往往不能到达污染羽的中心。因此，在大气中氧气无法快速交换至地下的情况下，氧在污染羽的中心区域首先被耗尽，羽流中心在还原环境里只能通过厌氧或兼性微生物的作用发生无氧降解。

然而，美国的一些州的环境监管机构根据“最小准则”将一些场地的修复措施定为自然衰减，这些场地石油烃的最大浓度小于 1mg/L，并且与人类或敏感的生态系统之间有一个显著的距离。这个“最小准则”的基本假设是，至少 3mg/L 的溶解氧才有可能维持 1mg/L 的烃的有氧生物降解。虽然在多数情况下该假设是合理的，但在实际情况中，达到这种假设条件也可能不足以消除污染，所以要记录其他证据。

类似证据不足的情况如，美国的一些州监管机构依据另一个“最小准则”批准自然衰减用于污染物管理：数据显示污染羽在一到两年的过程中收缩，即认为污染羽持续缩小。此标准的一个严重问题是：当有效的电子受体（如 O_2）用于驱动降解过程时，污染羽可能已经开始收缩。不过，一旦这种优先的电子受体耗尽时，污染羽发生较慢的反应（如产甲烷降解），污染可能出现反弹。明尼苏达州伯米吉场地的研究结果显示：在 Fe^{3+} 含量丰富的几年时间里，污染羽稳定，但是随着固相 Fe^{3+} 耗尽，污染羽中心会慢慢扩展。这个例子说明：不能用一个简单的、短期的标准去评价可能持续存在几十年的高浓度石油烃的场地（例如，大于 3mg/L 的污染物浓度）以及残余 NAPLs 的污染源，而不考虑电子受体的长期可持续性。为了估计长期风险，必须以最慢的可持续降解率（可能是产甲烷降解）条件下估算的污染物降解所用时间与污染物迁移至影响人类或敏感生态系统的最短时间进行比较。

5.6.2 氯代烃

氯代烃类污染泛指以氯化溶剂形式存在于涂料、黏合剂、漆和清洁剂等的氯代有机物导致的污染，主要包括氯代脂肪烃（氯代脂肪族化合物）和氯代芳烃（氯代芳香族化合物）两类，常见如三氯乙烯、二氯甲烷以及四氯乙烯（全氯乙烯）及1,1,1-三氯乙烷等氯代脂肪烃，及氯苯、二氯苯等氯代芳烃。[41,147,148]

（1）氯代烃的微生物降解

长期以来氯代有机物被认为是生物难降解物质，不过，现有研究已发现大多数氯代有机物可通过共代谢降解。一般而言，氯代烃很难提供降解微生物所需的碳源和能量，存在一定量的初级能源物质（生长基质）时，微生物可通过共代谢反应降解氯代烃。共代谢降解过程中，生长基质（如糖类、乳酸盐等）作为电子供体，氧、硝酸盐、硫酸盐等作为主要的电子受体发生氧化还原反应，生长基质被降解的同时氯代烃也被降解。事实上也有极少一部分氯代烃［如氯乙烯（VC）、二氯甲烷（DCM）、1,2-二氯乙烷（1,2-DCA）］能作为微生物生长基质，直接被微生物利用降解。很多研究表明，微生物降解氯代烃的关键一步是脱氯。依据电子受体不同，脱氯过程分为有氧和无氧两种，在有氧条件下发生氧化反应，在无氧条件下发生还原反应，即氧化脱氯和还原脱氯是氯代烃共代谢降解的关键途径。厌氧共代谢可降解大多数氯代烃，好氧共代谢可将氯代烃最终矿化为CO_2。自然环境条件下，共代谢还原脱氯作用是氯代烃降解的最为常见的途径。研究发现，在共代谢还原脱氯过程中，微生物通过发酵作用，将生长基质转化为乙酸和氢，其作为电子供体，为还原脱氯提供电子，同时充当碳源（生长基质能源物质）被消耗。共代谢一般不能使目标污染物完全降解，但其改变目标污染物的分子结构，使其易于被其他微生物降解转化。

（2）氯代烃自然衰减机制

微生物脱氯降解是氯代烃自然衰减的主要机制，现介绍氯代脂肪烃和氯代芳烃两类氯代烃的氧化脱氯和还原脱氯降解过程如下。

氯代芳香烃的氧化模式有两种：一种是好氧微生物通过双加氧酶、单加氧酶作用使苯环羟基化，形成氯代儿茶酚，再邻、间位开环，脱氯，如氯苯、二氯苯；另一种是在水解酶作用下先脱氯后开环，最终矿化，如4-氯苯甲酸。氯代脂肪烃的氧化脱氯主要有两种：一种是利用降解烷烃微生物通过加氧酶将分子氧气引入到有机分子中，如氯代乙烯、氯代乙烷、氯代甲烷；另一种是存在少数可以氯代脂肪烃为唯一碳源和能源的微生物以氯代脂肪烃为初始代谢底物，直接对其氧化。

氯代芳烃还原脱氯：通过微生物作用以［H］基的形式传递电子至氯代芳香

烃，由氢取代氯，进行逐一还原脱氯，形成低氯代中间产物，中间产物在微生物的协同作用下彻底矿化生成 CO_2 和 CH_4，如 3-氯苯甲酸还原脱氯过程，其中取代氯原子的氢来源于水。氯代脂肪烃还原脱氯：在还原过程中可以失去一个或两个以上氯原子，失去与双键相邻的两个氯原子的同时在碳原子中间增加一个碳碳三键，如四氯乙烯（PCE）的厌氧生物去除，主要还原反应机理是加氢分解或氢原子取代反应和二卤消去反应。

（3）氯代烃自然衰减证据

以常见氯代烃三氯乙烯（C_2Cl_3H）的还原脱氯反应为例介绍如下：

$$C_2Cl_3H+0.167C_7H_8+2.34H_2O \rightarrow C_2H_4+3Cl^-+3H^++1.17CO_2$$

从反应式可看出，三氯乙烯的完全还原脱氯反应产生了一系列证据：甲苯（C_7H_8）为代表的电子供体的消耗；乙烯（C_2H_4）的产生；氯离子（Cl^-）的产生；碱度的减少；以及无机碳（以二氧化碳为代表）的产生。

实际上，还原脱氯的证据通常不会与实际案例中所示的量完全相同。因为从电子供体底物（如甲苯）中失去的电子只有一小部分被用于还原脱氯，所以与实际证据之间存在差异。大多数的电子一般用于微生物竞争性的正常代谢。因此，当那些微生物代谢进行还原脱氯行为时，它们要与其他微生物竞争可用的电子供体。所以，当还原脱氯作用时，大多都是来自生物体自身代谢（与负责脱氯反应的生物体竞争可用电子供体的生物体代谢）所产生的证据。

当来自供体（仍以 C_7H_8 为例）的总电子是 TCE 还原脱氯为乙烯所需要的电子的 10 倍时，下面的反应可以表达所发生的过程：

$$C_2Cl_3H+0.167C_7H_8+3.38SO_4^{2-}+3.76H^++3.13H_2O \rightarrow C_2H_4+3Cl^-+3.38H_2S+8.3CO_2+3.38CH_4$$

在这一反应中，来自 C_7H_8 而没有被用于还原 TCE 的电子，平均分布在微生物用于产生能量和新细胞的两种类型的反应之间：硫酸盐还原和甲烷生成。现实中对于这种情况，更可靠的证据是：电子供体（在这种情况下为 C_7H_8）的大量消耗；正常的代谢反应可用于降解供体，在这种情况下导致 CH_4 的产生，SO_4^{2-} 的消耗，以及无机碳（二氧化碳）溶解浓度和碱度（消耗的 H^+）的增加；Cl^- 和氯乙烯（C_2H_3Cl）的产生量与 TCE 的消耗量成比例。

在某些情况下，TCE 降解中间产物积累，也可以用作证据。这些中间产物包括顺式-1,2-二氯乙烯（顺式-1,2-DCE），以及氯乙烯。

（4）应用注意问题

还原脱氯要求场地具备特殊条件：氯化溶剂与电子供体共存。例如垃圾填埋场，其可能会产生大量的电子供体。然而，还原条件与电子供体可能只存在于垃圾填埋场的附近，在这种情况下，在垃圾填埋场内和附近处于脱氯还原条件下的污染物将继续迁移。

湿地、河流和池塘中的厌氧底质沉积物，为还原脱氯提供了另一个有利的环境。在马里兰州阿伯丁试验场，在高初始浓度情况下，排放到滩涂湿地的 TCE 和 1,1,1-TCA 进行完全还原脱氯，被证明有超过 1m 的还原脱氯距离。不过，虽然底部沉积物可以为自然衰减提供一个合适的环境，但是证明沉积物中的自然衰减需要在地下水排放到沉积物的所有地点去寻找降解的证据。

5.6.3 其他

对于石油烃和氯代烃以外的污染物，可以用来推断反应的证据都不太好确定。在某些情况下，提出证据假设的科学依据仍然不够充分。然而，随着技术的发展，一些新的消除和固定化反应可能被证明。用于评价污染物自然衰减的方案与石油烃、氯化溶剂相同。

例如，重金属镉（Cd）的固定，可以通过与硫化物反应生成沉淀：

$$Cd+S \rightarrow CdS_{(s)}$$

硫化物的存在为硫化镉的析出（沉淀）创造条件。这通常是由微生物驱动硫酸盐还原而出现的，如表 5-3 所示。因此，Cd 固定的指示物是硫酸盐还原以及由于沉淀反应而导致 Cd 的减少。硫酸盐还原的证据是：电子供体的减少（通常是有机物，如通过化学需氧量测定），硫酸盐的减少与电子供体的减少成比例，硫化物的形成，碱度的增加。

当污染物发生混合时，必须记录所有构成风险的污染物。同样地，需要记录污染物降解中潜在有害副产物的归趋。

第6章 自然衰减评估

6.1 初级评估

初级评估主要通过污染物浓度变化趋势、污染物质量通量分析、溶质运移模拟等方法评价污染羽的缩减、稳定和扩展。

6.1.1 污染物浓度变化趋势

根据污染物浓度的变化趋势只能初步判定污染羽所处的状态（缩减、稳定或扩展），通过沿流场方向对比污染源和下游污染物浓度的差别以及不同时期污染物浓度空间分布等值线图的变化规律，来初步判定污染羽所处的状态。监测井中污染物浓度随着时间推移不断降低，初步判定污染羽缩减；监测井中污染物浓度随着时间推移保持不变，初步判定污染羽稳定；污染羽监测井中污染物浓度随着时间推移日益增加，或控制监测井污染物浓度变得高于地下水质量标准，初步判定污染羽扩大。

图形分析是评估污染羽状态比较直观的方法。绘制每个监测位置浓度随时间变化，以及污染物浓度与沿着污染羽路径顺梯度距离的关系图可评估污染羽状态。以某污染场地为例[149]，图6-1（a）为某一监测井（C）中四氯乙烯浓度随时间变化图，该图显示随时间推移四氯乙烯浓度呈下降趋势，图6-1（b）为该场地三口监测井（B、C、F）四氯乙烯沿着污染羽路径变化图，该图显示沿着污染羽路径四氯乙烯浓度呈下降趋势且逐年都有所下降。综上所述，说明该场地四氯乙烯污染羽呈缩减状态。

6.1.2 污染物质量通量分析

质量通量分析法是借助计算污染物通过特定横断面的质量通量进行污染羽的缩减、稳定和扩展评价的一种方法。质量通量是指在一定时间内通过与地下水流向垂直的污染羽断面的污染物的总量。该方法是一种有效量化自然衰减量，评估

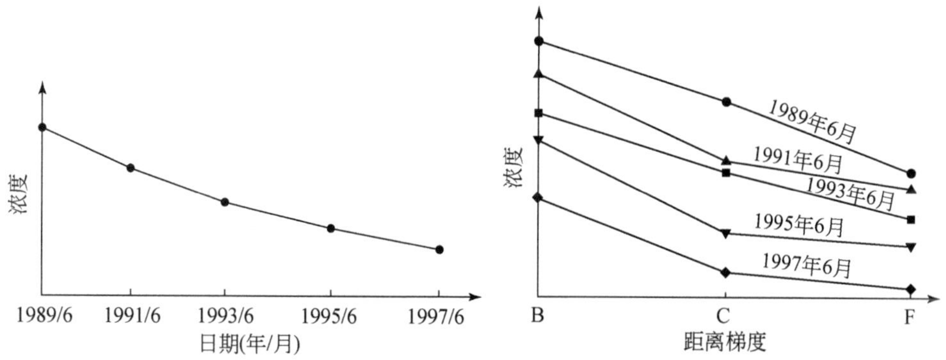

(a) 某监测井四氯乙烯浓度随时间的变化　　(b) 四氯乙烯浓度随污染羽迁移距离的变化

图 6-1　污染物浓度图

含水层自然衰减能力的方法。美国国家环保署在 1999 年将该方法定为自然衰减评价的一个重要方法。

为了计算污染物通过某个过水断面的质量，需要根据断面上污染物浓度分布和地下水流的空间变化特征，将断面进行分区，将各分区上质量通量求和获得通过断面上的污染物的总质量通量，计算公式为[150,151]

$$M_{di} = C_i q_i A_i \tag{6-1}$$

$$M_d = \sum_{i}^{n} M_{di} \tag{6-2}$$

式中，M_{di}为单位时间通过分区的污染物质量（mg/d）；C_i 为污染物在分区中的浓度（g/L）；q_i 为通过分区的流速（m/d）；A_i 为分区面积（m^2）；i 为断面上分区序号；M_d 为单位时间通过某断面的总污染物质量（mg/d）。

如果计算结果显示污染物通过垂直于地下含水层的横断面的质量通量随着时间变小，那么预示着污染物衰减的发生。

以德国西南部第四纪河谷废弃的汽油厂场地为例（图 6-2）[151]，利用质量通量的变化推测场地污染羽的变化趋势。由于储罐和管道泄漏，该场地地下水受到了石油类有机污染物的污染，长达 60 ~ 130 年之久，受污染面积约20 000m^2。场地有 12 口监测井可用来调查和定位污染羽。相比于整个场地的占地面积，监测井的数量较少。

就在较少监测井布置的条件下，作者利用式（6-1）和式（6-2）对污染物质量通量进行了量化，质量通量相关数据见表 6-1。将各横截面的质量通量在不同时间上进行对比，发现单一污染物的质量通量随时间变化而变化。如横断面 1 上苯的质量通量增大；甲苯的质量通量减小；乙苯的质量通量增大等。将各个横断面上的污染物加和发现，横断面 1 总的污染物的质量通量增大，横断面 2 总的污

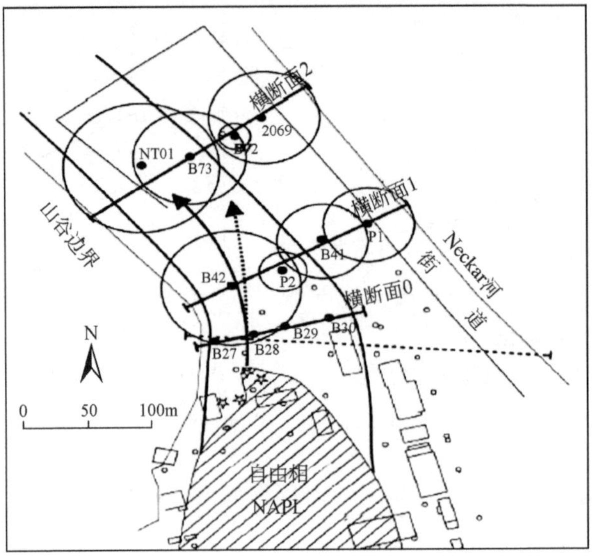

图 6-2　场地概况

染物的质量通量减小。通过以上分析推测，横断面 1 质量通量的增大可能会使污染羽扩展，横断面 2 质量通量的减小可能会使污染羽缩小。倘若判定整个污染场地污染羽的变化趋势需要结合场地的流场，水化学，同位素等指标，因此需要更多的证据进行中级评估或高级评估。

表 6-1　汽油厂场地地下水相关数据

污染物	第一个时间点质量通量		第二个时间点质量通量	
	横断面 1 M_d（g/d）	横断面 2 M_d（g/d）	横断面 1 M_d（g/d）	横断面 2 M_d（g/d）
苯	0.011	0	1.438	0.004
甲苯	0.104	0.012	0.05	0.005
乙苯	0.028	0.002	0.238	0.03
对二甲苯	0.069	0.019	0.067	0.029
邻二甲苯	0.023	0.008	0.003	0.021
1,3,5-三甲基苯	0.028	0.002	0.007	0.002
1,2,4-三甲基苯	0.043	0.002	0.017	0.012
1,3,5-三甲基苯	0.013	0.001	0.004	0.001
二氢化茚	0.078	n. d.	0.132	0.014
茚	0.247	0.003	0.074	0.007
萘	2.242	0.179	0.165	0.145
苊	0.3101	0.141	0.224	0.089
苊烯	0.497	4.83	9.389	4.404

续表

污染物	第一个时间点质量通量		第二个时间点质量通量	
	横断面 1 M_d (g/d)	横断面 2 M_d (g/d)	横断面 1 M_d (g/d)	横断面 2 M_d (g/d)
芴	0.043	0.034	0.011	0.01
菲	0.064	0.16	0.01	0.018
蒽	0.032	0.007	0.011	0.003
荧蒽	0.03	0.024	11.84	0.004

6.1.3 溶质运移数学模型

溶质运移模型是指定量评价和研究地下水中溶质（如可溶性污染物）运移问题的数学模型。由对流弥散方程和相应的初始条件和边界条件组成，可用于预测地下水中溶质运移情况，是研究地下水水质、地下水污染等问题的重要手段。

溶质运移数学模型主要包括解析模型与数值模型，解析模型可以预测污染羽的迁移距离，污染羽达到稳定状态所需的时间，以此来评估自然衰减的发生。数值模型可用于条件复杂的污染场地的模拟，不仅可以揭示自然衰减机制，更关键的是能够预测污染物浓度的时空变化规律，进而为监测自然衰减技术的研究提供理论基础。

（1）解析模型

溶质运移模型的解析解一般是在均质各向同性含水层中地下水流为稳定的一维流或径向流的条件下求得的，或在其他条件下求得近似解析解。仅就一维稳流下溶质运移模型的解析解做些介绍。[47]

一般认为稳定污染羽中污染物一阶衰减的一维运移方程为

$$\frac{\partial C}{\partial t}=\frac{1}{R}\left(D_x\frac{\partial^2 C}{\partial x^2}-v_x\frac{\partial C}{\partial x}\right)-\lambda C \tag{6-3}$$

其中

$$D_x=\alpha_x v_x \tag{6-4}$$

$$R=\frac{v_x}{v_c} \tag{6-5}$$

式中，D_x 为弥散系数（L^2/T）；v_x 为 x 方向渗流速度（L/T），R 为阻滞系数（无量纲），λ 为总衰减率（T^{-1}）。v_c 为污染物迁移速度（L/T），α_x 为纵向弥散度（L）。

根据上式得到了具有一阶衰减的一维运移的解，公式为

$$C(x,t)=\left(\frac{C_0}{2}\right)\exp\left[\left(\frac{x}{2\alpha_x}\right)\left[1-\left(1+\frac{4\lambda\alpha_x}{v_c}\right)^{\frac{1}{2}}\right]\right]\operatorname{erfc}\left[\frac{x-v_c t\left(1+\frac{4\lambda\alpha_x}{v_c}\right)^{\frac{1}{2}}}{(4\alpha_x t v_c)^{\frac{1}{2}}}\right] \tag{6-6}$$

该方法是基于以下假设：污染物浓度最初为零，C_0处存在连续的污染源，运移过程包含在半无限介质中。分别的初始和边界条件为

$$C(x,0)=0$$
$$C(0,t)=C_o$$
$$C(\infty,t)=0$$

在式（6-6）中当补充误差函数（erfc）趋于2时，达到稳态，观测点 x 位于对流锋 $vt(1+4\lambda\alpha_x/v_c)^{1/2}$后，因此稳态解方程为

$$C(x)=C_0\exp\left[\left(\frac{x}{2\alpha_x}\right)\left[1-\left(1+\frac{4\lambda\alpha_x}{v_c}\right)^{\frac{1}{2}}\right]\right] \tag{6-7}$$

式中

$$t=\frac{x}{v} \tag{6-8}$$

$$C(x)=C_0\ \mathrm{e}^{-kt} \tag{6-9}$$

将式（6-8）代入式（6-9），可以将一阶衰减率重新设定为浓度与距离的函数，表达式为

$$C(x)=C_0\mathrm{e}^{-\left(k\frac{x}{v}\right)} \tag{6-10}$$

$$C(x)=C_0\exp(mx) \tag{6-11}$$

也可表示为对数线性数据的斜率由 m 给出，m 可以表示为

$$m=\left(\frac{1}{2\alpha_x}\right)\left[1-\left(1+\frac{4\lambda\alpha_x}{v_c}\right)^{\frac{1}{2}}\right] \tag{6-12}$$

k/v_x项和式（6-12）都描述了对数线性数据的斜率，可以等价于求解石油烃类固有生物修复措施总衰减率 λ。纵向弥散度（α_x）、污染物迁移速度（v_c）、k/v_x输入下式计算衰减率：

$$\lambda=\left(\frac{v_c}{4\alpha_x}\right)\left(\left[1+2\alpha_x\frac{k}{v_x}\right]^2-1\right) \tag{6-13}$$

当衰减速率 λ 高于污染物迁移速度，污染羽范围会减小，远离源的污染物浓度（x>0）趋于零，因为污染物的衰减速率大于通过介质传播的速率。同样地，污染物速度增加，衰减能力也会随着距离的增加而减弱。

通常用于自然衰减的解析解模型软件包括：基于 Domenico 方程[152]的 BIOSCREEN（地下水中石油烃）、BIOCHLOR（地下水中氯代溶剂）和基于 Richards 方程的 CHEMFLO-2000（非饱和带中化学物质）等。

（2）数值模型

数值模型对于具有复杂边界的溶质运移问题，或是地下水作非稳定运动过程中的溶质运移问题，或者研究区域为非均质性、各向异性、范围较大的野外实际问题，难以求得解析解的，可以借助数值法，求得研究区域中有限个点在某个时

刻的近似解。

溶质运移模型数值法主要包括有限差分法、有限单元法、边界元法。有限差分法是将某点处浓度的函数倒数用该点处和其 n 个相邻点处的浓度值及其间距近似表示，常通过泰勒展开式获取浓度倒数的近似值。有限单元法将区域剖分为子区域，利用子区域通过不同插值方法将水动力弥散的定解问题约化为代数方程组进行求解。边界元法又称边界积分方程法，是将问题解表示为沿区域边界的积分，在计算上将三维问题约化为二维问题，二维问题约化为一维问题。

建立溶质运移模型首先先建立地下水水流模型，确定模拟区域初始条件和边界条件；然后建立地下水溶质迁移模型，一般描述三维非稳定地下水流系统中溶质运移的偏微分方程式为[62]

$$R_d \frac{\partial nC}{\partial t} = \frac{\partial}{\partial x_i}\left(nD_{ij}\frac{\partial C}{\partial x_j}\right) - \frac{\partial n u_i C}{\partial x_i} + WC_w - \lambda nC$$

$$(x,y,z) \in G, t>0, i,j=x,y,z$$

初始条件： $C(x,y,z,t)\mid_{t=o} = C_0(x,y,z), (x,y,z) \in G$

第一类边界条件：

$$C(x,y,z,t)\mid_{\Gamma_1} = C_1(x,y,z,t), (x,y,z) \in \Gamma_1$$

第二类边界条件：

$$nD_{ij}\frac{\partial C}{\partial x_j}\cos(n,x_i)\mid_{\Gamma_2} = f(x,y,z,t)$$

$$(x,y,z) \in \Gamma_2, t>0; i,j=x,y,z$$

第三类边界条件：

$$\left(nD_{ij}\frac{\partial C}{\partial x_i} - nu_i C\right)\cos(n,x_i)\mid_{\Gamma_3} = g(x,y,z,t)$$

$$(x,y,z) \in \Gamma_3, t>0, i,j=x,y,z$$

式中，$C(x, y, z, t)$ 为浓度，(M/L^3)；D_{ij}水动力弥散系数张量的分量，(L^2/T)；W 为源汇项，(T^{-1})，为单位时间、单位体积介质得到的源汇水体积，研究域得到水为正，失去水为负；C_w 为随 W 注入的污染物浓度，(M/L^3)；R_d 为滞留因子；λ 为一级化学反应常数，(T^{-1})；n 为空隙度；u_i 为水流实际速度分量，(L/T)；$C_0(x, y, z)$ 为给定研究域上的初始浓度，(M/L^3)；$C_1(x, y, z, t)$ 为第一类边界 Γ_1 上给定的浓度，(M/L^3)；$f(x, y, z, t)$：在第二类边界 Γ_2 上给定的弥散通量，[$M/(L^2 \cdot T)$]，为由于弥散作用在单位时间垂直通过单位边界面积进入研究域的污染物质量；$g(x, y, z, t)$ 为在第三类边界 Γ_3 上给定的污染物通量，[$M/(L^2 \cdot T)$]，为单位时间垂直通过单位边界面积进入研究域的污染物质量；G

为三维研究域；Γ 为研究域的边界，$\Gamma_1+\Gamma_2+\Gamma_3=\Gamma$；$\cos(n, x)$、$\cos(n, y)$、$\cos(n, z)$ 为边界外法线矢量与坐标轴正向之间夹角的余弦；x，y，z 为坐标变量；t 为时间变量。

溶质运移数值模拟在完成水文地质概念模型、数学模型建立的基础上，利用软件完成求解过程，得到各污染物在模拟区域空间及时间范围内的浓度分布状况。

建立数值模型所需的基本数据主要包括：①模型结构数据，将整个模拟区域进行空间离散，剖分为 n 个有限差分网格。利用监测资料校正模型。②初始浓度场，划分应力期，每个应力期对场地浓度进行识别和验证，识别每个应力期内的外部源汇项强度。③模型运移参数，有效孔隙度、纵向弥散度、横向弥散度和垂向弥散度等运移模型参数，通过不断试估-校正进行识别，通过反复调整参数，使得污染物运移曲线与观测所得曲线拟合，最终确定模拟所需参数。

溶质运移数值模型的识别和验证主要遵循以下原则：①模拟地下水污染物浓度的动态变化过程要与实测地下水污染物浓度的动态过程基本相似；②模拟的地下水浓度场要与实际地下水浓度场基本一致，即要求地下水模拟的浓度等值线与实测地下水浓度等值线相似，计算所得浓度场可以客观反映地下水浓度场的变化趋势；③从均衡角度出发，模拟的地下水均衡变化与实际情况要基本相符；④识别的水文地质参数要符合实际水文地质条件。

利用溶质运移模型可以反演求参，将矫正好的参数输入已建立的模型中，反复调整一级降解速率，使之与观测数据拟合，可以绘制出实测值与模拟值的浓度拟合曲线，用一级降解速率来描述污染物的降解速率。也可以通过溶质运移数值模型模拟 n 年后污染羽变化趋势，以及各污染物在整个污染羽范围内的分布状况。

数值模拟软件主要有：BIOPLUME（地下水中有机污染物有限差分法）、GMS（包含 MODFLOW，MODPATH，MT3D，RT3D，FEMWATER，SEEP2D 等模块的有限差分法），FEFLOW（有限元法）、HYDRUS（非饱和带有限元法）、VLEACH（非饱和带有机一维有限差分模型）。

在此，以上海浦东某氯代烃污染场地为例[153]，展示了数值模拟应用结果，通过建立污染物溶质运移数值模型模拟场地氯代烃类物质（1,1,1-三氯乙烷，TCA）污染羽在时间与空间上分布，并计算 TCA 降解动力参数。

该场地占地面积约 10 000m^2，研究区主要为化学品仓库区域，使用 TCA 对金属部件进行除油处理。研究区共 15 口监测井，浅层地下水流向总体上为由东南流向西北，假定地下水流条件为稳定流，在 Visual Modflow 软件中选用 2017 年

6 月监测数据作为初始污染浓度，利用模型计算浓度值和观测值对比较正。

利用一维饱和稳定流条件的迁移模型方程编写程序推出降解动力学优选参数为 0.0045d^{-1}，能够很好表征地下水中 TCA 发生自然衰减强度。通过数值模型可以预测在自然衰减情况下含水层污染羽在 183 天、365 天、730 天、1825 天的分布情况（图 6-3）。约 2 年后污染羽的中心区域 TCA 浓度由最开始高于 25mg/L 下降到低于 17mg/L，这可能是由于缺少持续污染源，且生物降解、吸附等作用使污染羽中心污染物浓度降低。4 年后污染羽范围明显缩减。

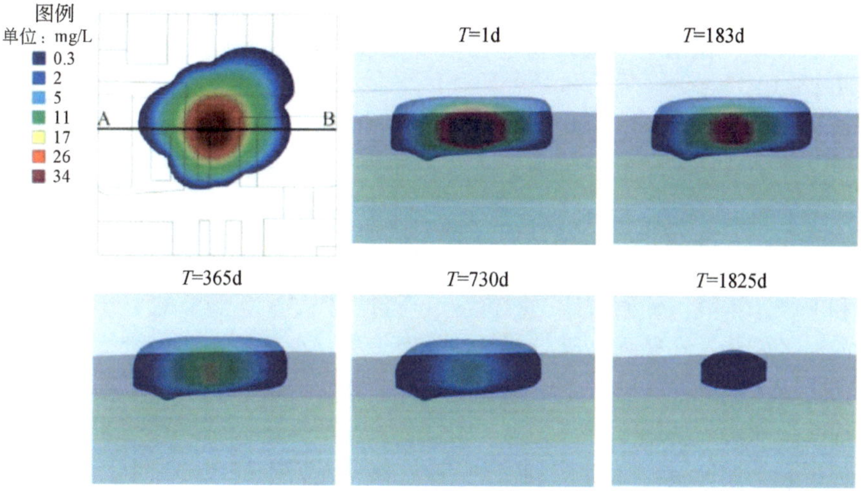

图 6-3 TCA 污染羽时间空间分布图

6.2 中级评估

地球化学评估法是含水层降解污染物能力中级评估的一种简便方法，1996 年，美国国家环保署和美国空军联合研发的石油类污染场地自然衰减决策支持系统软件 BIOSCREEN 中将该方法作为微生物降解能力评估功能模块嵌入推荐至大多数石油类污染场地使用[154]。美国材料与试验协会（ASTM）发布的石油污染地下水自然衰减修复导则中对地球化学评估法进行了介绍[47]。

该评估法应用原理为：微生物降解可视为微生物利用电子供体（污染物）和电子受体溶解氧（DO）、硝酸盐（NO_3^-）、四价锰（Mn^{4+}）、三价铁（Fe^{3+}）、硫酸根（SO_4^{2-}）、二氧化碳（CO_2）等分别发生好氧作用、反硝化作用、锰还原作用、铁还原作用、硫酸盐还原作用、产甲烷作用等氧化还原反应。因此，可通过监控电子受体评估控制污染含水层降解能力，此亦为监控自然衰减核心理念方法[155]。此外，可通过监测降解产物及氧化还原电位、电导率等其他指标验证该场地是否正在发生微生物降解，从而为该方法提供更多佐证。

6.2.1 终端电子受体（terminal electron acceptor，TEA）

地下水中污染物的降解是通过生物化学氧化还原反应完成的，其中一种化合物（电子供体）失去电子被氧化，而另一种化合物（电子受体）接受电子被还原。如果污染物被氧化，则一定有一些其他化合物被还原，最终被还原（接收或获得电子）的化合物被称为终端（最终）电子受体（TEA）。含水层中含有的氧气、硝酸盐、硫酸盐、四价锰（Mn^{4+}）、三价铁（Fe^{3+}）、CO_2等均可作为终端电子受体。

在微生物代谢过程中最终电子受体利用电子的能力有一定的差异，而且各反应发生所需的能量也不同，以苯系物（BTEX）和多环芳烃（PAHs）污染为例，地下水中溶解氧（DO）被耗尽之后，硝酸盐（NO_3^-）将用作厌氧生物降解的电子受体，硝酸盐（NO_3^-）耗尽后，紧接着 Mn^{4+} 和 Fe^{3+} 作为电子受体被还原为 Mn^{2+} 和 Fe^{2+}，当氧气、硝酸盐、四价锰、三价铁耗尽后，硫酸盐可作为厌氧生物降解的电子受体，在较强还原条件下，产甲烷菌（厌氧菌）可以使用 CO_2 作为电子受体进行生物降解并且产生甲烷。这就导致在水流方向上形成了一系列顺序氧化还原带，从污染源向下游依次为产甲烷带、硫酸盐还原带、铁锰还原带、硝酸盐还原带和氧还原带，如图 6-4 所示，这些氧化还原带控制着地下环境中有机物的降解和无机化学反应的进行。

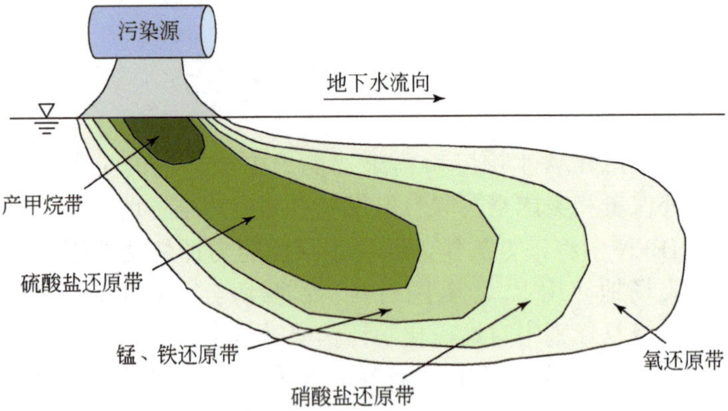

图 6-4　地下水氧化还原带

（1）溶解氧（Dissolved oxygen，DO）

地下水中自然存在的微生物将电子供体（通常是污染物中的有机碳）氧化，将电子受体还原，在此过程中，微生物利用热力学上最适宜的电子受体。相对于其他电子受体（硝酸盐、三价铁、硫酸盐等），溶解氧是微生物降解污染物的首选终端电子受体（TEA）。有研究表明，地下水中含有溶解氧的浓度大于0.5mg/L时，有氧生物降解是最主要的微生物降解过程。

在有氧条件下，苯系物浓度很高时，微生物利用氧气降解污染物，该区域的氧气被迅速耗尽。因此，溶解氧和污染物浓度呈负相关说明发生了有氧降解。

有氧氧化是多环芳烃降解的主要方式，常见的好氧微生物有很多，多环芳烃种类不同，其表现出的降解效果也不同。由于多环芳烃具有结构比较复杂、电子云密度较高、难以被氧化、水溶性较差、热稳定性相对较强等特性，好氧微生物对低分子量的多环芳烃降解速率相对较高，对高分子量的多环芳烃降解速率较低。一般认为多环芳烃的好氧降解途径是双加氧酶作用于细菌或单加氧酶作用于真菌，使芳香环羟基化后，进行之后的反应，在反应过程中有中间产物的生成，最终经过酶催化的邻裂途径或者间裂途径，使整个反应处于三羧酸循环，实现污染物的降解。

有研究表明，当溶解氧浓度低于0.5mg/L时，厌氧微生物发挥作用并发生还原反应。污染场地采样前需测定监测井中溶解氧的浓度，以判断微生物降解处于氧化条件还是还原条件。

（2）硝酸盐（NO_3^-）

硝酸盐是溶解氧耗尽后下一个被优先选择的终端电子受体。通过反硝化作用，厌氧微生物降解污染物中的有机碳。由于亚硝酸盐（NO_2^-）是硝酸盐（NO_3^-）还原的不稳定中间产物，因此检测地下水中亚硝酸盐（NO_2^-）的浓度可指示硝酸盐（NO_3^-）还原反应的发生。

在厌氧条件下，苯系物（BTEX）浓度较高的地下水中，能够降解BTEX的微生物消耗硝酸盐，导致硝酸盐浓度降低。因此，可通过BTEX与硝酸盐浓度之间的反比关系证明自然衰减的发生。

厌氧条件下多环芳烃的降解可以利用硝酸盐或硫酸盐作为电子受体。20世纪90年代末期，研究发现反硝化还原反应能对萘进行降解，之后慢慢分离出更多的能降解多环芳烃的反硝化菌株或菌群[156]。在大多数报道中，以硝酸盐为电子受体的微生物降解多环芳烃的研究主要集中在低分子多环芳烃，只有极少数的报道中有4环以上的高分子多环芳烃被降解。在严格的厌氧纯培养条件下[157]，以硝酸盐为电子受体，发现不同多环芳烃的降解速率依次为蒽>菲>芘，证明厌氧条件下多环芳烃的降解难易程度与好氧条件下一致。

（3）三价铁（Fe^{3+}）

在厌氧条件下，有机物生物降解过程中将作为终端电子受体的三价铁（Fe^{3+}）还原为可溶于水的二价铁（Fe^{2+}）。因此，地下水中的Fe^{2+}浓度与苯系物之间的正比关系可表明发生了厌氧生物降解。

目前对于在微生物降解多环芳烃的研究中，以金属离子作为电子受体的例子较少，主要集中在三价铁（Fe^{3+}）和四价锰（Mn^{4+}）上。研究表明，在降解多环芳烃的过程中，特别是对5环和6环的多环芳烃的降解反应，添加高浓度Fe^{3+}更有利于降解。Fe^{3+}的形式不同，微生物对多环芳烃产生的反应亦不一样，有研究表明磷酸铁的存在会抑制该过程的发生，但是柠檬酸铁不会产生抑制作用。

(4) 硫酸盐（SO_4^{2-}）

在强还原条件下，可用的氧气、硝酸盐和三价铁被耗尽后，硫酸盐（SO_4^{2-}）作为终端电子受体被微生物降解利用，这个过程产生硫化物沉淀（如硫化亚铁）。

硫酸盐在自然环境中存在较为广泛，在硫酸盐还原条件下，地下水中苯系物浓度较高时，微生物消耗硫酸盐，导致硫酸盐浓度降低。因此，可通过苯系物与硫酸盐浓度之间的反比关系证明自然衰减的发生。

以硫酸盐作为电子受体的多环芳烃的微生物降解反应也较为普遍。有研究表明投入适量的硫酸盐，微生物对多环芳烃的去除率会升高，且和其他电子受体相比较，硫酸盐为电子受体时微生物的活性达到最高，对多环芳烃的降解能力最强。有研究发现在多环芳烃降解反应过程中硫酸盐为关键因素，硫酸钙不易溶于水，不会增加水体的盐度，因此不会抑制微生物的活性，影响降解过程，所以硫酸钙是硫酸盐还原反应体系中的最佳电子受体。

以硫酸盐作为电子受体降解多环芳烃产生的中间产物更简单、毒性更小且分解更完全。对芴的降解产物研究中发现了大量低分子苯酚，而没有发现高分子中间产物，所有中间产物在短暂的时间内彻底转化为二氧化碳和水[158]。硫酸盐对萘和菲的降解过程中存在羧基化反应，大部分研究表明该反应是降解过程的第一个反应，并用同位素^{14}C标记法得出，污染物最终被转化成二氧化碳。

6.2.2 降解产物和其他指标

(1) 碱度

碱度为水接受质子能力的量度，指水中能与强酸发生中和作用的全部物质，亦即能接受质子H^+的物质总量。是表征水中和酸能力的综合性指标。

总碱度 $M=[HCO_3^-]+2[CO_3^{2-}]+[OH^-]-[H^+]$，当pH大于7.0时，$[H^+]$可略去。计算碱度时可以以CaO、$CaCO_3$、$HCO_3^-$计。影响地下水中碱度的主要因素是二氧化碳（$CO_2$），天然地下水中的$CO_2$主要来自于包气带，包气带中的$CO_2$除了来自大气，还来自植物的呼吸和有机物的氧化。

微生物代谢产生CO_2，而CO_2浓度的增加，会导致地下水碱度的增加。地下水中碱度的时空变化可以指示污染羽中微生物降解的进度。

（2）氧化还原电位

地下水的氧化还原电位是表征含水层氧化还原状态的一个综合性物理化学指标，是地下水接受或者转移电子的相对倾向的指标，3.6.2 中已经对氧化还原电位进行了详细介绍。通过测量氧化还原电位并不能充分说明某物质是否被还原或氧化，但通过氧化还原电位在空间和时间上的变化，可判断某一场地是否正在发生氧化还原反应。如果氧化还原电位从污染中心到污染羽边缘发生了很大变化，极有可能说明氧化还原反应正在发生。地下水的氧化还原电位值范围通常是-400 ~ 800mV，某些生物降解过程只能在特定氧化还原电位条件范围内发生。

（3）pH、温度和电导率

地下水中 pH 会影响微生物种群的存在和活性，能够降解脂肪烃和石油烃的微生物通常比较适宜于 pH 为 6 ~ 8 的范围内。pH 影响生物细胞内的酸碱环境，可以改变细胞膜上的电荷，对微生物的生长代谢有着非常重要的作用。有研究发现混合菌对总石油烃及 COD（Chemical Oxygen Demand）的去除中，pH 对其有显著影响，总石油烃去除效率在 pH 为 7 即中性时效果最好，为 72.01%，COD 为 50.21%，原因是 pH 引起了微生物细胞膜电荷的变化，进而影响酶的活性，影响代谢。另外，pH 与氧化还原电位一般呈负相关，二者结合可指示氧化还原环境。

地下水的温度直接影响微生物的代谢活动。地下水的电导率与溶液中离子成正比。

（4）降解产物

石油的生物降解性因其所含烃分子的类型和大小而异。烯烃最易分解，烷烃次之，芳香烃难降解，多环芳烃更难，脂环烃类对微生物的作用最不敏感。微生物降解石油，主要是在氧化酶和过氧化酶的催化作用下，将分子氧组合入基质中，形成一种含氧的中间产物，然后转化成其他物质而参与代谢过程。例如，微生物降解烷烃类的最初产物为相应的醇类，然后被进一步转化为脂肪酸类；微生物降解芳香烃化合物，一般先分解侧链，然后是对芳香环的氧化（羟化）、开环，余下的过程与降解脂肪族化合物类相同，即先转化成羧酸，再通过 β-氧化进行深入降解，形成短链脂肪酸和乙酰辅酶 A，放出 CO_2。因此可通过监测降解过程中产生的有机酸等产物证明有机污染物是否发生了降解。

在氯代化合物的自然衰减过程中，不同类型的反应产生不同的降解产物，这些降解产物的存在指示降解反应的类型。因此，特定的脱氯来源及其降解产物的存在可以用作自然衰减发生的直接证据。根据污染源中存在的有机化合物种类，以评估在下游区域中存在的产物是正在进行的生物降解过程的结果还是简单的源组分迁移的结果。

6.2.3　地球化学法评估降解速率的典型案例

以某场地为例，汽油发生泄漏在含水层顶部形成了一个小型的 NAPLs 污染源。苯系物以一个未知的速率溶解在地下水中，监测井数据表明苯系物的污染羽扩展范围距 NAPLs 污染源不超过 46m。地下水实际速度为 30m/a，包气带孔隙率为 0.25。在污染物浓度检测中，苯系物的浓度高达 10mg/L。背景井监测数据表明 O_2，NO_3^-，SO_4^{2-}，CO_2 可作为电子受体。此外，污染羽的碱度和 pH 有所增大。表 6-2 为背景和下游各指标参数的检测值。

表 6-2　场地监测数据

组分	背景	下游	变化
BTEX/(mg/L)	0	0	0
O_2/(mg/L)	8	0.2	-7.8
NO_3^-/(mg/L)	7	0.1	-6.9
SO_4^{2-}/(mg/L)	9	1	-8.0
Fe^{2+}/(mg/L)	0	40	40
CH_4/(mg/L)	0	1	1
碱度/(mg/L,以 $CaCO_3$ 计)	10	130	120
pH	4.7	6.1	1.4
总 CO_2/(mg/L,以 C 计)	29	44	15

中级评估法利用有机污染物（电子供体）与电子受体之间的氧化还原反应计算两者的计量关系，以甲苯（C_7H_8）为例，发生氧化还原反应的顺序及方程依次为：

$$C_7H_8+9O_2 \rightarrow 7CO_2+4H_2O$$（氧还原作用）

$$C_7H_8+8NO_3^-+12H^+ \rightarrow 7CO_2+10H_2O+4N_2$$（硝酸盐还原作用）

$$C_7H_8+15Mn(OH)_4+32H^+ \rightarrow 7CO_2+15Mn^{2+}+46H_2O$$（锰还原作用）

$$C_7H_8+15Fe(OH)_3+9H^+ \rightarrow 7CO_2+15Fe^{2+}+31H_2O$$（铁还原作用）

$$C_7H_8+4SO_4^{2-}+4H^+ \rightarrow 7CO_2+4H_2S+2H_2O$$（硫酸盐还原作用）

$$C_7H_8+5H_2O \rightarrow 2.5CO_2+4.5CH_4$$（产甲烷作用）

$$C_7H_8+7H_2O \rightarrow 3.5CH_3COOH+4H_2$$

$$3.5CH_3COOH \rightarrow 3.5CH_4+3.5CO_2$$

$$3H_2+0.75CO_2 \rightarrow 0.75CH_4+1.5H_2O$$

基于上述反应方程，换算出甲苯与各电子受体或产物的质量作用关系列于

表 6-3，描述了甲苯与电子受体反应的化学计量比。

表 6-3　化学计量比

作用	C_7H_8/g	CO_2-C/g	碱度/(g，以 $CaCO_3$ 计)
氧还原	0.319g C_7H_8/g O_2	-0.29g C/g O_2	0g $CaCO_3$/g O_2
反硝化	0.917g C_7H_8/g N	-0.83g C/g N	-3.57g $CaCO_3$/g N
硫酸盐还原	0.637g C_7H_8/g S	-0.53g C/g S	-3.13g $CaCO_3$/g S
铁还原	-0.046g C_7H_8/g Fe^{2+}	0.042g C/g Fe^{2+}	1.79g $CaCO_3$/g Fe^{2+}
产甲烷	-1.28g C_7H_8/g CH_4	0.42g C/g CH_4	0g $CaCO_3$/g CH_4

将反应表中的比率与所观察到的电子受体变化结合，可以计算出（基于对应受体的变化）BTEX，CO_2和碱度的预测变化，如表 6-4 所示。

表 6-4　苯系物、无机碳和碱度的变化

作用	电子受体浓度变化/(mg/L)	无机碳总 CO_2-C /(mg/L)	碱度/(mg/L，以 $CaCO_3$ 计)	BTEX/(mg/L，以 C_7H_8 计)
氧还原	-7.8	2.3	0	2.5
反硝化	-6.9	5.7	24.6	6.3
硫酸盐还原	-8	4.6	25	5.1
铁还原	40	1.7	71.6	1.8
产甲烷	+1	0.4	0	1.3
总量		14.7	121.1	17

计算的无机碳和碱度（表 6-4）的变化与实际监测到的变化（表 6-3）一致：相当于 CO_2和 $CaCO_3$分别增加了约 15mg/L 和 120mg/L。因为受体的理论供应速率与所观察到的指示物测量值一致，说明该理论可以评估苯系物降解速率。

根据电子受体浓度变化，计算生物降解 BTEX 的量（以甲苯计）为 17mg/L，实际流速为 30m/a，孔隙率为 0.25，污染羽横截面面积为 20m^2（宽 10m，深 2m），因此苯系物的降解速率为

$$17\text{mg/L}\times 20\text{m}^2\times 0.25\times 30\text{m/a}\times 10^{-3}\times 10^{-3}=2550\text{g/a} \tag{6-15}$$

本例中苯系物的降解和无机碳的产生主要来自于反硝化和硫酸盐还原作用，碱度的增加来自于铁还原。电子受体、无机碳和碱度的变化与微生物降解机理的一致性说明该场地自然衰减主要是微生物降解作用，以地球化学评估法评估自然衰减速率是可行的。但是，使用地球化学的方法评估自然衰减速率也有一些不确定性因素，如有机污染物的挥发、含水层对污染物的吸附、钙质矿物的溶解，可能会低估污染物的减少量。

6.3 高级评估

6.3.1 环境分子诊断（EMD）

（1）EMD 技术简介

自然衰减高级监测评估的特征在于对同位素和微生物的深入分析。最主要应用的技术是单体稳定同位素（CSIA）和分子微生物学技术（MBTs），二者统称为环境分子诊断（EMD）。其中，CSIA 属于化学分析，主要从污染物特征角度，识别污染源和降解途径等；MBTs 属于微生物分析，主要从微生物角度，鉴定和量化降解特定污染物的功能微生物等。

当前，已建立了许多 EMD 评估自然衰减监测的方法，这些方法在领域内基本得到认同，但市场接受度尚不高，EMD 体系正在建设完善中。表 6-5[159] 中介绍了自然衰减领域内普遍接受的一些 EMD 技术的原理及其用途，表 6-6[159] 总结了这些技术的信息提供级别、数据类型、费用及商业化情况。

表 6-5　主要 EMD 技术的原理及其用途

EMD 技术	原理	用途
单体稳定同位素分析（CSIA） Compound Specific Isotope Analysis	分析污染物某元素（如$^{13}C/^{12}C$，$^{2}H/^{1}H$，$^{37}Cl/^{35}Cl$，$^{15}N/^{14}N$，$^{34}S/^{32}S$）的相对丰度，降解可导致同位素比增大	确定污染物降解是否发生；揭示降解机制；识别污染源
聚合酶链反应 （Polymerase chain reaction，PCR）	将微生物基因（或 RNA）扩大到可以使用其他技术分析的水平	检测可生物降解污染物的微生物或靶基因；加工用于其他 EMD 技术的基因物质
定量聚合酶链反应 （Quantitative polymerase chain reaction，PCR 或 qPCR）	利用荧光信号积累实时监测整个 PCR 进程，通过标准曲线对目标基因（或 RNA）进行定量	量化可降解污染物的特定功能基因、菌种或菌群的丰度和活性
微生物指纹图谱技术 Microbial Fingerprinting Methods	基于独特生物分子组分（如磷脂脂肪酸、DNA 或 RNA）特性区分鉴定微生物群落，包括磷脂脂肪酸分析（PLFA）、变性梯度凝胶电泳（DGGE）和终端限制片段长度多态性（T-RFLP）等	分析微生物群落；确定存在的微生物亚群；定量活性微生物
基因芯片 Microarrays	应用已知核酸序列作为探针与互补的靶核苷酸序列杂交，同时检测和估计数百到数万个基因的相对丰度	综合评价微生物多样性和群落组成

续表

EMD 技术	原理	用途
稳定同位素探针（SIP） Stable isotope probing	通过向环境样品中添加同位素标记的目标化合物，再运用分子生物学手段对稳定同位素标记的生物标志物进行分析，确定环境样品中的功能微生物	确定特定污染物是否发生生物降解；鉴定起降解作用的微生物
酶活性探针（EAPs） Enzyme activity probes	利用部分酶的底物特异性不强特点，检测与特定污染物类似的替代物的转化	量化具有特定生物降解能力的微生物的活性
荧光原位杂交（FISH） Fluorescence in situ hybridization	利用荧光标记的特异核酸探针与细胞内相应的靶 DNA 分子或 RNA 分子杂交，通过荧光信号观察，检测环境样品中目标遗传物质的存在	评估降解污染物的特定微生物种群的数量和活性
环境分子诊断技术取样方法 EMD sampling methods	主动取样方法（例如，低流量地下水取样），被动微生物取样装置（微生物在固体基质繁殖）	从环境介质中收集一定数量的微生物用于 EMD 分析

表 6-6　各 EMD 技术信息提供级别、数据类型、费用及商业化情况

EMD	鉴别菌属/潜在活性/表达活性[a]	定量/定性（Qa/Ql）	费用范围[b]($)	商业化[c]
单体稳定同位素分析(CSIA)	E	Qa	100 ~ 2500	MC
聚合酶链反应(PCR)	I/P	Ql	225 ~ 350	WC
定量聚合酶链反应(又称定量 PCR 或 qPCR)	I/P/E[d]	Qa	275 ~ 425	WC
微生物指纹图谱技术 Microbial Fingerprinting Methods	I	Qa/Ql	300 ~ 570	WC
基因芯片 Microarrays	I/P/E[d]	Ql	1 250 ~ 5 000	MC
稳定同位素探针(SIP)	I/P/E	Qa/Ql	1 500 以上	MC
酶活性探针(EAPs)	E	Qa	250 ~ 2 500	MC
荧光原位杂交(FISH)	I/P/E[d]	Qa/Ql	250 ~ 5 000	MC
环境分子诊断技术取样方法	I/P	Qa/Ql	75 ~ 200	WC

a. I 为鉴别菌属，P 为潜在活性（即潜在降解能力），E 为表达活性（即实际降解能力）。

b. 指单个样品费用范围，单个样品的实际费用取决于样品数和检测项目，费用下限代表的仅是极其个别情况（如场地只有一个污染物，且无基质效应影响，检测方法简便），并非适用于所有场地。

c. WC 为广泛商业化，MC 为基本未商业化。

d. 用 RNA 而不是 DNA 来评估活性。

（2）EMD 可解决的具体问题

依据自然衰减理念，自然衰减监测评估应贯穿场地调查、修复、监测和验收各个污染场地工作环节中，在各环节 EMD 均可提供自然衰减监测评估所需的高级信息，解决传统技术无法解决的问题。列举如下。

调查：两个相邻的加油站均向地下水释放甲基叔丁基醚（MTBE），形成了地下水污染羽时，传统方法（如污染物浓度、地下水流场等数据）仅可分析整个污染羽的状态，无法区分二者作用，CSIA 则可用以辨识下游目标受体受哪个污染羽影响。

修复：以 MNA 修复氯化溶剂地下水污染羽时，MBTs 的定量 PCR（qPCR）技术可用于检测和定量脱卤拟球菌（*Dehalococcoides*），以判断其数量是否可以满足 MNA 或生物刺激（biostimulation）、生物强化（bioaugmentation）等主动修复的需求。

监测：添加电子供体刺激生物降解修复地下水中氯化溶剂（例如，TCE）时，MBTs 的定量 PCR（qPCR）技术可用于检测和定量编码氯乙烯完全降解为乙烯的酶的基因，并监测该修复方法的有效性。

验收：MNA 修复的汽油地下水污染羽验收评估时，CSIA 可以用于估算污染物的降解速率和完全降解时间。

包括以上列举的问题，EMD 在实际场地工作各个环节可解决问题分列如下（表 6-7）[160]：

■ 调查

- 形成地下水污染羽的污染源是否有多个？
- 微生物降解是否发生？

■ 修复

- MNA 是否可行？
- 微生物降解是否已经或正在发生？将来降解是否能持续？
- 污染物完全降解是否正在发生？是否生成了需要修复的降解产物？
- 有没有必要开展生物刺激（biostimulation）？应该添加电子供体还是受体？
- 有没有必要开展生物强化（bioaugmentation）？需要添加什么微生物？

■ 监测

- 所选用的修复技术运行效果是否与预想一致？
- 添加电子供体或受体是否促进了降解污染物的微生物的生长或活性增强？
- 生物强化投放的微生物在原位能否存活？
- 在现有场地条件下，降解污染物的微生物群落能否持续一段时间？

- 污染物浓度将会降低到修复目标吗？
  - ■ 验收
- 污染物继续降解可能性大吗？是否需更多证据支持验收？

据此，归纳总结污染场地研究各环节 EMD 可解决问题简表以供参考。

表 6-7　不同环节下 EMD 可解决问题归纳总结

<table>
<tr><th>调查</th><th>修复</th><th>监测</th><th>验收</th></tr>
<tr><td>是否有多个污染源？</td><td></td><td></td><td></td></tr>
<tr><td colspan="4">好氧或厌氧降解是否发生？</td></tr>
<tr><td rowspan="5"></td><td>选用何种修复方案？</td><td></td><td rowspan="3"></td></tr>
<tr><td></td><td>监测是否需改进？</td></tr>
<tr><td colspan="2">修复是否有效？</td></tr>
<tr><td colspan="2">何时将主动修复转为自然衰减（MNA）？</td><td rowspan="2">是否需更多证据支持验收？</td></tr>
<tr><td></td><td></td></tr>
</table>

6.3.2　单体稳定同位素分析（CSIA）

随着同位素测试技术的发展，尤其是气相色谱与同位素质谱的联接，近些年，单体稳定同位素分析（CSIA）逐渐成熟，并已应用于自然衰减研究方面，该技术可为污染物的生物降解提供直接证据。美国国家环保署在 2008 年出版了针对地下水中有机污染物微生物降解及源识别技术导则——*A Guide for Assessing Biodegradation and Source Identification of Organic Ground Water Contaminants using Compound Specific Isotope Analysis*（CSIA），该导则系统介绍了单体同位素测试的基本原理和样品采集检测流程、应用的理论基础和微生物降解评估方法，及污染场地采样井布设等各方面内容，具有标志性意义。本部分主要参考该技术导则及相关文献资料，结合作者科研团队相关工作认识，对地下水中有机物的单体稳定同位素应用作了简要总结。

6.3.2.1　稳定同位素分馏基本理论

（1）同位素分类

同位素可分为两类：一类是放射性同位素（radioactive isotope），该类同位素原子核不稳定，能自发进行放射性衰变或核裂变，转化为其他类核素；另一类是稳定同位素（stable isotope），该类同位素原子核稳定，迄今还未发现它们能够自发进行放射性衰变或核裂变（超过 250 个）。在天然存在的 83 个非放射性或半衰期很长（≥109 年）的元素中，接近 3/4 的元素具有两个以上的同位素，即为稳定同位素。

早期开发的稳定同位素有 H、C、N、O、S，称为传统同位素；而局限于测试分析技术，以往金属（大部分为过渡和碱土金属元素，处于元素周期表第五周期）Li、Mg、Ca、Cr、Fe、Cu、Zn、Se、Mo 及 Cl 同位素难以精确测试，随着多接收电感耦合等离子体质谱（MC-ICP-MS）测试技术的发展应用，该类元素的同位素也被开发应用，称为非传统同位素。目前常用的稳定同位素通常是质量数小于 40、同位素间相对质量差异较大、丰度足够高，且广泛存在于化合物中的 H、C、N、O、S 和 Li、Cl 等。

（2）同位素表达方法

同位素丰度（isotope abundance）：某种元素的各种同位素原子数相对于其原子总数的百分比，是相对丰度。

同位素比值（R）：指某种元素的两种同位素丰度之比。如：氢同位素比值为 D/H，碳同位素比值为$^{13}C/^{12}C$，氯同位素比值为$^{37}Cl/^{35}Cl$。

δ 值：指某一元素样品中的两种稳定同位素的比值相对于某种标准物质对应比值的千分差值。δ 值的引入是由于天然物质中，不同样品的同位素含量差异甚微，用同位素丰度或同位素比值很难显示它们这种微小的差异。

δ 值的表达式为

$$\delta=\frac{R_{样品}-R_{标准}}{R_{标准}}\times1000(‰) \tag{6-16}$$

式中，R 表示样品或标准物质的同位素比值；δ 的单位为‰，δ 为正值和负值时分别表示样品中同位素富集和贫化。

常用标准物质如下所示。SMOW：标准平均海洋水，H、O 同位素国际标准，δDsmow＝0‰，δ^{18}Osmow＝0‰；D/H＝(157.6±0.3)×10^{-6}，$^{18}O/^{16}O$＝(1993.4±2.5)×10^{-6}。V-SMOW（Vienna SMOW）：经过蒸馏后的海水，δDsmow≈0‰，δ^{18}Osmow≈0‰；D/H＝(155.76±0.05)×10^{-6}，$^{18}O/^{16}O$＝(2005.2±0.45)×10^{-6}。SLAP（Standard Light Antarctic Precipitation）：南极原始的粒雪样品，δDsmow＝−55.50‰，δ^{18}Osmow＝−428.5±1‰；D/H＝(89.02±0.05)×10^{-6}，$^{18}O/^{16}O$＝1882.766×10^{-6}。PDB（Pee Dee Belemnite）：美国卡罗莱纳州白垩系 Pee Dee 组中拟箭石制成的 CO_2，作为碳氧同位素标准，δ^{13}CPDB＝0‰，δ^{18}OPDB＝0‰；$^{13}C/^{12}C$＝1123.72×10^{-6}，$^{18}O/^{16}O$＝415.80×10^{-5}。CDT（Canyon Diablo Troilite）：美国亚利桑那州 Canyon Diablo 铁陨石硫铁相的硫同位素组成，δ^{34}SCDT＝0‰，$^{34}S/^{32}S$＝0.0450045。[161]

（3）同位素分馏效应基本概念

同位素效应（isotope effect）：由于同一元素的不同同位素，其质量存在差异

（例如^{12}C和^{13}C），导致其在理化性质和生物、物理和化学反应过程中都有不同的表现，从而使得反应物和生成物在同位素的组成上存在差异。不同同位素之间相对质量差异越大，性质差异则越大。这种同位素质量差异所引起的物理性质和化学性质上的差异，称为同位素效应。简言之，同位素效应是质量数不同的同位素及其化合物在物理和化学性质上的差异。该差异不能用化学方法将其分开，但在观察原子光谱时能发现有微小的差异。

同位素分馏（isotope fractionation）：某元素的同位素在物理、化学、生物等反应过程中以不同比例分配于不同物质或不同物相之中的现象。即，同位素分馏是同位素效应所造成的同位素以不同比例在不同物质或不同相之间的分配现象。

发生同位素分馏的根本原因是由于不同同位素之间的质量差异，导致其零点能差异，引起物理化学性质的差异，因此，在物理、化学和生物过程中，发生同一元素的各种同位素分别富集在不同相的现象。物理化学上，同位素分馏分为热力学平衡分馏（thermodynamic equilibrium fractionation）、动力学非平衡分馏（kinetic disequilibrium fractionation）和非质量相关分馏（mass independent fractionation）。热力学研究同位素交换达到平衡后的状态；动力学研究同位素交换反应达到平衡的过程，即由于同位素原子或分子反应速率不同所造成的同位素分馏；非质量相关分馏与热力学和动力学分馏服从质量相关定则不同，其分馏不服从质量相关分馏的同位素分布，如放电或激光作用下的光化学反应动力导致的陨石或地球平流层的非质量分馏[162]。

同位素分馏系数（α）（isotope fractionation coefficient）：两种物质（或物相）之间的同位素分馏程度，等于两种物质（或物相）的同位素比值之商。α_{A-B}则为A与B两种物质（或物相）之间同位素比值，形如（以$^{13}C/^{12}C$为例）：

$$\alpha_{A-B}=\frac{R_A}{R_B}=\frac{(^{13}C/^{12}C)_A}{(^{13}C/^{12}C)_B}=\frac{\delta^{13}C_A+1000}{\delta^{13}C_B+1000} \tag{6-17}$$

式中，A、B表示两种物质或者同一物质的两种物相。同位素分馏系数反映了两种物质之间同位素相对富集或亏损的大小。即，哪种物质或物相中含有更多的重同位素，哪种物质中含有更多的轻同位素。当$\alpha_{A-B}>1$时，表示A比B富集重同位素；当$\alpha_{A-B}<1$时，表示A比B富集轻同位素；当$\alpha_{A-B}=1$时，表示无分馏。

在天然样品中，除氢元素外，其他元素的同位素分馏一般在千分之几的范围之内，分馏系数α_{A-B}非常接近1。因此，常以分馏系数α_{A-B}对1的偏离量来表征同位素差异，即同位素富集系数ε_{A-B}。另外，由于α_{A-B}非常接近1，若α_{A-B}以$1.00n$形式呈现，且n的绝对值一般小于10。当$n<5$时，采用$10^3\ln(1.00n)$与n互换，相对误差在0.2%以内；当$n>5$时，采用$10^3\ln(1.00n)$与n互换，相对误差在0.5%以内。因此，存在以下近似关系式：

$$10^3\ln(1.00n)\approx n;\quad 1+\ln(\alpha_{A-B})\approx\alpha_{A-B}$$

如 n 为 5，$\alpha_{A-B}=1.005$，则

$$10^3\ln(1.005)=4.99\approx5;\quad 1+\ln(1.005)=1+0.00499\approx1.005$$

当 $n>5$ 时，采用以上公式计算 α_{A-B} 的误差小于十万分之五，该计算误差小于同位素的测定误差，可忽略不计。

对同位素分馏系数公式两边取对数变换，得

$$\ln\alpha_{A-B}=\ln(\delta_A+1000)-\ln(\delta_B+1000) \tag{6-18}$$

采用 $10^3\ln$（1.00n）与 n 互换，对上式左右两边进行变换，得

左边：

$$\ln\alpha_{A-B}=\ln(1+(\alpha_{A-B}-1))\approx\frac{1}{1000}(\alpha_{A-B}-1) \tag{6-19}$$

右边：

$$\begin{aligned}\ln(\delta_A+1000)-\ln(\delta_B+1000)&=\ln1000\left(\frac{\delta_A}{1000}+1\right)-\ln1000\left(\frac{\delta_B}{1000}+1\right)\\&=\left[\ln1000+\ln\left(\frac{\delta_A}{1000}+1\right)\right]-\left[\ln1000+\ln\left(\frac{\delta_B}{1000}+1\right)\right]\\&=\ln\left(\frac{\delta_A}{1000}+1\right)-\ln\left(\frac{\delta_B}{1000}+1\right)\approx\frac{1}{1000}\frac{\delta_A-\delta_B}{1000}\end{aligned} \tag{6-20}$$

两边联立，得

$$10^3(\alpha_{A-B}-1)\approx\delta_A-\delta_B \tag{6-21}$$

左边 $10^3(\alpha_{A-B}-1)$ 为同位素富集系数（ε）（isotope enrichment factor）。右边 $\delta_A-\delta_B$ 为同位素分馏值（Δ），表示某同位素在不同物相中的同位素组成 δ 值之差（不管这重量化合物是否相互反应，同位素分馏值总是存在的），即

$$\varepsilon_{A-B}=(\alpha_{A-B}-1)\times10^3\approx\delta_A-\delta_B=\Delta_{A-B} \tag{6-22}$$

在实际工作中，经常以简化分馏系数 $10^3\ln\alpha_{A-B}$（也称为千分分馏作用因子）来表征同位素分馏程度，采用 $1+\ln(\alpha_{A-B})\approx\alpha_{A-B}$ 变换，得

$$10^3\ln\alpha_{A-B}\approx\delta_A-\delta_B=\Delta_{A-B} \tag{6-23}$$

对于同一元素的一系列化合物而言，同位素分馏值 Δ 具有简单的加和性：

$$\Delta_{A-C}=\Delta_{A-B}+\Delta_{B-C} \tag{6-24}$$

（4）热力学平衡分馏

热力学平衡分馏是指因热力学原因（一类原因是轻、重同位素原子或分子的熵焓、内能、热容等的差异导致；另一类原因是如环境因素温度改变体系内的自由能，进而引发同位素交换降低自由能）导致系统中轻、重同位素原子或分子在化合物或物相之间发生重新分配，造成各化合物或物相中同位素组成的差异。

热力学平衡分馏是化学平衡和相平衡过程中的同位素分馏。包括同位素交换和蒸气压差异。同位素交换指参加化学反应的不同化合物之间及不同物相之间同位素再分配的现象；蒸气压分馏是由于不同同位素组成的化合物蒸气压不同，在蒸发和凝结过程中，压力差差异所造成的同位素分馏。在氢氧同位素分馏中特别重要。

热力学平衡分馏同位素交换特点是：①热力学同位素分馏过程中，不发生任何化学反应，只在不同化合物或物相间产生轻重同位素原子或分子的重新分配，交换前后系统中的同位素原子或分子的总数保持不变。②交换仅限于同一体系中不同物相或化学组分间同种元素的不同同位素原子或分子，本质上是同位素原子或分子键的断开和重新键合。交换的难易程度取决于同位素原子键或分子键的强弱、晶格能的大小和系统提供的能量。③交换是一种可逆过程，条件一定时，反应总是朝着平衡的方向进行。条件变化时，先前建立的平衡会被破坏，又在新的交换中建立新的平衡。交换速度和平衡程度取决于系统条件的（主要是温度）变化。④在一定条件下，当平衡建立后，系统就被“冻结”，系统中各组分间的同位素组成往往出现一定的规律性变化，例如“价态规律”或“结晶矿物序列”规律。在成岩、成矿体系中共生矿物间或矿物与流体之间常与温度存在一定的函数关系。

（5）动力学非平衡分馏

动力学非平衡分馏是指一种元素的同位素原子或分子，由于质量数不同而导致它们的物理化学性质上的微小差异，在化学反应或蒸发作用过程中，出现反应速度或运动速度的快慢不一，其所引起的同位素分馏。它是偏离同位素平衡而与时间有关的分馏，即同位素在物相之间的分配随着时间和反应进程而不断变化。自然界许多同位素分馏具有化学动力学性质，主要方式如扩散、氧化还原、蒸发、生物等过程的动力同位素分馏。

动力学非平衡分馏特点是：①动力学同位素分馏总是伴随有化学反应和物相转变的发生，前者有新的反应物出现，后者仅仅是一个物理过程，它们的分馏总是一种单向的不可逆的过程。②在化学反应的动力学同位素分馏过程中，反应产物优先富集轻同位素，反应物和反应产物之间不发生同位素交换。③无论是化学反应还是物相的转变，动力学同位素分馏本质上与同位素原子或同位素分子的质量数有关，其表现是振动频率的高低。分馏总是取决于他们的原子或分子键的强弱、晶格能的大小以及外部提供的能量，外在的表现形式是扩散、运动及反应速度的差异程度。④动力学同位素分馏还取决于初始反应物的消耗程度和反应产物储存方式，与系统开放或封闭有关。

6.3.2.2 CSIA 应用前提及理论基础

单体稳定同位素分析（CSIA）是测定目标化合物中特定稳定同位素组成的技术方法，通常指使用 GC-C-IRMS（气相色谱-燃烧-同位素质谱仪）测定某一有机化合物的$^{13}C/^{12}C$、D/H 等稳定同位素的方法。是自然衰减监测的重要技术。

自然衰减主要包括非生物降解作用和生物降解作用两部分。非生物降解作用包括对流、弥散、吸附、挥发，在该作用下，污染物结构不发生变化，仅是污染物在不同相态分配、分布范围等改变的作用；生物降解作用主要指生物降解作用使得污染物化学性质发生改变，含水层中污染物结构、含量等发生本质改变的作用。生物降解作用是从本质上去除污染物的有效作用，CSIA 是目前提供微生物降解直接证据的唯一方法，是自然衰减监测评估最具潜力的技术手段之一。在有机地下水污染研究中，单体同位素分析技术目前已成为自然衰减中监测微生物降解的重要技术。在传统的污染物溯源基础上，该方法既可提供定性判断地下水有机污染物原位生物、化学降解与否的直接证据，又可结合传统技术精细区分和量化地下水有机污染物自然衰减过程。

（1）野外应用前提条件

依据同位素动力分馏效应的原理，同位素分馏与有机物的降解程度有直接关系[163]。简单有机化合物降解程度越高，同位素分馏越大；但复杂化合物由于一般为多级降解，降解程度与同位素分馏关系不太明显。正构烷烃的结构相对简单，同位素分馏与降解程度之间明显相关。烃类化合物中包含了大量的 C、H 元素，在微生物进行降解的过程中，同位素分馏与烃类所包含碳的数量关系密切。微生物对原油烃进行降解转化之后，大多数同位素重新组成，呈现相对原子质量变重的现象。但有研究表明，氢、碳两种元素的同位素分馏差异较大，氢同位素分馏大于碳。低碳数正构烷烃同位素分馏大于高碳数正构烷烃。

CSIA 野外应用主要基于的特征是[163]：一般情况下，高碳数烃类分子，虽然发生了降解，但由于碳氢数量较多，其同位素分馏效应往往被“稀释”，碳氢稳定同位素基本保持不变，利用这一特征其可有效识别不同类型的污染源；而低碳数烃类分子在生物降解过程中可显著分馏，则同位素最小值一般可视为污染源，且根据其同位素分馏程度可识别、量化生物降解作用。

1999 年，SherwoodLollar 等针对场地方面，提出了应用 CSIA 提供野外微生物降解直接证据的 4 项标准[164]：①在微生物降解过程中，必须发生持续系统的 δ 值变化或分馏；②分馏程度必须大于样品检测分析的不确定性；③在给定条件下，分馏必须可以重现；④必须能从其他自然衰减过程（如挥发、溶解、吸附等）中区分出生物降解的分馏作用。结合现有 GC-IRMS 仪器检测方法不确定性的两项标准：全污染物浓度范围内，①任一污染物浓度下，δ 值三次检测的平均值之差应在平均值的±0.5‰以内，即重复性误差为±0.5‰；且②任一浓度下，三次检测的标准差小于±0.5‰。满足以上6项标准则可应用CSIA提供野外微生物降解的直接证据。

简而言之[55]，在排除其他衰减作用和检测方法的影响前提下，若观测到时空尺度持续的同位素分馏现象，则可以单体稳定同位素定性判断野外发生了微生物降解。由于 $\delta^{13}C$ 分析的总分析不确定度通常为±0.5‰，因此，当前一般观察到的分馏至少要大于1‰。保守将大于2‰的分馏作为是否降解的标准。另外，观测到 $\delta^{13}C$ 值的差异需符合污染物时空变化规律。如果已判断无其它因素可能导致稳定同位素值分馏，且沿着地下水流动路径生物地球化学指标明显变化（如石油类污染场地沿地下水流动路径硝酸盐减少），相对于上游井（up gradient well）的 $\delta^{13}C$ 值，下游井（down gradient wells）中目标化合物的 $\delta^{13}C$ 值上升了2‰，则可判断发生了降解。

不同化合物降解的分馏程度不相同，只有降解到一定程度，才可以观测到2‰的分馏，单体稳定同位素方可指示微生物降解[55,163-166]。如，某实验条件下，TCE微生物降解还原脱氯，降解早期降解程度<20%或残留程度>80%时，才会观测到明显的分馏（>2‰）（图6-5（a））；石油烃的苯和甲苯的生物降解，降解程度>60%时，才会观测到显著的分馏（>2‰）（图6-5（b））。

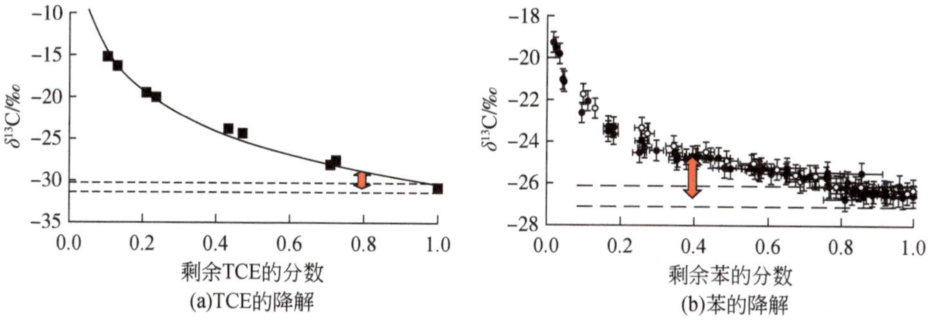

(a)TCE的降解　　(b)苯的降解

图6-5　同位素与TCE与苯剩余部分比例

图6-5通过富集培养，TCE（a）和苯（b）的降解。生物降解后残留底物中的稳定碳同位素 $\delta^{13}C$ 值与原始浓度相对剩余比例图，虚线分别表示±0.5‰范围内TCE和苯的 $\delta^{13}C$ 值。垂直的红色箭头表示在现场数据中（2‰）判定生物降解发生的分馏程度。

（2）同位素瑞利分馏模型

进一步定量微生物降解，则需要借助稳定同位素分馏的相关模型。CSIA可应用于微生物降解定量评估的基础是动力学非平衡分馏瑞利方程的建立。

瑞利分馏概念为：在开放体系中，反应生成的产物一旦形成后，马上就从系统中分离开，从而实现同位素分馏效应的过程。许多生化或化学反应过程中，轻同位素（^{12}C）形成的化学键比重同位素（^{13}C）更易于断裂，反应速率更快，反应物中富集轻同位素，而残留物中富集重同位素。其同位素分馏/富集体现于稳定同位素分馏系数 α（以^{13}C 为例）：

$$\alpha=\frac{R_t}{R_0}=\frac{\delta_t+1000}{\delta_0+1000} \tag{6-25}$$

式中，R 表示化合物的稳定同位素比值（$^{13}C/^{12}C$）；下标 0 和 t 表示反应中化合物初始和 t 时刻；R_0、R_t 分别表示化合物的初始和 t 时刻的同位素比值（$^{13}C/^{12}C$）；δ_0、δ_t 值分别表示化合物的初始和 t 时刻同位素 δ 值。

对于许多有机污染物，无论是微生物还是非生物降解作用，反应过程同位素分馏一般均满足瑞利分馏，符合瑞利方程（Rayleigh equation）：

$$\frac{R_t}{R_0}=f^{(\alpha-1)} \tag{6-26}$$

式中，f 是污染物降解后剩余比例，以 t 时刻与初始时刻化合物浓度比值（C_t/C_0）表示。

以同位素富集系数 $\varepsilon=(\alpha-1)\times1000$ 替换上式，经数学变换得

$$f=C_t/C_0=e^{(\delta_t-\delta_0)/\varepsilon} \tag{6-27}$$

当应用于地下水中有机污染降解评估时，可以空间替代时间表示为

$$f=C_{\text{groundwater}}/C_{\text{source}}=e^{(\delta^{13}C_{\text{groundwater}}-\delta^{13}C_{\text{source}})/\varepsilon} \tag{6-28}$$

式中，$\delta^{13}C_{\text{groundwater}}$为地下水样中目标化合物的同位素 δ 值；$\delta^{13}C_{\text{source}}$为目标化合物微生物降解前未发生分馏的同位素 δ 值，一般取污染源处的同位素 δ 值；$C_{\text{groundwater}}$为地下水中目标化合物的浓度；C_{source}为污染源处目标化合物的浓度。

同位素分馏越大，同位素富集系数 ε 越负。需要注意的是，实际上在地下水中污染物浓度 $C_{\text{groundwater}}$不仅受降解作用影响，还受对流-弥散、吸附/解吸、挥发、混合等其它自然衰减作用影响，但这些作用通常不影响同位素分馏。从理论上说，在野外条件下不可能严格符合上述方程，但已有场地案例发现，在大部分污染场地有机污染物浓度与其单体同位素之间基本符合上述方程，称为“表观瑞利分馏”。

6.3.2.3 关键数据和参数获取方法

(1) 野外现场数据获取

符合以下三个条件中的任一种，可应用单体稳定同位素技术量化有机污染地下水生物降解。

1）野外现场水化学和同位素数据表明含水层中污染物总量显著减少。

2）水文地球化学数据（如硝酸盐、硫酸盐、三价铁等电子受体数据）证实了生物降解作用的存在。

3）野外或室内的微宇宙模拟实验直接证实了场地单体稳定同位素分馏作用的存在。

开展单体稳定同位素调查前，应开展水文地质和地下水污染调查，查明如下要素。

1）水文地质参数：地下水流方向、含水层渗透系数、水力梯度。

2）水文地球化学条件：污染羽中氧化还原条件，溶解氧、硝酸盐、硫酸盐、三价铁、甲烷等电子供受体浓度，微生物种类等。

3）地下水污染特征：污染物种类及浓度，污染羽空间分布（污染源、污染羽区域、污染中心线、污染混合区）。

地下水单体稳定同位素调查可分为三个阶段。

1）筛查阶段。单体稳定同位素与地下水污染调查同步取样，依据地下水污染特征，宜在污染源区、污染羽边缘、污染中心线和污染混合区各设置 1 口监测井，共设置监测井 4 ~6 口。根据地下水污染调查结果，选取特征污染物，测定其单体稳定同位素值，判断场地是否可以开展单体稳定同位素调查工作。该阶段大约需要 1 ~3 个月时间。

2）详查阶段。根据场地水文地质和地下水污染调查结果，结合场地规模和复杂程度，在污染源上游布置 1 ~2 口监测井，在污染源区布设 3 ~5 口监测井，在污染羽的流场中心线布设 4 ~5 口监测井，在污染羽区域设置 4 ~8 口监测井；宜在污染羽边缘下游布置一定数量监测井，污染源、污染羽区域、污染中心线、污染混合区布设 1 ~4 口多级监测井开展垂向监测。共设置 12 ~20 口监测井。该阶段一般至少取样两次，首次取样一般在一天内完成，所有布置的监测井均取样；第二次取样是对第一次测试结果的重现性验证，宜在详查阶段第一次取样后 2 ~3 个月内开展，取样监测井应包括污染羽变异程度较高的监测井和第一次取样确定的重要监测井。根据场地特征，建立全面的单体稳定同位素分析方法（CSIA）体系，量化场地生物降解作用。该阶段大约需要 4 ~6 个月的时间。

3）长期监控阶段。根据前期同位素调查结果分析，宜选择 6 ~15 口重要的监测井，在筛查阶段结束后的 1 ~3 年内开展最后一次同位素调查，对详查阶段的量化的生物降解作用结果进行验证。

当存在多个污染源，场地情形复杂时，应在每个污染源设置 3 ~5 口监测井，确定其 $\delta^{13}C$ 和 $\delta^{2}H$ 同位素值。当污染源位置难以取样时（如：处于建筑物正下方），可选择最接近污染源且处于流场下游的监测井，其 $\delta^{13}C$ 和 $\delta^{2}H$ 同位素值作为污染源的初始同位素值。现实 CSIA 详查阶段，监测井数一般小于推荐的 12 ~ 20 口，可利用已有的抽水井刻画污染羽情况。但监测井数目越小，解译错误的风险越大，宜综合分析不同来源的证据（如水化学、微生物等）。

（2）瑞利分馏参数获取

同位素初始 δ_0值和分馏系数 ε 是瑞利分馏方程的两个关键参数。其中 δ_0值表示的污染源的特征信息，是用于溯源的关键参数，也是降解的初始状态参数；ε 则表征了场地特定降解条件下同位素的分馏富集特征。在此重点介绍该两个关键参数获取方法，及其他影响同位素分馏的干扰因素。

1）初始同位素 δ_0值。初始同位素 δ_0值差异主要来源于污染物合成的工艺流程，已有研究表明大多地下水污染较严重的场地（BTEX、PCE、TCE、MTBE），碳初始同位素 δ_0值通常为−35‰ ~ −22‰，由于新型 PCE 合成工艺的出现，有的场地氢初始同位素值甚至在−30‰ ~ +680‰。PCE 和 TCE 场地氯初始同位素值在 +5‰至 ~4‰，由于初始同位素 δ_0值的差异性显著，这些同位素 δ_0值可用于污染物溯源。然而在利用瑞利分馏模型进行量化污染物生物降解作用时，这些显著的差异很可能掩盖了真实分馏情况，因此，必须辅以污染水文地质调查对污染羽的刻画和对污染物组成的认识，且逐级降解过程中必须考虑每步的同位素初始值。一般初始同位素 δ_0值获取有 3 种方法，3 种方法互相印证最终确定初始单体稳定同位素值 δ_0。

方法 1：未降解纯产品同位素值。从文献中获取造成污染的未降解纯产品中的单体稳定同位素值作为 δ_0。如石化厂生产的汽油产品中甲苯的 $\delta^{13}C$ 可视为场地的初始单体稳定同位素值。该方法确定的初始单体稳定同位素值一般低于现场测定的同位素值，也低于实际的初始单体稳定同位素值。

方法 2：最小单体稳定同位素值。以野外现场单体稳定同位素调查所取地下水样品中的最小同位素值（发生降解作用最小）作为 δ_0值。该方法仅适用于生物降解分馏造成同位素值变化大于 10‰的化合物，苯和甲苯等生物降解引起 $\delta^{13}C$ 分馏较小的化合物则不太适用。

方法 3：污染源单体稳定同位素值。根据野外现场单体稳定同位素调查结果，将污染源区中污染物浓度最高的监测井作为地下水污染源，将该监测井中测得的单体稳定同位素值作为 δ_0。该方法估算的生物降解速率相对保守。

2）稳定同位素富集因子 ε。同位素分馏系数目前大多数都是在实验室条件下通过静态模拟实验获取的，一些文献中总结了不同氧化还原条件、不同微生物作用的特定反应机理下的同位素分馏系数。一般确定稳定同位素富集因子 ε 的方法有 3 种方法：

方法 1：实验室模拟实验。根据野外现场稳定同位素调查结果，设计模拟实验，模拟野外现场反应物和微生物条件，采用瑞利方程进行线性拟合，其斜率即为分馏富集因子 ε_{lab}。

方法 2：参考文献资料。参考环境条件（微生物种类、电子受体）相似的 ε；当存在多个 ε 值时，则分别以最大、最小、平均值和几何平均值，估算生物降解作用的区间和误差范围，结合野外现场调查结果，分析选取合适的 ε_s。

方法 3：固有富集因子 ε_i 估算。ε_i 为固有化学键断裂的同位素富集系数（CSIA 数据库），ε 与 ε_i 存在 $\varepsilon=\varepsilon_i/n$ 的估算关系，n 为化合物碳原子数，该方法适用于碳原子数 12 ~ 13 个以下分子，该方法估算的富集因子记为 ε_c。

方法 1 相对科学、准确、可靠，但比较耗时、耗力，科研研究时，应采用该方法；方法 2 是目前一般采用的方法，可满足粗略评估情况下的需求，可作为科学研究的参考；方法 3 最方便、快捷，在大部分情况下与实验室结果差别不大，但某些化合物相差较大，该方法可作为预判断的参考。

（3）微生物降解瑞利分馏的干扰

地下水中有机污染物同位素分馏的瑞利方程已被证明可适用于降解过程（包括生物和非生物），对于地下水而言，一般非生物降解较少，因此，地下水中瑞利方程主要针对微生物降解。

不过对于产生中间产物（例如氯化乙烯的还原脱氯产物）的微生物降解过程，不可直接应用瑞利方程。这是因为，中间产物的同位素值，受其母体降解生成中间产物及中间产物自身降解二作用综合影响。只有当母体化合物在中间产物降解前便已完全降解，方可直接使用瑞利方程。当中间产物的生成与降解同时发生时，同位素变化会更加复杂，可采用多步反应运移模型评估[167,168]。对于某些氯化溶剂，不同化合物降解可产生相同的中间产物，情况则更为复杂。例如，三氯乙烯（TCE）可以由四氯乙烯（PCE）的生物还原脱氯产生，也可由 1,1,2,2-四氯乙烷的非生物反应产生。如果地下水中同时存在多个潜在母体，则更难用 CSIA 评估降解。

非生物降解，传统认为，天然条件下地下水中非生物降解速率极低，除非采取了非生物修复方案（如加入零价铁），但这一观点在逐渐被改观。实际上除了生物降解外，天然条件下一些化学作用有时也可产生显著同位素分馏。研究发现[169]，矿化作用及微生物诱导的一些非生物作用也可产生显著的同位素分馏。指出，PCE、TCE 与污染含水层的主要还原物质铁硫化物（如 FeS）发生化学反应产生的同位素分馏大于 PCE、TCE 的厌氧生物降解的同位素分馏。化学脱氯还原条件下脂肪族氯化物的碳和氯元素同位素可发生分馏，化学水解 MTBE 碳和氢同位素也可发生分馏；高锰酸钾氧化氯乙烯有显著的碳同位素分馏，高锰酸钾氧化 BTEX 有氢同位素分馏，Fenton 试剂（过氧化氢与亚铁离子）氧化甲苯碳同位素没有显著分馏，氧化苯却产生碳同位素分馏不大但很显著的氢同位素分馏，含氮化合物化学降解过程中碳、氮同位素均可发生显著分馏。

降解作用以外，挥发等物理作用也可产生一定程度的同位素分馏。关于挥发作用对同位素分馏的影响，在挥发试验中发现，残余氯代有机试剂的 $\delta^{13}C$ 逐渐减小，而 $\delta^{37}Cl$ 则逐渐增大；针对 TCE 的挥发试验，也得到了类似结果，即随着挥发份额比重的增加，稳定碳、氢同位素在气相和残留液中的差值偏正，而稳定氯同位素偏负。研究发现，95% 的污染物吸附到碳质物质中，仅观测到 8‰的氢同位素分馏。在芳香烃几乎完全挥发或吸附（超过 95% 被去除）的室内试验中，可观察到显著的氢同位素效应。实验研究发现的同位素显著分馏可能与实验条件有关，在天然条件下，挥发和吸附的同位素效应较为罕见，显著同位素分馏几乎不可能发生。弥散也可导致碳同位素分馏，与饱和带相比，非饱和带扩散导致的同位素分馏可能更显著，但也仅在弥散初期几天内才可观察到，且空间尺度较小。即弥散的锋面效应可能也会产生同位素分馏。虽然各种物理作用均可能产生一定的同位素分馏，但综合来看，物理作用产生的同位素分馏通常很小，一般小于 CSIA 测试方法的不确定区间（碳同位素±0. 5‰，氢同位素±5‰），该部分分馏往往被忽略。

即使非生物降解、挥发、吸附、弥散等过程不影响产生同位素效应，仅微生物作用发生稳定同位素分馏，且反应物和产物完全相同，反应过程中攻击断裂或结合化学键方式也很可能不同，同位素分馏系数不同；另外，微生物降解过程实际上相当于酶促过程，属于催化反应，不同催化作用包含不同的瞬间中间反应，许多瞬间反应极难捕捉，但该瞬间反应却能产生极显著的同位素分馏，称之为“隐性同位素分馏”。

从实际应用角度，野外污染场地地下水中污染物组分往往不是单一的，即使是单一污染源污染物，在其降解过程中一般也会产生新的污染物。因此，如何选取单体稳定同位素分析的目标污染物也是一个棘手的问题。在难以精确描述催化作用过程的情况下，目前一般认为相同的微生物种类和相同电子受体供给条件下，生物降解过程具有相似性，该特定条件下的稳定同位素分馏富集因子可作为定值看待。结合场地特征分析和传统自然衰减监测技术来进一步确定降解作用量。

6. 3. 2. 4　有机污染物微生物降解评估

在以定性方式确定了生物降解的发生基础上，可以同位素的瑞利方程定量估算预测污染羽的生物降解程度、速率等，并可采用多维同位素（如 ^{13}C、H）联合辨识污染物的降解途径。

（1）生物降解程度、速率

将现场污染物浓度和同位素值代入瑞利方程，回归分析方程满足线性关系，说明污染物浓度降低很可能主要来源于降解作用。方程不满足线性关系，则可能是对流、弥散、吸附、挥发及混合等非降解作用对污染物浓度降低产生影响，可结合野外溶质运移模拟计算非降解作用，校准模型，区分降解和非降解作用。根据野外现场单体稳定同位素调查判断的野外现场反应物和微生物条件，以“确定瑞利分馏方程参数”提供的方法获取同位素富集因子 ε，并计算野外现场 $\varepsilon_{\text{field}}$ 值。另外，利用统计分析 $\varepsilon_{\text{field}}$ 与 ε 的关系，可推断化学键断裂方式，大致辨识生物降解途径。以“确定瑞利分馏方程参数”获取的单体稳定同位素富集因子 ε 和初始单体稳定同位素值 δ_0，和“野外现场单体稳定同位素调查”中“详查阶段”获取的单体稳定同位素值 δ_t，将其代入瑞利方程，即可求得地下水中污染物剩余比例 f，生物降解程度（B）则以下面方程计算：

$$B=1-f \tag{6-29}$$

将其代入下面的方程，计算生物降解速率 λ。

$$\lambda_d=-\ln(f)/d \tag{6-30}$$

$$\lambda_t=-\ln(f)\times v/d \tag{6-31}$$

式中，λ_d 为单位距离生物降解速率（m^{-1}）；λ_t 为单位时间生物降解速率（d^{-1}）；d 为流场上下游监测井间距离（m）；v 为地下水渗透流速（m/d）。

污染物浓度达到特定控制目标之前的运移距离（d_{further}），可以下面方程预测：

$$d_{\text{further}}=-\ln(F)/\lambda_d \tag{6-32}$$

式中，F 是控制目标值（如风险基准值）与监测井中现有浓度的比值。

（2）多维单体稳定同位素识别降解途径

不同反应物和不同微生物作用 $^{13}C/^{12}C$ 分馏机制不同，但并非所有有机污染物降解过程中均产生显著 $^{13}C/^{12}C$ 分馏，根据污染物化学结构和同位素分馏机制，宜联合运用 $^{13}C/^{12}C$、D/H、$^{15}N/^{14}N$、$^{18}O/^{16}O$、$^{34}S/^{32}S$、$^{37}Cl/^{35}Cl$ 多维同位素技术，可全面认识降解途径，更深入的量化不同降解。

对于一些污染物（如 MTBE 和苯），在好氧和厌氧条件下，微生物降解的酶作用机制存在着根本性的差异，即反应过程中化学键断裂的方式方法存在差异，从而导致富集因子（ε）呈现差异。因此，采用现场测量的 $\delta^{13}C$ 估算降解，有必要了解降解机理，才能够选择正确的 ε 值。常规的场地观测数据通常难以明确区分识别好氧或厌氧降解机制。联合采用碳、氢同位素则可有效识别降解机制。研究比较了在厌氧微生物中与美国汽油泄漏场地现场样品中的 MTBE 生物降解过程中碳和氢的富集。在南美原工业垃圾填埋场，相关研究分析了该场地地下水中

MTBE 的 $\delta^{13}C$ 与 $\delta^{2}H$，也确定了在厌氧条件下 MTBE 会降解。科学家使用术语"二维分析"来描述碳和氢的联合 CSIA，并且将该方法作为辨识野外场地地下水中 MTBE 降解途径的有效工具。

6.3.2.5 典型案例

(1) 野外现场调查

案例为某地下汽油储油罐泄露场地，位于美国加利福尼亚丹纳岬（Dana Point），场地有两个污染源，第一个污染源是泄露的地下汽油储油罐，储油罐及周边大部分被污染介质均被清除了，MW-14 井的总石油烃含量高达 9000mg/kg，含水层中剩余的汽油组分形成了一个持续稳定的污染源，其周边监测井 MTBE 的浓度大幅降低，因此，MW-14 井位置作为第一污染源位置；第二污染源是汽油泵站，位于第一个污染源地下水流场上游。监测井布置及水文地质和地下水污染调查结果见图 6-6 和表 6-8，图中实线箭头簇表示一年内测定的不同时段地下水流动方向，箭头长短表示一年内地下水流动距离（渗透系数取平均值 11m/d，孔隙度按 0.25 估算）；虚线箭头表示井间的可能流动路径；黑色实心圆点表示地下水井；浓度值表示地下水中 MTBE 含量；TPHg 表示汽油中总石油烃含量。

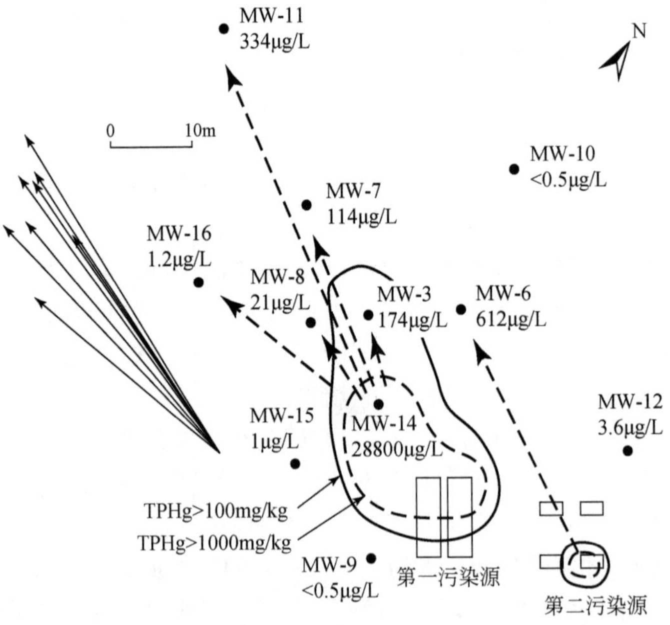

图 6-6　地下水 MTBE 生物降解监测

（2）瑞利方程参数确定

地下水中 MTBE 的单体稳定同位素富集因子 ε 取 $-14.6‰$，该值是所有发表文献中的最小值。地下水中 MTBE 的初始同位素值 δ_0 取 $\delta^{13}C=-27.4‰$，该值是所有发表的文章中汽油产品中 MTBE 的单体稳定同位素值的最大值。该方法计算的降解速率最保守。

MW-11 中 MTBE 的 $\delta^{13}C$（$-28.9‰$）比确定的初始同位素值（$-27.4‰$）更偏负，场地泄露的汽油中 MTBE 的 $\delta^{13}C$ 可能更加偏负，取最保守值的原因是该研究是为了风险评价开展的，且同位素方法是该研究量化降解速率的唯一方法，如果传统方法亦可计算降解速率，则应结合传统方法对场地污染源的 $\delta^{13}C$ 进行评估，获取更为真实的 δ_0 值。

（3）有机污染地下水生物降解评估

采用公式 $f=C_t/C_0=e^{(\delta_t-\delta_0)/\varepsilon}$，将测定得到的 δ_t 代入，计算生物降解后含水层中剩余的 MTBE 比例 f，则生物降解作用量为 $1-f$。将 f 代入 $\lambda_d=-\ln(f)/d$ 和 $\lambda_t=-\ln(f)\times v/d$ 计算得到生物降解速率。以 $d_{\text{further}}=-\ln(F)/\lambda_d$ 预测达到控制目标值的运移距离。

MW-3 和 MW-8 井位于第一污染源 MW-14 井下游，生物降解速率计算所需 d 值，取至第一污染源 MW-14 井的距离。其 MTBE 的 $\delta^{13}C$ 分别为 $+8.5‰$ 和 $+38.0‰$，比确定的初始同位素值（$\delta^{13}C=-27.4‰$）更富集 ^{13}C，MTBE 生物降解了 91% 和 99%，衰减主要来自于生物降解作用。

MW-6 井至第一污染源地面距离相对于 MW-3 和 MW-8 更远，但其 MTBE 浓度（612μg/L）却高于 MW-3（174μg/L）和 MW-8（21μg/L）井。地下水流场分析知，MW-6 与第一污染源并不存在直接的水力联系，但直接位于第二污染源的下游，MTBE 主要来源于第二污染源，生物降解速率计算所需 d 值，取至第二污染源汽油泵站的距离。其 $\delta^{13}C$ 为 $-1.6‰$，比确定的初始同位素值（$\delta^{13}C=-27.4‰$）更富集 ^{13}C，MTBE 生物降解了 83%，衰减主要来自于生物降解作用。

MW-7 和 MW-11 井位于污染源更远的下游，生物降解速率计算所需 d 值，取至第一污染源 MW-14 井的距离。其 MTBE 浓度为 114μg/L 和 334μg/L，比污染最严重的 MW-14 井大大降低，但其 $\delta^{13}C$ 分别为 $-27.3‰$ 和 $-28.9‰$，比 MW-14 井 $\delta^{13}C$ 更贫 ^{13}C，因此，MW-7 和 MW-11 并未见生物降解，其 MTBE 浓度衰减可能主要来自于非降解作用。

以美国国家环保署建议限值 20μg/L 除以监测井 MW-3、MW-6 或 MW-8 中现有剩余的 MTBE 浓度，如果沿地下水路径下游的生物降解率符合一阶降解，那么羽流将移动至超过 MW-3 井 8.4m，超过 MW-6 井 60m，在到达 MW-8 井之前基本降解完。

表 6-8　地下水中 MTBE 生物降解速率

井编号	浓度 $C/(\mu g/L)$	同位素 $\delta^{13}C/‰$	水力坡度 J/(无)	距离 d/m（源 1）	空间降解速率 λ_d/m	时间降解速率 λ_t/a
MW-14	28 800	−21.6	0.67	0		
MW-3	174	8.5	0.085	9.6	0.26	9.4
MW-8	21	38.0	0.0113	11.7	0.38	14.1
MW-7	114	−27.3	0.995	23.0	0.00021	0.0077
MW-11	334	−28.9	1.11	44.1 d(m)（源 2）	0	0
MW-6	612	−1.6	0.171	31.1	0.057	2.1

6.3.3　分子生物学技术（MBTs）

分子生物学技术（MBTs）通常被定义为通过以检测目标生物的标记物（特定的核酸序列、多肽、蛋白质和脂质），提供微生物降解过程信息的一系列分子水平检测技术的总称。简单的 MBTs 仅可通过识别微生物和/或微生物种群，辅以说明场地有某特定降解发生的潜力，更加成熟的 MBTs 可用以指示具体的微生物降解过程。但目前 MTBs 尚未完善成为一套成熟的技术方法体系，在此仅对其应用现状及趋势作简单介绍。

宏观用途层面，在初级（污染羽状态）和中级（地球化学条件）评估技术基础上，MBTs 可提供更强有力的污染物微生物降解证据。MBTs 主要采用 DNA/RNA 相关技术（又可称为基因定量技术）提供三方面证据：①是否存在关键微生物（如，是否存在四氯乙烯（PCE）脱氯为乙烯的脱卤球菌）；②是否存在具有潜在活性的关键酶（如，氯乙烯还原酶）；③关键微生物种群的相对丰度（如，脱氯菌种群与其他微生物总群比例）。MBTs 在氯代烃自然衰减研究中应用最多。其中，最重要的技术之一是聚合酶链式反应（PCR）技术，各种 PCR 技术包括如定量 PCR（qPCR）、逆转录 PCR（RT-PCR）、数字 PCR（dPCR）等，该技术可鉴定和量化特定功能鉴定的关键微生物，实现功能基因定量。其中，该技术应用最广泛的是针对脱卤拟球菌群 *Dehalococcoides*（*Dhc*），该菌群是目前唯一能将四氯乙烯和三氯乙烯完全脱氯为无毒产物乙烯的一类细菌。在实验室条件下，*Dhc* 微生物的培养有时被证明难以成功，但使用 PCR 技术在土壤和地下水中很容易检测到 *Dhc* 靶基因，这说明在天然条件下 *Dhc* 微生物是普遍存在的。因此，在早期的 MNA 报告中常直接使用 MBTs 结合 CSIA 直接开展场地氯代烃自然衰减研究，并不先开展实验室条件下的微宇宙实验等。

操作应用层面，基于生物还原脱氯机理的成熟，采用 PCR 功能基因定量技术，检测靶向功能基因（如氯乙烯还原酶，vinyl chloride reductase），可获取降解氯代烃的 Dhc 数量，从而评估衰减速率，指导 MNA 修复。某氯化溶剂污染场地研究发现，在检测到 Dhc 的地下水中，沿着地下水流向顺-1,2-二氯乙烯（cis-1,2-DCE）转化为氯乙烯（VC）的衰减速率大于 0.3/a，而未检测到 Dhc 的地下水中，则确认不发生衰减。ESTCP 指南草案指出，Dhc 为 $10^4 \sim 10^6$ 基因拷贝数/L 氯代烃可以发生 MNA，Dhc>10^6 基因拷贝数/L 则是确保乙烯生成的目标阈值。可以说，基因定量技术的发展突破了微生物的分类鉴定方法识别降解功能不确定限制。尽管该基因定量技术不能提供降解的直接证据，但 Dhc 靶向基因丰度可以提供间接降解证据，这是由于 Dhc 数量只能在发生还原脱氯反应时增加。当前，试图通过检测 mRNA 或蛋白质定量脱氯酶基因表达的方法研发是研究的热点。MBTs 提供的直接检测活性的方法，对微生物修复工程运行有效性评估尤其重要。

除了氯化溶剂的 MBTs 广泛应用外，针对石油烃、含甲基叔丁基醚、高氯酸盐等的 MBTs 也已出现，可以说，MBTs 在自然衰减中的应用前景广阔。但在现实工作中，MBTs 应用仍面临如下问题：①针对各样品收集、保存、检测和质量保证（QA）/质量控制（QC）的标准方法尚未在实验室广泛建立。②相对于传统检测方法，MBTs 价格相对昂贵，不过，其监测频率相对可以减少，在时间和空间尺度上选择代表性样品即可。③MBTs 门槛相对较高，且各技术存在较多重复，现阶段需要研究者们花费时间筛选形成一套适合不同情形的检测技术及数据解译体系。综上，可预见已建立的 MBTs 的广泛应用主要面临的是市场接受问题。

更大的技术挑战在于，许多 MBTs 仅可应用于目前已知的生物降解途径和基因序列。随着研究的不断深入，尤其是高通量测序技术的发展融合，通过微生物群落结构和环境因子的统计学关联分析，对于降解途径和基因序列的认知将加速加深，MBTs 将会适用于更多的新型污染物的微生物降解研究中。除此之外，细胞能量代谢过程的信息实际上也可提供微生物降解证据，然而，现阶段服务于污染场地自然衰减的能量指标（三磷酸腺苷转化，ATP-ADP-AMP）体系的研究罕见，其可能是 MBTs 将来重要发展方向之一。

第 7 章　风险评价与管控

风险评价与自然衰减紧密衔接，是实现场地风险管控的必备技术。自然衰减评估的污染物分布特征和扩散趋势，主要为风险评价的暴露评估及风险管控措施的制定实施提供依据。本章介绍了现行普遍应用的人体健康和生态风险评价方法，及风险与自然衰减结合制定风险管控策略的思路。

7.1　人体健康风险评价

参考发达国家几十年污染场地防治的经验和教训，其得出的基本原则是风险评价，即根据污染物的特征和扩散趋势，采用相应的技术措施评价和控制对目标敏感点的风险，在此基础上再进行“分类管控、综合施策，促进土壤和地下水资源永续利用”。风险评价处于污染场地防治的核心地位，是污染场地管理和修复的主要依据。

污染场地的管理模式主要包括两种：基于环境质量标准和基于健康风险的管理模式。欧美等发达国家已经广泛使用基于健康风险的管理模式[170~173]，这是因为早期将污染场地修复至环境质量标准的成本极其巨大，各国根本不可能提供足够的资金支撑，而且从保护人群健康的角度上看，没有必要过度修复。污染场地健康风险管理就是在对污染场地进行调查之后，评价其可能对人群健康造成风险危害程度，如果风险低于风险水平要求，无需立即进行治理，如果风险较高则考虑开展风险管控或场地治理。风险评价理念引入到污染场地的管理中，摒弃了原始的环境质量标准模式的诸多缺点：如修复成本巨大难以为继、修复标准与技术规范过高、整治周期过长等问题，相比之下基于健康风险的管理模式优势明显。

欧美等发达国家结合本地区实际，陆续地构建起污染场地风险评价系统[170~173]，便于指导污染场地的管理与修复。美国国家环保署提出的风险管理模式[173]：当污染水平较低时（低于筛选值或风险评估标准值），该场地不需要采取风险评估或污染治理行动。当污染水平较高、风险较大时，需要结合污染场地的具体情形去制定管理方案和修复目标。在健康风险更为严重的情况下，高于应采取行动的水平时必须采取治理行动。健康风险评价的概念也正在成为当前我国污染场地管理和修复领域的指导原则。

参考国外积攒的成熟经验，我国在场地环境污染现状调查、人体健康风险评价、制定场地的修复目标、修复效果预测、验证修复目标的合理性等方面基本上与美国保持一致[174~179]。但是在筛选值或风险评估标准方面，中国风险评价导则只参考美国，提出参考值，各省市可以结合地区实际要求，有针对性的制定地方标准，以便在达到最低标准后更加严格地进行污染场地的差异性风险管控。

具体地看，污染场地的人群健康风险评价是指基于科学合理的评估方法，针对污染场地特性和污染物特性等环境介质要素所开展的健康风险评价。下面从场地数据收集、暴露评估、剂量–反应关系评估（毒性评估）、风险表征等四个步骤开展健康风险评价的介绍与讨论[179]（图 7-1）。

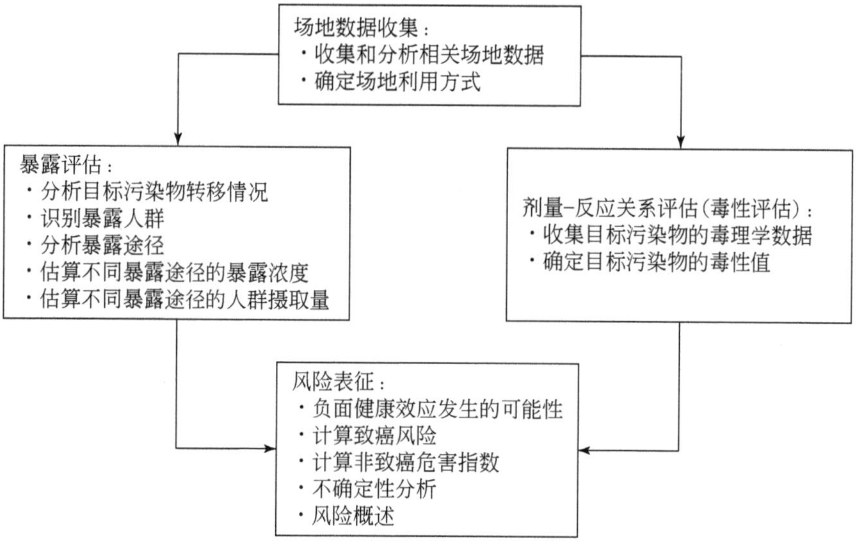

图 7-1　健康风险评价示意图

7.1.1　危害识别

7.1.1.1　资料数据的收集

收集与分析资料数据是风险评价的基础步骤。对于研究的污染场地，如果要鉴别其是否构成人体健康风险、修复的必要性、修复的可能经济成本、修复后污染物质的毒害与危害风险能降低到何种程度，以及下一步的场地整治与管控策略，都必须首先进行污染场地的数据收集，再进行妥善分析。针对特定的污染场地进行详细的数据收集，需要了解该场地的过往历史与未来使用用途（如住宅用地、公共用地与工商业用地等），区域范围内的水文地质情况（如地下水的流向和流速，渗流区与含水层的渗透性等），了解场地基本状况资料，以及数据收集的准确程度是做出可信风险评价结果的关键。

对于具体某一污染场地而言，需要收集汇总的数据[170~179]如表 7-1 所示，也可以根据实际场地情况进行适当的调整。

表 7-1　需要收集的污染场地资料与数据

资料与数据	主要内容
场地背景的相关资料	有关污染场地的利用历史、使用背景、基本现状等；污染场地的整体布局与重点关注点位；场地的基本概况：例如土壤、地表水与地下水等水文地质条件；气象条件、气候等大气特征等
场地污染的相关资料	有关场地详细污染状况的历史、现状等，场地污染程度以及污染物质分布的资料，细分包括污染场地内的土壤、地表水与地下水、空气等
污染物的相关资料	包括划分污染物质类型、判定污染物质种类，以及掌握污染物质的化学与物理特征、污染物质流行病学研究资料与毒理学资料等，可以在此基础上结合场地污染状况等资料构建起场地污染的概念模型
暴露人群的相关资料	即场地范围和周边所涉及到的暴露人群的分布、结构以及生活方式等。调查暴露人群需要格外注重识别出高暴露人群与敏感性人群等重点关注人群。场地高暴露人群是指那些由于其特殊的工作方式或者行为方式，相比一般人更加容易暴露在较高健康风险环境下的人群。敏感性人群是指对污染较为敏感或更易于发生不良反应的人群，主要是指孕妇与哺育期妇女、婴幼儿与儿童、慢性疾病患者与老年人等人群

7.1.1.2　危害鉴定

资料数据的分析贯穿于危害鉴定的整个过程。包括：选取符合场地需要的研究资料与数据并审核其真实性，危害鉴定过程中结合实际情况修订资料内容，以及初步得出危害鉴定结果的确认。

另外，场地风险评价还需要向土地规划部门或场地评估委托方明确场地未来的使用方式与用途以确定场地未来的利用方式。例如污染场地及其周边区域的地下水，如果被附近居民用作生活水源或者农业灌溉水源等用途，还需考虑土壤与地表水污染所造成的地下水影响，重点将地下水视为敏感受体。在确定场地未来使用用途时，一旦未来作为较为敏感的居住用途，就需要着重考虑敏感人群，例如房屋居住人群等。

7.1.2 暴露评估

在污染场地研究中，暴露是指人体与所接触污染场地内的污染物质之间各种形式的接触。而暴露评估是指研究人员定性或定量地评估污染场地污染物的暴露剂量、暴露时间（暴露期）、暴露频率以及暴露方式等暴露环节。

7.1.2.1 暴露途径分析

在分析污染场地的暴露途径中，研究人员需要明确地表述污染物的最大可能暴露情形与暴露浓度，并在此前提下估计接触人体对各种场地污染物质的可能摄入量。暴露途径主要是指各种污染物质从外界环境的污染物质或介质到被人体摄入的各种路径，暴露途径一般包括整个暴露途径链条：源头，场地污染源与污染物质的各种释放方式；过程，人体与污染物质或者受污染介质的接触方式；终点，人体摄入污染场地各种污染物质或者受污染环境介质的多种可能方式。尤其是在场地污染源头与人群接触暴露点位的区域出现不一致时，分析暴露途径还应当考虑场地污染物质的各种介质载体。

污染场地暴露途径分析是指研究人员通过分析污染场地的污染物质从源头迁移到暴露点位的所有形式路径和暴露人群的各种暴露形式，然后构建起一套污染场地源头（包括污染物质的迁移方式）–暴露点位–暴露方式的整个暴露途径体系的接触模型。

7.1.2.2 确定最大合理暴露情形

影响人体暴露的条件非常广泛，主要包括以下影响因素：污染物质的浓度范围、暴露频率与暴露时间的差异、人体摄入速率的快慢、人体体重与平均暴露时间的区别。各个变量都会有其相应特定的值域范围，将各个暴露因素的详细内容[179]归纳在表 7-2 中，以便综合各个变量的情况，客观地进行暴露评价，确定最大暴露情形。

表 7-2　影响人体暴露的因素

暴露因素	主要内容
暴露浓度	通常采取整个场地暴露期时间内污染物质暴露浓度的算术平均值。暴露浓度可以准确反映出整个暴露期时间内的实际暴露情景。在场地暴露期时间内，一旦不同暴露时间段内的污染物质暴露浓度存在较大的波动情况，可以将整个暴露期时间分割成多个细小的时间片段，再分别计算各个细小时间片段内的平均暴露浓度，然后进行计算加和

续表

暴露因素	主要内容
摄取速率	通常根据已有场地统计数据，确定人群对污染物质的摄取速率
暴露频率与暴露期	通常根据污染场地相关人群的实际暴露情景，确定场地相关人群的暴露频率与暴露期。污染场地可以细分，所在工业区域内作业人员的暴露时间，通常需要根据工厂的工作作息制度进行计算。所在商业区与娱乐区的暴露人群具有很大的流动性、不确定性，通常将常住人口作为高暴露人群即为重点评价对象，流动人口应当作为次要评价对象。不同居住区的居民作息规律也可能存在差异，需要根据该场地区域内的实际情况计算暴露期
体重	通常可以采用暴露期时间内人群的平均体重
平均时间	在评价非致癌效应中，场地人群暴露期通常采用平均时间。在评价致癌效应中，场地人群暴露期通常采用的平均时间为暴露人群的平均寿命。虽然暴露期可能很短，但是人群暴露于致癌化学物质可能会引起人体的终生健康效应。对于短期暴露于高剂量致癌物质所引起的致癌效应，通常可以采用与终生暴露于低剂量致癌污染物质所引起的致癌效应相同的假设

7.1.2.3 量化污染物质的浓度

污染场地风险评价中，量化各种污染物质的浓度是指研究人员得出暴露点位污染物质在整个场地暴露期内的平均浓度水平（也称暴露浓度），一般情况下采用污染场地监测数据以及污染物质场地内迁移转化数学模型进行计算。在暴露人群可以直接地接触到被污染的环境介质或者选取人群暴露点位作为监测点位的情况下，可以将所得的监测数据直接用于计算暴露浓度，通常有以下3种计算方法[170~179]：直接检测方法、生物监测方法，以及根据暴露情形假设估计暴露方法（表7-3）。

表7-3 计算暴露浓度的方法

方法	定义与主要内容	
直接检测法	定义	通过检测污染场地在某一时间段内人体所直接接触到的污染物质浓度，获取场地污染物质的“浓度–时间”关系，可以分为实时个体监测方法与被动采样方法
	主要内容	实时个体监测方法通常是指检测场地污染物质以及颗粒物附着等的实时暴露量；被动采样方法通常通过采样监测，可以监测各种地下水与土壤、大气中污染物质等
生物监测法	定义	指监测个体身体中各个组织系统与多器官的病变情况，并监测个体体内的体液与分泌物、体外的排泄物，以及组织系统与多器官的污染物质量，再评估暴露量
	主要内容	可以进行个体历史、现状的污染物质暴露评估，对那些在人体内可以发生富集与积累的污染物质有较好监测效果

续表

<table>
<tr><th>方法</th><th colspan="2">定义与主要内容</th></tr>
<tr><td rowspan="2">根据暴露情形假设估计暴露</td><td>定义</td><td>根据场地内污染物质的释放与分布以及场地暴露人群的特征，评估场地暴露人群的暴露情景，再根据多种暴露情形下获得的污染物质浓度与人群接触污染物质的暴露时间，构建出各暴露途径下场地污染物质暴露浓度与暴露人群之间的相互作用关系</td></tr>
<tr><td>主要内容</td><td>可以采用场地污染物质监测数据、场地数学模型等方法评估污染物质暴露浓度，环境介质载体附着的污染物质浓度即为人群接触污染场地的暴露浓度</td></tr>
</table>

当场地暴露点位与场地监测点位出现不吻合的时候，以及研究人员需要估算场地的历史暴露浓度与预测场地的未来可能暴露浓度的时候，一般可以利用污染物质在场地内的一些迁移、转化数学模型。值得注意的是某些时候，研究人员只能采取数学模型计算的情况（例如受当前现有的分析技术与检测能力的约束，会出现可以确定场地内污染物质实际存在但是又没有方法通过技术手段检测到污染物浓度）。常见的场地污染物质的迁移、转化的数学分析模型很多，覆盖了地下水与地表水的污染物质溶质运移模型以及相应的场地土壤中污染物质溶质运移模型、空气质量模型等。

7.1.2.4 量化人群污染物质的摄入

在污染场地内，人群所摄入场地污染物质的量是指污染物质进入人体血液运往全身各处，刺激各种组织结构与不同身体器官的所有有效剂量。通常情况下，在实际研究中受场地研究分析能力的约束和基于尽可能保守估计原则的考量，量化污染物质摄入量一般会依照内部剂量、潜在剂量或者实用剂量等指标，采取在单位时间和单位体重情况下人体摄入污染物质的数量表述。量化污染物质摄入量一般包括以下 4 种计算方式[179]。

（1）呼吸方式

通过呼吸方式，接触人群所能够摄入的场地污染物质主要包括两种：挥发性气体污染物与可吸入颗粒物附着的物质。通常可以使用潜在剂量方法估算相应的场地污染物质人体摄入量。

计算呼吸方式挥发性气体的摄入量可以由下式表示：

$$\mathrm{Intake}_{(g)}=\frac{D_{\mathrm{potential}}\times \mathrm{ET}\times \mathrm{EF}}{\mathrm{BW}\times \mathrm{AT}}=\frac{C_a\times \mathrm{IR}\times \mathrm{ET}\times \mathrm{EF}\times \mathrm{ED}}{\mathrm{BW}\times \mathrm{AT}} \tag{7-1}$$

计算呼吸方式可吸入颗粒物的摄入量可以由下式表示：

$$\mathrm{Intake}_{(s)}=\frac{D_{\mathrm{potential}}\times \mathrm{ET}\times \mathrm{EF}}{\mathrm{BW}\times \mathrm{AT}}=\frac{C_p\times \mathrm{FP}\times \mathrm{IR}\times \mathrm{ET}\times \mathrm{EF}\times \mathrm{ED}}{\mathrm{BW}\times \mathrm{AT}} \tag{7-2}$$

式中，Intake 为单位时间单位体重的污染物摄入量（mg/kg/d）；C_a 为空气中挥发性气体浓度（mg/m^3）；IR 为摄入速率（m^3/h）；ET 为暴露时间（h/d）；EF 为暴露频率（d/a）；ED 为暴露期（a）；BW 为人群的平均体重（kg）；C_p 为空气中可吸入颗粒物浓度（kg/m^3）；FP 为可吸入颗粒物中污染物质的含量（mg/kg）；AT 为平均暴露时间（d）。

（2）饮食方式

通过饮食方式，接触人群所能够摄入的场地污染物质主要包括两种：饮水方式与食物方式。通常可以使用内部剂量方法估算相应的场地污染物质人体摄入量。

计算饮水方式污染物质摄入量可以由下式表示：

$$\text{Intake}_{(\text{L})}=\frac{D_{\text{internal}}\times\text{EF}}{\text{BW}\times\text{AT}}=\frac{C_w\times\text{IR}\times\text{ABS}_{\text{gi}}\times\text{EF}\times\text{ED}}{\text{BW}\times\text{AT}} \tag{7-3}$$

计算通过食物方式摄入污染物质的摄入量可以由下式表示：

$$\text{Intake}_{(\text{f})}=\frac{D_{\text{internal}}\times\text{EF}}{\text{BW}\times\text{AT}}=\frac{C_F\times\text{IR}\times\text{FI}\times\text{ABS}_{\text{gi}}\times\text{EF}\times\text{ED}}{\text{BW}\times\text{AT}} \tag{7-4}$$

式中，C_w 为水中污染物质的浓度（mg/L）；C_F 为食物中污染物质的含量（mg/kg）；FI 为总食物中污染食物的比例；IR 为摄取速率（水：L/d；食物：kg/meal）；ABS_{gi}为胃肠吸收因子；EF 为暴露频率（水：d/a；食物：meal/a）；其他参数含义同前。

（3）皮肤接触方式

通过皮肤接触方式，接触人群所能够摄入的场地污染物质主要包括 3 种：皮肤接触污染水体方式、皮肤接触污染土壤方式，以及皮肤接触污染空气方式等，通常可以使用内部剂量方法（吸收剂量方法）估算相应的场地污染物质人体摄入量。

计算通过皮肤接触污染水体方式摄入污染物质的摄入量可以由下式表示：

$$\text{AbsorbedDose}_{(\text{L})}=\frac{D_{\text{internal}}\times\text{ET}\times\text{EF}\times\text{CF}}{\text{BW}\times\text{AT}}=\frac{K_p^w\times C_w\times\text{SA}\times\text{ET}\times\text{EF}\times\text{ED}\times\text{CF}}{\text{BW}\times\text{AT}} \tag{7-5}$$

计算通过皮肤接触污染土壤方式摄入污染物质的摄入量可以由下式表示：

$$\text{AbsorbedDose}_{(\text{s})}=\frac{D_{\text{internal}}\times\text{EF}\times\text{CF}}{\text{BW}\times\text{AT}}=\frac{C_S\times F_{\text{adh}}\times\text{SA}\times\text{ABS}\times\text{EF}\times\text{ED}\times\text{CF}}{\text{BW}\times\text{AT}} \tag{7-6}$$

计算通过皮肤接触污染空气方式摄入污染物质的摄入量可以由下式表示：

$$\text{AbsorbedDose}_{(\text{g})}=\frac{D_{\text{internal}}\times\text{ET}\times\text{EF}}{\text{BW}\times\text{AT}}=\frac{K_p^a\times C_a\times\text{SA}\times\text{ET}\times\text{EF}\times\text{ED}}{\text{BW}\times\text{AT}} \tag{7-7}$$

式中，AbsorbedDose 为单位时间单位体重皮肤所吸收污染物质的质量（mg/kg/d）；K_p^w，K_p^a为与水和空气接触时污染物质在皮肤中的渗透系数（cm/h）；C_S 为土壤中污染物质的浓度（mg/kg）；ABS 为皮肤对污染物质的吸收因子；SA 为与污染水体、土壤和空气接触的皮肤表面积（cm^2）；F_{adh} 为土壤对皮肤的黏附系数（mg/cm^2）；CF 为单位转换因子（水：$1L/1000cm^3$；土壤：10^{-6} kg/mg）；EF 为暴露频率（水：d/a；土壤：events/a）；其他参数含义同前。

（4）按生长期计算污染物质摄入量

考虑到人体所在不同生长期内的实际差异，其呼吸空气量、每日饮水量、皮肤接触面积与体重指数等存在较大差异，针对某一污染物质的摄入量也会随之存在较大差别，所以依据生长期划分各个不同阶段可以更加准确地计算污染物质的摄入量。人群的生长期大致可以分为 5 个阶段：婴儿期、儿童期、少年期、成年期与老年期等。按照上述计算各种方式摄入量的方法，各个不同的生长期可以依据不同的参数值（例如，计算婴儿期的摄入量如式（7-8）所述，计算其他 4 个生长期的污染物质摄入量与婴儿期类似，调整参数即可计算），不同的摄入方式（呼吸、饮食与皮肤接触等），对各个生长期的摄入量计算方法作相应的变化即可。

$$\mathrm{Intake_{in}}=\frac{C_{in}\times \mathrm{IR_{in}}\times \mathrm{EF_{in}}\times \mathrm{ED_{in}}}{\mathrm{BW_{in}}\times \mathrm{AT}} \tag{7-8}$$

式中，$\mathrm{Intake_{in}}$为婴儿期的污染物质摄入量（mg/kg/d）；C_{in}为婴儿期内污染物质浓度；$\mathrm{IR_{in}}$为婴儿期人体摄入受污染介质（如空气、水等）的速率，通常以单位时间的摄入量表示；$\mathrm{EF_{in}}$为婴儿期的暴露频率（d/a）；$\mathrm{ED_{in}}$为暴露期（即婴儿期）（a）；$\mathrm{BW_{in}}$为婴儿的平均体重（kg）；AT 为平均时间，指计算平均暴露的时间（d）。

7.1.3 毒性评估

毒性评估主要是指通过各种方法对污染物质的毒性开展定量性评估，构建起污染物质暴露剂量与暴露人群之间接触后出现负面健康影响或者不良健康效应出现比率的相互关系。进行该项评估的核心内容分别为确定剂量-反应关系、反应强度、作用机理等。

直接从毒性病理学或流行病学研究调查中得到的资料是污染物质最可靠的剂量-反应关系数据。然而在许多实际情况下，无法获取与剂量-反应关系相对应的人群暴露完整性资料，尤其是那些危害作用未明、范围广泛、剂量低小、暴露时间长、暴露人群相对复杂的污染物质。由于无法直接对人体进行相关的试验，所以动物试验就成为污染物质剂量-反应关系评估的重要手段。利用动物试验可以得到污染物质剂量-反应关系，再根据相关的类比模式外推到人体，就可以得出近似的人类剂量–反应关系。

根据污染物质对人类的致癌性与非致癌性效应，可以将剂量–反应关系的评估分为致癌性与非致癌性剂量–反应评估。

7.1.3.1 致癌毒性评估

致癌毒性效应的毒性评估主要包含两个步骤：第一步依照各种化学物质的致癌性，对其进行分类判定；第二步是针对各种化学物质的已有或者类推剂量–反应关系进行定性与定量分析，并制定其致癌风险的评估标准。

（1）致癌性分类

美国国家环保署把化学物质的相关致癌性划分为 5 类，即分为 A、B、C、D、E 五类依次渐小的致癌性。

其中，A 类物质表示是已经研究明确的，属于导致人类癌症的人类致癌物，目前已经有充分的毒理学研究或流行病学研究资料来表述暴露剂量与人类发生癌症之间的因果关系。B 类即可能性较大的人类致癌物，其中那些毒理学研究或流行病学研究资料所得出的人类致癌证据显示为介于“充分”至“不充分”之间的物质，又可以继续详细划分为 Bl 与 B2 两类物质，这里的 B1 类物质是指只具有有限的人类致癌证据表明这些物质具有人类致癌性，相比之下 B2 类物质是指虽然目前动物的试验研究等可以提供充分的致癌证据但是人类致癌证据不存在或不充分的化学物质。

在一定程度上，A、B 类化学物质均可以表述为具有较大可能性的致癌物质。C、D、E 类表示为致癌性有限或者不充分的化学物质。C 类是指具有一定可能的人类致癌物质，即为那些具有有限的动物致癌证据但是尚无人类致癌证据的化学物质。D 类是指那些动物致癌数据或者证据不充分的化学物质。而 E 类是指那些做过至少两种以上动物致癌性试验或者现有的毒理学研究与流行病学研究，都没有发现致癌证据的化学物质。

（2）致癌风险的估算标准

致癌物质根据致癌性，主要分为基因致癌物质与非基因致癌物质。评价污染物质致癌风险的标准再细分，主要有 3 种标准：斜率因子法（SF）、单位风险法、参考剂量（RfD）/参考浓度（RfC）法。

基因致癌物质对应于斜率因子法（SF）、单位风险法。在较低水平剂量的暴露情形下，通常基因致癌物质的剂量–反应关系会表现出比较明显的线性相关关系，因此研究人员可以根据斜率因子法估算与评价某些污染物质的致癌风险。与此不同，单位风险法是指用于表示人体摄入某一单位浓度污染物质所诱发健康风险的方法，例如通过饮水途径所产生的单位风险可以表示为：日饮水量与斜率因子之积，除以平均体重；通过呼吸途径所产生的单位风险可以表示为：日呼吸量与斜率之积，除以平均体重。

然而，非基因致癌物质的剂量-反应关系与基因致癌物质恰恰相反，通常表现出非线性关系，可以采取参考剂量（RfD）/参考浓度（RfC）法估算与评价致癌风险。

7.1.3.2　非致癌毒性评估

通常情况下，研究认为有关化学物质的非致癌毒性一般存在着明显的阈值现象，也就是说暴露剂量一旦小于某一特定剂量时，通常情况下对人体是不会出现负面健康效应或者不良健康反应。评估非致癌毒性也就是估计污染物质的致毒阈值，并依靠致毒阈值制定评估或估算非致癌风险的标准建议值（RfV，Reference Value，又称参考值）。

通常非致癌毒性效应阈值有三种主要的表征方法：基准剂量（Bench Mark Dose，BMD）、观察到发生有害作用的最低剂量（Lowest Observed Adverse Effect Level，LOAEL）以及没有观察到发生有害作用的剂量（No Observed Adverse Effect Level，NOAEL）。BMD 是指发生某一效应水平（即导致某一负面效应或不良健康反应的发生比例，一般是 1%~10%）的有效剂量；LOAEL 是指可观察到负面效应或不良健康反应的化学物质的最低剂量；而 NOAEL 是指不能观察到负面效应或不良健康反应的化学物质的最高剂量。

标准建议值（RfV，又称参考值）是指依照暴露时间与暴露途径所做出的预期，即对暴露人群的终生时间范围内不会产生负面效应或不良健康反应的化学物质暴露剂量，可以根据 NOAEL/LOAEL、BMD 等通过不确定性因子的修正得出。根据人体所摄入污染物质的方式，参考剂量（RfD，reference Dose）还可以划分为：经过皮肤接触方式的参考剂量（RfDd，dermal RfD）、经过呼吸摄入方式的参考浓度（RfC，Reference Concentration）以及经口摄入方式的参考剂量（RfDo，oral RfD）。另外，依照不同暴露时间的大小差异，参考值还可以分为 4 类：慢性、长期、短期、急性等参考值。慢性暴露主要是指暴露时间较长，一般情况下大于所在地人均寿命的 10% 以上的暴露水平（例如人均寿命假设是 70a，则慢性暴露时间超过 7a）；短于慢性参考值，长期暴露时间则表示为 30d 到所在地人均寿命的 10% 之间（例如人均寿命为 70a，则长期暴露时间为 30d ~ 7a）；短期暴露时间通常范围为 24h ~ 30d 不等；相比之下，急性暴露时间较短，通常小于 24h。

7.1.4　风险表征

风险表征是场地健康风险评价的最后一步，也就是在危害鉴定、暴露评估、剂量-反应评估（毒性评估）的基础上计算出人体健康风险的大小程度，描述出风险评价过程，并进行不确定性分析。污染场地的人群健康风险评价与广义上的人群健康风险评价在评价程度上稍微存在不同，其主要是用于某一具体的污染场地评价，评价的健康风险即为该场地能够直接作用于人群健康的危险，即为叠加风险。

7.1.4.1 叠加风险

污染场地的相关责任主体需要对其本身造成的场地污染承担责任，然而具体到某一场地其实际情况往往较为复杂，通常该场地周边还会有其他污染场地，这导致了目标研究场地周边可能出现多个不同的污染源。因此，土壤、地下水等相关环境介质很大程度上受到污染影响来源于多个污染场地的共同叠加作用，所以需要据此划分各个相关污染场地各个责任主体的责任范围，避免在环境执法过程中出现责任难以划分的困难。采用“叠加风险”方法可以较好的解决多个污染源的风险比例结构与责任大小划分难题，叠加风险是分别计算各个相关场地所共同引发的人群健康风险，它包括了叠加在附近其他场地与场地背景所造成的健康风险之上的总体健康风险。叠加风险在计算时可以分为如下两种情形。

1）在采用实际的污染场地监测数据评价场地人体健康风险的时候，能够使用实际监测到的场地环境介质浓度减掉场地环境的背景值浓度，减后得到浓度差值即可用作计算人体的污染物质摄入量。对于场地地下水介质，可以采取场地地下水的污染物实际监测浓度减掉地下水上游的监测浓度（在无其他污染情况下，即背景浓度）；对于场地土壤介质，可以使用受污染土壤的实际监测浓度减去场地附近土壤监测的浓度（在无其他污染情况下，即背景浓度）；对于场地上部空气介质，可以采取场地上部的大气污染物实际监测浓度减去场地外围全年主导风向上的上游的大气监测浓度或者背景浓度。

2）在依据场地数学模型所预测的污染物浓度来评价污染场地未来人体健康风险的时候，同样需要进行简单的数据处理，即污染物质在环境介质中的浓度应该采用初始的监测浓度减掉场地外侧背景浓度或者上游方向的浓度。

在通过上述两类的基本数据处理之后，所评价的污染场地健康风险就是该研究场地的叠加风险（也称实际风险）。

7.1.4.2 风险估算

研究污染场地的人体健康风险主要是指研究致癌风险与非致癌风险，表征健康风险通常使用 3 类方法：场地污染物质健康风险、场地暴露途径累积健康风险，以及场地综合健康风险。其中，场地污染物质健康风险是指人体接触各个暴露途径中各个污染物质带来的人体健康风险。而场地暴露途径累积健康风险是指人体接触某个暴露途径中各个污染物质带来的人体健康风险总和。相比之下，场地综合健康风险是指人体接触所有暴露途径中所有场地污染物质对同一场地暴露人群的总人体健康风险。

（1）致癌风险

依照污染场地人体健康风险的表征方法，可以将场地人体致癌风险表述为场地污染物质致癌风险、场地暴露途径累积致癌风险、场地暴露途径同种污染物质累积致癌风险与场地综合致癌风险等。

污染物质致癌风险：

$$\text{当 Risk}<0.01\text{ 时，Risk}=\text{CDI}\times\text{SF} \tag{7-9}$$

$$\text{当 Risk}>0.01\text{ 时，Risk}=1-\exp(-\text{CDI}\times\text{SF}) \tag{7-10}$$

式中，Risk 为致癌风险，表示人群癌症发生的概率，通常以一定数量人口出现癌症患者的个体数表示；CDI 为人体终生暴露于致癌物质的单位体重平均日污染物质摄入量（mg/kg/d）；SF 为斜率因子 [(mg/kg/d)$^{-1}$]。

暴露途径累积致癌风险：

$$\text{Risk}_T = \sum \text{Risk}_i \tag{7-11}$$

式中，Risk_i 为 i 物质的致癌风险。

暴露途径同种污染物累积致癌风险：

$$\text{Risk}_T^A = \sum_{i=1}^{n} \text{Risk}_i^A \tag{7-12}$$

式中，Risk_i^A 为暴露方式或途径 i 下 A 物质的致癌风险。

综合致癌风险：即同一暴露人群接触各个暴露途径所累积得致癌风险总和。

（2）非致癌风险

通常将场地人体非致癌健康风险采用场地污染物质非致癌危害指数、场地暴露途径累积非致癌危害指数、场地暴露途径同种污染物质累积非致癌危害指数与场地综合非致癌危害指数等表示。

污染物质的非致癌危害指数：

$$\text{HQ} = \text{Intake or AbsorbedDose/RfD} \tag{7-13}$$

暴露途径的累积非致癌危害指数：

$$\text{HI} = \sum \text{HQ}_i \tag{7-14}$$

暴露途径同种污染物质累积非致癌危害指数：

$$\text{HI}_T^A = \sum_{i=1}^{n} \text{HQ}_i^A \tag{7-15}$$

式中，HQ_i^A 为暴露方式或途径 i 下 A 污染物的非致癌危害系数。

综合非致癌危害指数：为同一暴露人群各种暴露途径累积非致癌危害指数之和。

（3）按生长期估算风险

考虑到人体在所处的各个生长期阶段对于某同一种污染物质的生理反应通常会表现出很大的差异，对人体所导致的健康危害程度也有很大的差异，所以依据不同阶段的生长期对健康风险进行计算可以更加精确地表征健康风险。例如污染场地暴露人群中的一些个体包括多个不同的生长期暴露阶段，那么可以按照不同生长期进行风险计算。其计算方式为，对于各个不同生长期污染物质的摄入量进行计算，而且对于各个不同的生长期还需要选取不同的参考值。

单一污染物质的致癌风险可如下表示：

$$\text{当 Risk} < 0.01 \text{ 时，Risk} = \sum_{LS} (\text{Intake})_{LS} \times SF_{LS} \tag{7-16}$$

$$\text{当 Risk} > 0.01 \text{ 时，Risk} = 1 - \exp\left[-\sum_{LS} (\text{Intake})_{LS} \times SF_{LS}\right] \tag{7-17}$$

单一污染物质的非致癌危害指数可以如下表示：

$$HQ = \sum_{LS} \text{Intake}_{LS} / RfD_{LS} \tag{7-18}$$

式中，Intake_{LS}为不同生长期污染物质的摄入量（mg/kg/d）；SF_{LS}为不同生长期的致癌斜率因子；RfD_{LS}为不同生长期的非致癌参考剂量。

计算得到场地各个污染物质的人体健康风险后，就可以分别计算场地暴露途径的场地累积人体健康风险与场地综合人体健康风险。

依据生长期计算场地人体健康风险可以相对精确地表征场地健康风险，然而考虑到大部分污染物质的毒理学与流行病学资料数据存在不足，不能取得详细的人体不同生长期内各种污染物质的致癌斜率因子与非致癌参考值，所以在污染场地实际的人体健康风险评价中大多数情况下采用前两小部分所列举的方法，应用后一种方法还不是很成熟。

（4）不确定性分析

对污染场地人体健康风险评价中的不确定性进行分析，是污染场地风险决策过程中不可或缺的一个重要步骤，做出风险决策的人员不但需要关注场地人体健康风险的大小程度，还应该关注场地人体健康风险评价其本身的可靠性。这些不确定性来源广泛，存在于污染场地健康风险评价中的各个阶段，在危害鉴定的资料数据获取过程中，从采样、储存、运输、处理到测试样品，以及对历史资料数据的分析筛选等过程，都可能存在不足之处；对土壤与水文地质、气象等条件下的环境介质背景浓度以及污染物质作用毒性等的认识也可能存在不足；选取场地人体风险评价模型与获取该评价模型参数，以及一定程度上风险评价模型本身都可能存在着内在的不确定性，这些都可能会对最后的评价结果产生一定的不良影响。

实际评估之中，研究人员通常采取制度控制、具有针对性的预防措施等尽可能减少不确定因素以及影响，另外还会采用一些研究方法进行不确定性分析。一般来说，分析健康风险评价中不确定性的方法主要分为定性与定量的分析方法。定性分析法是研究人员概括描述出健康风险评估中不确定性的可能来源、特征以及范围等，然后再进行分析或补充修正。具有代表性的定性分析方法是专家意见法（expert elicitation），即构建相关专家团队讨论健康风险评价过程，表述不同领域内出现不确定的意见，再综合各位专家的意见进行分析以形成结论。不确定性定量分析方法是指利用定量的形式显示健康风险评估中的不确定性。具有代表性的定量分析方法包括蒙特卡罗法（Monte Carlo Analysis，MCA）、敏感性分析法（Sensitivity Analysis Method）等分析方法。虽然蒙特卡罗法是使用概率统计方法，可以更好地表征风险与暴露评价，但是这种方法会将评价过程变得异常复杂，并且它本身也存在着一定的不确定性。敏感性分析法是指从许多不确定性因素中寻找对场地人体健康风险评价具有重要影响的各种敏感性因素，并分析、测算其对人体健康风险评价的影响程度与敏感性程度，进而判断风险不确定性大小的分析方法。

7.2 生态风险评价

7.2.1 生态风险评价内涵

生态风险是根据受体对象进行的风险划分，即生态风险是生态系统及其组分所承受的风险。自工业革命以来，经济高速增长、人口膨胀、城市化和工业化进程引发各类生态风险问题和突发性事故，对生态环境造成难以估量的损失。因此有效评估生态系统发生的危险，或将发生风险可能性降到最低，对环境管理决策及生态环境保护具有重要作用。

生态风险评价研究工作起步于20世纪80年代，是在人体健康评价上发展而来，目前，我国经济快速发展，生态系统安全问题尤为突出。生态风险评价与生态风险管理研究亟需加强和完善。

生态风险评价（ecological risk assessment，ERA）[180]是以生物学、化学、毒理学、生态学、环境学等学科为理论基础，利用数学、计算机等技术手段，预测及评价具有不确定性的事故对生态系统及其组分可能造成不利后果的生态效应，其目的最终表现为为风险管理决策提供支持。1992年美国国家环保署将其定义为“评价因暴露于一个或多个胁迫性刺激而发生不利生态效应的风险”。生态风险评价从关注人类到生态系统，对环境整治、自然保护和生物多样性保护等具有重要意义。

7.2.2 生态风险评价步骤

生态风险评价一般参照美国国家环保署提出的生态风险评价“三步法”(图7-2)，即问题形成、分析和风险表征。一般认为生态风险评价包括四个部分：危害评价、暴露评价、受体分析和风险表征。也有学者将其分为五个部分：源分析、受体评价、暴露评价、危害评价和风险表征。本书参考已有研究[181-185]，将其分为五部分，内容如下。

(1) 源分析

源分析是为了了解建设项目中产生的污染物进入水体的方式及毒性。需要收集的资料包括不同工艺过程中废水毒性数据、污染物的理化特征等，源分析需要对废水组成、毒性特征、理化性质等做出明确阐述。

生态风险源分析是对可能影响生态系统的风险源进行定量化和结构化的辨识，即分析风险源的数量、组成、结构、分布、特征、类型等，是生态风险评价的基础。由于风险源会随时间而变化，所以源分析也是一个动态过程，随生态系统变化而变化。

(2) 受体评价

受体即风险承受者，指可能受到来自风险源影响的生态类型。生态风险评价的代表受体是那些对风险因子的作用较为敏感或在生态过程中具有重要作用的生态系统，一个区域内生态类型多种多样，可以根据区域特征、评价目标选择一种或多种生态类型作为风险受体。

受体分析的另一目标确定评价终点是生态风险评价中相当关键的一个步骤。评价终点指选择什么指标来表征干扰对受体的危害，这些指标可以是生物个体的死亡、种群的丰度、作物的产量、生物多样性、生态系统的稳定性、景观的破碎化等。根据受体特征和管理目标选择的评价终点必须是可测度的，它们能定量反映受体受到干扰后可能出现的损害情况。水环境受体评价的目的包括生物与非生物的特征。非生物特征采用环评方法，生物特征包括群落结构与功能的调查，生物群落分析包括结构分析与功能分析。

(3) 暴露评价

水环境暴露评价是研究污染物进入水体后的迁移、转化以及对受体发生作用过程的评价，一般采用数学或物理学模型来表征，暴露评价的内容包括迁移过程分析、转化归宿分析，暴露途径分析、暴露方式与程度分析。

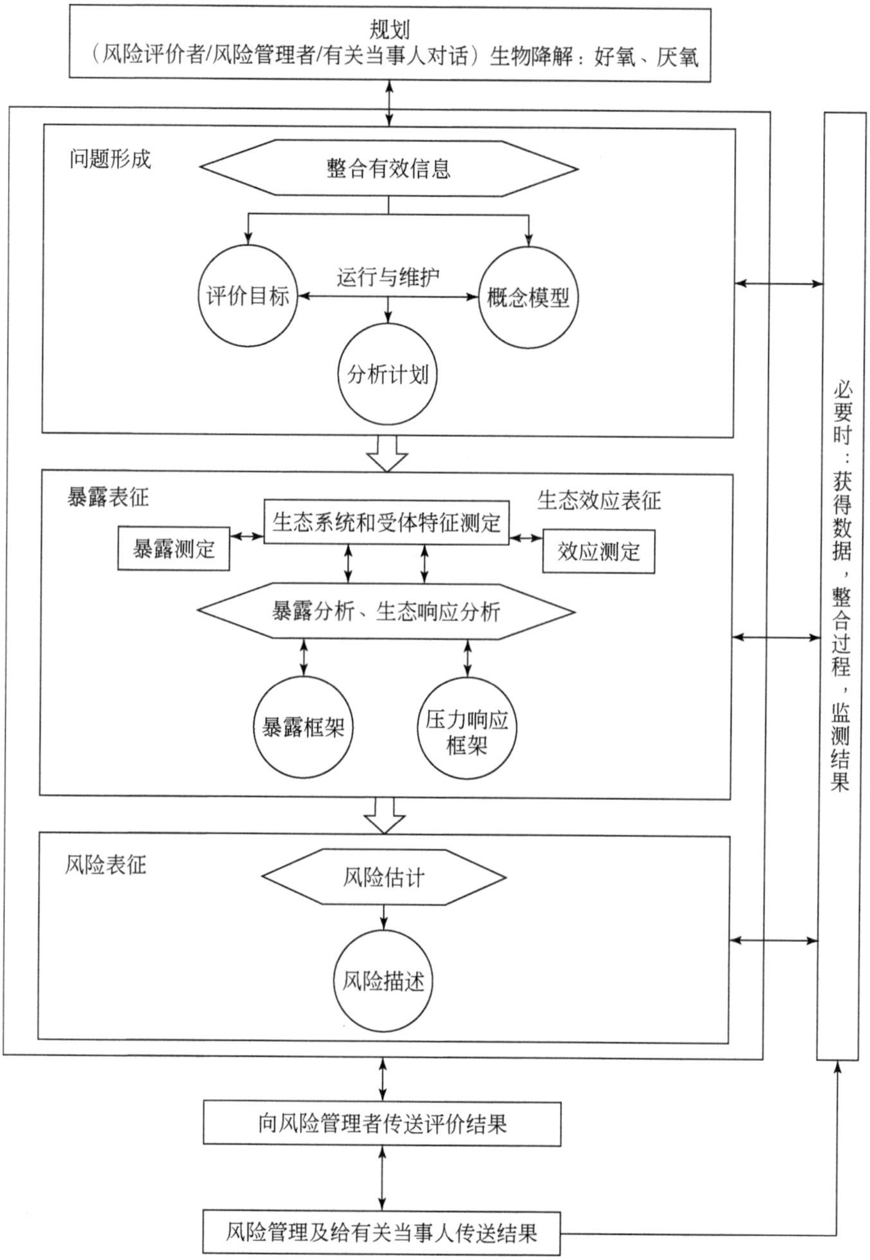

图 7-2 美国国家环保署生态风险评价流程

(4) 危害评价

危害评价是生态风险评价的核心，危害评价目的是确定风险受体的损害程度，它应追溯以下问题：①生态完整性是否受到威胁；②生态危害的属性及强度；③生态恢复的时间尺度；④干扰与观察到的生态危害有何联系。

(5) 风险表征

风险表征是估算各种暴露条件下对可能受体造成不利影响的概率事件的过程，是生态风险评价的最后阶段。它把源分析、受体分析、暴露评价、危害评价的内容结合起来，提供有关风险本质和范围的所有资料的综合研究结果，供风险管理者做出环境决策。

生态风险表征要确定以下方面内容：有害影响出现的可能性或概率；某种影响的形式和时间特征（短时、可恢复、永久）；某种影响的程度；受影响的受体数量或栖息地。

风险评价包含不确定性的成分，因此将不确定分子作为风险表征必须述及的内容，不确定性主要来自于：可变性参数的估算；数量的真实值，包括数量、位置或出现的次数；数据差异；模型的开发和应用，包括过程模型结构和经验模型中变量间关系。不确定性的存在不会使风险评价无效或者不能进行风险决策，只有承认不确定性的存在，才能使评价结果更可靠。

7.2.3 生态风险评价方法

生态风险评价的类型划分有 3 种方式：一是根据风险源的性质，划分为化学污染类风险源生态风险评价、生态事件（生物工程或生态入侵）类生态风险源以及其他复合风险源类生态风险评价；二是根据风险源数量，划分为单一风险源生态风险评价、多风险源生态风险评价；三是根据风险受体数量与空间尺度，划分为单一物种受体生态风险评价、小范围生态风险评价、多物种受体区域生态风险评价。本节主要根据风险源性质来介绍不同生态风险评价方法。

7.2.3.1 化学污染类风险源生态风险评价方法

(1) 熵值法

熵（risk quotient，RQ）主要是指环境中污染物的测量浓度（MEC）与预测的无效应浓度（PNEC）之间的比值，被用来评估目标生物的生态风险。PNEC 值的估算是根据毒理学的相关浓度（LC_{50}或 EC_{50}）与安全系数（f）的比值。风险熵的计算公式为

$$RQ=\frac{MEC}{PNEC}=\frac{MEC}{\frac{E（L）C_{50}}{f}} \tag{7-19}$$

根据风险熵值，将生态风险水平划分为 4 个标准见表 7-4。

表 7-4　根据风险熵值对生态风险划分的 4 个标准

RQ（熵）	生态风险程度
RQ<1.00	无显著风险
1.00≤RQ<10.0	较小的潜在负效应
10.0≤RQ<100	显著的潜在负效应
RQ≥100	预期的潜在负效应

风险熵法可以确定污染物是否有风险并且明确其生态风险高低，适宜于水环境中低浓度污染物的生态风险评价，缺点是不能确定风险等级及危害概率。此方法较简单，实验费用低，适合单个化合物的毒理效应评估。

（2）地质累计指数法

该方法在熵值法基础上发展起来，是德国海德堡大学研究河底沉积物中重金属元素提出的计算沉积物重金属元素污染程度的一种方法，地质累计指数法通过测定环境样品浓度值与背景浓度值之比得出风险程度判断，表达式为

$$I_{geo}=\log_2\left|\frac{C_n}{k\times BE_n}\right| \tag{7-20}$$

式中，I_{geo}为地质累计指数；C_n为样品中元素 n 的浓度；BE_n为环境背景浓度值；k 为考虑各地岩石差异或成岩作用可能引起环境背景值的变动而选取的修正指数，用来表征沉积特性、岩石地质及其他影响。

地质累计指数法不仅考虑人为污染因素和环境地球化学作用对背景值的影响，还考虑了自然成岩作用引起的环境值变动，弥补了其他评价方法的不足。

（3）Hakanson 潜在生态风险指数法

Hakanson 潜在生态风险指数法是瑞典科学家 HAKANSON 于 1980 年提出的一种生态风险评价方法。这是目前较为常用的评价沉积物中重金属污染程度的方法之一，该方法的重点之一是可以确定重金属的毒性系数，还考虑了沉积物中污染物的毒性及其在沉积物中普遍的迁移转化规律，通过污染物总量分析与区域背景值进行比较，消除了区域差异及异源污染的影响。

计算公式为

$$E_r^i=T_r^i\times C_f^i \tag{7-21}$$

$$C_d=\sum C_f^i \tag{7-22}$$

综合潜在生态风险指数（RI 值）由单个污染物的潜在生态风险参数E_r^i之和组成，计算公式为

$$RI = \sum E_r^i = \sum T_r^i C_f^i \tag{7-23}$$

式中，E_r^i表示沉积物中单个污染物的潜在生态风险参数；T_r^i表示某一污染物质的毒性；C_f^i反映了不同污染物的毒性水平和生物对不同污染物的敏感程度，揭示了单个污染物对人体和水生生态系统的危害；C_f为某一污染物的污染参数，为全球工业化前沉积物中污染物含量和表层沉积物中污染物含量实测值 C_i的比值；C_d为多种污染物的综合污染指数。RI 的风险水平划分标准见表 7-5。

表 7-5　RI 的风险水平划分标准

E_r^i	RI	潜在生态风险的程度
E_r^i<10	RI<30	低生态风险
10≤E_r^i<20	30≤RI<60	中生态风险
20≤E_r^i<40	60≤RI<120	较高生态风险
40≤E_r^i<80	RI≥120	高生态危险
E_r^i≥80	—	极高生态危险

利用 Hakanson 潜在生态风险指数法计算得到的结果不仅可以反映出单一重金属元素污染对环境造成的影响，而且能够反映出多种重金属并存时对环境造成的综合影响，并将重金属生态效应、环境效应与毒理学联系在一起，对潜在的生态危害进行评价。

（4）物种敏感度分布曲线法

物种敏感度分布曲线法（species sensitivity distribution，SSD）假设不同门类的生物由于生活史、生理构造、行为特征等不同而对污染物的毒性效应响应符合一定概率函数，该方法将筛选出的种平均毒性数据由大到小排列并设定相应的序数 R，根据序数计算出累计概率 P［$P=R/(N+1)$，N 为种平均毒性数据总数］。然后将累计概率 P 和种平均毒性数据对数据拟合出累计概率分布函数，即得物种敏感度分布曲线。通过软件选择最佳拟合模型后推算出累计概率为 5% 的毒性值，保护 95% 以上的物种不受污染物影响的 HC_5值。该方法由于模型选择没有定论，拟合模型受限于统计知识，降低了数据信息丰富度。

为了弥补 SSD 法的不足，Gottschalk 和 Nowack 提出了概率物种敏感度分布法（probabilistic species sensitivity distribution，PSSD），该方法将定量的毒性值转化为概率信息，采用概率密度函数以均等概率来考虑种内差异，得到的基准值能给予生物更全面合理的保护。

SSD 法和 PSSD 法一般用急性数据推导短期危害浓度（short term hazardous concentration，$STHC_5$），用慢性毒性数据推导长期危害浓度（long term hazardous concentration，$LTHC_5$）。由慢性数据计算长期危害浓度的公式为

$$LTHC_5 = HC_{5,\text{急性}}/FACR \tag{7-24}$$

FACR（final acute chronic ratio）为最终急慢性比率，即所获各物种急慢性比率几何均值，以水生生物为例，计算 FACR 需获得至少 3 个科的水生生物 ACR（急慢性比率，acute chronic ratio），其中至少一种为鱼类，至少一种是无脊椎动物，至少一种是急性敏感淡水物种[186]。

7.2.3.2 生态事件类风险源生态风险评价方法

评价由外来物种入侵导致的生态风险时，不仅要评述有关外来物种定居特性（包括在起源地的分布范围、生活史、繁殖率等）、传播特性（包括运动能力、繁殖特征、检测难易）等，由此判断风险性或计算风险概率。

（1）生物入侵生态风险评价

对物种入侵生态风险评价通常是先通过一系列筛选性问题的答案来判断入侵是否具有重大风险，我国对外来物种入侵的生态风险定性评价研究主要集中在指标体系构建的研究，大多是从传入、定殖、扩散、危害四个角度构建指标。计算入侵风险总值有两种方法，一种是直接对准则层各指标求和，另一种是对准则层各指标值进行连乘。研究者通过对准则层指标分解，界定准则层各指标的数量、权重等，通过指标体系的综合分值来表征风险等级[187]。

对生物入侵生态风险评价的另一种方法是通过利用数学模型归纳或模拟生态位需求。生态位模型法，主要包括机理模型和关联模型，机理模型发主要有 CLMEX 模型法；关联模型研究法有分类回归树法（CART）、生态位因子分析法（ENFA）等。

（2）生物技术引起的生态风险评价

生物技术引起的生态风险主要是应用分子生物学和生化技术进行评价。运用现代生物工程技术对已有生物进行遗传修饰，得到遗传修饰生物体。研究表明，有些转基因生物（genetically modified organism，GMO）进入环境中会对人类健康与环境产生潜在风险[188]。对 GMO 导致的生态风险的评价，主要是实验方法，即通过个体水平实验、种群水平实验、生态系统水平实验等不同评价层次，获得相关信息，作为评价 GMO 已经或可能带来的生态风险的依据。生态系统水平实验中的微宇宙法，是近代发展起来的研究生物种群、群落、生态系统和生物圈水平上的生物效应的一种方法，又被称为模型生态系（Model Ecosystem）法。生物技术生态风险主要是应用微宇宙法进行评价，微宇宙法就是利用可控制和可重复的

实验系统，模拟真实环境，微宇宙法既可以用于污染对生态系统影响的研究，也可以用于自然生态系统的结构和功能的研究[189]。由于其原理是近似模拟被评价的生物体在实际自然条件下的状态，是在可控条件下进行的、因此特别适合于对那些不能轻易进入自然环境中的 GMO 的研究。

7.2.3.3 复合风险源类风险评价方法

随着风险受体扩展到种群、群落、生态系统以及景观水平等更高层次，风险源也逐步涉及到化学、生物、物理等多领域复合风险源（污染源、物种入侵、自然灾害、生境破坏以及干扰生态系统的人为活动等）。

（1）生态损失度指数法

该方法通过风险源发生的概率及造成的损失来估算可能发生的风险，公式为

$$R=P \cdot D \tag{7-25}$$

$$D=\mathrm{YS}_i=E_i \cdot \mathrm{CR}_i \tag{7-26}$$

式中，R 为生态风险；P 为风险源发生概率；D 为风险源可能造成的损失；YS_i为生态损失度指数；E_i为生态指数；CR_i为生态脆弱度指数。

国内应用生态损失指数法进行生态风险研究主要集中于湿地、湖泊、岛屿、流域等生态风险的评价，但是由于这些研究选用指标不同，使得研究结论之间缺乏可比性。

（2）生态梯度风险评价方法

生态梯度风险评价方法（procedure for ecological tiered assessment of risk），简称 PETAR，是由 Moraes 与 Molander 设计的在在背景资料与基本数据短缺情况下分步进行的一种生态梯度评价方法。具体步骤如下所示。

1）在生态功能区域内通过定性评价，初步确定风险源、风险受体、风险源特点、风险源对风险受体可能造成的生态效应；

2）在初步确定的风险源影响范围内，通过半定量评价，确定影响最大的风险源、面临风险最大的生境、最有可能遭受风险源影响的次级区域；

3）在最有可能遭受风险源影响的次级区域，通过定量评价，验证定性评价确定的生态效应是否在特定次级区域及特定生境发生，并且将特定风险源与生态效应一一对应。

生态梯度风险评价方法有 3 个特点：在概念模型构建中加入了对压力的产生、传递、形成风险的因果分析；采用综合方法进行暴露和危害分析；将证据权重分析法运用于因果分析。

（3）相对风险模型法

相对风险模型法（relative risk model，RRM），是由美国学者 Landis 与

Wiegers 在评价原油运输船压舱水处理站对港口 11 个次级区域内 8 类生境的生态风险所构建的一种用于区域生态风险评价的方法。RRM 方法的基本程序如下所示[190,191]。

1）确定评价区域及评价区域的生态环境管理与利益目标。

2）由熟悉评价区域情况的利益相关者，根据生态环境管理和利益目标，选择、确定作为风险受体的生境与评价终点。

3）通过对评价区域生态环境资料的分析，识别区域内的风险源。

4）根据资料与实际测量数据等，分析每种可能风险源的产生地点、压力作用、强度及潜在影响。

5）分析每种可能风险源是通过何种压力作用使生境发生变化的，分析生境变化是通过何种压力作用改变评价终点的。

6）构建 RRM 概念模型。

7）对风险源、生境、暴露系数、危害系数进行评分。

8）根据 RRM 模型的计算公式分别计算风险源、生境、生态终点的相对风险值。

9）对相对风险值进行不确定性分析。

相对风险模型法的计算公式为

$$RS_m = \sum S_{mn} H_{ml} X_{ml} E_{IL} \tag{7-27}$$

式中，RS 为相对风险值；m 为所划分的风险单元序号；n 为风险源种类序号；I 为生境类型序号；L 为生态受体类型序号；RS_m 为第 m 风险单元的相对风险值；S_{mn} 为第 m 风险单元内风险源 n 的丰度等级；H_{ml} 为第 m 风险单元内生境 I 的丰度等级；X_{ml} 为风险源–生境暴露途径的暴露系数；E_{IL} 为生境–生态受体响应路径的响应系数。

RRM 法的一个重要创新就是使用等级打分法，通过设置等级将多种风险源、多压力、多种点较好结合，概念模型中也引入风险源与栖息地、栖息地与评价重点之间暴露、效应“系数（Filter）”。RRM 法进行风险表征时是计算风险源、生境、评价终点，这有利于后续生态风险管理中对重点针对风险源、生境进行治理与修复。

7.2.4 地下水污染风险评价

地下水污染风险最早是在地下水脆弱性基础上不断深化研究发展而来的，不同学者分别给出不同定义，迄今为止，并没有形成统一的定义。国内外学者虽然对地下水污染风险的定义不统一，但大都包含含水层的固有脆弱性和人类活动对地下水系统产生的污染负荷等两方面内容[192-194]。

7.2.4.1 地下水污染风险评价方法

目前地下水污染风险评价还没有一套公认的评价方法，我国从 20 世纪 90 年代开始关于地下水脆弱性评价的研究，基本上形成了在地下水的本质脆弱性评价基础上，增加土地利用因子和污染源负荷等，再叠加地下水价值进行地下水污染评价。国内地下水污染风险指标体系主要在地下水固有的脆弱性、污染荷载和地下水价值这 3 方面基础上建立而成。

(1) 本质脆弱性评价指标体系

目前大多数的地下水脆弱性评价都采用美国 DRASTIC 模型，该模型选取对地下水防污性能影响较大且相对容易取得地下水埋深 D、净补给量 R、土壤介质 S、地形坡度 T、包气带影响 I、水力传导系数 C 等 7 个因子作为评价要素，地下水脆弱性评价综合指数 DI 的表达式为：

$$\mathrm{DI}=D_wD_r+R_wR_r+A_wA_r+S_wS_r+T_wT_r+I_wI_r+C_wC_r \tag{7-28}$$

式中，D_w、R_w、A_w、S_w、T_w、I_w、C_w分别为各因子权重值；D_r、R_r、A_r、S_r、T_r、I_r、C_r分别为各因子分级值。DRASTIC 模型也存在局限性与缺陷，需针对我国各地区的实际情况对 DRASTIC 模型进行改进（国内在 DRASTIC 模型基础上建立了 DRTALGC、DRAMIC 等模型，取得了显著效果）。

(2) 污染荷载评价指标体系

污染荷载评价指标体系由体现污染物和人类活动对地下水污染影响的众多指标组成，主要考虑土地利用类型、人口密度、地下水水质现状、人类活动排放的各种污染物（包括工业废水、生活污水、农用化学品）进入到地下水的量，污染物的毒性等。

(3) 地下水价值指标体系

地下水价值可表征地下水系统的预期损害性。目前地下水价值的评价有两种评价思路，一种是按“开采价值”和“原位价值”来评价；另一种是按“水质”和“水量”来评价。

开采价值体系指标包括人口密度 C_1、人均 GDP C_2、地下水埋深 C_3等，开采价值突出地下水使用性及经济意义；原位价值包括多年平均降水量 C_4、地下水水质 C_5、地下水资源模数 C_6等指标，原位价值主要包括地下水生态与调节价值，维持地下水系统稳定与抗干扰的价值。基于地下水水质与地下水存储量的地下水及质量计算公式为

$$V=G_{\mathrm{Q}}\times G_{\mathrm{S}} \tag{7-29}$$

式中，V 为地下水价值量；G_{Q}为地下水水质状况；G_{S}为地下水储存量。

7.2.4.2 地下水污染风险计算

获取地下水固有脆弱性、污染源负荷以及地下水价值的空间分布后，再采用迭置指数法计算地下水污染风险。

（1）Overlay 叠加法

利用 GIS 技术中 Overlay 工具将地下水脆弱性等图层叠加，然后根据指标的重要性赋予权重，得到地下水污染风险评价分区图，再叠加土地利用类型分布图、地下水开采井影响范围图、特征污染物空间分布图，得到地下水污染风险分布图。

（2）矩阵法

矩阵法是将地下水固有脆弱性图与地下水价值图生成地下水保护紧迫性图，再用污染源灾害分级代替地下水污染概率，将这两个图合并生成地下水污染风险图，具体见表 7-6 所示。

表 7-6 迭置指数法的评价矩阵

（a）地下水价值与脆弱性关系

地下水保护紧迫性		地下水脆弱性		
		低	中	高
地下水价值	高	中	高	高
	中	低	中	高
	低	低	低	中

（b）污染源分级与地下水保护紧迫性关系

地下水污染风险		地下水保护紧迫性		
		低	中	高
污染源分级	高	中	高	高
	中	低	中	高
	低	低	低	中

（3）风险分级体系 HRS 法

该方法主要考虑三方面内容：一是场地或潜在污染物质向环境释放的可能性；二是污染物性质；三是污染物影响的人群或敏感环境目标。指标计算包括：地下水迁移；地表水迁移；土壤暴露；空气迁移，之后利用平方根求取风险分值，计算公式为：

$$S=\sqrt{\frac{S_{gw}^2+S_{sw}^2+S_s^2+S_a^2}{4}} \tag{7-30}$$

式中，S 为场地分值，S_{gw} 为地下水迁移途径得分；S_{sw} 为地表水迁移途径得分；S_s 为土壤暴露途径得分；S_a 为空气迁移途径得分。

（4）指数叠加法

指数叠加法将建立的指标体系用来计算风险指数值，然后对风险指数分级，常用于大区域范围地下水污染风险评价。指数叠加法将地下水防污性能本质脆弱性指数、污染源对地下水施加压力外界胁迫性指数进行加权叠加，得到地下水污染可能性，然后再与地下水价值功能指数叠加获取场地地下水污染风险指数，再利用计算机软件制图与表达。

随着人们对风险理论与方法研究的不断深入，风险评价的准确性将更加获得关注。因此，探索科学合理的地下水风险评价方法将成为该领域今后一项重要研究内容。

7.2.5 生态风险管理

生态风险评价的最终目的在于生态风险管理（ecological risk management，简称 ERM），风险管理主要是根据风险分析和评价结果，结合风险事件承受者的承受能力，按照恰当的法规条例，确定可接受的风险和可接受的损害水平，减少风险和转移风险的措施和行为，以降低或消除该风险，保护生态系统安全。

7.3 基于自然衰减及风险评价的管控策略

7.3.1 自然衰减与风险评价

自然衰减与风险评价结合制定风险管控策略，是当前污染场地管理的先进理念和方式，自然衰减与风险评价的结合，重点关注三方面问题：

7.3.1.1 源区自然消除（NSZD）如何发生？

美国国家环保署在早期（1997 年）自然衰减文件中对源区的管控极为重视，其中指出源区控制是任何监测自然衰减修复的基本工作之一，并建议在所有污染场地都需对污染源区进行评估，且在大部分场地都采取相应的控制措施。以往研究认为，在实施自然衰减之前，污染物高度聚集的污染源区的移除是必要的，在此情形下，源区将不会对自然衰减监测评估造成影响，亦不存在其导致的人体健康和生态风险。

但综合考虑技术和风险，在实际场地工作中，污染源区的有效、合理控制难以实现。在大部分有机污染场地，污染源区中大部分污染物实际上以非水溶相（NAPLs）形式存在，除非采取类似开挖这样的昂贵修复方法将污染源彻底移除，其他修复措施对渗透性较强土壤中可流动的 NAPLs 的修复具有可行性，但对于 NAPLs 残余问题，若污染源区同时为低渗透土壤中时，其他修复措施对此均几乎束手无策。尤其在重非水溶相液体存在于低渗透性含水层中的场地中，污染源区的高效移除十分困难，风险降低必然是一个长期的过程。

前文介绍的自然衰减监测评估主要是针对污染羽，对源区自然衰减[195-200]（source zone natural attenuation，SZNA）关注并不充分。2009 年，ITRC 发布了关于 LNAPLs 的源区自然消除（natural source zone depletion，NSZD）指南指出 NSZD 可能是解决 NAPLs 残余问题的有效方法（图 7-3）。2012 年，SERDP/ESTCP 发布的氯化溶剂源区修复专著中单独撰写一章“氯化溶剂源区自然衰减”。BIOCHLOR（2000 年）和 BIOSCREEN（1996 年）软件均对源区自然衰减予以关注，以经验值或质量通量法估算自然衰减速率和时间（图 7-4），美国国家环保署（2007 年）REMChlor 软件具有模拟源区自然衰减及其预测污染羽变化的功能，近期发布的基质扩散工具包 Matrix Diffusion Toolkit（2012 年）则可模拟基质扩散过程对源区自然衰减的影响。

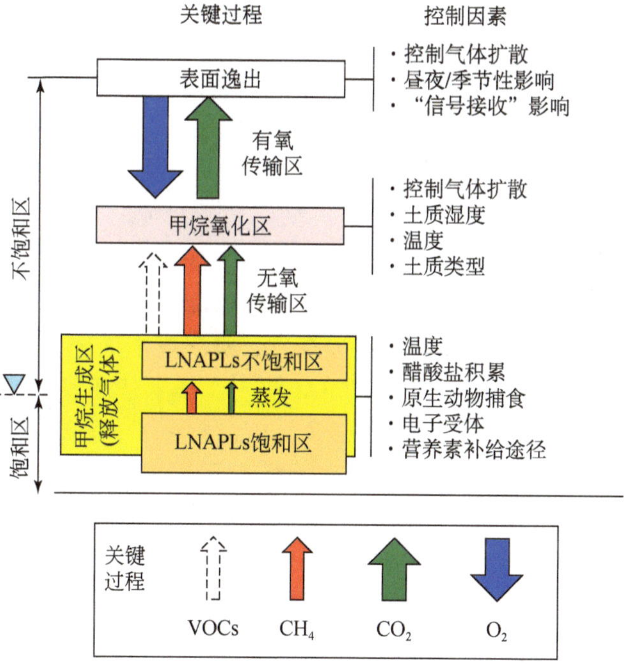

图 7-3　LNAPLs 源区自然消除（NSZD）概念模型
关键过程、控制因素及关键流通气体

亚利桑那州立大学的研究组使用污染物通量评估了源区 LNAPLs 和 DNAPLs 自然衰减的综合方法，并将该方法作为 ESTCP 项目 ER-0705 的一部分，在国防部多个场地示范，研究表明，石油烃污染场地包气带自然衰减明显大于溶解相输入量，然而，氯化溶剂却相反。在技术方法方面，二氧化碳（CO_2）捕集器可监测石油烃污染场地的 LNAPLs 降解速率，该方法设备简便、经济和廉价，可监测

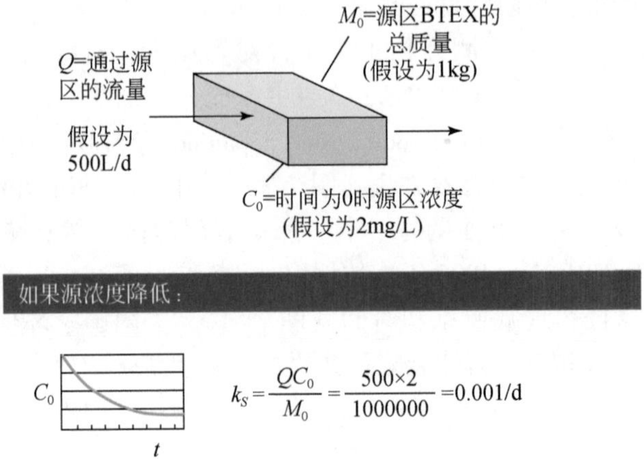

图 7-4　质量通量法估算源区自然衰减

LNAPLs 随着时间的推移的自然损失，非常适合 ITRC 制定的 LNAPLs “源区自然消除”（natural source zone depletion，NSZD）措施的实施。[201-204]

7.3.1.2　自然衰减监测指标、频率及周期如何确定?

监测指标、频率及周期决定着获取信息内容的详细程度，指标越全、频率越高、周期越长，规避风险的可能性越高，但监测成本越高，风险管控的成本却可能越低。如何在有效的风险控制前提下，实现成本最优，是自然衰减是否可持续的关键。目前，一般以风险评价反推一个修复基准值（或称：指导值、目标值等），以此基准值衡量为标准，指导监测指标、频率及周期的确定。普遍认为，当污染场地任何区域的污染高于修复基准值时，必须开展自然衰减，监测指标、频率及周期，需要根据场地污染概念模型、风险概念模型及经费情况确定。

当污染场地不存在高于修复基准值的区域时，观点出现了一些分歧。理想的观点认为：必须结合预测结果，开展长久的自然衰减监测，不断验证预测结果，直至污染完全消失，以确保风险不再发生，但监测指标、频率及周期均可根据预测结果逐渐简化；另一种观点，在实际工作中，在许多污染场地管理过程中，一旦自然衰减监测评估判断污染羽处于缩减或稳定状态，管理者往往选择中止监测评估，其认为地下水的变化在几年的监测过程中已基本查明，场地的污染风险水平基本不可能超过基准值，除非发生意外事故，而意外事故发生概率极少，是可以接受的，因此，场地管理者会认为没有必要增加额外成本开展该项工作，自然衰减工作中止。

以上是比较常见的两种普遍观点，而即使普遍观点一致，关于监测频率这一更细节问题的观点差异也很大，普遍认同的解决方法之一是应用美国空军监测和修复选择系统（MAROS）软件决策出合理方案[205]，其通过评估污染源和污染羽的所有发展趋势，将污染场地自然衰减监测频率分为强（E）、中（M）、低（L）三个监测系统等级，目前大部分自然衰减监测项目都倾向于选择 M 和 L 等级，具体等级划分见表 7-7。

表 7-7 污染场地自然衰减监测频率分级

到达风险受体的时间（TTR）	监测系统的监测频率等级		
	强（E）	中（M）	低（L）
近（TTR<2 年）	每季度一次	每半年一次	每年一次
中（2<TTR<5 年）	半年一次	每年一次	每年一次
远（TTR>5 年）	每年一次	每年一次	两年一次

近些年，ERDP 项目的 ER-1705 部分基于大量统计数据分析开发了一个电子表格工具，基于短期变化和长期预测来确定监测频率，该方法的基本原则是在短期变化较大和源区衰减速率较慢的区域监测较少，随机变化加大的区域则监测频率提高。该方法思路，与美国国家环保署介绍的五年统计分析策略规定相似，其建议在第 1 年和第 5 年，而不是中间年份（如第 2、3、4 年），采用数据统计分析变化趋势。[206,207]

7.3.1.3 污染羽扩展状态如何处理？

理论上，自然衰减可应用于所有状态的污染羽，但实际上相对于稳定和缩减状态，自然衰减应用于扩展污染羽比较困难。从时间维度看，在自然衰减作用下，扩展状态会经稳定状态，发展为缩减状态，最终完全消失，即扩展-稳定-缩减可视为一个污染行为的发展过程。对于稳定和缩减的污染羽，自然衰减甚至可以作为单独的修复方法，控制风险水平。但对于扩展迅速的羽流，自然衰减首先需要预测其何时达到稳定状态，这一过程则是十分复杂的。因此，对于处于扩展状态的污染羽，目前自然衰减主要应用于阻滞性或生物降解作用较强的污染场地，在缓慢扩展污染羽中，低渗透区自然衰减（low-permeability units attenuate）是较为特殊的一类，已有研究发现其可发生自然衰减，但其生物降解能力普遍认为较弱，该区域往往导致长期风险（源区 NAPLs 残余问题）。由于知识体系限制，如基质弥散（Matrix diffusion）机理尚不明确，低渗透区自然衰减的研究较少。流动性较大的羽流，则一般结合采取水动力控制、反应渗透墙（PRB）等修复技术，多重规避污染扩散造成的风险。[208-211]

综上可知，自然衰减的直接服务目标之一即为风险评价，以上三方面问题是自然衰减与风险评价有机结合重点解决的问题，也是当前自然衰减研究的前沿问题，随着基础理论和技术方法的进步，二者将越来越紧密地结合，从而科学、有效、合理地实现污染场地管控。

7.3.2 基于风险的修复措施

自然衰减作用本身可视为一种修复技术，其监测评估与风险评价对接后，又可依据风险提供一套综合的场地修复措施，即基于风险的修复措施。实际上，自然衰减和基于风险的修复措施可视为污染调查-监测-评估-修复一体化理论方法系统，二者均为现阶段新颖的污染场地管理方式，均贯穿污染场地管理的整个过程，并强调自然能力对污染修复的重要性。

美国材料与试验协会于 1995 年便发布了基于风险的修复措施（risk-based corrective action，简称 RBCA 或 Rebecca）相关技术导则，用来评估化学物品场地土壤和地下水污染导致的人体健康和生态风险及修复措施筛选的综合系统。最初发布的 RBCA，针对石油泄漏污染场地建立，其后 1998 年，其应用于其他类型场地。且美国国家环保署制定的人体健康风险评价的许多部分也集成到了该系统中。

采用 RBCA 开展场地风险评估的程序业已成熟，并已广泛应用，但应用 RBCA 开展风险管理，尤其如何与自然衰减对接，并没有真正形成完善规范体系。RBCA 应用过程中须首先基于详细的调查评价明确风险因素，并适时制定适当的污染防控措施控制风险因素以防止风险发生，其与自然衰减对接实施要点简介如下。

1）揭示暴露途径形成机制：在 RBCA 风险评价基础上，结合自然衰减，揭示污染物在对流-弥散、挥发等自然衰减作用下，迁移至人体和生态受体的潜在机制。

2）确定场地污染修复基准值：利用自然衰减预测某暴露途径上污染物的浓度变化规律，结合风险接受水平，反推修复基准值。

3）制定风险防控及修复技术方案：在自然衰减对流-弥散、吸附（解吸）、挥发、生物降解等作用对污染途径过程分析基础上，针对性指导暴露途径切断或污染物浓度衰减受体风险控制方案。

以上要点实施的关键点均在于：以某暴露途径污染物迁移转化过程自然衰减因子（NAF），建立介质中污染物-受体的定量对应关系[212]。即建立某一特定暴露途径的源区介质（土壤和地下水）的修复基准值（RBCA 中称为 site specific target level，SSTL）和暴露点（point(s) of exposure，POE）可接受风险水平的关系。例如，对地下水的暴露途径，SSTL 是指源区地下水中污染物浓度，其应保证暴露量不高于受体（如下游一定距离的应用水井的人）风险可接受水平。对于每一个完成的暴露途径，源区介质的 SSTL 均可由暴露点（POE）的风险可接受水平反算获得，一般表达式如下：

$$SSTL=RBEL\times NAF$$

式中，RBEL 为暴露点风险接受水平；NAF 是自然衰减因子。

对于地下水暴露途径而言，如果数据显示污染羽不再扩展，则 NAF 可通过比较源区和地下水暴露点二者浓度获取；其他情形，则可使用自然衰减相关模型通过模拟方法计算 NAF，大部分的 RBCA 软件采用模拟方法计算 NAF。

当源区地下水中污染物浓度低于 SSTL，则无需采取修复措施，仅采用自然衰减即可；当浓度高于 SSTL，则主要考虑从介质、暴露途径和暴露点三方面采取措施，如：①污染源区修复降低地下水污染物浓度；②水动力控制切断污染羽流；③在暴露点改变地下水利用方式或对其净化，保护受体不受危害。目前，采用 RBCA 管理基于人体健康的地下水污染方式已被普遍接受，但对于生态风险量化较困难。

总之，即使自然衰减和基于风险的修复措施尚存在需要研究的问题，但二者已成为污染场地管理的先进且普遍接受的方法。基于自然衰减及风险评价的管控，是现阶段污染场地管理的主要策略。

下　篇

应用示范

第 8 章　监测井布设、样品采集与检测

8.1　场地概况

示范区位于北京市，为某待搬迁石油污染场地，其油罐已存在 40 余年，泄漏导致地下水受到石油类污染。

厂区所在地区地层岩性以砂卵砾石和砂层为主，颗粒较粗，含水层补给径流条件较好，该区地下水天然流向为由西北向东南；针对厂区调查研究显示，污染目标含水层为潜水含水层，地下水埋深在 20m 左右，地下水近期主流向为自西向东。

场地内原有地下水监测井近百口，根据自然衰减监测的需要，结合场地水文地质特征，在油罐泄漏区及其周边布设了 15 口监测取样井。2016 ~ 2019 年，结合场地开展的调查及修复（抽出-处理和氧化剂添加）工作进展情况，不定期开展了十余次场地自然衰减监测，本书主要选取了 2017 年 1 月、3 月、4 月扰动相对平稳时期的监测数据进行分析，其他部分时期的成果见已发表论文[54,213-215]。

8.2　监测井布设

根据场地调查结果和场地已有监测井情况，选取污染源、上游、下游、侧

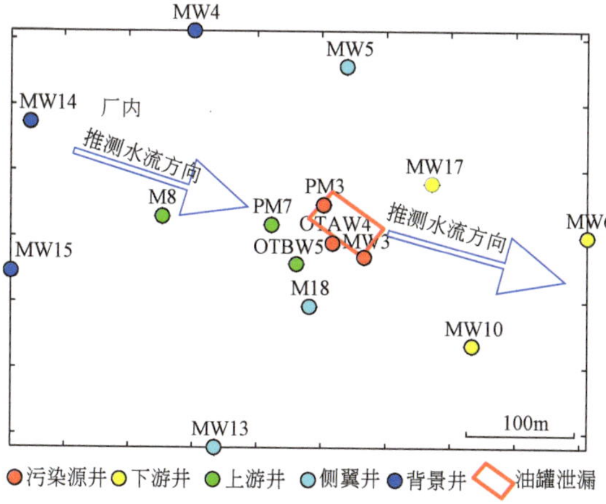

图 8-1　监测井布置图

翼、背景5个类型监测井，各3口，共15口。同类型监测井尽量呈三角形布置，利于更好地控制地下水流场。监测井布置如图8-1所示。

8.3 样品采集

用贝勒管提取水样，为保障所采集水样为新鲜地下水代表样品，采样前使用便携式水质仪测定水温（t）、pH、电导率（SpCond）、溶解氧（DO）、氧化还原电位（ORP），直至该系列指标连续三次测试结果的变化在如下范围，即 t：±1℃，pH：±0.2，SpCond：±3%，DO：±10%或±0.2mg/L，ORP：±20mV。样品采集后置于4℃便携式冰箱保存，送至实验室测试。

8.4 检测分析

石油烃依据美国国家环保署 Method 8260/8215 标准测定，挥发性有机物（VOCs）依据《水质 挥发性有机物的测定 吹扫捕集/气相色谱-质谱法》（HJ 639—2012）标准测定，单体苯系物和溶解有机碳的碳13（^{13}C）同位素测试方法依据国土资源部（现自然资源部）地下水科学与工程重点实验室的测试方法测定，硝酸盐（NO_3^-）、硫酸盐（SO_4^{2-}）、二价铁（Fe^{2+}）、二价锰（Mn^{2+}）、重碳酸根（HCO_3^-）及其他地下水分析指标，均依据《地下水质检验方法》（DZ/T0064-93）测定。微生物高通量测序及本研究涉及的聚类分析结果委托派森诺生物公司测试完成。对各检测方法简要介绍如下。

8.4.1 挥发性有机物

挥发性有机物的测试方法参照引用《水质 挥发性有机物的测定 吹扫捕集/气相色谱-质谱法》（HJ 639—2012）标准执行。

（1）试剂和材料

所用试剂包括：高纯水、甲醇、硫酸溶液（1∶1）、52种挥发性有机物（美国SUPELCO公司）、HC BTEX（美国SUPELCO公司）、VOA可净化氟碳混合物（RESTEK公司）、1,3,5-三氯苯（美国SUPELCO公司）、苯乙烯（生态环境部标准样品研究所）。

（2）样品

水样采集在带螺旋盖（内衬聚四氟乙烯垫）的40mL棕色玻璃瓶中，在1～4℃保存和运输；样品在1～4℃储存，自样品采集之日起14天内完成分析。

（3）校准储备液

分装浓度标准：将购买的标准氯乙烯（2000mg/L）、HC BTEX（2000mg/L）、VOA Purgeable Halocarbon Mix # 1（2000mg/L）、52 种挥发性有机物混标（2000mg/L）、苯乙烯（1000mg/L）分别分装至 200μL 的内衬管中，封口，冷冻保存，保质期为两周。配置 1,2,3-三氯苯混标（2000mg/L）：准确称取 1,3,5-三氯苯 0.0204g，溶于 10mL 甲醇中，混匀，封口，冷冻保存。配制 2.0mg/L 的混标储备液：分别取甲醇 2000μL、1,3,5-三氯苯 2μL、氯乙烯 2μL、HC BTEX 2μL、VOA Purgeable Halocarbon Mix#1 2μL、52 种挥发性有机物混标 2μL 于 2mL 进样瓶中，混合均匀，封口，现用现配。

（4）工作曲线制备

先在 40mL 进样瓶中加满空白溶剂水，再分别取 1.0μL、1.5μL、3.0μL、6.0μL、15.0μL、30.0μL、50.0μL 的 20mg/L 的混标储备液加入 40mL 进样瓶中，此工作曲线浓度分别为 0.4μg/L、0.6μg/L、1.2μg/L、2.4μg/L、6.0μg/L、12.0μg/L、20.0μg/L。

（5）仪器条件

1）气相色谱条件。进样口温度：220℃；进样方式：分流进样（进样比 20∶1）；柱温：40℃保持 2.2min，以 15℃/min 升至 192℃，保持 0min，以 25℃/min 升至225℃，保持 2.0min；载气：氦气，纯度 99.999% 以上，经除氧管过滤，氧的含量小于 5.0μL/L，氢的含量小于 1.0μL/L，流量：1mL/min。

2）质谱条件。离子源：EI 源；离子源温度：200℃；离子化能量：70Ev；扫描方式：单离子检测扫描（single ion monitoring，SIM）；扫描范围：m/z 35 ~ 270amu；接口温度：280℃。

（6）分析方法

根据色谱图各组分的保留时间和定性离子来确定出现的组分数目和组分名称，色谱图见图 8-2。

内标法定量，以浓度为横坐标，峰面积为纵坐标，对各被测组分以 $y=k\times c+c_0$ 进行线性回归（c 为标准溶液浓度，k 和 c_0 分别为斜率和截距）。根据工作曲线，用岛津气质软件计算样品浓度。

8.4.2 石油烃

挥发性石油烃（C3-C9）的测定，依据美国国家环保署的标准方法（USEPA 8260C—2006）；可萃取性石油烃（C10-C36）的测定，依据美国国家环保署的标准方法（USEPA 8015C—2007）。

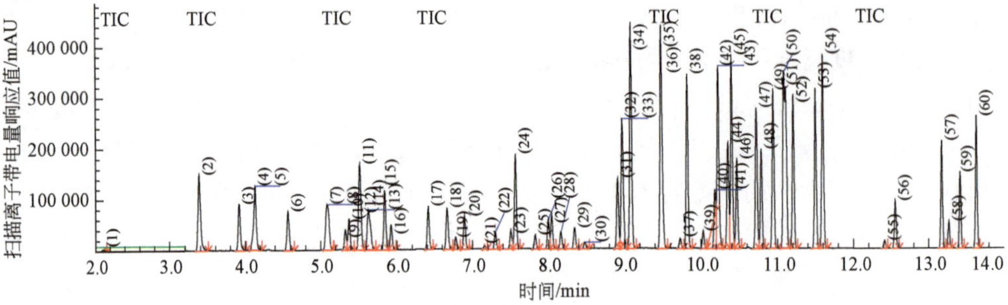

图 8-2 目标分析物色谱图

(1)氯乙烯;(2)1,1-二氯乙烯;(3)二氯甲烷;(4)甲基叔丁基醚;(5)反-1,2-二氯乙烯;(6)1,1-二氯乙烷;(7)2,2-二氯丙烷;(8)顺-1,2-二氯乙烯;(9)溴氯甲烷;(10)氯仿;(11)1,1,1-三氯乙烷;(12)二溴氟甲烷;(13)四氯化碳;(14)1,1-二氯丙烯;(15)苯;(16)1,2-二氯乙烷;(17)三氯乙烯;(18)1,2-二氯丙烷;(19)二溴甲烷;(20)溴二氯甲烷;(21)2-氯乙基乙烯醚;(22)反-1,3-二氯丙烯;(23)甲苯-D8;(24)甲苯;(25)顺-1,3-二氯丙烯;(26)1,1,2-三氯乙烷;(27)四氯乙烯;(28)1,3-二氯丙烷;(29)氯二溴甲烷;(30)1,2-二溴乙烷;(31)氯苯;(32)乙苯;(33)1,1,1,2-四氯乙烷;(34)间/对二甲苯;(35)邻二甲苯;(36)苯乙烯;(37)溴仿;(38)异丙苯;(39)对溴氟苯;(40)1,1,2,2-四氯乙烷;(41)溴苯;(42)正丙苯;(43)1,2,3-三氯丙烷;(44)2-氯甲苯;(45)1,3,5-三甲苯;(46)4-氯甲苯;(47)叔丁基苯;(48)1,2,4-三甲苯;(49)仲丁基苯;(50)对异丙基甲苯;(51)1,3-二氯苯;(52)1,4-二氯苯;(53)正丁基苯;(54)1,2-二氯苯;(55)1,2-二溴-3-氯丙烷;(56)1,3,5-三氯苯;(57)1,2,4-三氯苯;(58)六氯丁二烯;(59)萘;(60)1,2,3-三氯苯

8.4.3 化学需氧量（COD_{Cr}）

采用美国国家环保署认可的用于废水分析的消解比色法（标准方法 5200 D）。具体方法见哈希《水质分析实用手册》，本研究使用哈希 DR3900 可见分光光度计测定。

8.4.4 无机水化学组分

无机水化学组分主要包括硝酸盐（NO_3^-）、硫酸盐（SO_4^{2-}）、二价铁（Fe^{2+}）、二价锰（Mn^{2+}）、重碳酸根（HCO_3^-）及其他地下水分析指标，采用《地下水环境质量标准》（GB-T 14848—93）和《地下水质检验方法》（DZ/T 0064—93）中的标准方法测定。

8.4.5 苯系物的^{13}C同位素

苯系物^{13}C同位素的测定，采用自然资源部地下水科学与工程重点实验室测试方法[216]。

（1）工作标样的选择

为了保证工作标样的长期稳定性，经过筛选选择了难挥发有机物正构烷烃 C_{18}和 C_{28}为候选物，该化合物在低于 10℃ 温度保存不发生氧化和霉变，能确保其碳同位素组成长期稳定。高分子正构烷烃易溶于低分子烃，所以本实验选用正己烷（液相色谱级）作溶剂配制正构烷烃混合物溶液，保证其均匀性和稳定性，并且便于色谱分离和质谱测量。

（2）工作标样的制备

精确称量 0.04g 正构烷烃 C_{18}和 C_{28}溶于 400mL 正己烷中，充分混合后，配制浓度为 100mg/L 标准溶液。混合均匀后置于 500mL 棕色瓶低温保存。

（3）仪器与主要试剂

仪器：吹扫捕集仪（型号：4660，美国 OI 公司，配 4552 型自动进样器），气相色谱-燃烧-同位素质谱联用仪（气相色谱：Trace GC Ultra，同位素质谱仪：MAT 253，配挥发性有机物专用色谱柱 Rtx- 624 色谱柱，30m × 0.25mm × 1.40μm）。

主要试剂：HC 苯系物混标（2000mg/L，Supuco 公司，成分为：甲基叔丁基醚、苯、甲苯、乙苯、间/对二甲苯、邻二甲苯），苯乙烯（1000mg/L，国家标准物质中心），甲醇（农残级，TEDIA 公司）。

（4）仪器条件

1）吹扫捕集仪参数。吹扫管：25mL，吹扫时间：11min，吹扫温度：40℃，脱附温度：210℃，脱附时间：2min，烘焙温度 220℃，烘焙时间：5min，传输线温度：110℃。

2）气相色谱仪参数。色谱柱升温程序：初始温度 35℃，保持 4min，以 5℃/min 升至100℃，保持 0min，再以 20℃/min 升至 200℃，保持 2min；进样口温度：250℃，载气流速：1.5mL/min。

3）燃烧炉参数。氧化炉温度：940℃；还原炉温度：650℃。

4）质谱仪参数。高压值：9.43mV；Trap 值：0.70mA；灯电流：1.5mA。

（5）标准样品配制

实验采用标准物质配置的样品。首先用甲醇将购置的碳氢化合物标准品、苯乙烯标准品稀释成 100mg/L，再用 50mL 容量瓶配制成需要的碳氢化合物水溶液、苯乙烯溶液，倒入 40mL 挥发性有机物（volatile organic compound，简称 VOC）样品瓶中备用。然后按照上述仪器条件进行仪器参数的设定，完成后进行样品测定。

（6）分析方法

同位素的表示方法：在一个系统中不同同位素的丰度经常用同位素值来表示，表示为 R_A：

$$R_A = \frac{A_H}{A_L}$$

式中，A_H表示系统中的重同位素，A_L表示系统中的轻同位素．为了计算方便，在仪器运行的开始和结束时，将二氧化碳标准参考气体以一系列脉冲的形式自动地引入到同位素质谱仪中将得到的结果进行国际化统一。参考气体采用国际统一标准，即 VPDB（Vienna Pee Dee Belemnite）。经过统一了的同位素值用δ_A表示：

$$\delta_A = \left(\frac{R_A}{R_{std}} - 1\right)$$

式中，R_{std}是参考气体同位素值。由于同位素的值通常非常小，所得到的δ_A经常用千分数表示。因此我们最终的结果由下式：

$$\delta_A\ (‰) = \left(\frac{R_A}{R_{std}} - 1\right) \times 1000$$

本项目中，甲苯、乙苯、间/对二甲苯、邻二甲苯的测试误差分别为±0. 16、±0. 22、±0. 22、±0. 17［标准差（S. D. ）］，抽样样本群体代表性误差为±0. 09、±0. 10、±0. 10、±0. 07［标准误（S. E. ）］，保守取±0. 50 为误差（表 8-1）。

表 8-1　测试方法评估分析表

项目	甲苯	乙苯	间/对二甲苯	邻二甲苯
测试结果	-31. 1	-25. 0	-26. 7	-24. 0
	-31. 2	-25. 5	-26. 6	-24. 2
	-30. 9	-25. 2	-26. 6	-24. 0
	—	-25. 3	-26. 8	-24. 2
	—	-25. 0	-27. 2	-24. 4
均值	-31. 1	-25. 2	-26. 8	-24. 2
极差	0. 3	0. 5	0. 5	0. 4
标准差（S. D. ）	0. 16	0. 22	0. 22	0. 17
标准误（S. E. ）	0. 09	0. 10	0. 10	0. 07
RSD %	-0. 5	-0. 9	-0. 8	-0. 7

注：甲苯为 PM3 井中的样品，乙苯、间/对二甲苯、邻二甲苯为 M8 井中的样品，均于 2017 年 4 月取样。

8. 4. 6　溶解无机碳（dissolved inorganic carbon，DIC）的^{13}C同位素

采用自然资源部地下水科学与工程重点实验室测试方法。环境温度为 25℃，

将 12mL 制样管放入自动进样器中恒温 30min 左右，拧紧制样管瓶盖。加入磷酸 10 滴（约 0.3mL）。然后向制样管中充入氦气，充气时间为 14min/管。充气完毕之后使用 1mL 注射器向管中注入 0.6mL 样品，开始反应平衡。反应结束后使用 AS2000 自动进样器提取 CO_2。进入色谱柱进行分离，再进入 MAT253 质谱仪测试。

溶解无机碳标准水溶液的标准偏差为 0.08%，具有很高的稳定性和测试精度。每个样品测试 2～3 次。多次测试结果，标准偏差小于 0.15%。

8.4.7 微生物高通量测序

（1）微生物总 DNA 提取

对于各种不同来源的微生物样本，根据过往项目经验，选用最合适的微生物总 DNA 提取方法，并通过 0.8% 琼脂糖凝胶电泳检测 DNA 提取质量，同时，采用紫外分光光度计对 DNA 进行定量。

（2）目标片段 PCR 扩增

通常以微生物核糖体 RNA 等能够反映菌群组成和多样性的目标序列为靶点，根据序列中的保守区域设计相应引物，并添加样本特异性条形码序列，进而对 rRNA 基因可变区（单个或连续的多个）或特定基因片段进行 PCR 扩增。

PCR 扩增采用 NEB 公司的 Q5 高保真 DNA 聚合酶，并严格控制扩增循环数，使循环数尽可能低的同时，也保证同一批样本的扩增条件一致。

（3）扩增产物回收纯化

PCR 扩增产物通过 2% 琼脂糖凝胶电泳进行检测，并对目标片段进行切胶回收，回收采用 AXYGEN 公司的凝胶回收试剂盒。

（4）扩增产物荧光定量

参照电泳初步定量结果，将 PCR 扩增回收产物进行荧光定量，荧光试剂为 Quant-iT PicoGreen dsDNA Assay Kit，定量仪器为 Microplate reader（BioTek，FLx800）。根据荧光定量结果，按照每个样本的测序量需求，对各样本按相应比例进行混合。

（5）测序文库制备

以 Illumina MiSeq 测序为例，采用 Illumina 公司的 TruSeq Nano DNA LT Library Prep Kit 制备测序文库。

1）首先对上述扩增产物进行序列末端修复，通过试剂盒中的 End Repair Mix2 切除 DNA 序列 5’端的突出碱基，同时添加一个磷酸基团、补齐 3’端的缺失碱基；

2）在 DNA 序列的 3’端添加 A 碱基以防止 DNA 片段自连，同时保证目标序列能与测序接头相连（测序接头 3’端有一个突出的 T 碱基）；

3）在序列 5’端添加含有文库特异性标签（即 Index 序列）的测序接头，使 DNA 分子能被固定在 Flow Cell 上；

4）采用 BECKMAN AMPure XP Beads 核酸电化试剂盒，通过磁珠筛选去除接头自连片段，纯化添加接头后的文库体系；

5）对上述连上接头的 DNA 片段进行 PCR 扩增，从而富集测序文库模板，并采用 BECKMAN AMPure XP Beads 再次纯化文库富集产物；

6）通过 2% 琼脂糖凝胶电泳，对文库做最终的片段选择与纯化。

（6）上机进行高通量测序

1）上机测序前，需要先对文库在安捷伦生物分析仪（Agilent Bioanalyzer）上进行质检，采用安捷伦高灵敏度 DNA 试剂盒（Agilent High Sensitivity DNA Kit）。合格的文库有且只有单一的峰，且无接头。

2）之后，采用容量皮格雷恩 DNA 定量分析试剂盒（Quant- iT PicoGreen dsDNA Assay Kit）在 Promega QuantiFluor 荧光定量系统上对文库进行定量，合格的文库浓度应在 2nM 以上。

3）将合格的各上机测序文库（Index 序列不可重复）梯度稀释后，根据所需测序量按相应比例混合，并经 NaOH 变性为单链进行上机测序；

4）使用 MiSeq 测序仪进行 2×300 bp 的双端测序，相应试剂为 MiSeq Reagent Kit V3（600 cycles）。

第9章 场地概念模型

9.1 水文地质概念模型

9.1.1 水文地质结构

所有井钻孔资料均显示，目标含水层下部存在粉质黏土层，可作为下部的隔水层（隔水底板），场地背景、上游、污染源及侧翼区钻探揭示，以上分区含水层埋深22.6～26m（含水层顶板），其上存在0.4～2.0m厚的粉质黏土层（隔水顶板厚度），以此段粉质黏土层可以作为上部的隔水层（隔水顶板），其下底板即为含水层顶板（表9-1）。

表9-1 含水层结构统计表 （单位：m）

分区	监测井	含水层			隔水顶板厚度
		顶板	底板	厚度	
背景	MW15	22.60	27.00	4.40	0.6
	MW14	23.60	28.50	4.90	0.7
	MW4	25.00	31.80	6.80	1.7
上游	M8	无资料			
	PM7	22.90	26.50	3.60	0.9
	OTBW5	23.70	26.70	3.00	1.4
污染源	PM3	22.80	26.50	3.70	1.1
	MW3	23.30	26.80	3.50	1.1
	OTAW4	25.10	27.90	2.80	1.3
下游	MW17	无	26.50	4.00	0.0
	MW6	无	26.80	4.00	0.0
	MW10	25.40	27.20	1.80	1.6
侧翼	MW5	26.00	27.80	1.80	2.0
	M18	23.70	26.50	2.80	1.3
	MW13	23.60	29.00	5.40	0.4

钻探过程中未记录初见水位资料，无法以此判断承压性。在此，比较观测的稳定水位埋深与含水层顶板埋深发现（图 9-1），稳定水位埋深均小于含水层顶板埋深，即稳定水头高于含水层顶板，这说明以上分区地下水均显示了一定的承压性，视为承压含水层，但其上部隔水层可视为区域低渗透“透镜体”。

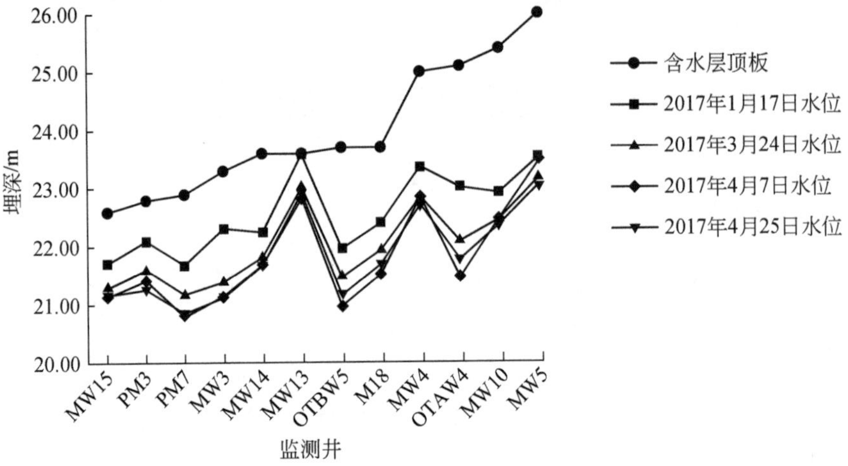

图 9-1 各监测井水位与含水层顶板对照

9.1.2 地下水水位动态

监测井地下水埋深数据如表 9-2、表 9-3 所示。

表 9-2 2017 年各监测井地下水埋深 （单位：m）

分区	监测井	孔口标高	水位埋深			
			1 月 17 日	3 月 24 日	4 月 7 日	4 月 25 日
污染源	PM3	37.780	22.105	21.610	21.424	21.266
	MW3	37.970	22.315	21.396	21.153	21.127
	OTAW4	38.300	23.015	22.090	21.465	21.779
下游	MW17	37.540	22.565	21.785	21.952	21.792
	MW10	38.250	22.920	22.465	22.478	22.368
	MW6	38.120	22.795	22.499	22.504	22.328
上游	OTBW5	37.420	21.965	21.470	20.974	21.163
	PM7	37.291	21.690	21.180	20.798	20.857
	M8	38.092	22.420	21.960	21.617	21.859

续表

分区	监测井	孔口标高	水位埋深			
			1 月 17 日	3 月 24 日	4 月 7 日	4 月 25 日
侧翼	MW5	39. 310	23. 525	23. 170	23. 450	23. 053
	M18	38. 020	22. 405	21. 940	21. 521	21. 695
	MW13	39. 230	23. 590	23. 025	22. 829	22. 923
背景	MW14	38. 010	22. 250	21. 820	21. 688	21. 676
	MW15	37. 450	21. 720	21. 295	21. 144	21. 172
	MW4	39. 250	23. 370	22. 850	22. 847	22. 714

表 9-3　2017 年各监测井水头　　（单位：m）

分区	监测井	实测水头					水位变幅	
		1 月 17 日	3 月 24 日	4 月 7 日	4 月 25 日	均值	各井	分区
污染源	PM3	15. 675	16. 17	16. 356	16. 514	16. 179	0. 839	1. 192
	MW3	15. 655	16. 574	16. 817	16. 843	16. 472	1. 188	
	OTAW4	15. 285	16. 21	16. 835	16. 521	16. 213	1. 550	
下游	MW17	14. 975	15. 755	15. 588	15. 748	15. 517	0. 780	0. 600
	MW10	15. 33	15. 785	15. 772	15. 882	15. 692	0. 552	
	MW6	15. 325	15. 621	15. 616	15. 792	15. 589	0. 467	
上游	OTBW5	15. 455	15. 95	16. 446	16. 257	16. 027	0. 991	0. 895
	PM7	15. 601	16. 111	16. 493	16. 434	16. 16	0. 892	
	M8	15. 672	16. 132	16. 475	16. 233	16. 128	0. 803	
侧翼	MW5	15. 785	16. 14	15. 86	16. 257	16. 011	0. 472	0. 706
	M18	15. 615	16. 08	16. 499	16. 325	16. 13	0. 884	
	MW13	15. 64	16. 205	16. 401	16. 307	16. 138	0. 761	
背景	MW14	15. 76	16. 19	16. 322	16. 334	16. 152	0. 574	0. 602
	MW15	15. 73	16. 155	16. 306	16. 278	16. 117	0. 576	
	MW4	15. 88	16. 4	16. 403	16. 536	16. 305	0. 656	
均值		15. 559	16. 099	16. 279	16. 284	16. 055	0. 725	

注：水头=孔口标高-地下水埋深。

绘制 15 口四期地下水埋深动态图，可以明显看出，地下水埋深普遍降低，即地下水水位（水头）普遍升高（图9-2）。

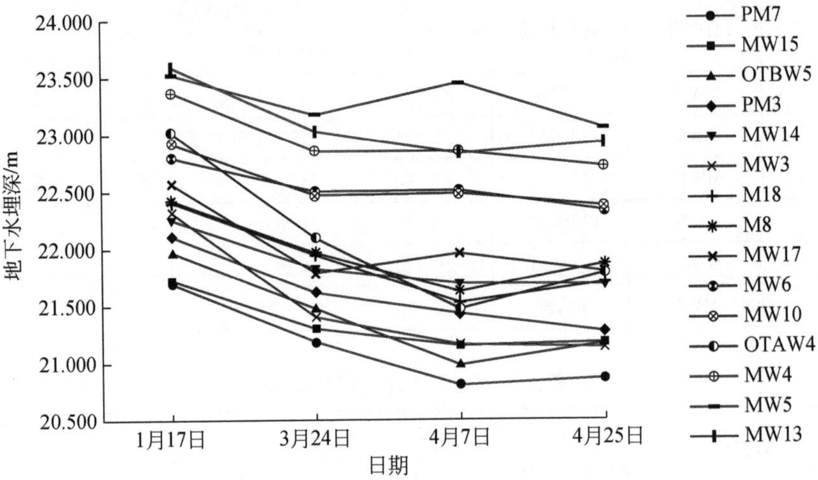

图9-2 2017年地下水埋深动态图

以2017年1月17日为基准水位，至2017年4月25日，各井水位变幅为0.467～1.550m，场地15口井地下水水位均值动态图（图9-3）显示，水位在2017年3月24日为主要上升期，至2017年4月25日，变幅达0.725m。参考已有研究成果，场地所在北京地区浅层水水位变化主要受降水和农业开采的影响。年内变化方面，一般4～6月，降水较少，农业用水增加，水位迅速下降；7～9月，降水集中，农业开采很少，地下水位上升；10～11月，降水减少，受农业秋季灌溉影响，水位小幅下降；12月～翌年3月，降水较少，农业基本不开采，水位一般会有所上升。但北京地区大尺度的水位变化不一定在场地小尺度有明显显示。

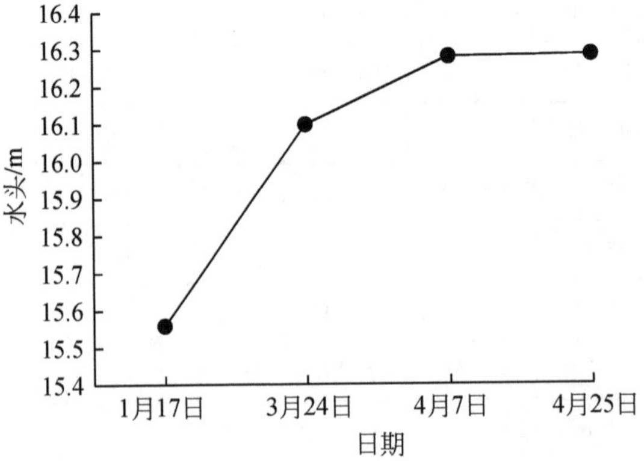

图9-3 2017年地下水水位均值动态图

从场地划分的不同污染分区水位变幅均值来看（图 9-4），污染源、上游、侧翼、背景、下游，变幅依次减少。污染源分区人为扰动的水位变动极可能是场地小尺度水位变动的主导。然而，水位变化的确切原因仍需长期监测及多方面调查论证。

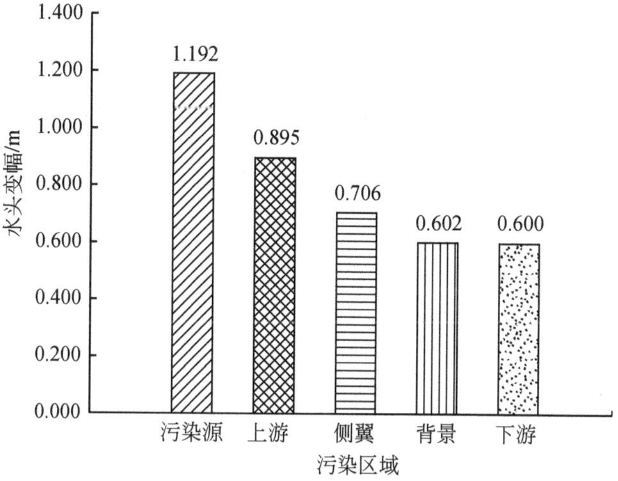

图 9-4　各区水位变幅

9.1.3　地下水流场特征

从地下水水位线及流场总体来看（图 9-5），四期稍有变动，2017 年 4 月 7 日形状与其他三期有一定差别，其他三期则基本一致。基本规律为：从背景区的 MW4 井补给的地下水在进入污染源分区之前分为三部分；一部分流入污染源分区，然后进入下游分区，即流向由“北西–南东”变为“南西–北东”，偏转约 90°角，结合含水层特征，下游正东方向（MW6）和东北方向（MW17）无粉质黏土隔水层，而下游东南方向（MW10）有 1.6m 厚粉质黏土的上部隔水层，地下水相对滞流，这极可能也正是地下水流向偏转约 90°角的原因。

“背景–污染源–下游”可视为主要影响污染物迁移的地下水主流向；其他两部分流向污染源的两个侧翼，对场地污染物迁移影响相对较小。

从具体分区来看，污染源分区地下水流场变动较大，污染源分区的 OTAW4 井在 2017 年 1 月 17 日为点汇，OTAW4、MW3 井在其他三期均为点源。结合场地其他修复施工情况知，污染源分区水位监测受添加双氧水和不定期抽灌水的人为影响较大，在月时间尺度，监测到污染源分区出现点汇和点源的极大反差，极可能受人为影响，遗憾的是该过程并未被完整记录，难以量化刻画。但根据四期的监测结果，本书作者认为该人为影响的时空尺度仅限于污染源分区，并未改变天然情况下场地尺度的流场格局，且总体而言，四期流场反映出的场地流场基本特征未变：地下水流向为自西向东，污染物的迁移也主要受此流场特征的长期控制。

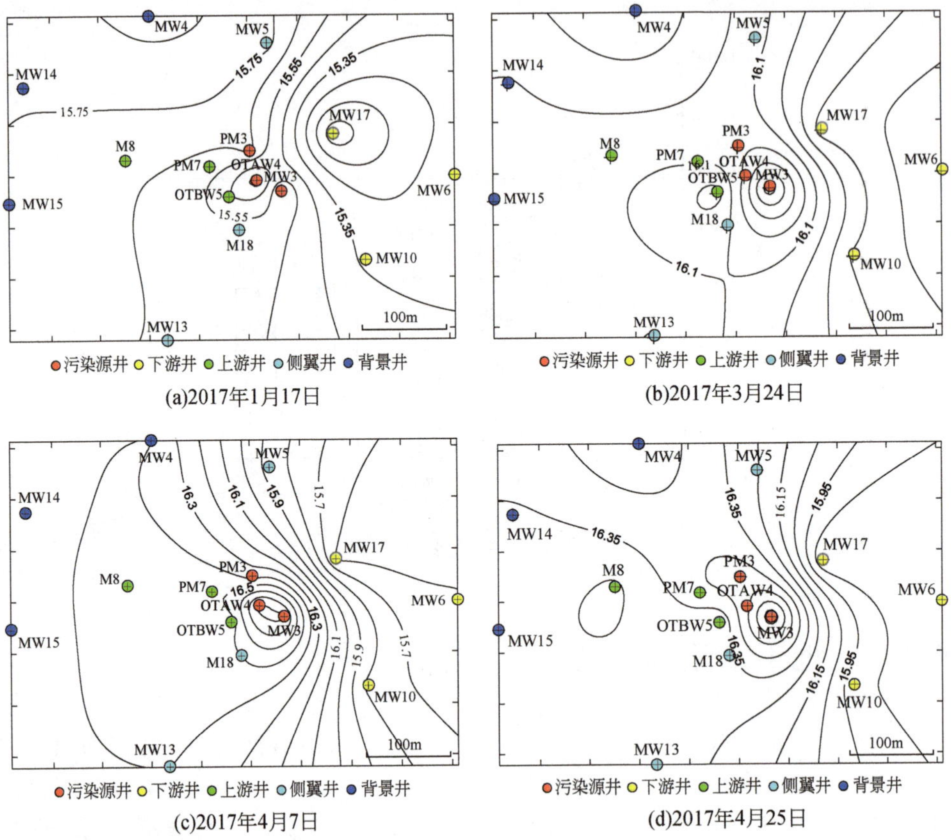

图 9-5　地下水水位线及流场图

统计场地各分区水头均值（表 9-4），以“背景-污染源-下游”主流向的水头差作为场地水头差，以场地西-东方向距离作为流场渗流长度，四期统计的场地水力坡度为 $1.1\times 10^{-3}\sim 1.4\times 10^{-3}$，场地整体水力坡度无明显变化，场地水力坡度取 10^{-3}。

表 9-4　各分区水头均值统计表　　　　（单位：m）

分区	水头			
	2017 年 1 月 17 日	2017 年 3 月 24 日	2017 年 4 月 7 日	2017 年 4 月 25 日
污染源	15.538	16.318	16.669	16.626

续表

分区		水头			
		2017 年 1 月 17 日	2017 年 3 月 24 日	2017 年 4 月 7 日	2017 年 4 月 25 日
下游		15.21	15.72	15.659	15.807
上游		15.576	16.064	16.471	16.308
侧翼		15.68	16.142	16.253	16.296
背景		15.79	16.248	16.344	16.383
背景至下游	水头差	0.58	0.528	0.685	0.575
	距离	500	500	500	500
	水力坡度（无量纲）	1.2×10^{-3}	1.1×10^{-3}	1.4×10^{-3}	1.2×10^{-3}

9.1.4 地下水水量均衡

场地含水层为卵石，且各监测井卵石岩性变化不大，可认为含水层渗透性基本一致，卵石渗透系数经验值为 100 ~ 500m/d，保守估算场地污染物迁移，取场地渗透系数为 100m/d；场地断面总宽度取 400m，污染源分区和侧翼分区宽度按照各区内监测井间距离影响半径分别取 100 和 300m；各区含水层厚度取各自 3 井均值，其中，承压水含水层厚度为定值，潜水 MW6、MW17 井取含水层底板埋深与地下水埋深之差，估算为 4m；水力坡度在污染源分区取4×10^{-3}，其他分区取 10^{-3}。以此分别计算背景、上游、污染源、下游、侧翼分区的过水断面流量（表 9-5）。

表 9-5　不同污染分区断面流量统计表

污染分区	断面面积 A_i/m²		水力坡度 J_i	渗透系数 K_i/（m/d）	流量 Q_i/（m³/d）	备注
	厚度/m	宽度/m				
背景	5.37	400	0.001	100	215	断面 1
上游	3.30	400	0.001	100	132	断面 2
污染源	3.33	100	0.004	100	133	断面 3
下游	3.27	400	0.001	100	131	断面 4
侧翼	3.33	300	0.001	100	100	断面 5

注：i=1、2、3、4、5，分别代表背景、上游、污染源、下游、侧翼分区。

地下水背景分区流量（Q_1）215m³/d；上游（Q_2）、污染源（Q_3）、下游

（Q_4）分区流量分别为 132m^3/d、133m^3/d、131m^3/d，三者几乎相等（$Q_2=Q_3=Q_4$），“上游-污染源-下游”为一相对独立的水流系统，“背景-上游-污染源-下游”为地下水主流向；主流向流量取 132m^3/d，侧翼分区流量（Q_5）100m^3/d，二者合计为232m^3/d，与 Q_1（215m^3/d）相当（$Q_1 \approx Q_2+Q_5$），基本满足场地水量均衡。此均衡验证了场地地下水水流系统和水文地质结构划分的准确性。

9.1.5　小结

1）背景（Q_1）、上游（Q_2）、污染源（Q_3）、下游（Q_4）、侧翼（Q_5）流量分别为215m^3/d、132m^3/d、133m^3/d、131m^3/d，“背景-上游-污染源-下游”主流向流量约 132m^3/d，侧翼流量 100m^3/d，二者之和 232m^3/d 与背景补给流量 215m^3/d 基本吻合，符合水量均衡，由此概化出地下水系统及分区断面流量概念模型（图 9-6）。

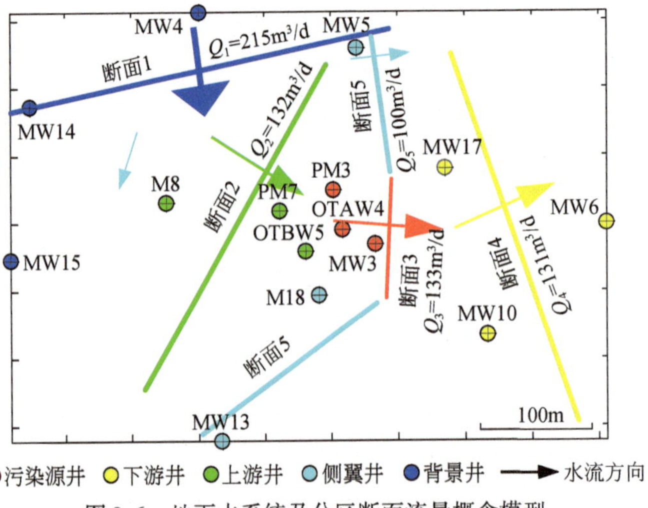

图 9-6　地下水系统及分区断面流量概念模型

注：图中标注的地下水流向是本书作者概化的天然情况控制的长期流向

2）四期流场稍有差异，这是因为场地小尺度流场很容易受到扰动而发生变化，因此，根据与污染源关系设计的各类型监测井在不同时期可能性质发生变化，如2017 年3 月24 日和2017 年4 月25 日，污染源 MW3 为点源，水流向上游井 PM7、OTBW5，因此，下文涉及流场相关内容均采用上述概念模型。

9.2 污染概念模型

通过监测有机综合污染指标［化学需氧量（COD_{Cr}）、石油烃（TPH）、挥发性有机物（VOCs）］，描述地下水总体污染变化情况，构建污染概念模型。

9.2.1 化学需氧量分布规律

化学需氧量是水体中有机物含量的重要指标。重铬酸钾（$K_2Cr_2O_7$）法是测定污染水体化学需氧量的常规方法。在此以化学需氧量指标 COD_{Cr} 表征污染物总量。

从三期 COD_{Cr} 分布图来看（图 9-7），总体上在场地西部污染物浓度较低，东部污染物浓度较高，整体规律与流场作用形成的污染分布格局基本吻合。但每期数据显示的污染最高值区（COD_{Cr}>400mg/L）不同，2017 年 1 月污染源下游的 MW17 为高值区；2017 年 3 月污染源下游 MW17、MW6 为高值区，同时污染源上游的 PM7 也显示为高值区；2017 年 4 月，污染源的 PM3 为高值区。

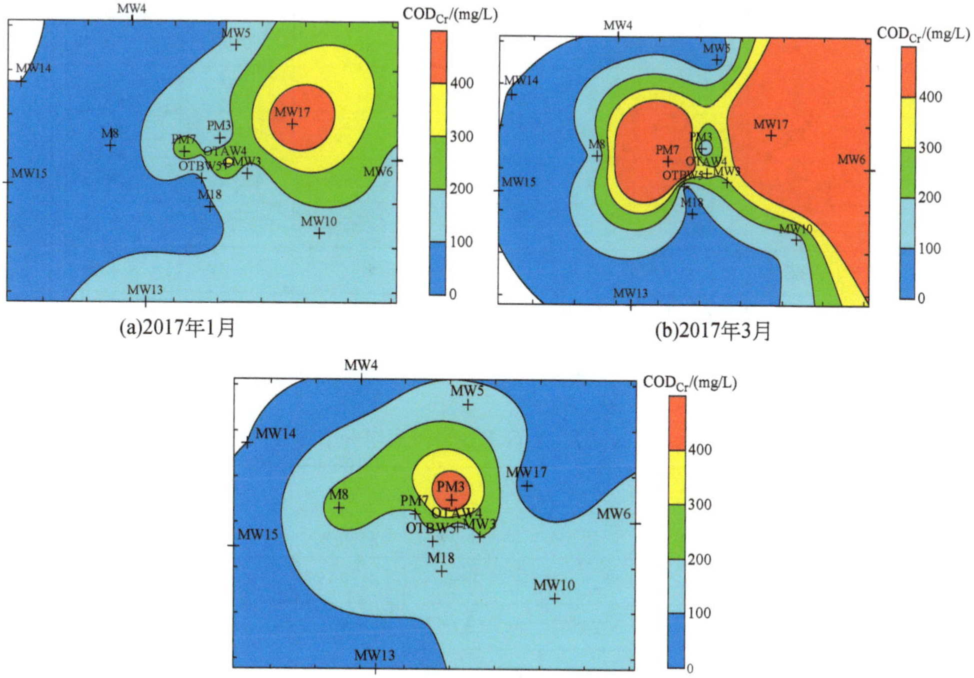

图 9-7 化学需氧量（COD_{Cr}）分布图

9.2.2 石油烃分布规律

石油烃测试的是石油类中 C3 ~ C12 等多种烃类物质混合含量，虽然其并不代表所有的石油类污染物，但是构成石油污染物的大部分。1 月、4 月测试的 C5 占石油烃的 51.61%、57.71%（均值），占比最高。数值如表 9-6 和表 9-7 所示。

表 9-6 2017 年 1 月 17 日石油烃不同组分所占百分比 （单位:%）

编号	C3 ~ C4	C5	C6	C7	C8	C9	C10 ~ C12
M18	4.09	48.76	20.98	8.55	3.25	10.38	4.00
M8	9.27	40.71	23.98	11.68	1.64	5.42	7.31
MW10	0.20	25.69	18.22	5.55	13.74	21.65	14.96
MW13	13.04	79.27	0.00	0.00	0.00	0.00	7.70
MW14	0.00	43.15	0.00	0.00	0.00	0.00	56.85
MW15	0.00	9.20	5.69	0.00	0.00	0.00	85.11
MW17	14.08	80.21	0.00	0.00	0.00	0.00	5.71
MW3	7.35	55.43	1.84	2.34	10.08	12.89	10.06
MW4	11.66	68.00	0.00	0.00	0.00	0.00	20.34
MW5	11.80	68.78	6.96	4.11	1.95	4.26	2.14
MW6	5.98	32.54	16.80	14.86	8.72	9.79	11.31
OTAW4	2.71	32.96	6.76	10.06	25.06	13.23	9.21
OTBW5	8.11	83.57	1.61	0.54	0.25	0.29	5.62
PM3	3.00	58.15	9.48	4.60	10.39	10.13	4.24
PM7	2.46	47.70	4.75	4.28	26.54	9.72	4.55
均值	6.25	51.61	7.80	4.44	6.78	6.52	16.61

表 9-7 2017 年 4 月 25 日石油烃不同组分所占百分比 （单位:%）

编号	C3 ~ C4	C5	C6	C7	C8	C9	C10 ~ C12
M18	2.88	46.93	19.68	11.17	3	12.7	3.64
M8	2.6	76.32	6.5	2.89	1.73	1.45	8.5
MW10	2.62	39.81	24.62	12.05	8.91	7.6	4.4
MW13	3.69	93.5	0	0	0	0	2.81
MW14	0	0	3.65	0	0	0	96.35

续表

编号	C3 ~ C4	C5	C6	C7	C8	C9	C10 ~ C12
MW15	0	0	0	0	0	0	100
MW17	6.03	85.46	0	0	0	0	8.51
MW3	2.23	59.54	14.83	17.43	0.88	2.18	2.9
MW4	4.13	82.92	1.65	0.41	0	0	10.89
MW5	5.91	84.32	4.33	2.36	0	0	3.07
MW6	4.15	48.56	25.72	9.11	5.59	3.04	3.83
OTAW4	4.96	93.01	0.32	0.19	0	0	1.53
OTBW5	5.05	79.69	1.12	0	0	0	14.14
PM3	1.34	43.64	7.16	6.74	15.96	4.81	20.36
PM7	2.35	31.94	8.74	3.22	29.31	5.56	18.87
均值	3.2	57.71	7.89	4.37	4.36	2.49	19.99

从两期石油烃分布图来看（图 9-8），总体上在场地西部污染物浓度较低，东部污染物浓度较高，整体规律与流场作用形成的污染分布格局基本吻合。但每期数据显示的污染最高值区（石油烃大于 20mg/L）不同，2017 年 1 月污染源下游的 MW6 和 MW10 为高值区；2017 年 4 月，污染源的 PM7 为高值区。

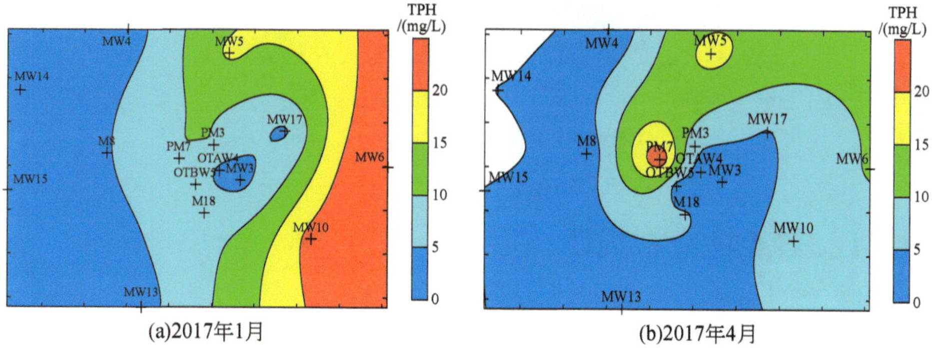

图 9-8　石油烃（TPH）分布图

9.2.3　挥发性有机物分布规律

挥发性有机物表征的是 68 项挥发性有机物含量，其大部分包含于上文测试的石油烃中，是石油烃中挥发性较强的有机物。

从三期挥发性有机物分布图来看（图 9-9），总体上在场地西部污染物浓度较低，东部污染物浓度较高，整体规律与流场作用形成的污染分布格局基本吻合。但每期数据显示的污染最高值区（VOCs 大于 1400μg/L）稍有不同，但总体来说，三期高值区在下游 MW6 和 MW10 及上游 PM7 三井出现，1 月三井均为高值，3 月上游 PM7 大幅降低，4 月 PM7 又大幅升至高值。

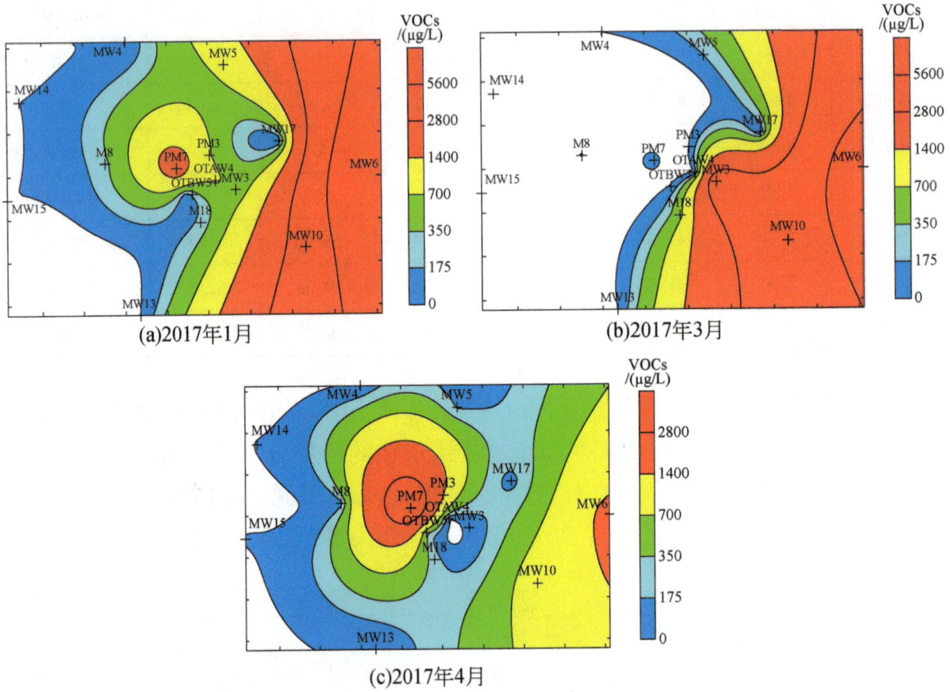

(a)2017年1月

(b)2017年3月

(c)2017年4月

图 9-9　挥发性有机物（VOCs）分布图

9.2.4　苯系物分布规律

苯系物是石油类污染毒性和危害程度较高的挥发性有机物。一般石油类污染场地均以其作为重点关注污染物，指示地下水质量变化。

上文提及挥发性有机物容易受到人为和自然环境影响，苯系物是其中主要部分，三期苯系物分别占挥发性有机物的 98%、76% 和 61%，且其为相对更易受影响部分，场区内受扰动相对较大。数值如表 9-8 所示。

表 9-8　各苯系物占挥发性有机物的质量百分比

项目		2017 年 1 月 17 日	2017 年 3 月 24 日	2017 年 4 月 25 日
质量浓度/(μg/L)	苯	157.27	109.33	46.71
	甲苯	488.31	428.23	37.1
	乙苯	231.25	0	16.03
	间对二甲苯	358.25	270.58	201.91
	邻二甲苯	112.25	41.86	103.44
	BTEX 总量	1347.32	849.99	405.2
	VOCs 总量	1372.01	1116.47	660.62
占挥发性有机物质量百分比/%	苯	11	10	7
	甲苯	36	38	6
	乙苯	17	0	2
	间对二甲苯	26	24	31
	邻二甲苯	8	4	16
	苯系物总量	98	76	61

注：表中数据为所有井均值。

9.2.5　地下水污染评价

石油类污染物种类众多，成分复杂，本项目选取了高关注度污染物中的苯系物（BTEX）开展污染评价，确定场地地下水污染程度和范围。具体如下所示。

9.2.5.1　评价标准

本研究依据《地下水水质标准》（DZ/T 0290—2015），即 Ⅰ 类：地下水化学组分含量低，适用于各种用途；Ⅱ类：地下水化学组分含量降低，适用于各种用途；Ⅲ类：地下水化学组分含量中等，以生活饮用水卫生标准为依据，主要适用于集中式生活饮用水源及工农业用水；Ⅳ类：地下水化学组分含量较高，以农业和工业用水质量要求及一定水平的人体健康风险为依据，适用于农业和部分工业用水，适当处理可作为生活饮用水；Ⅴ类：地下水化学组分含量高，不宜作生活饮用水，其他用水可根据使用目的选用。

苯、甲苯、乙苯、二甲苯（总量）的Ⅰ、Ⅱ、Ⅲ、Ⅳ类标准分别为小于等于 0.5μg/L、0.5μg/L、0.5μg/L、0.5μg/L，1μg/L、140μg/L、30μg/L、100μg/L，10μg/L、700μg/L、300μg/L、500μg/L，120μg/L、1400μg/L、600μg/L、1000μg/L，Ⅴ类标准为大于 120μg/L、1400μg/L、600μg/L、1000μg/L。

9.2.5.2 评价方法

分别以检出率、超标率和超标倍数为指标评价地下水污染，检出率越高，污染范围越大，超标率和超标倍数越高，地下水污染程度越严重。其中，超标率和超标倍数按照最严重的Ⅴ类标准，各指标的计算方法如下：

检出率=苯系物检出井个数/井个数×100%；

超标率=苯系物超标井个数/井个数×100%；

超标倍数=（苯系物浓度-Ⅴ类标准）/Ⅴ类标准×100%。

9.2.5.3 地下水污染程度

（1）场地总体污染程度

从图9-10可以看出，检出率无明显趋势，除乙苯在3月未检出外，其他苯系物均为40%~67%（6~10井）。超标率无明显趋势（图9-11），苯：三期均为13%（2井）；甲苯1月7%，3月13%，4月未检出，乙苯：1月13%，3、4月未检出；二甲苯：1、3月20%（3井），4月7%（1井）。最大超标率（图9-12），除二甲苯在4月增大（1、3、4月：0.85、0.72、2.16），其他苯系物在1、3、4月依次减小（苯：16.02、10.37、2.07，甲苯：3.19、1.42、-0.80，乙苯：2.03、-1.00、-0.84）。总体而言，场地污染程度呈现降低趋势。

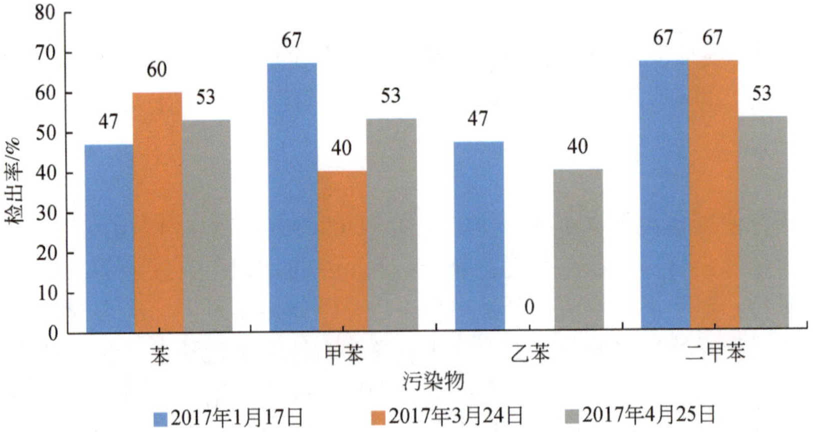

图9-10 检出率变化图

（2）不同分区污染程度

按超标倍数（表9-9）划分标准等级对应的污染分区，Ⅲ类及Ⅰ类、Ⅱ类以上水质分区认为污染程度可接受；Ⅳ类、Ⅴ类分区认为污染程度不可接受。

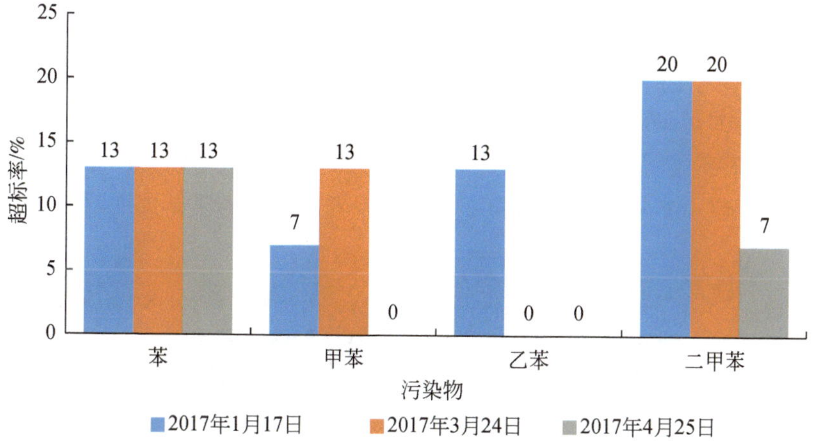

图 9-11　超标率变化图

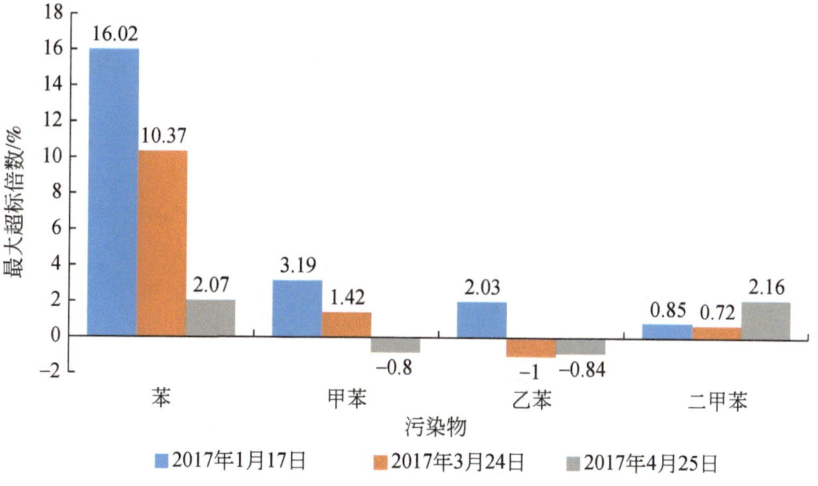

图 9-12　最大超标率变化图

表 9-9　各标准对应的超标倍数

标准	苯	甲苯	乙苯	二甲苯
Ⅴ类	>0. 00	>0. 00	>0. 00	>0. 00
Ⅳ类	≤0. 00	≤0. 00	≤0. 00	≤0. 00
Ⅲ类	≤−0. 92	≤−0. 50	≤−0. 50	≤−0. 50
Ⅱ类	≤−0. 99	≤−0. 90	≤−0. 95	≤−0. 90
Ⅰ类	≤−1. 00	≤−1. 00	≤−1. 00	≤−1. 00

从苯标准等级划分图（图 9-13）可以看出，三期下游 MW6 均为Ⅴ类；1 月，上游 M8 为Ⅴ类，其他为Ⅲ类以上水质；3 月，侧翼 MW5 为Ⅴ类，侧翼 MW10、污染源 MW3、上游 M8、污染源 PM7 为Ⅳ类，其他为Ⅲ类以上水质；4 月，MW10 为Ⅴ类，污染源 PM3、上游所有井（M8、PM7、OTBW5）及侧翼 MW5、M8 均为Ⅳ类。三期综合看，苯在下游分区污染程度严重，以Ⅳ、Ⅴ类为主，背景分区为Ⅲ类以上水质。从时间动态上来看，苯污染范围整体无明显变化趋势。

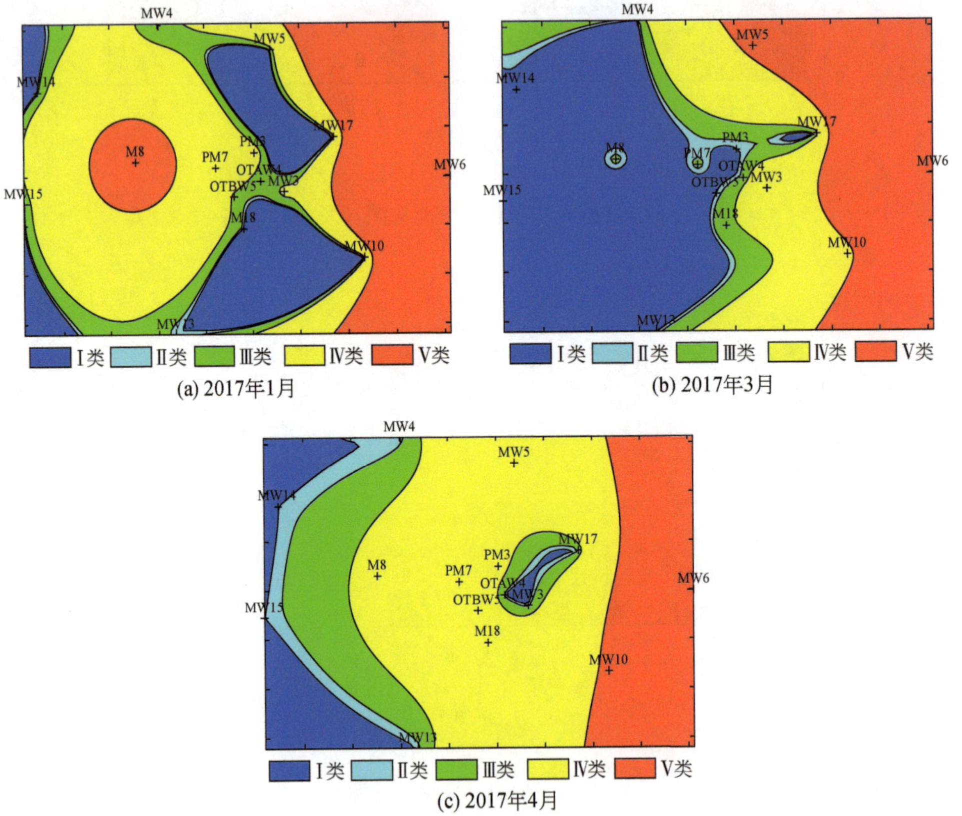

(a) 2017年1月

(b) 2017年3月

(c) 2017年4月

图 9-13　苯标准等级划分图

从甲苯标准等级划分（图 9-14）可以看出，1 月，下游 MW6 为Ⅴ类，其他井为Ⅲ类以上水质；3 月，下游 MW6、污染源 MW3 为Ⅴ类，其他为Ⅲ类以上水质；4 月，全部为Ⅲ类以上水质。三期综合，甲苯在下游分区污染程度严重，以Ⅴ类为主，背景分区为Ⅲ类以上水质。从时间动态上来看，甲苯污染范围整体变小，水质趋好。

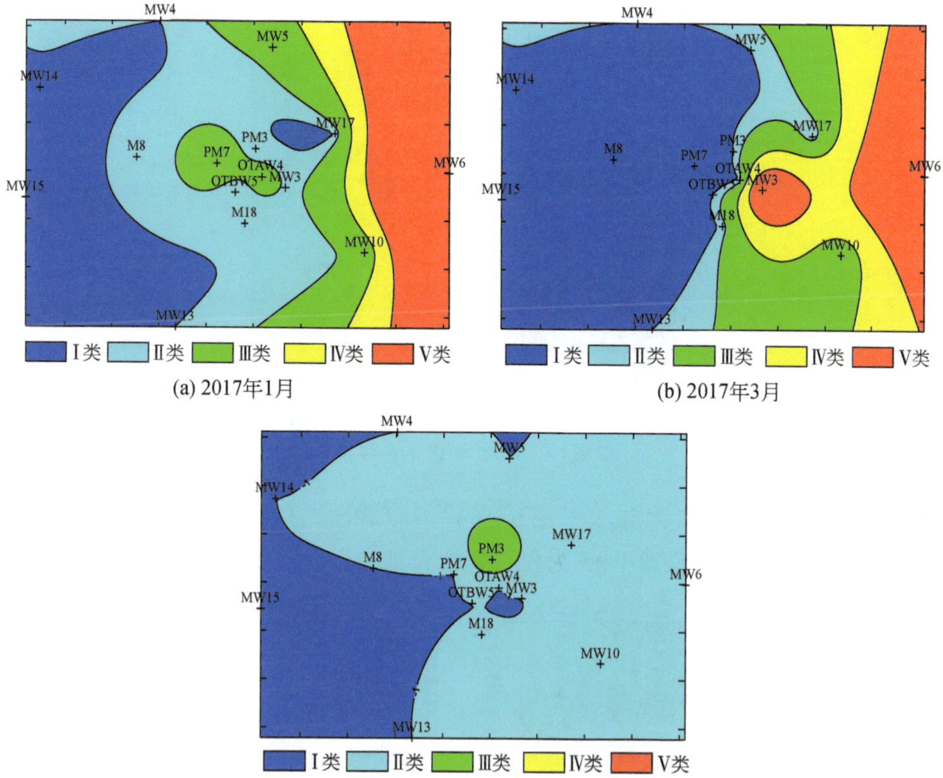

(a) 2017年1月　(b) 2017年3月

(c) 2017年4月

图 9-14　甲苯标准等级划分图

从乙苯标准等级划分图（图 9-15）可以看出，1 月，下游 MW6 和 MW10 为Ⅴ类，其他为Ⅲ类以上水质；3 月、4 月，所有井均为Ⅲ类以上水质，其中 3 月所有井乙苯均未检出。三期综合看，乙苯在下游分区污染程度严重，背景分区为Ⅲ类以上水质。从时间动态上来看，乙苯污染范围整体变小，水质趋好。

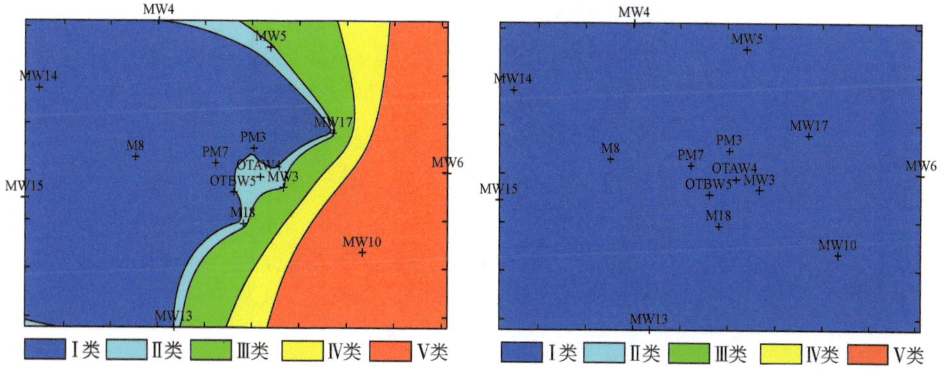

(a) 2017年1月　(b) 2017年3月

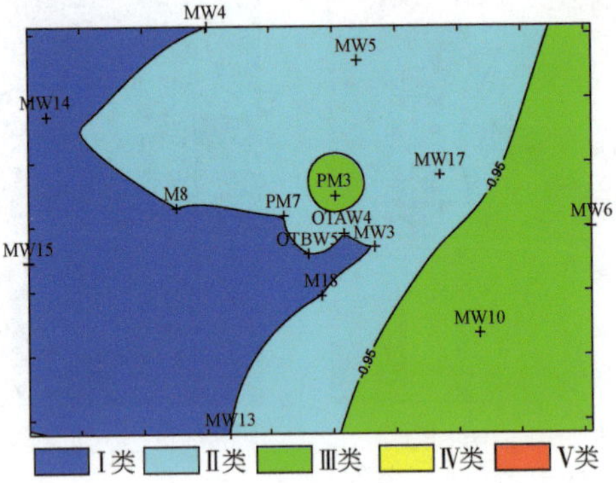

(c) 2017年4月

图 9-15　乙苯标准等级划分图

从二甲苯标准等级划分图（图 9-16）可以看出，1 月，下游 MW6、MW10，上游 PM7 为Ⅴ类，污染源 PM3 为Ⅳ，其他为Ⅲ类以上水质；3 月，下游 MW6、

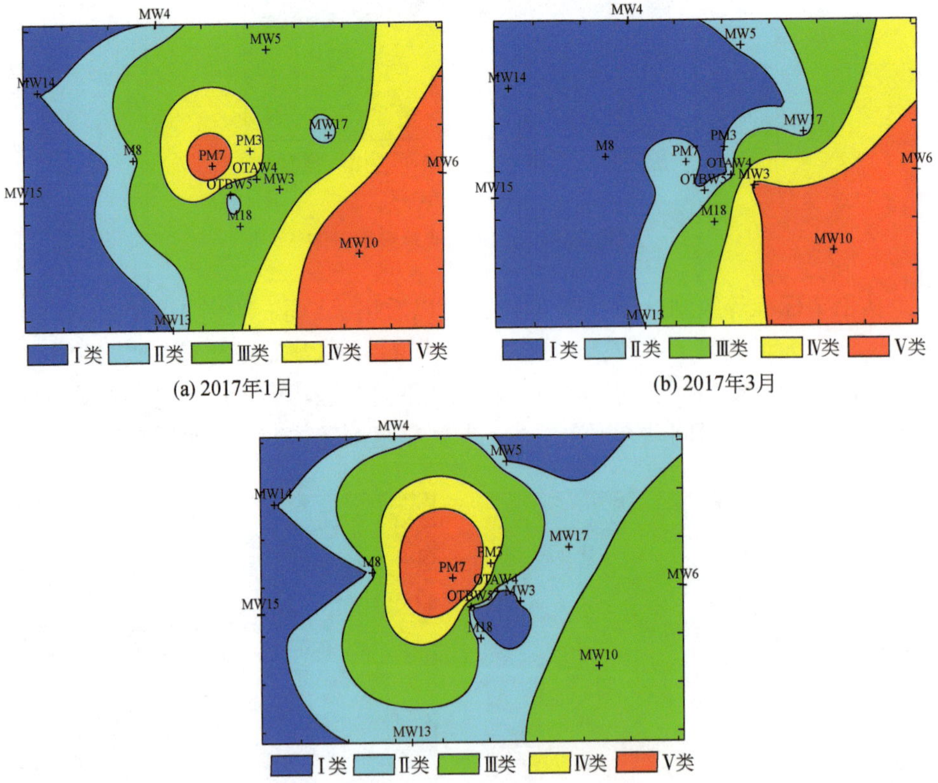

(a) 2017年1月

(b) 2017年3月

(c) 2017年4月

图 9-16　二甲苯标准等级划分图

MW10，污染源 MW3 为Ⅴ类，其他为Ⅲ类以上水质；4 月，污染源 PM3 为Ⅴ类，其他为Ⅲ类以上水质。三期综合看，二甲苯在下游分区污染程度严重，背景分区为Ⅲ类以上水质。从时间动态上来看，二甲苯污染范围整体变小，水质趋好。

9.2.6 小结

1）三期均显示，BTEX 与 VOCs 显著正相关（$R^2 \geqslant 0.9662$，$P=0.000$），VOCs 与 TPH 显著正相关（$R^2 \geqslant 0.6594$，$P=0.000$），TPH 与总污染物（CODcr）无显著关系（$R^2 \leqslant 0.0431$，$P>0.05$）（图 9-17 ~ 图 9-19）。表明 BTEX 是 VOCs，乃至 TPH 降低的主要原因，但污染物总量基本不受 BTEX 变化影响。

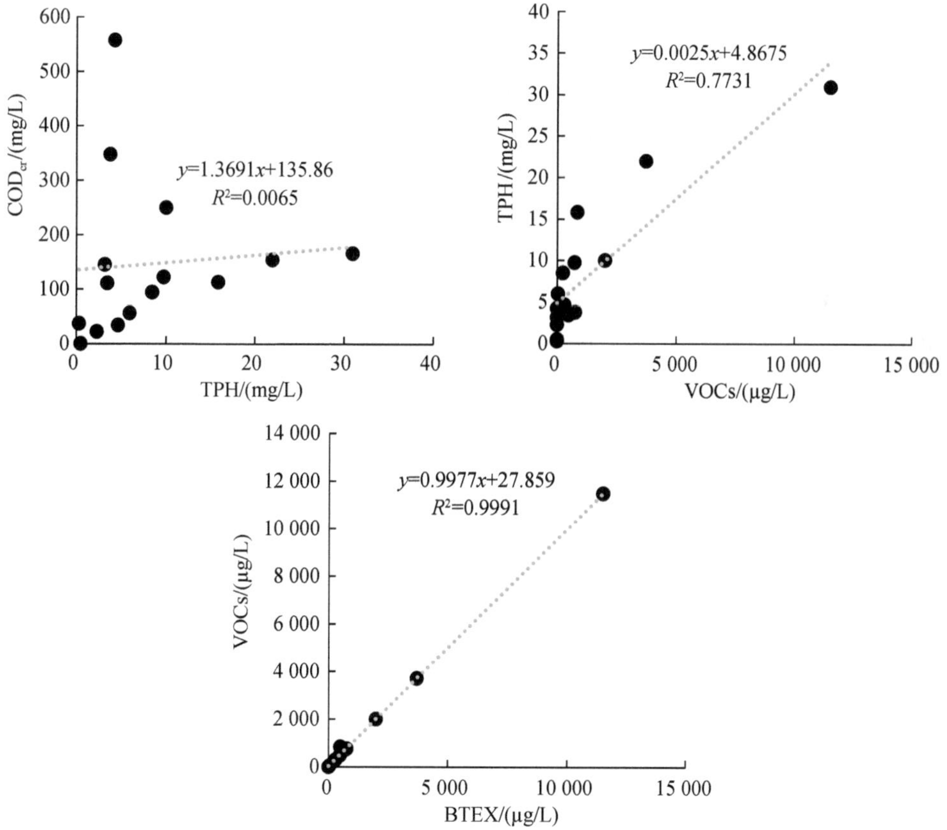

图 9-17 各井污染物指标间相关关系（2017 年 1 月 17 日）

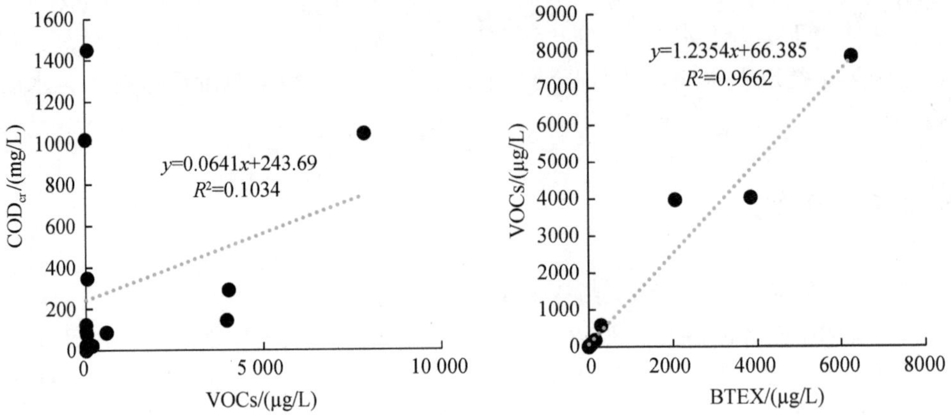

图 9-18　各井污染物指标间相关关系（2017 年 3 月 24 日）

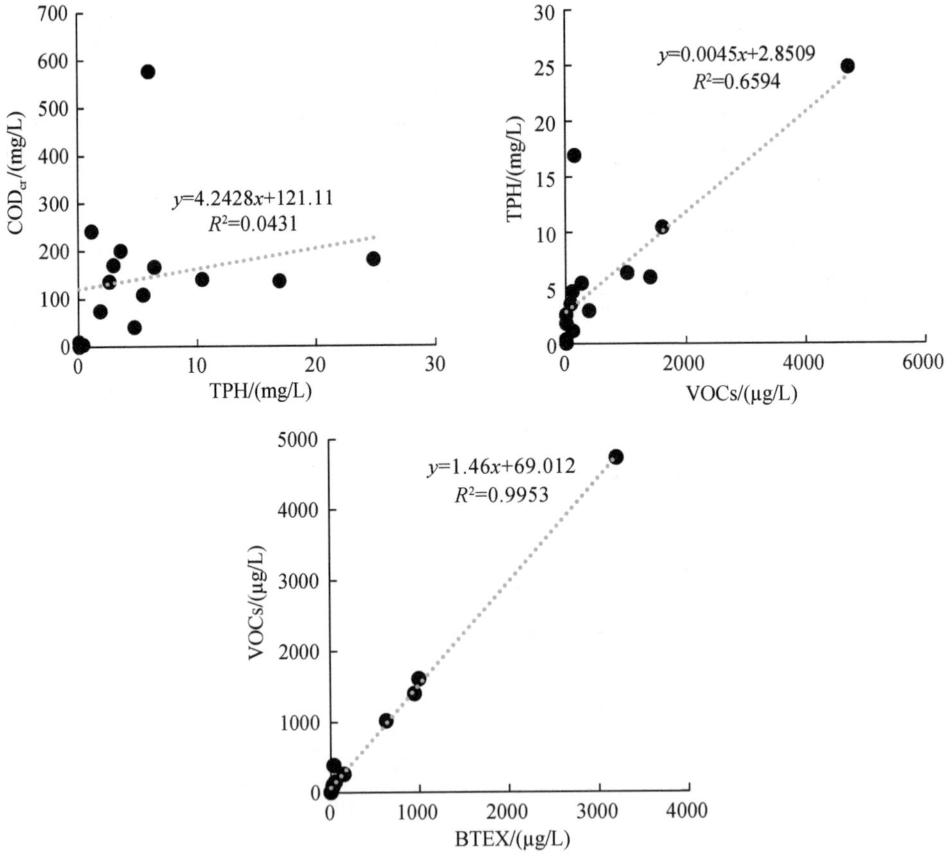

图 9-19　各井污染物指标间相关关系（2017 年 4 月 25 日）

2）TPH占污染物总量（COD_{cr}）的9.66%；VOCs占TPH的13.90%，仅占污染物总量（COD_{cr}）的1.16%；BTEX占VOCs的78.56%，占TPH的11.56%；但BTEX仅占污染物总量（COD_{cr}）的0.98%（表9-10，图9-20），这可能是其无法影响污染物总量的原因。

表9-10 污染物组分比例关系（%）

日期	TPH/COD_{cr}	VOCs/TPH	VOCs/COD_{cr}	BTEX/VOCs	BTEX/TPH	BTEX/COD_{cr}
2017年1月17日	11.33	16.44	1.86	98.20	16.15	1.83
2017年3月24日	—	—	0.71	76.13	—	0.54
2017年3月25日	7.98	11.35	0.91	61.34	6.96	0.56
均值	9.66	13.90	1.16	78.56	11.56	0.98

注：CODcr换算石油类污染物的经验值取2∶1，文中描述取均值。

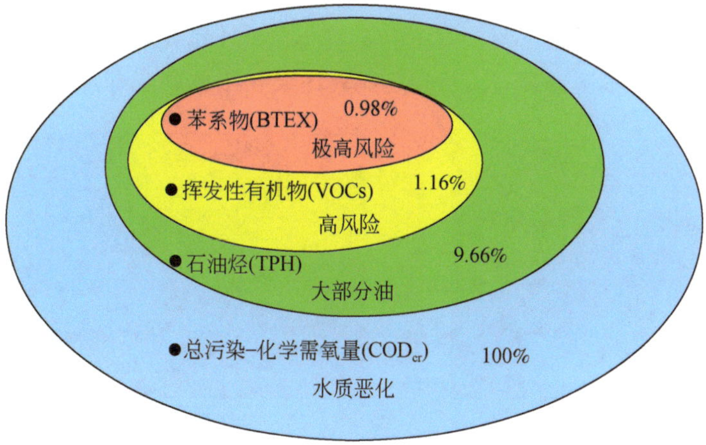

图9-20 污染物组分比例关系图

3）时间动态看，水质总体趋好，但各分区有“反弹”现象发生。

4）各分区污染程度排序：下游>上游>污染源>侧翼>背景。下游多为Ⅴ类；上游常为Ⅴ类；污染源偶为Ⅳ、Ⅴ类；侧翼多为Ⅱ、Ⅲ类；背景分区多为Ⅰ、Ⅱ类。

第 10 章　自然衰减监测评估

10.1　初级评估

10.1.1　污染物时空变化规律

10.1.1.1　化学需氧量

从三期化学需氧量动态图（图 10-1）来看，3 月与 1 月对比：在污染源、上游、下游污染物基本全部升高，背景、侧翼污染物浓度则全部降低；4 月与 3 月

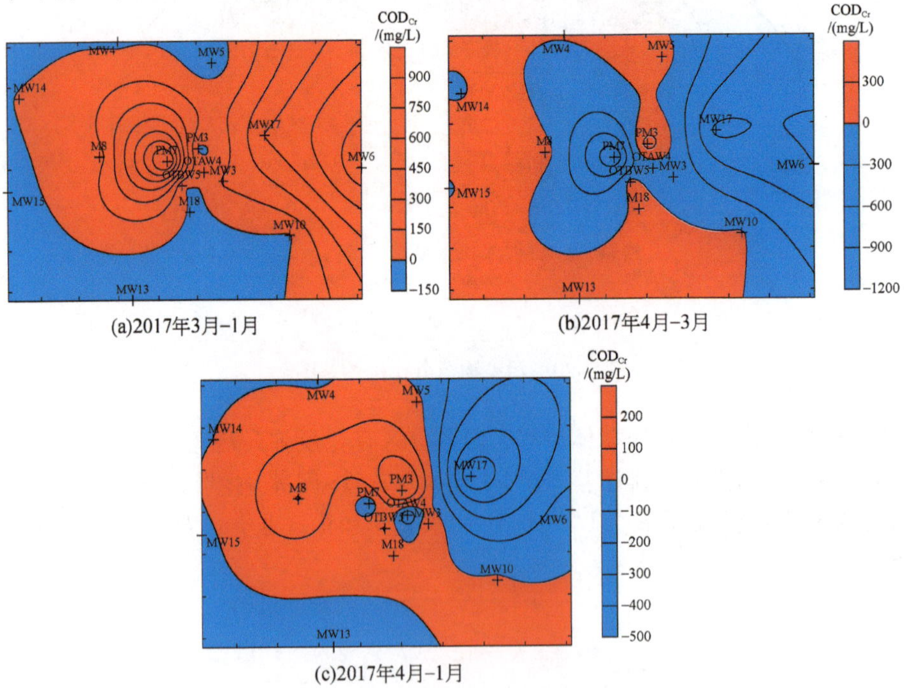

图 10-1　化学需氧量（COD_{Cr}）动态图

2017 年 3 月−1 月，2017 年 4 月−3 月，2017 年 4 月−1 月分别为 3 月与 1 月、4 月与 3 月、4 月与 1 月数据之差绘制的插值图

对比：背景、侧翼污染物浓度基本以升高为主，污染源、上游、下游基本以降低为主，与 1 月到 3 月的趋势正好相反；4 月与 1 月对比整个监测期的变化，污染源、上游以升高为主，下游以降低为主，背景、侧翼变化较小，整体而言，对比 1 月和 4 月结果，污染物总量变化不大。

具体以各分区化学需氧量动态规律图中的均值为主要指标（图 10-2)，1 月至 3 月至 4 月，背景，先降低后持平；侧翼，先降低后升高，且升高至与 1 月基本相当；

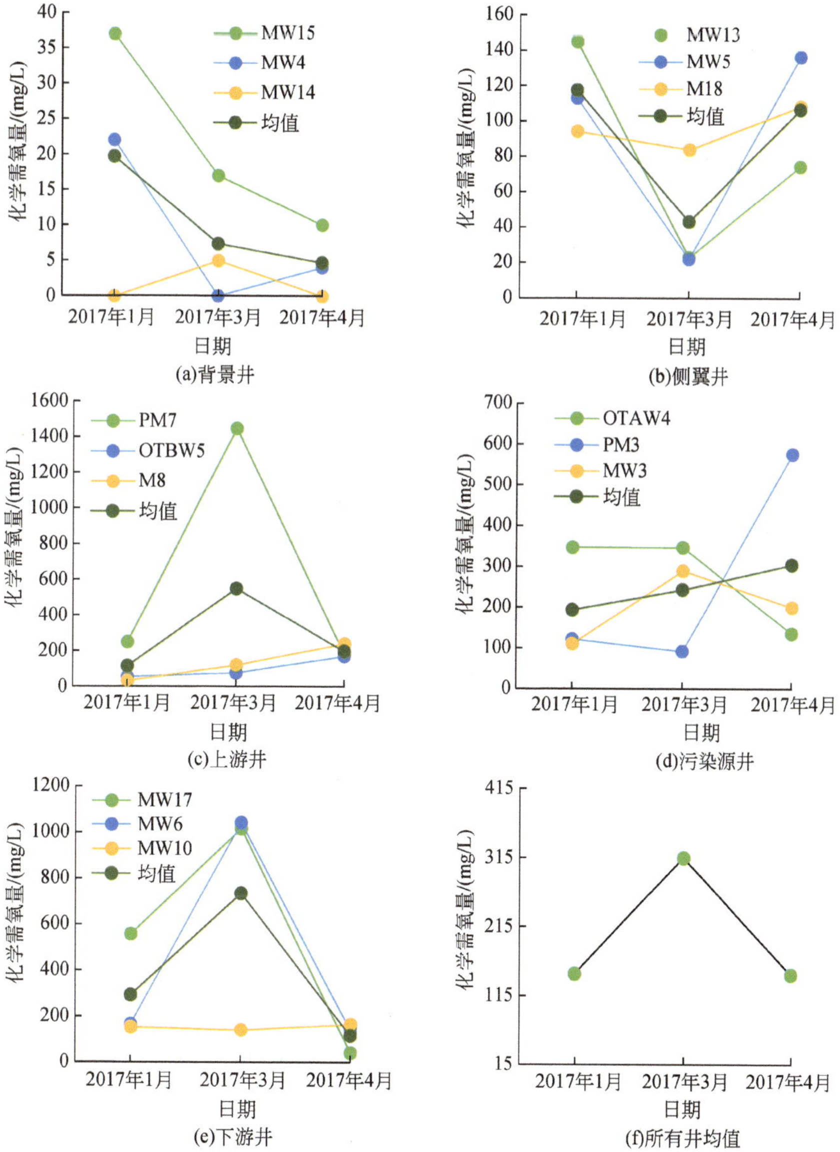

图 10-2 化学需氧量动态规律

上游，先升高后降低，且降低至与1月基本相当；污染源，一直稍有升高；下游，先升高，后降低，且降低至与1月基本相当；从所有井均值来看，先升高后降低。

综上可知，各分区的化学需氧量变化规律基本一致，浓度也基本相当，说明场地总污染物变化受人为不确定性影响可能较小，化学需氧量是观测场地污染变化的良好指标。

对比各分区浓度可知，下游和上游是目前污染物主要聚集区，对比1月和4月数据，该两分区浓度值相当，说明污染物总情况未明显变化。而3月该两分区化学需氧量均出现陡增现象，从水位变化来看，3月进入了水位上升期，一般而言，水位上升极易造成水位波动带上部土壤中的污染物进入地下水，而场地目标含水层上部为粉质黏土隔水层，该层也十分容易吸附有机污染物，在水位上升期该层成为含水层有机污染的一个“相对污染源”，但限于目前场地资料，具体原因仍有待查明。

10.1.1.2 石油烃

从两期石油烃动态图来看（图10-3），4月与1月对比：仅PM7、MW5、MW17的石油烃上升，其他全部降低，以两期所有井均值对比（1月为8.34mg/L、3月为5.82mg/L)，整体降低2.53mg/L，降低了30%。

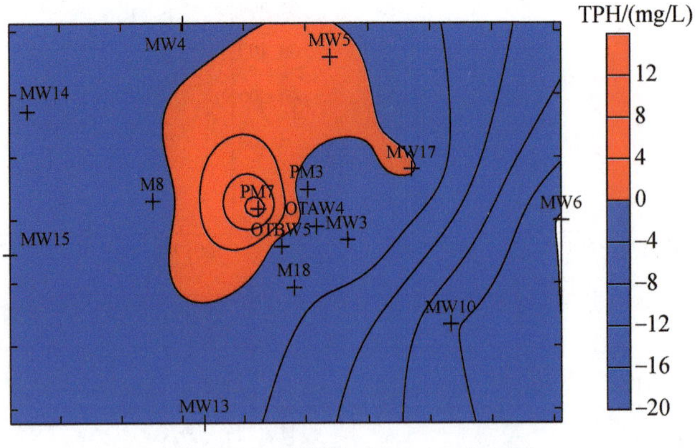

图10-3 石油烃（TPH）动态图

10.1.1.3 挥发性有机物

从三期VOCs动态图（图10-4）来看，3月与1月对比：场地北部VOCs基本全部降低，南部升高；4月与3月对比：场地北部VOCs基本全部升高，南部降低，与1月到3月的趋势正好相反；4月与1月对比整个监测期的变化，场地东北部（下游分区为主）VOCs升高，西南部（污染源及上游分区为主）基本降低。

可见，按照污染分区，VOCs 没有明显的变化规律。这可能是 VOCs 相对于其他污染物更易挥发和降解等，受人为［如抽出-处理（P&T）、气相抽提（SVE）和过氧化氢（H_2O_2）氧化等作用］和自然环境因素（地下水水位、水温等季节变动）影响较大。

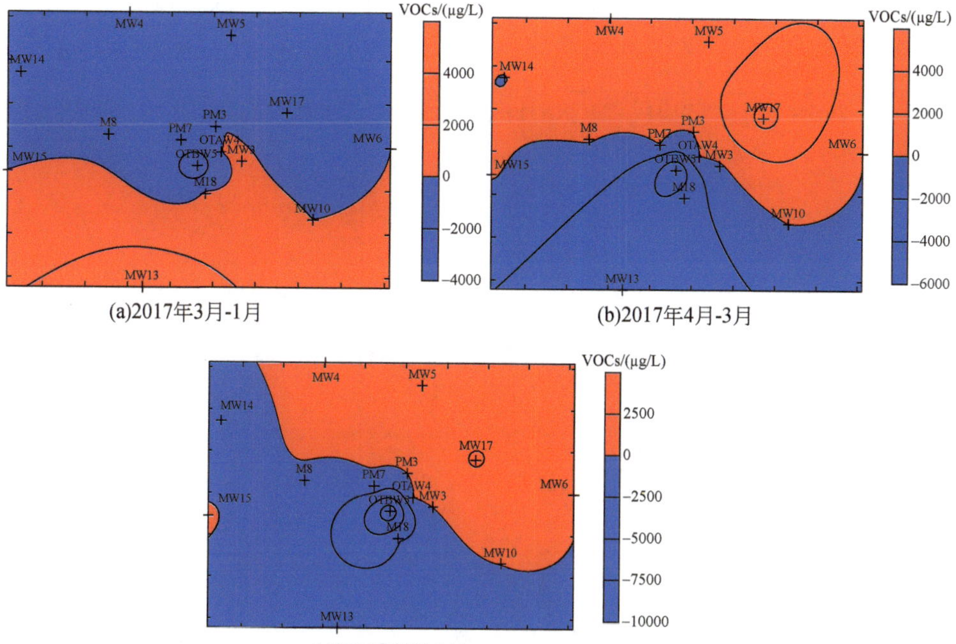

(a)2017年3月-1月

(b)2017年4月-3月

(c)2017年4月-1月

图 10-4　挥发性有机物（VOCs）动态图

从场地挥发性有机物均值及外围 7 井动态图（图 10-5）可看出，总体而言，挥发性有机物以下降为主，挥发性有机物均值 1 月、3 月、4 月分别为 1372μg/L、1116μg/L、661μg/L，4 月与 1 月相比降低了 52%。

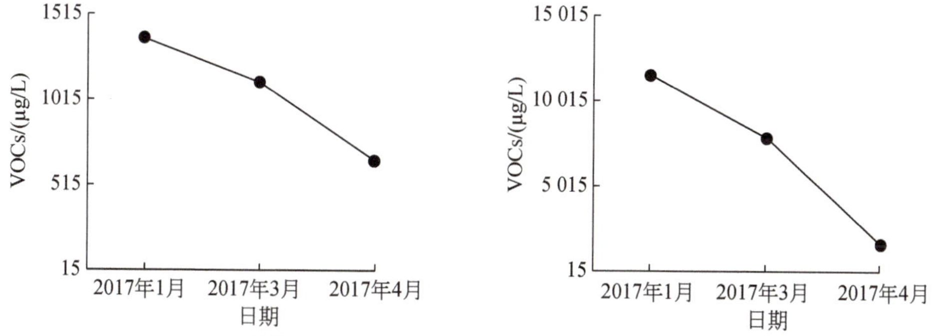

(a)均值

(b)MW6

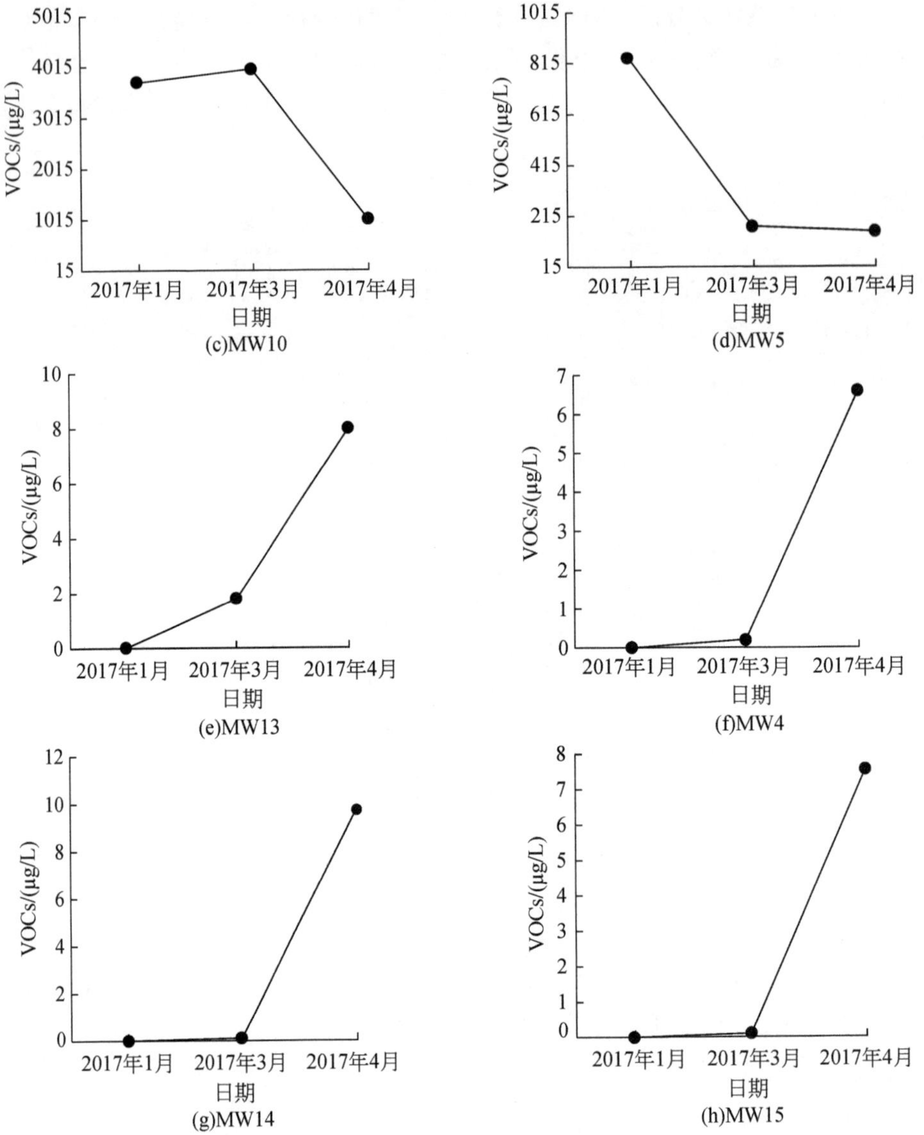

图 10-5　场地 VOCs 均值及外围 7 井动态

场地行政边界外围及背景监测井，相对受人为影响因素（如抽出–处理、气相抽提和过氧化氢氧化等作用）直接影响较小，以该 7 口井观测场地相对天然环境条件下变化。浓度较大的下游 MW6 和 MW10 井，1 月至 4 月，分别降低 86% 和 72%；侧翼 MW5 降低 82%；然而，另一侧翼井 MW13 和 3 口背景井 MW4、MW14 和 MW15 由未检出到检出，虽然检出浓度均低于 10μg/L，但这预示着挥发性有机物的污染范围可能在扩大。

10.1.1.4 苯系物

取场地均值和外围受人为直接影响较少的 MW6、MW5 和 MW10，描述其动态规律。从图 10-6 和图 10-7 可看出，所有苯系物浓度普遍下降，仅邻二甲苯（均值、MW6 和 MW10）先升高后降低，但总体而言，4 月仍低于 1 月。1 月，苯、甲苯、乙苯、间/对二甲苯、邻二甲苯均值分别为 157.27μg/L、488.31μg/L、231.25μg/L、358.25μg/L、112.25μg/L，至 4 月，降至 46.71μg/L、37.10μg/L、16.03μg/L、201.91μg/L 和 103.44μg/L，相对于 1 月，分别降低 70%、92%、93%、44% 和 8%，苯系物总量均值由 269.47μg/L 降为 81.04μg/L，降低了 70%。

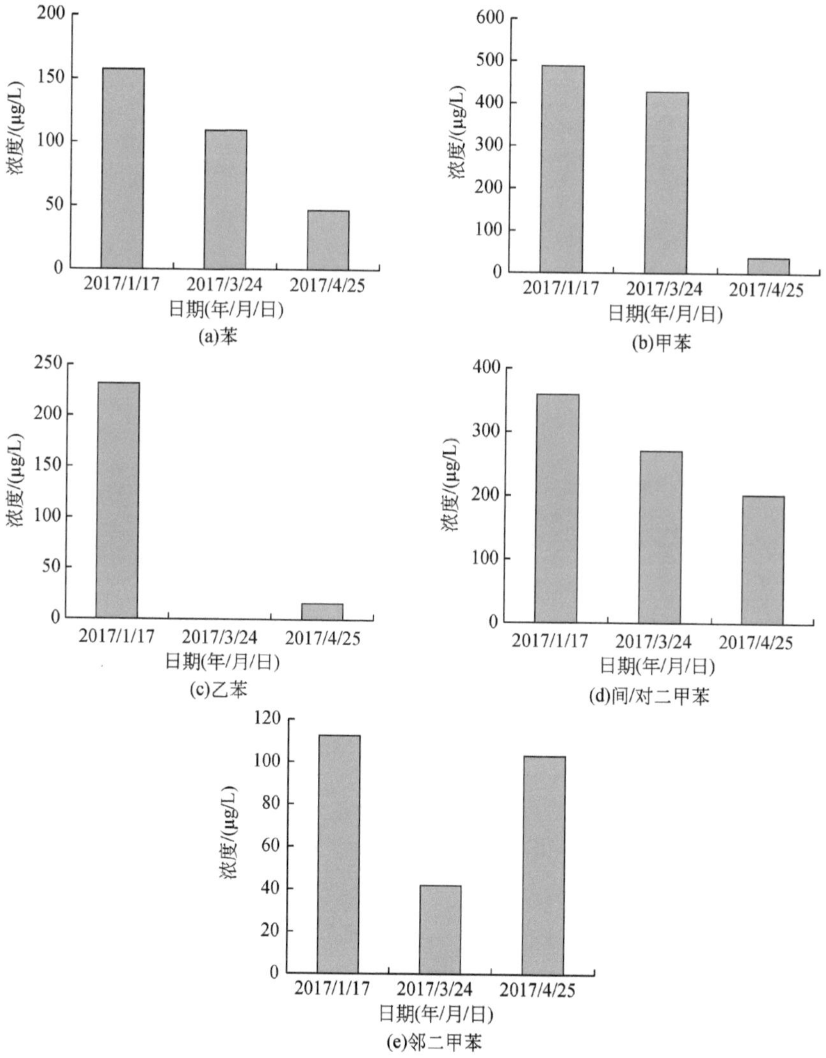

图 10-6 所有井均值变化规律

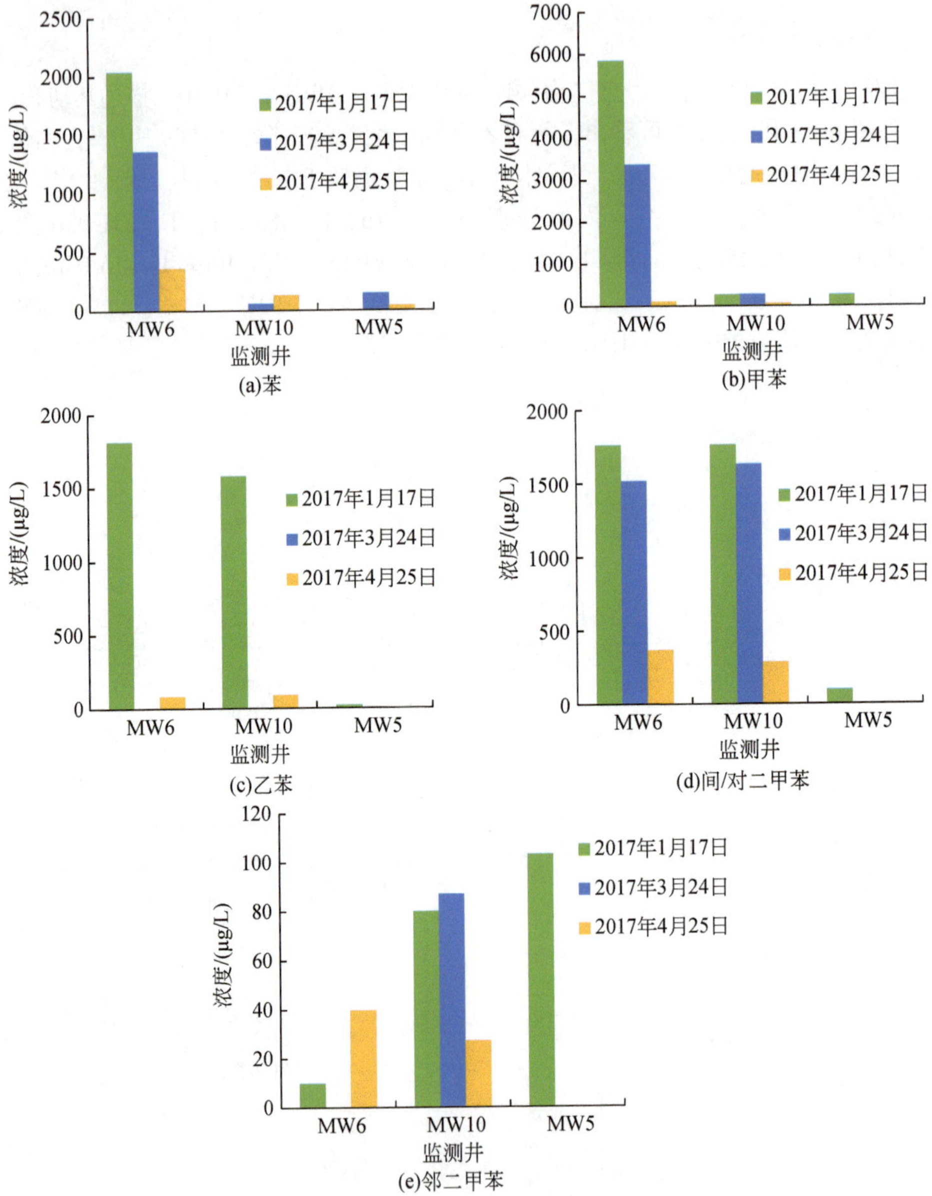

图 10-7 厂区外围 MW6、MW10、MW5 井苯系物动态规律

10.1.1.5 小结

1）通过 1 月、4 月对比可知，地下水污染物总量（以 COD_{Cr} 指示）未变化（均值：147mg/L、146mg/L），但 3 月却增加了 1 倍（均值：315mg/L），这可能

是水位上升的原因。

2）苯系物、挥发性有机物、石油烃总量均值为降低趋势，1 月、4 月对比，三个指标分别降低了 70%、52%、30%，衰减效果为苯系物>挥发性有机物>石油烃。

10.1.2 泄漏量评估

10.1.2.1 基本原理——甲基叔丁基醚示踪

以相对易迁移、难降解、难吸附的常见成品油添加剂甲基叔丁基醚（MTBE）为污染示踪剂，刻画地下水石油类污染分布范围。但 MTBE 相对于一般其他石油类污染物更易迁移，其分布范围与一般石油类污染物范围往往不同。

假设条件：视 MTBE 仅存在于含水层的水中（难吸附），且泄漏后 MTBE 降解较少（难降解），一般汽油中 MTBE 的添加量在 10% 左右，则据此可求水中汽油初始泄漏量，估算石油类污染物泄漏总量。

特别提醒的是：由于假设条件可能与场地存在较大差别，泄漏量评估仅作为参考；该部分主要是讨论量化污染物泄漏量的方法。

10.1.2.2 泄漏量评估

（1）常用方法-均值法

“常用方法-均值法”是一般方法，评估公式为

$$m_{泄漏量}=\frac{\overline{w_i}\times S}{c} \qquad w_i=C_{MTBE}\times d\times n \tag{10-1}$$

式中，$m_{泄漏量}$为石油泄漏量（g）；$\overline{w_i}$为各断面 MTBE 质量均值（g/m^2）；S 为场地面积（m^2，取 $400m\times500m=2\times10^5m^2$）；$c$ 为石油中 MTBE 的质量添加比例（无量纲，取 10%）；w_i 为各断面 MTBE 质量（g/m^2）；C_{MTBE} 为 MTBE 质量浓度（mg/L）；d 为含水层厚度（m）；n 为含水层孔隙度（无量纲，取 30%）。

以 $w_i=C_{MTBE}\times d\times n$ 计算得到各断面质量见表 10-1。

表 10-1　MTBE 均值法估算汽油泄漏量统计表

监测井	浓度/(mg/L)	含水层厚度/m	断面质量/(g/m^2)
M18	1.452	2.80	1.220
M8	0.961	3.75	1.081
MW10	0.187	1.80	0.101

续表

监测井	浓度/(mg/L)	含水层厚度/m	断面质量/(g/m^2)
MW13	1.418	5.40	2.297
MW14	0.000	4.90	0.000
MW15	0.000	4.40	0.000
MW17	5.504	4.00	6.605
MW3	1.843	3.50	1.935
MW4	0.323	6.80	0.659
MW5	13.456	1.80	7.266
MW6	0.131	4.00	0.158
OTAW4	2.956	2.80	2.483
OTBW5	2.854	3.00	2.569
PM3	2.467	3.70	2.738
PM7	1.930	3.60	2.084
均值	—	—	2.080

注：其中 M8 含水层厚度数据缺失，取其他井的均值。

以 $m_{泄漏量}=\dfrac{\overline{w_i}\times S}{c}$ 计算石油泄漏量：

$$m_{泄漏量}=\frac{2.080\text{g/m}^2\times2\times10^5\text{m}^2}{10\%}=4160\text{kg}$$

(2) 累积百分比-中值法

本研究强调污染分布特征，建立了“累积百分比-中值法”评估石油泄漏量。评估公式为

$$m_{泄漏量}=\frac{C_{\text{mid}}\times\bar{d}\times n\times S}{c} \tag{10-2}$$

式中，C_{mid} 为各井 MTBE 质量浓度的中值（mg/L）；$\bar{d}$ 为各井含水层厚度均值（m）；其他符号含义同上“均值法”。

C_{mid} 的获取方法如下：以 MTBE 质量浓度为自变量，累积百分比为因变量，作回归分析（图 10-8），发现二者满足对数回归（$R^2=0.9077$），回归方程为 $y=18.914\ln x+53.526$，取累积百分比 $y=100$，计算得到 $\ln x=2.46$，则 $\ln x$ 的中值为 1.23，对应的 MTBE 质量浓度 x 取值为 3.42mg/L。

则将中值 3.42mg/L 代入 $m_{泄漏量}=\dfrac{C_{\text{mid}}\times\bar{d}\times n\times S}{c}$ 计算石油泄漏量：

$$m_{泄漏量}=\frac{3.416\text{mg/L}\times3.75\text{m}\times30\%\times2\times10^5\text{m}^2}{10\%}=6764\text{kg}$$

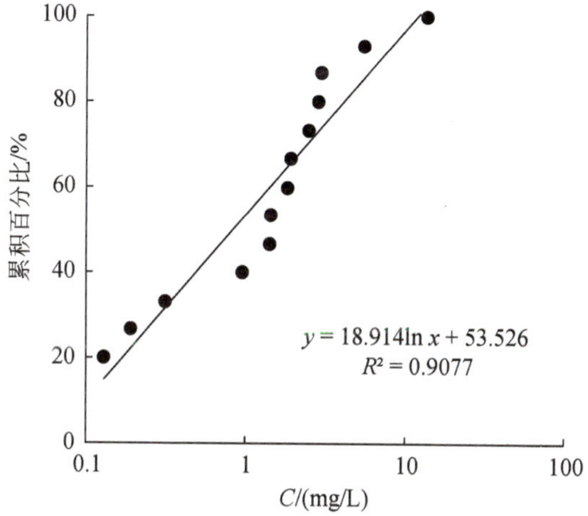

图 10-8　MTBE 累积百分比分布图

10.1.2.3　不确定性分析

(1) 甲基叔丁基醚分布范围不确定

由图 10-9 可以看出，现有取样井并未完整刻画 MTBE 的污染羽分布范围（MTBE 迁移范围大）；根据场地流场特征，MTBE 污染羽应向东北方向展布，依据经验，该分布范围极可能严重低估了现有含水层中 MTBE 含量。

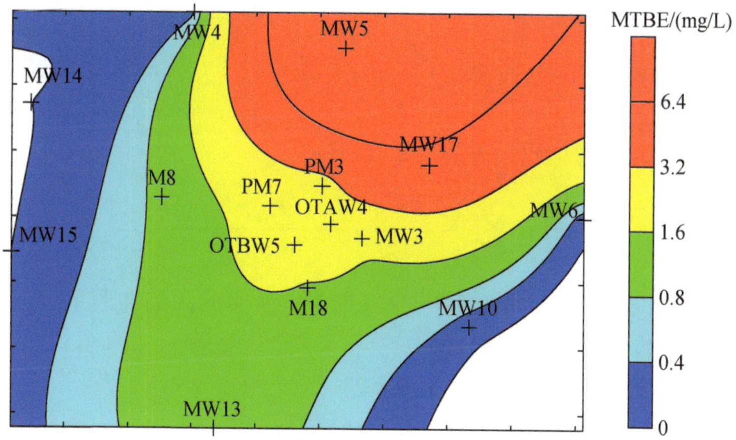

图 10-9　甲基叔丁基醚（MTBE）分布图（2017 年 4 月）

(2) MTBE 降解、吸附不确定

有关 MTBE 微生物降解的研究表明，MTBE 在自然条件下可降解，且 MTBE

并非完全不吸附，场地 MTBE 很可能也发生了一定的降解，因此，评估的石油泄漏量偏低。

（3）石油中 MTBE 添加比例不确定

场地泄漏石油的 MTBE 添加比例并不一定是 10%，但 MTBE 添加量一般不会超过 10%，本评估取 10% 估算石油泄漏量，低估了石油泄漏量。

综合而言，现有评估方法保守评估了石油泄漏量，且低估量可能较大。

10.1.3 质量通量评估

10.1.3.1 基本原理——断面对流通量

质量守恒分析，仅考虑地下水对流作用，计算各断面污染物对流通量，以其估算非降解作用量。采用的计算公式分别如下：

（1）断面污染物通量：

$$w_i = C_i Q_i = C_i K_i A_i J_i \tag{10-3}$$

式中，w_i、C_i、Q_i、K_i、A_i、J_i分别代表 i 断面的污染物通量（g/d）、所有井污染物质量浓度均值（g/m^3）、流量（m^3/d）、渗透系数（m/d）、面积（m^2）、水力坡度（无量纲）。

（2）断面污染物平均通量：

$$\overline{w}_i = \frac{m_i}{t_n - t_j} \tag{10-4}$$

式中，t_j、t_n、m_i分别代表 j 时刻（d）、n 时刻（d）、j 至 n 时长通过 i 断面的污染物总质量（g）。

其中，断面污染物总质量计算公式如下：

$$m_i = \sum_{j}^{n} \frac{(w_{ij} + w_{i(j+1)})(t_{(j+1)} - t_j)}{2} \tag{10-5}$$

式中，t_j、w_{ij}、m_i分别代表 j 时刻（d）、j 时刻 i 断面的污染物通量（g/d）、j 至 n 时长通过 i 断面的污染物总质量（g）。

（3）水流路径 i–j 的污染物衰减速率：

$$\lambda_{i-j} = -\ln\left(\frac{C_j}{C_i}\right)\frac{K_{i-j} J_{i-j}}{l_{i-j}} \tag{10-6}$$

式中，C_i、C_j分别代表 i、j 处污染物质量浓度（g/m^3）；λ_{i-j}、K_{i-j}、J_{i-j}、l_{i-j}分别代表沿水流路径 i–j 的污染物衰减速率（d^{-1}）、渗透系数（m/d）、水力坡度（无量纲）、水流路径长度（m）。

（4）两断面间的污染物衰减速率：

$$\lambda_{i-(i+1)} = -\ln\left(\frac{w_{i+1}}{w_i}\right)\frac{K_{i-(i+1)}J_{i-(i+1)}}{l_{i-(i+1)}} \tag{10-7}$$

式中，w_i、w_{i+1}代分别代表 i、$i+1$ 断面的污染物通量（g/d）；$\lambda_{i-(i+1)}$、$K_{i-(i+1)}$、$J_{i-(i+1)}$、$l_{i-(i+1)}$分别代表 $i-(i+1)$ 两断面间的污染物衰减速率（d^{-1}）、渗透系数（m/d）、水力坡度（无量纲）、水流路径长度（m）。

特别提醒的是：从“地下水流场”分析可知，在本研究监测时空尺度内，难以保障水流方向，与长期水流方向一致（特别是污染源附近）；更重要的是厂区内的修复工程对浓度影响很大，衰减速率计算的参考意义不大。因此，此处仅列出（3）、（4）计算公式，下文并未计算衰减速率，以免造成误解。

10.1.3.2 非降解衰减量评估

依据流场分析得到的流量结果（表 10-2），采用断面污染物通量计算公式 $w_i = C_iQ_i = C_iK_iA_iJ_i$ 和断面污染物平均通量计算公式 $\overline{w}_i = \frac{m_i}{t_n - t_j}$，分别计算了不同监测时期的石油烃、挥发性有机物、苯系物（苯、甲苯、乙苯、间/对二甲苯、邻二甲苯）的断面污染物通量（表 10-3 ~ 表 10-5，图 10-10）。严格来讲，每个污染物的迁移特性均不同，TPH、VOCs、BTEX 以混合物计，其对流通量可作为参考，苯、甲苯、乙苯、间/对二甲苯、邻二甲苯的断面污染物通量更为贴切。

表 10-2 断面流量表

项目	背景	上游	污染源	下游	侧翼
流量 Q_i/(m^3/d)	215	132	133	131	100

表 10-3 断面石油烃质量浓度及通量

污染分区	质量浓度 C/(g/m^3)		通量 W/(g/d)	
	2017 年 1 月 17 日	2017 年 4 月 25 日	2017 年 1 月 17 日	2017 年 4 月 25 日
背景	1.02	0.16	218	35
上游	6.87	9.64	907	1273
污染源	5.63	4.06	751	541
下游	19.05	7.17	2489	936
侧翼	9.15	8.07	915	807

表 10-4 断面挥发性有机物、苯系物质量浓度及通量（2017 年）

污染物	污染分区	质量浓度 C/(mg/m^3)			通量 W/(g/d)		
		1 月 17 日	3 月 24 日	4 月 25 日	1 月 17 日	3 月 24 日	4 月 25 日
挥发性有机物	背景	0.00	0.13	7.96	0.00	0.03	1.71
	上游	777.67	36.23	1743.42	166.94	7.78	374.25
	污染源	656.77	1357.13	497.25	87.57	180.95	66.30
	下游	5067.67	3939.33	913.24	675.69	525.24	121.77
	侧翼	357.97	249.50	141.23	35.80	24.95	14.12
苯系物	背景	0.00	0.00	0.00	0.00	0.00	0.00
	上游	773.57	27.77	1090.30	166.06	5.96	234.05
	污染源	650.37	1295.20	322.18	86.72	172.69	42.96
	下游	5067.67	2776.67	548.64	675.69	370.22	73.15
	侧翼	245.00	150.33	64.87	24.50	15.03	6.49
苯	背景	0.00	0.00	0.00	0.00	0.00	0.00
	上游	92.50	1.93	32.28	19.86	0.42	6.93
	污染源	13.17	17.60	6.14	1.76	2.35	0.82
	下游	680.67	475.00	168.32	90.76	63.33	22.44
	侧翼	0.00	52.10	26.82	0.00	5.21	2.68
甲苯	背景	0.00	0.00	0.00	0.00	0.00	0.00
	上游	136.83	1.83	2.82	29.37	0.39	0.60
	污染源	143.43	905.93	95.36	19.12	120.79	12.71
	下游	2047.00	1221.33	76.00	272.93	162.84	10.13
	侧翼	114.27	12.03	11.33	11.43	1.20	1.13
乙苯	背景	0.00	0.00	0.00	0.00	0.00	0.00
	上游	0.17	0.00	0.33	0.04	0.00	0.07
	污染源	14.83	0.00	19.11	1.98	0.00	2.55
	下游	1132.33	0.00	60.33	150.98	0.00	8.04
	侧翼	8.90	0.00	0.39	0.89	0.00	0.04
间/对二甲苯	背景	0.00	0.00	0.00	0.00	0.00	0.00
	上游	377.53	6.17	636.48	81.04	1.32	136.63
	污染源	167.10	222.30	141.85	22.28	29.64	18.91
	下游	1177.67	1051.33	221.23	157.02	140.18	29.50
	侧翼	68.93	73.10	9.98	6.89	7.31	1.00

续表

污染物	污染分区	质量浓度 C/(mg/m³)			通量 W/(g/d)		
		1 月 17 日	3 月 24 日	4 月 25 日	1 月 17 日	3 月 24 日	4 月 25 日
邻二甲苯	背景	0.00	0.00	0.00	0.00	0.00	0.00
	上游	166.53	17.83	418.39	35.75	3.83	89.82
	污染源	311.83	149.37	59.72	41.58	19.92	7.96
	下游	30.00	29.00	22.75	4.00	3.87	3.03
	侧翼	52.90	13.10	16.36	5.29	1.31	1.64

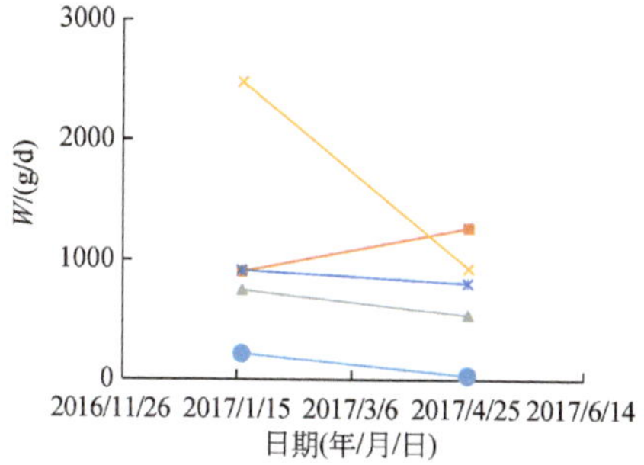

(a)TPH

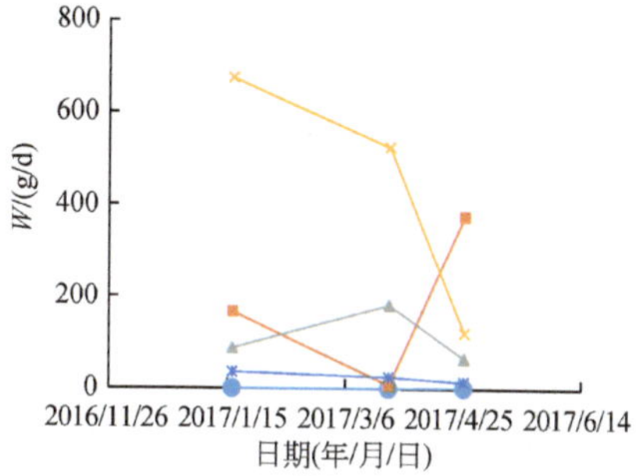

(b)VOCs

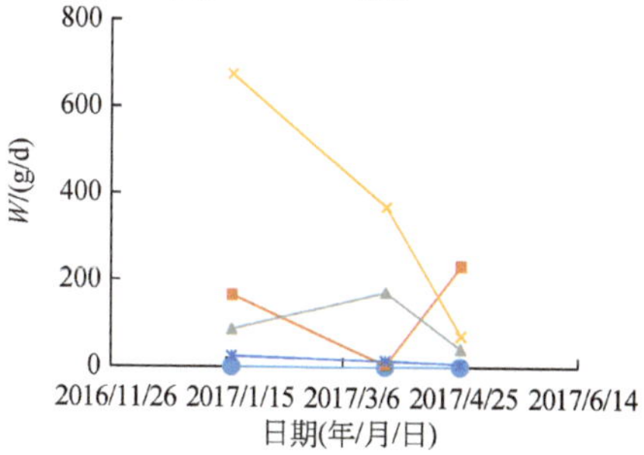

(c)BTEX

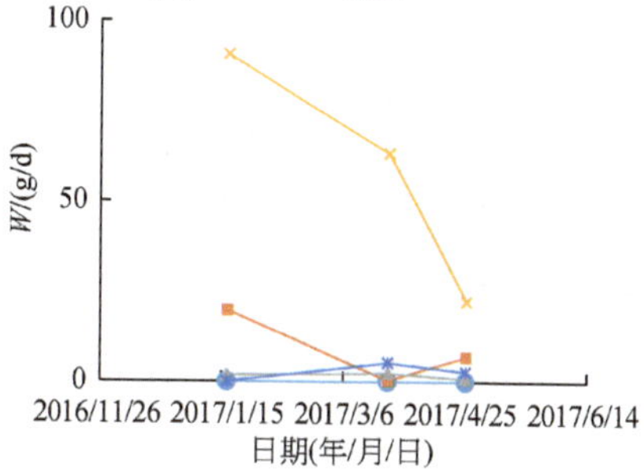

(d)苯

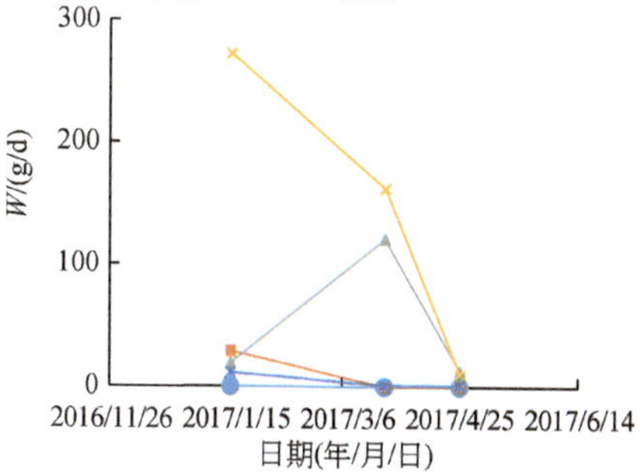

(e)甲苯

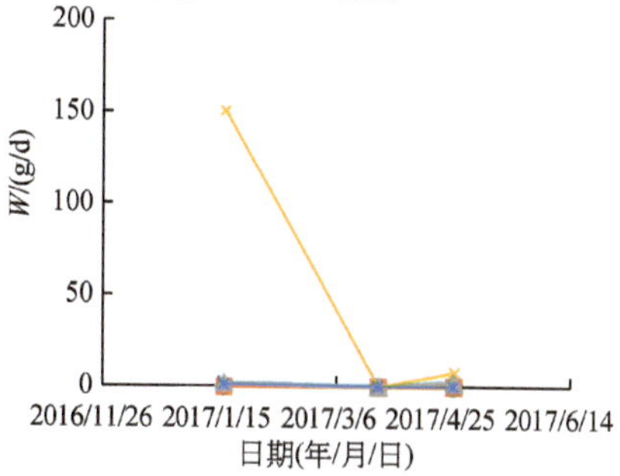

(f)乙苯

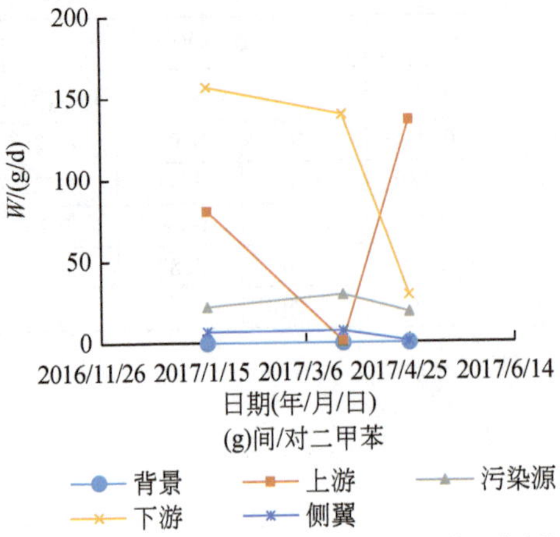

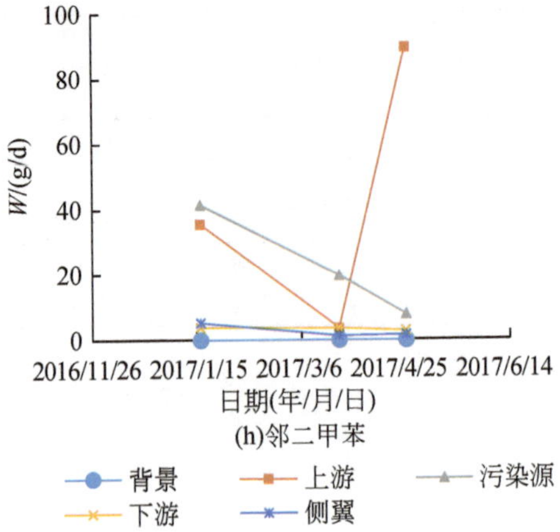

图 10-10　2017 年不同监测期断面通量（*W*）变化图

表 10-5　断面污染物年平均通量（*W*）　　（单位：kg/a）

污染分区	TPH	VOCs	BTEX	苯	甲苯	乙苯	间/对二甲苯	邻二甲苯
背景	46.16	0.11	0.00	0.00	0.00	0.00	0.00	0.00
上游	397.81	44.24	35.45	2.93	3.72	0.01	18.34	10.44
污染源	235.80	47.74	44.73	0.69	25.15	0.39	9.27	9.22
下游	625.17	186.16	154.97	24.05	63.87	19.04	46.64	1.38
侧翼	314.29	9.79	6.14	1.11	1.69	0.11	2.24	0.99

由图 10-11 可见，上游断面间/对二甲苯占 51.75%，污染源断面甲苯占 56.23%，下游断面甲苯占 41.21%，侧翼断面间/对二甲苯占 36.49%。间/对二甲苯和甲苯是主要污染物，各断面对流通量相差较大（表 10-5），难以各断面评估场地整体地下水非降解衰减量。

因此，本书在此视场地评估目标区为一反应“黑箱”，根据“输入-输出”“物料平衡”计算衰减量。概念模型见图 10-12，背景分区（断面 1）污染物输入视为误差，下游断面（断面 4）年平均通量即可视为非降解衰减量（非降解衰减速率），TPH、VOCs、BTEX、苯、甲苯、乙苯、间/对二甲苯、邻二甲苯的非降解衰减量为 625.17kg/a、186.16kg/a、154.97kg/a、24.05kg/a、63.87kg/a、19.04kg/a、46.64kg/a、1.38kg/a（表 10-5）。

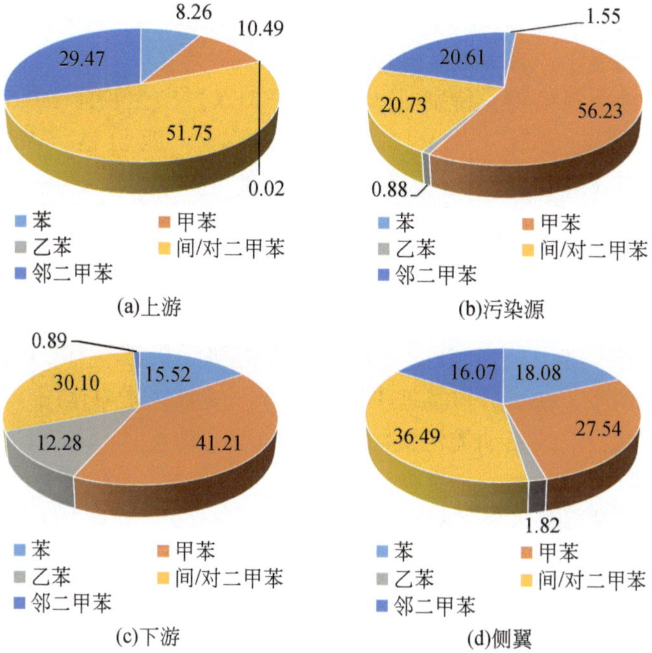

图 10-11 断面各 BTEX 通量比例

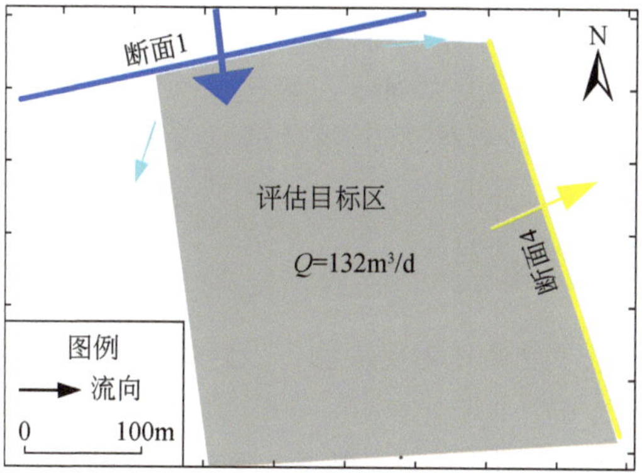

图 10-12 断面对流通量评估概念模型

10.2 中级评估

10.2.1 地球化学动态规律

地下水中有机物微生物降解一般是微生物以有机物作为还原剂，以无机地球化学组分作为氧化剂的氧化还原反应；有机物失去电子，称为电子供体，无机地球化学组分得到电子，称为电子受体。

目前，石油类污染物，特别是苯系物（BTEX）微生物降解的电子受体及其优先反应顺序为：氧气（O_2）、硝酸盐（NO_3^-）、四价锰（Mn^{4+}）、三价铁（Fe^{3+}）、硫酸盐（SO_4^{2-}）、二氧化碳（CO_2），发生好氧、反硝化、锰还原、铁还原、脱硫酸、产甲烷作用。其直接影响微生物降解的速率和总量，一般认为，电子受体浓度变化越大，相应的微生物降解作用发生越强。

本书测定了上述电子受体相关的溶解氧（DO）、硝酸盐（NO_3^-）、二价锰（Mn^{2+}）、二价铁（Fe^{2+}）、硫酸盐（SO_4^{2-}）和溶解无机碳（DIC）指标，按照其电子受体反应顺序，初步分析场地不同污染分区的氧化还原作用，提供地下水微生物降解的证据，反映石油类污染物微生物降解的动态。

10.2.1.1 溶解氧（DO）

溶解氧（DO）指溶解在水里氧的量，是地下水中有机物在微生物好氧作用下的主要反应物来源。

前期工作基础数据显示，场地地下水 DO 较低，为 0.76 ~ 2.38mg/L，均值仅为 1.46mg/L，DO 大量消耗，地下水环境可认为是兼性厌氧环境。三个时期 DO 的含量分布如图 10-13 所示。三期 DO 含量，尤其是厂区内井，异常高（>22mg/L），这是因为地下水中添加了过氧化氢（H_2O_2），产生了大量的 O_2。因此，该 DO 数据并不能作为有效的生物地球化学指标，无法指示微生物降解作用。

10.2.1.2 硝酸盐（NO_3^-）

硝酸盐（NO_3^-）电子受体作为反应物，以背景分区为对照，其他分区浓度降低，说明反硝化作用发生。

三期 NO_3^- 的含量分布如图 10-14 所示。图 10-14 中数据均显示，背景分区 NO_3^- 明显高于其他分区，场地发生了 NO_3^- 参与的微生物降解。NO_3^- 具有明显的分带，由前期资料可知，DO 大量消耗，NO_3^- 进入上游区便发生了 NO_3^- 消耗，初步判断“背景–上游”是 NO_3^- 的主反应区。

通过对比三期数据可知，背景分区的 NO_3^- 浓度不断升高，即由背景分区补给输入场地的 NO_3^- 物源越来越多，反硝化作用越来越强。

10.2.1.3 二价锰（Mn^{2+}）

二价锰（Mn^{2+}）是电子受体四价锰（Mn^{4+}）的产物，以背景分区为对照，其

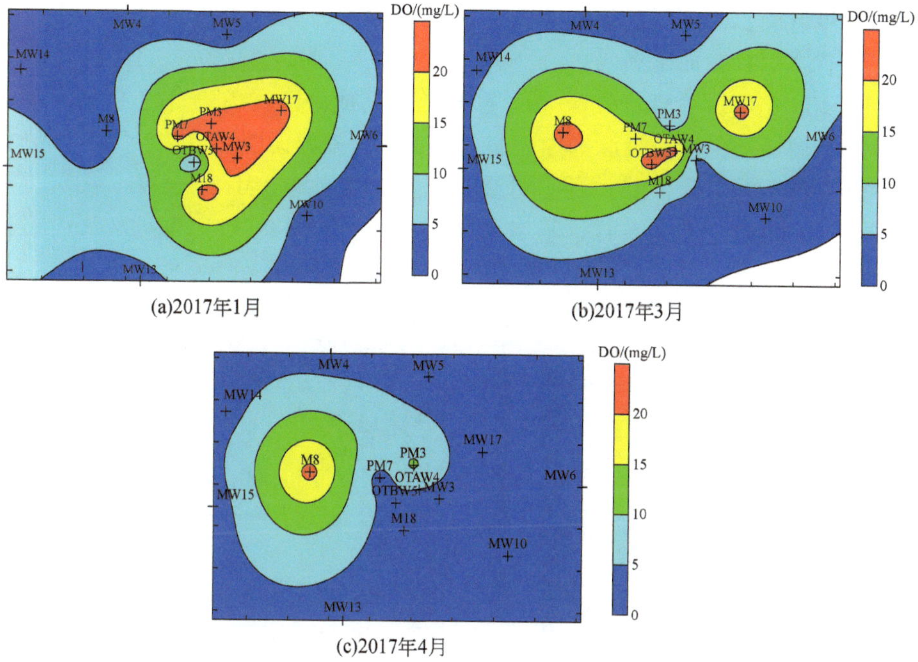

(a)2017年1月

(b)2017年3月

(c)2017年4月

图 10-13　DO 分布图

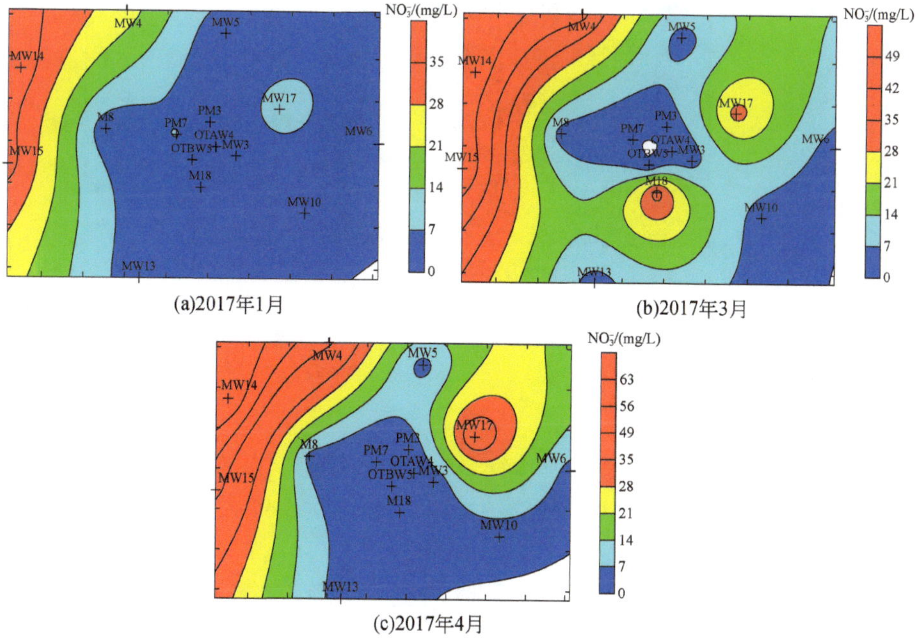

(a)2017年1月

(b)2017年3月

(c)2017年4月

图 10-14　NO_3^-分布图

他分区浓度升高，说明锰还原作用发生。但一般认为 Mn^{4+} 大部分来自于土，其与 NO_3^- 由含水层补给而来不同。

如图 10-15 所示，背景分区 Mn^{2+} 普遍低于其他分区，场地发生了 Mn^{4+} 参与的微生物降解。Mn^{2+} 以污染源为中心明显分带，污染源无明显反应，下游、侧翼（MW5 相对位于污染源下游）反应明显，而上游和侧翼（M18、MW13 相对位于污染源上游）有反应显示，背景基本无反应。下游、侧翼（MW5）为 Mn^{4+} 主要反应区。通过对比三期数据可知，锰还原作用基本相当。

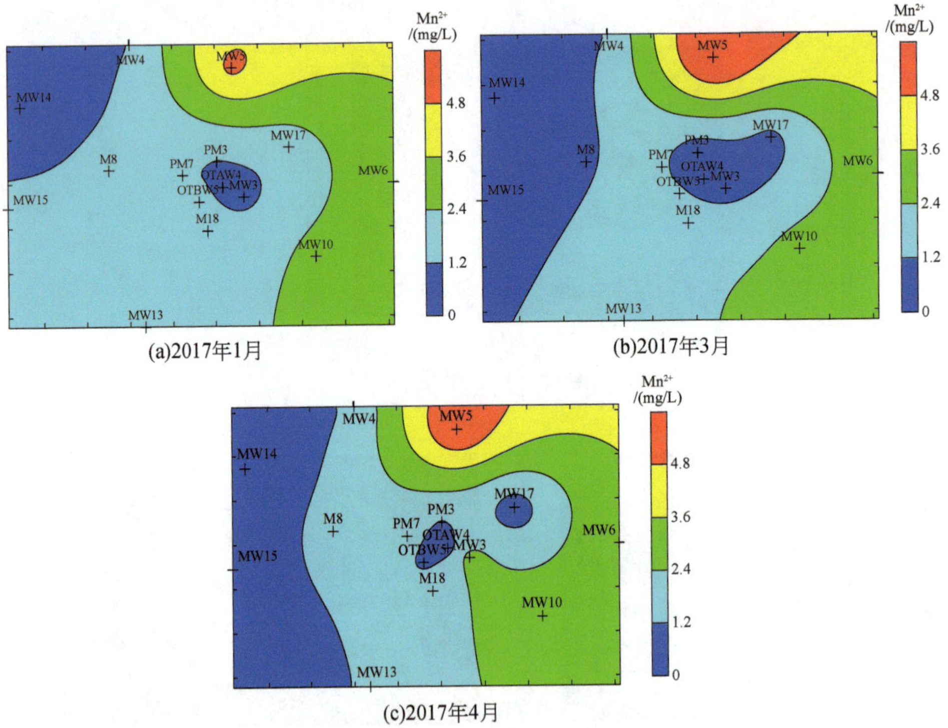

图 10-15　Mn^{2+} 分布图

10.2.1.4　二价铁（Fe^{2+}）

二价铁（Fe^{2+}）是电子受体三价铁（Fe^{3+}）的产物，以背景分区为对照，其他分区浓度升高，说明铁还原作用发生。但一般认为 Fe^{3+} 大部分来自于土，与 Mn^{4+} 类似。

如图 10-16 所示，1 月、4 月数据均显示，背景分区 Fe^{2+} 很低（小于 0.200mg/L），Fe^{2+} 以污染源为边界明显分带，污染源、上游、背景普遍无反应，下游及侧翼反应明显，下游及侧翼为 Fe^{2+} 主要反应区；3 月，除上游 M8 井，所

有分区 Fe^{2+}浓度均小于 0. 200mg/L，普遍很低。

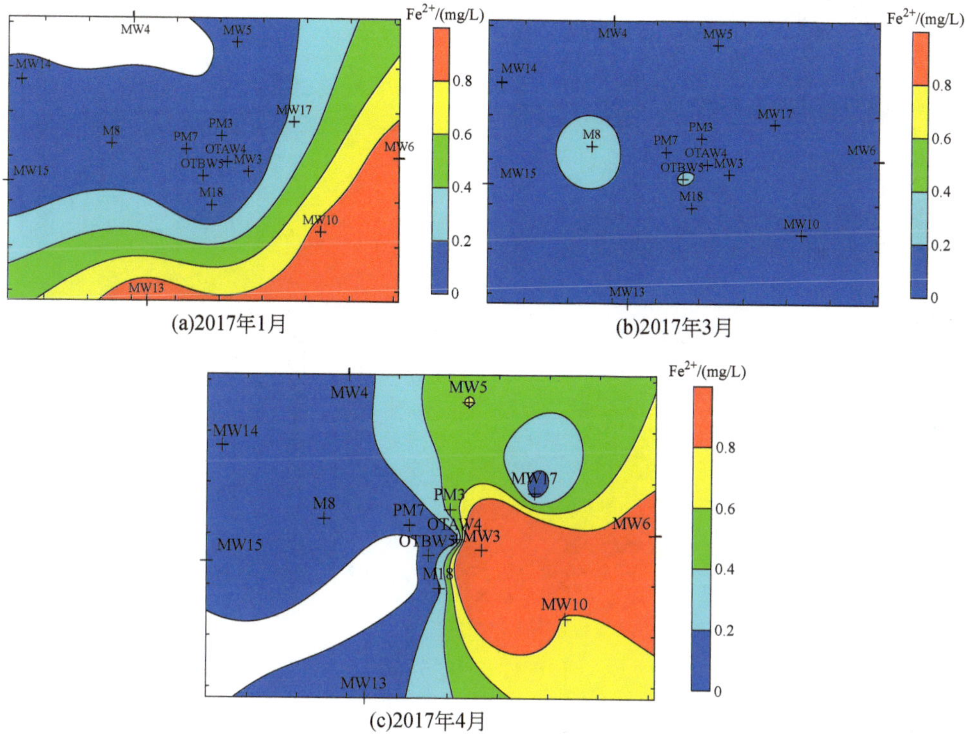

图 10-16　Fe^{2+}分布图

三期数据对比，3 月，铁还原作用最弱，1 月、4 月相对较强，但分布范围有一定差异，分别在场地污染源东南、正东降解。

10. 2. 1. 5　硫酸盐（SO_4^{2-}）

硫酸盐（SO_4^{2-}）电子受体作为反应物，以背景分区为对照，其他分区浓度降低，说明脱硫酸作用发生。

如图 10-17 所示，三期数据均显示，背景分区 SO_4^{2-}明显高于其他分区，场地发生了 SO_4^{2-}参与的微生物降解。SO_4^{2-}具有明显的分带，其反应排序比较落后于 NO_3^-，初步判断“背景-上游-污染源”是 SO_4^{2-}的主反应区。

通过对比三期数据可知，1 月，脱硫酸作用最弱，3 月、4 月相对较强，分布范围稍有差异。

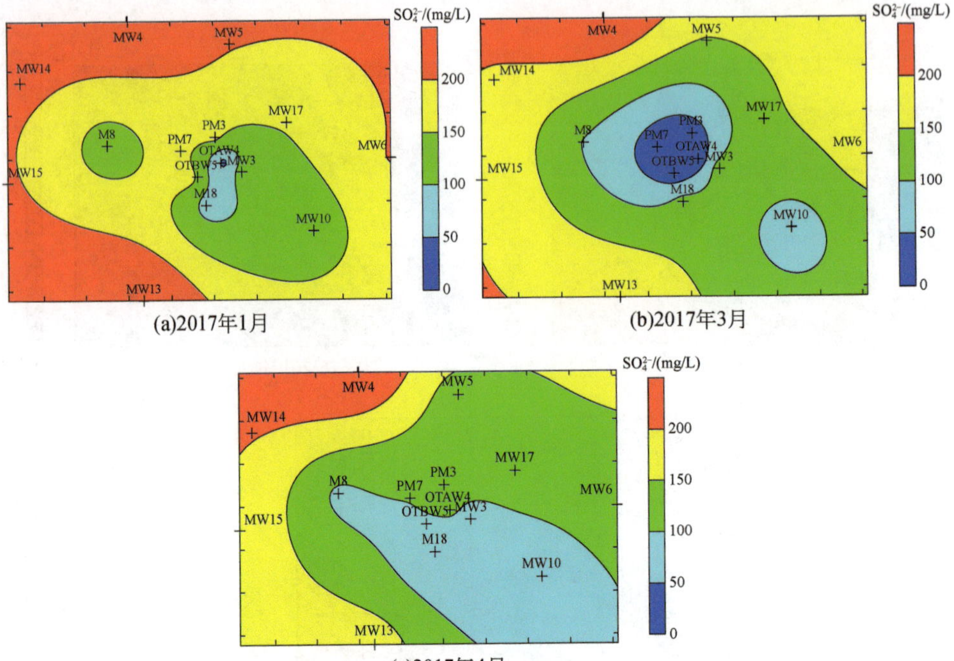

图 10-17 SO_4^{2-}分布图

10.2.1.6 溶解无机碳

溶解无机碳，包括 HCO_3^-、CO_2和 CO_3^{2-}，在微生物降解过程中，其既是苯系物降解产物，又作为电子受体是产甲烷作用的反应物，DIC 是二者共同作用结果的指示。

如图 10-18 所示，三期均显示，与上文其他电子受体指标均不同，场地西北部的背景分区既不是 DIC 的最高值区，也不是最低值区。污染源及东北部下游（MW17）及侧翼（MW5）为最低值区，这可能是强产甲烷作用消耗 DIC，西南部也为低值区，产甲烷作用次之；而东南部可认为是最高值区，结合上面电子受体分析，很可能是 Mn^{4+}、Fe^{3+}，尤其是 SO_4^{2-}反应产生的 CO_2，增大了 DIC。

10.2.1.7 小结

通过对生物地球化学指标初步分析，证明了场地反硝化、锰还原、铁还原、脱硫酸、产甲烷作用的发生，且三期微生物降解作用相似。

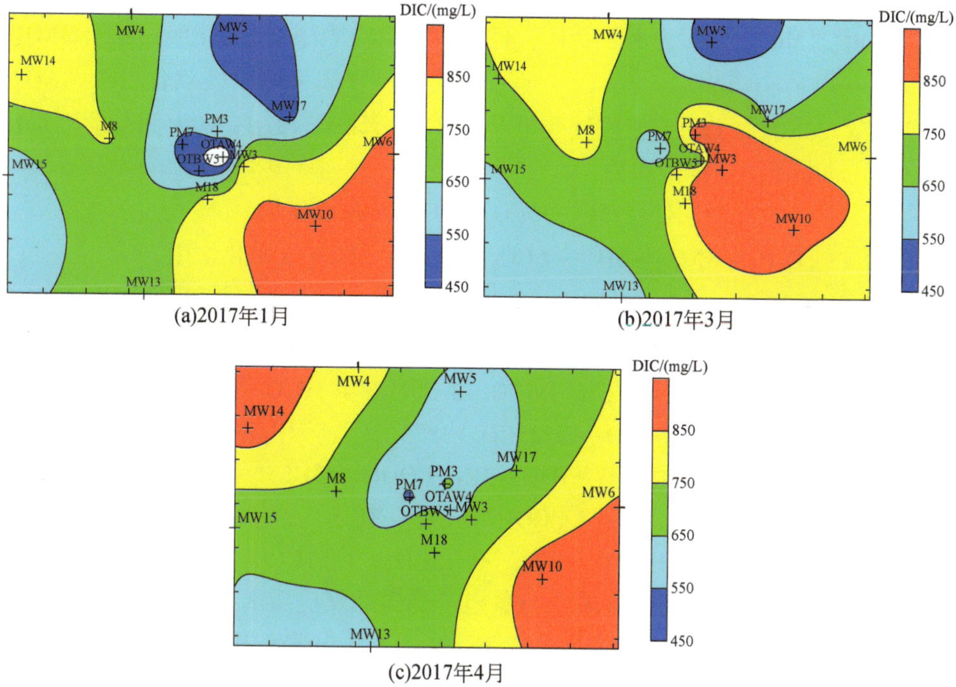

图 10-18 溶解无机碳（DIC）分布图

10.2.2 地球化学反应基本原理

（1）有机物微生物地球化学反应机理

含水层中有机污染物的微生物降解，从微生物角度看，是在一定热力学条件和营养条件下，微生物从氧化-还原反应中获取能量，进行生理代谢的过程。从化学反应角度看，是在一定热力学条件下，氧化物质（电子受体）-还原物质（电子供体）电子转移发生氧化-还原反应的能量转移过程，微生物及其相关营养环境可被认为是氧化还原反应的催化剂。有机物微生物地球化学反应概念方程如图 10-19。

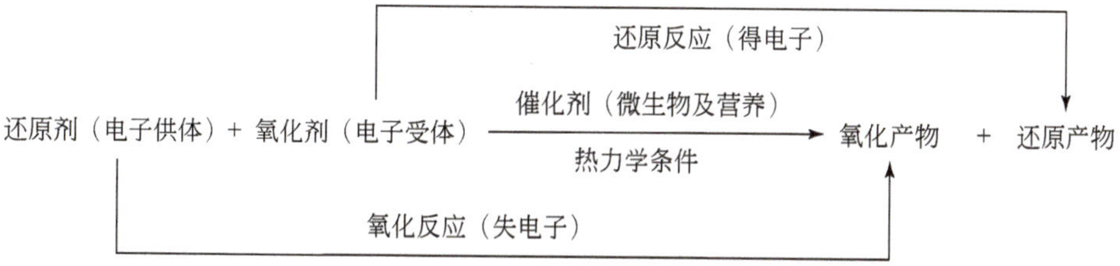

图 10-19 有机物微生物地球化学反应方程

在石油类污染含水层中，可认为石油类污染物为电子供体，溶解 O_2、NO_3^-、SO_4^{2-}、Fe^{3+}、Mn^{4+}、CO_2为电子受体，且热力学反应顺序是：①溶解 O_2；②NO_3^-；③Mn^{4+}；④Fe^{3+}；⑤SO_4^{2-}；⑥CO_2。即石油类污染物失去电子被氧化，O_2、NO_3^-、Mn^{4+}、Fe^{3+}、SO_4^{2-}、CO_2等依次接受电子被还原。以苯（C_6H_6）为例，发生氧化还原反应的顺序及方程依次为

$$C_6H_6+7.5O_2 \rightarrow 6CO_2+3H_2O \text{（好氧作用）}$$

$$C_6H_6+6NO_3^-+6H^+ \rightarrow 6CO_2+6H_2O+3N_2 \text{（反硝化作用）}$$

$$C_6H_6+15Mn(OH)_4+30H^+ \rightarrow 6CO_2+15Mn^{2+}+48H_2O \text{（锰还原作用）}$$

$$C_6H_6+30Fe(OH)_3+60H^+ \rightarrow 6CO_2+30Fe^{2+}+78H_2O \text{（铁还原作用）}$$

$$C_6H_6+3.75SO_4^{2-}+7.5H^+ \rightarrow 6CO_2+3.75H_2S+3H_2O \text{（脱硫酸作用）}$$

$$C_6H_6+4.5H_2O \rightarrow 2.25CO_2+3.75CH_4 \text{（产甲烷作用）}$$

$$C_6H_6+6H_2O \rightarrow 3CH_3COOH+3H_2$$

$$3CH_3COOH \rightarrow 3CH_4+3CO_2$$

$$3H_2+0.75CO_2 \rightarrow 0.75CH_4+1.5H_2O$$

由此可计算出电子受体（苯）与各电子受体的反应质量当量。该反应质量当量也可应用于其他石油类污染物（以 C_nH_n表示），其为微生物利用电子受体降解石油类污染物（C_nH_n）的量，称之利用系数 F（mg/mg）。其物理意义为：微生物降解单位质量（1mg）的电子供体（石油类污染物），所需要的电子受体或生成产物的质量（mg）。从微生物代谢角度，即为好氧作用、反硝化作用、锰还原作用、铁还原作用、脱硫酸作用、产甲烷作用消耗电子受体降解石油类污染物的系数（已有研究推荐 F 经验值分别为 3.14、4.9、10.7、21.8、4.7、0.78）。

（2）单井某电子受体降解能力

单个井中某电子受体/产物的质量浓度变化值与利用系数之比，转化为其降解对应电子供体（石油类污染物）的量，称之为某电子受体降解能力 EBC_x（mg/L）。表达式为

$$EBC_x=\left|\frac{C_B-C_F}{F}\right| \tag{10-8}$$

式中：EBC_x 为单井某电子受体降解能力（mg/L），x 指 O_2、NO_3^-、Mn^{4+}、Fe^{3+}、SO_4^{2-}、CO_2等电子受体；C_B 为背景井中电子受体/产物质量浓度（mg/L），本书电子受体 NO_3^-、SO_4^{2-}取所有井中最大值，产物 Fe^{2+}、Mn^{2+}取所有井中最小值，O_2、CO_2未评估（具体原因见下文）；C_F 为评估井中电子受体/产物质量浓度（mg/L）；F 为石油类污染物（以 C_nH_n表示）利用系数（mg/mg）。

（3）单井所有电子受体降解能力

单个井中所有电子受体的微生物降解能力的总和（认为含水层中降解主要为

微生物降解）表达式为

$$\mathrm{EBC} = \sum \mathrm{EBC}_x \tag{10-9}$$

式中，EBC 为单井所有电子受体降解能力（mg/L）。

需要说明的是，本书所指的所有电子受体不包括 O_2和 CO_2。由于场地一直在添加过氧化氢（H_2O_2），从上文监测指标动态规律的“溶解氧（DO）”可知，地下水中溶解氧（DO）受影响较大，目前场地条件下，生物地球化学方法不适合评估好氧降解作用；另外，从上文“溶解无机碳（DIC）”分析知，场地中 CO_2既是电子受体 O_2、NO_3^-、Mn^{4+}、Fe^{3+}、SO_4^{2-}的产物（浓度增大），同时其自身又可作为电子受体发生产甲烷作用（浓度减少），不宜使用地球化学方法以测得 DIC 浓度来评估产甲烷作用，下文将通过 DIC 的^{13}C 同位素方法评估产甲烷作用。

（4）含水层所有电子受体降解能力

$$\overline{\mathrm{EBC}} = \frac{\sum \mathrm{EBC}}{n} \tag{10-10}$$

式中，$\overline{\mathrm{EBC}}$为含水层降解能力（mg/L）；n 为监测井数量。

（5）含水层所有电子受体降解速率

由于含水层中有机物浓度相对过量，则微生物降解速率主要取决于含水层中电子受体的更新速率，而含水层土中电子受体的浓度相对稳定，因此，本书仅以地下水中电子受体主流向侧向补给更新速率（流量）计算含水层降解速率，表达式为

$$v_{\mathrm{bio}} = (365 \times Q) \times \frac{\overline{\mathrm{EBC}}}{1000} \tag{10-11}$$

式中，v_{bio}为含水层所有电子受体降解速率（kg/a）；Q 为地下水流量（m^3/d，取 $132m^3/d$）；$\overline{\mathrm{EBC}}$同上。

10.2.3 降解速率

（1）降解能力

以 $\mathrm{EBC}_x = \left|\frac{C_B - C_F}{F}\right|$计算各时期单井某电子受体微生物降解能力 EBC_x，以 $\mathrm{EBC} = \sum \mathrm{EBC}_x$ 计算单井所有电子受体降解能力 EBC，数据列在表 10-6 中。以 EBC 为自变量，累积百分比为因变量，作回归分析（图 10-20），发现三期数据均满足线性回归（$R^2 = 0.9536$，0.9686，0.8679），则含水层所有电子受体降解

能力$\overline{EBC}$可取所有井均值表征，分别为30.27mg/L、41.73mg/L、42.03mg/L。

表10-6　单井所有电子受体降解能力　（单位：mg/L）

时间	监测井	NO_3^-	Fe^{3+}	Mn^{4+}	SO_4^{2-}	降解能力
2017年1月	M18	7.73	0.161	0	42.8	50.7
	M8	7.55	0.162	0.003	33.72	41.44
	MW10	7.68	0.264	0.041	32.79	40.77
	MW13	7.44	0.156	0.047	0	7.64
	MW14	0	0	0.001	12.72	12.72
	MW15	0.22	0.15	0.002	15.36	15.73
	MW17	6.02	0.152	0.011	26.47	32.65
	MW3	7.33	0.087	0.004	32.53	39.95
	MW4	3.01	0.113	0	4.62	7.74
	MW5	7.65	0.477	0.001	16.23	24.36
	MW6	7.66	0.297	0.045	16.23	24.23
	OTAW4	7.78	0.071	0.006	52.4	60.26
	OTBW5	7.54	0.171	0	23.68	31.39
	PM3	7.66	0.106	0	24.47	32.24
	PM7	6.47	0.113	0.006	25.57	32.16
	均值	6.12	0.165	0.011	23.97	30.27
2017年3月	M18	3.66	0.195	0	33.7	37.55
	M8	10.78	0.103	0.001	38.4	49.28
	MW10	10.83	0.269	0.001	44.25	55.35
	MW13	10.81	0.168	0.002	17	27.98
	MW14	0.58	0.003	0.013	19.02	19.62
	MW15	0	0.064	0.006	16.96	17.03
	MW17	5.17	0.076	0.002	29.6	34.85
	MW3	10.79	0.076	0	31.68	42.55
	MW4	2.45	0.116	0.007	0	2.57
	MW5	10.79	0.643	0.003	28.13	39.57
	MW6	10.85	0.297	0.006	21.26	32.41
	OTAW4	11.32	0.036	0.008	57.02	68.38
	OTBW5	11.34	0.133	0.01	56.24	67.73
	PM3	10.97	0.047	0.004	54.01	65.02
	PM7	11.39	0.124	0.001	54.6	66.12
	均值	8.11	0.157	0.004	33.46	41.73

续表

时间	监测井	NO_3^-	Fe^{3+}	Mn^{4+}	SO_4^{2-}	降解能力
2017 年 4 月	M18	14. 17	0. 157	0. 005	45. 48	59. 81
	M8	14	0. 159	0. 006	39. 13	53. 29
	MW10	14. 28	0. 29	0. 034	44. 77	59. 38
	MW13	14. 17	0. 118	0. 003	19. 21	33. 51
	MW14	0. 49	0	0	14. 47	14. 96
	MW15	4. 43	0. 046	0	17. 04	21. 52
	MW17	5. 97	0. 041	0. 003	28. 49	34. 5
	MW3	15	0. 264	0. 132	41. 62	57. 02
	MW4	4. 65	0. 126	0. 004	0. 02	4. 8
	MW5	14. 17	0. 585	0. 028	32. 04	46. 83
	MW6	14. 2	0. 322	0. 045	29. 13	43. 7
	OTAW4	14. 22	0. 071	0. 002	34. 32	48. 61
	OTBW5	14. 17	0. 098	0. 003	38. 23	52. 5
	PM3	14. 78	0. 103	0. 021	33. 68	48. 59
	PM7	15	0. 155	0. 001	36. 32	51. 48
	均值	11. 58	0. 169	0. 019	30. 26	42. 03

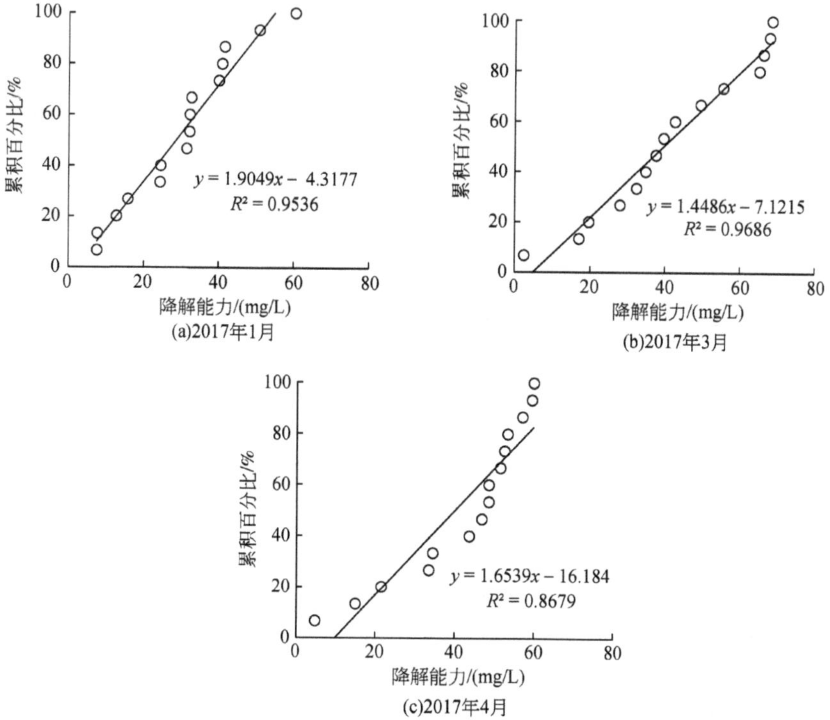

图 10-20　电子受体降解能力–累积百分比分布图

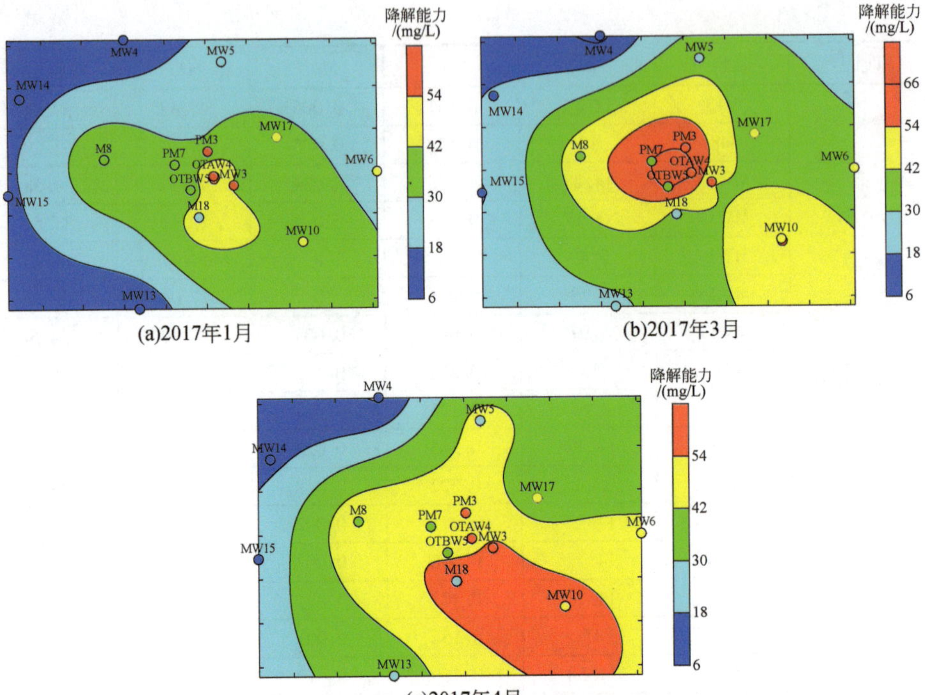

(a)2017年1月　(b)2017年3月　(c)2017年4月

图 10-21　所有电子受体降解能力分布图

此处所有电子受体降解能力仅包含 NO_3^-、Fe^{3+}、SO_4^{2-}、Mn^{4+}

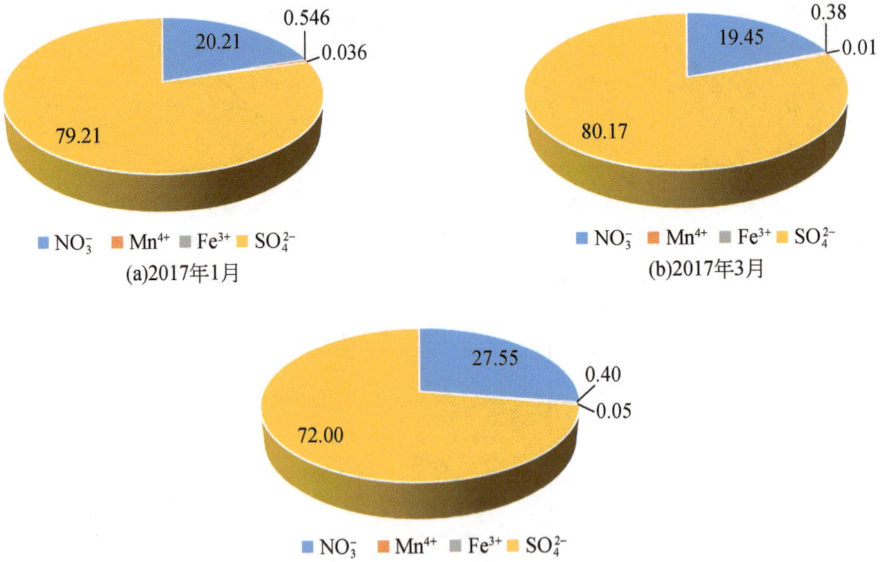

(a)2017年1月　(b)2017年3月　(c)2017年4月

图 10-22　各电子受体提供降解能力比例（%）

由图 10-21 可以看出，三期降解能力分布类似，总体规律是污染源>下游>上游>侧翼>背景；三期动态比较，与 1 月相比，3 月、4 月所有电子受体降解能力增加，且 3 月、4 月间所有电子受体降解能力相当。从图 10-22 可以看出，SO_4^{2-}>NO_3^->Mn^{4+}>Fe^{3+}，三期平均 SO_4^{2-} 占 77.13%，NO_3^- 占 22.40%，Mn^{4+} 占 0.44%，Fe^{3+} 占 0.03%。

（2）降解速率

以 $v_{bio}=(365\times Q)\times\frac{\overline{EBC}}{1000}$估算含水层所有电子受体降解速率，取$\overline{EBC}$三期含水层所有电子受体降解能力（30.27mg/L、41.73mg/L、42.03mg/L）的均值为 38.01mg/L。

$$v_{bio}=(365\times Q)\times\frac{\overline{EBC}}{1000}=(365\times 132)\times\frac{38.01}{1000}=1831(kg/a)$$

含水层所有电子受体降解速率为 1831kg/a，以各电子受体提供降解能力比例，则脱硫酸（SO_4^{2-}：77.13%），反硝化（NO_3^-：22.40%）、锰还原（Mn^{4+}：0.44%）、铁还原（Fe^{3+}：0.03%）的降解速率分别是 1412kg/a、410kg/a、8kg/a、1kg/a。

10.3 高级评估

10.3.1 单体稳定同位素评估

10.3.1.1 单体稳定同位素变化规律

单体稳定同位素（CSIA）：通过测定单个污染物（BTEX）的 $\delta^{13}C$，指示其微生物降解。地下水污染物的 $\delta^{13}C$ 越偏正，微生物降解程度越大，反之亦然。参考美国环保署标准，污染物的 $\delta^{13}C$ 变化大于 2‰，认为其发生显著降解。

由于工作周期内，厂区内部其他修复工程行为对 BTEX 扰动较大，许多监测井未能检出 BTEX，鉴于数据限制，加入了 2016 年 6 月、7 月数据，分析了五期 BTEX 的 ^{13}C 时空变化，证实了 BTEX 微生物降解作用的发生。

（1）时间变化

从 BTEX 的 $\delta^{13}C$ 时间变化图看（图 10-23），除了苯的 $\delta^{13}C$ 明显偏正外，其他苯系物的 $\delta^{13}C$ 变化复杂，数据不连续，变化规律不明显。这是因为厂内许多监测井中的 BTEX 已被去除，未能检测出。

统计各监测井中 BTEX 的 $\delta^{13}C$ 时间变化的极差（表 10-7），发现 BTEX 的

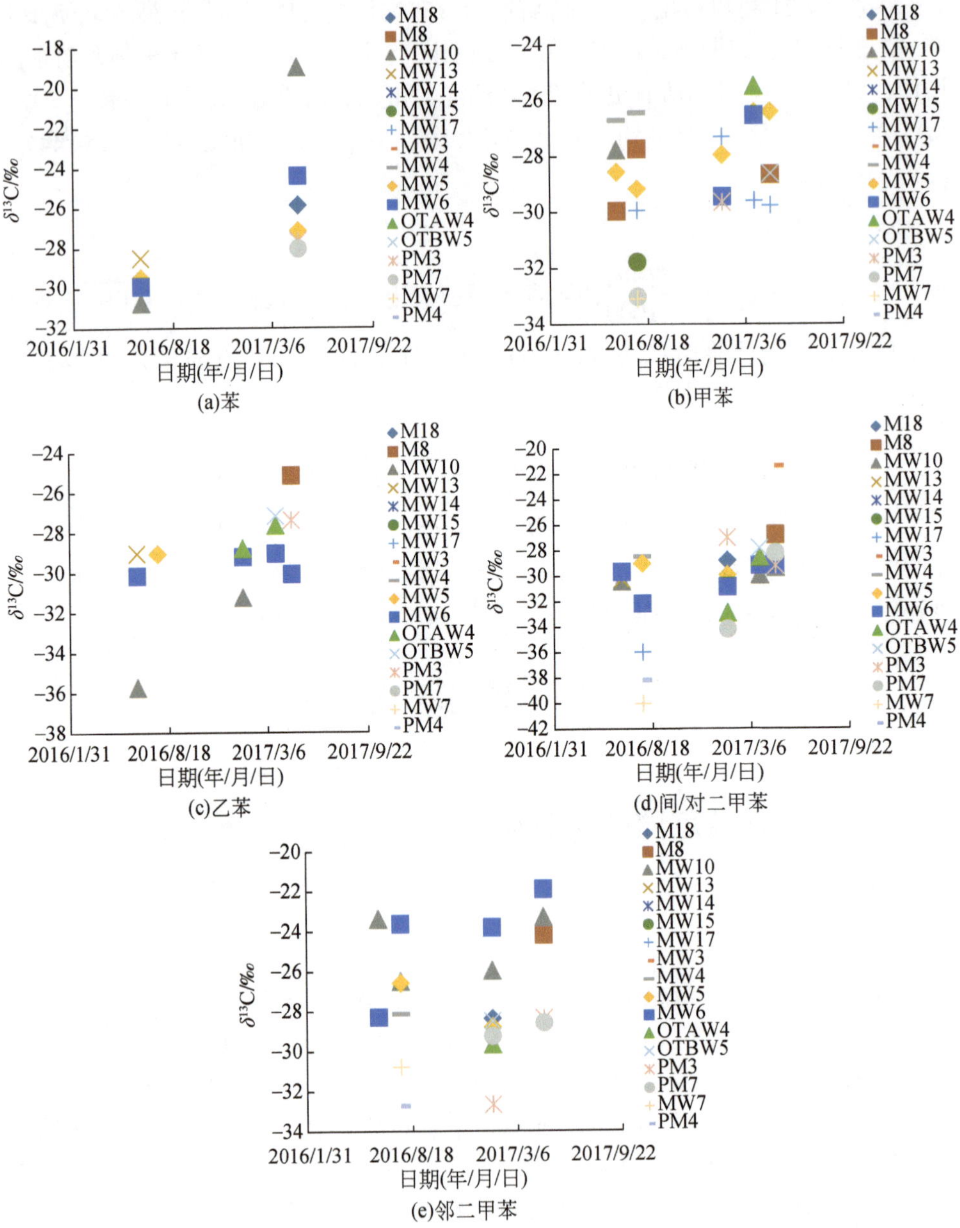

图 10-23　BTEX 的 $\delta^{13}C$ 随时间变化图

$\delta^{13}C$极差大于2‰的有 7 口。其中，PM3、OTAW4、MW3 属于污染源分区，PM7 属于上游分区，MW5 属于侧翼分区，MW6、MW10 属于下游分区。具体为，污染源：PM3 的间/对二甲苯（2.2‰）、邻二甲苯（4.3‰），OTAW4 的甲苯

（2.9‰）、间/对二甲苯（4.4‰），MW3 的甲苯（2.6‰）、间/对二甲苯（8.1‰）；上游：PM7 的甲苯（6.2‰）、间/对二甲苯（6.0‰）；侧翼：MW5 的苯（2.3‰）、邻二甲苯（2.2‰）；下游：MW6 的苯（5.5‰）、甲苯（2.7‰）、间/对二甲苯（3.0‰）、邻二甲苯（6.3‰），MW10 的苯（11.6‰）、甲苯（2.2‰）、乙苯（13.3‰）、邻二甲苯（3.2‰）。

表 10-7　BTEX 的 $\delta^{13}C$ 时间变化极差　（单位：‰）

监测井	BTEX				
	苯	甲苯	乙苯	间/对二甲苯	邻二甲苯
M18	—	—	—	—	—
M8	—	—	—	—	—
MW10	11.6	2.2	13.3	1.0	3.2
MW13	—	—	—	—	—
MW14	—	—	—	—	—
MW15	—	—	—	—	—
MW17	—	—	—	—	—
MW3	—	2.6	—	8.1	—
MW4	—	—	—	—	—
MW5	2.3	0.3	—	0.9	2.2
MW6	5.5	2.7	1.1	3.0	6.3
OTAW4	—	2.9	1.1	4.4	—
OTBW5	—	—	—	—	—
PM3	—	—	—	2.2	4.3
PM7	—	6.2	—	6.0	0.7
MW7	—	—	—	—	—
PM4	—	—	—	—	—

注：—表示未检出，或仅有一点检出，无极差；极差大于 2‰，指示可能显著降解。

由图 10-24 可以看出，PM3 的间/对二甲苯、MW5 的邻二甲苯的 $\delta^{13}C$ 偏负变化（-2.2‰、-2.2‰）；MW3、MW10 的甲苯的 $\delta^{13}C$，虽先偏正（2.6‰、2.2‰），但后又偏负至之前水平。而实际 $\delta^{13}C$ 应是偏正，因此，可以认为 $\delta^{13}C$ 的变化来自于误差，本场地地下水中 BTEX 的 $\delta^{13}C$ 随时间变化的显著指示微生物降解标准可能稍大于 2‰，为此增加一倍，以 4‰作为判断随时间变化 BTEX 显著降解的标准。由于 PM3、OTAW4、MW3 属于污染源井，PM7 属于上游井，

MW5 属于侧翼井，MW6、MW10 属于下游井，可以认为，除了背景分区，其他各分区监测井的 BTEX 均显著降解。

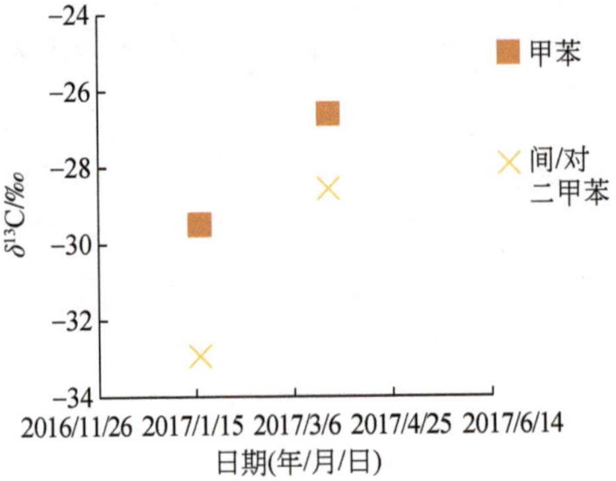

(a)OTAW4

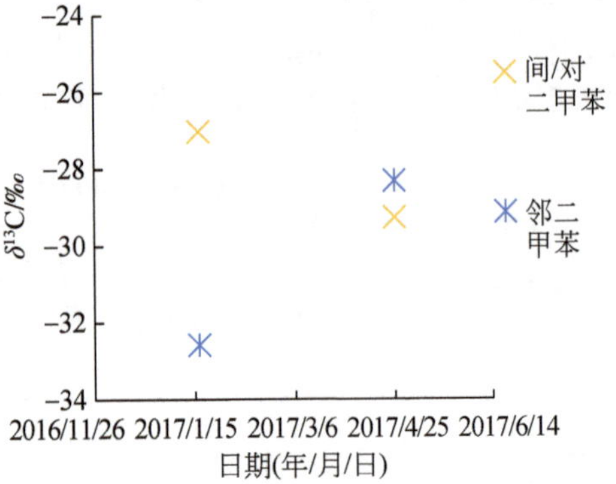

(b)PM3

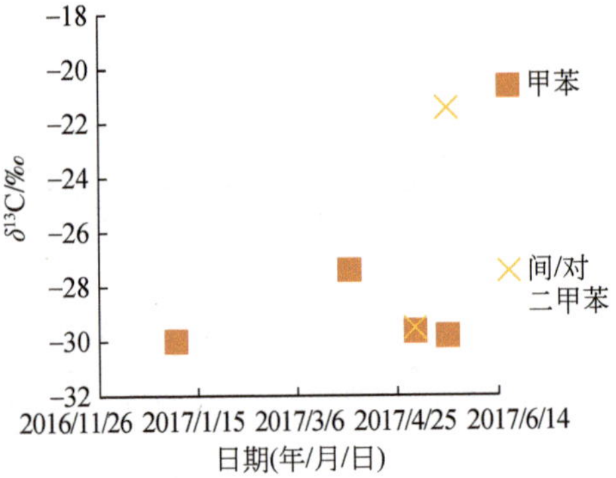

(c)MW3

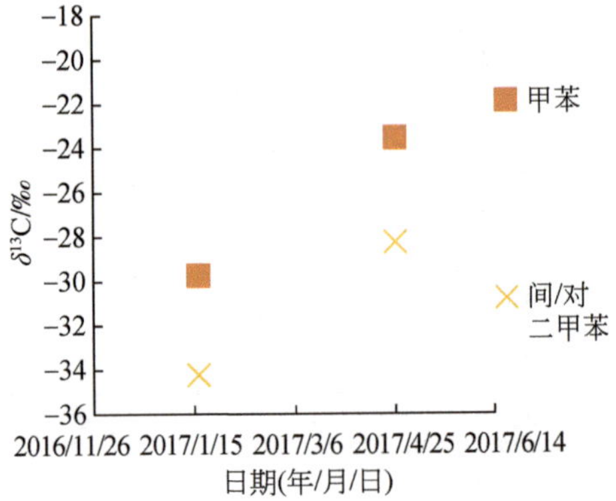

(d)PM7

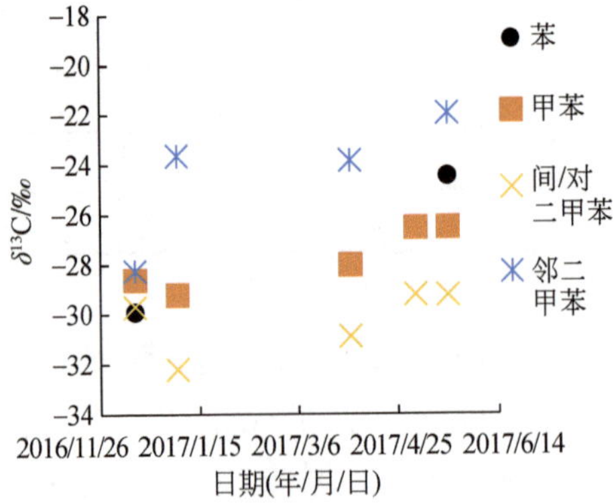

(e)MW6

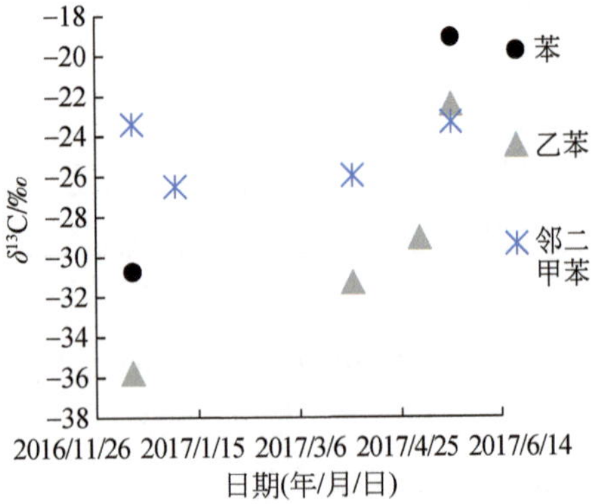

(f)MW10

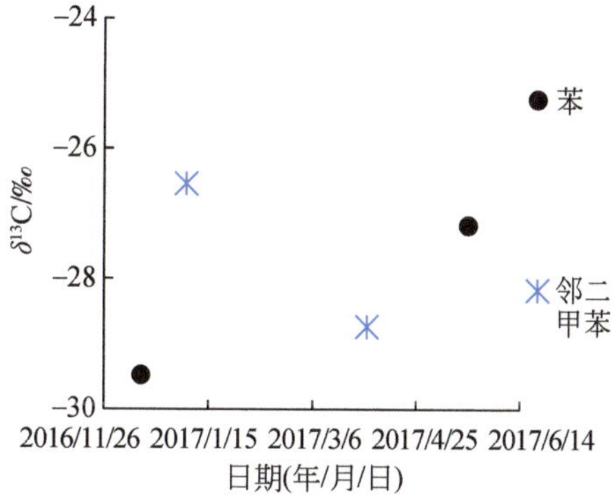

(g)MW5

图 10-24 $\delta^{13}C$ 变化大于 2‰的监测井中 BTEX 的 $\delta^{13}C$ 随时间变化

由于厂区内监测井正在开展修复，难以体现场地自然规律，重点分析以上 7 口监测井中厂区外的下游井 MW6、MW10 中 BTEX 的 $\delta^{13}C$（图 10-25 和图 10-26）。按照变化 4‰指示显著降解，MW6 的苯、邻二甲苯，MW10 的苯、乙苯符合条件，且其偏正变化趋势明显，可确认降解作用发生；其他变化小于 4‰，但从整体趋势来看，以偏正变化趋势为主，极可能发生降解作用。

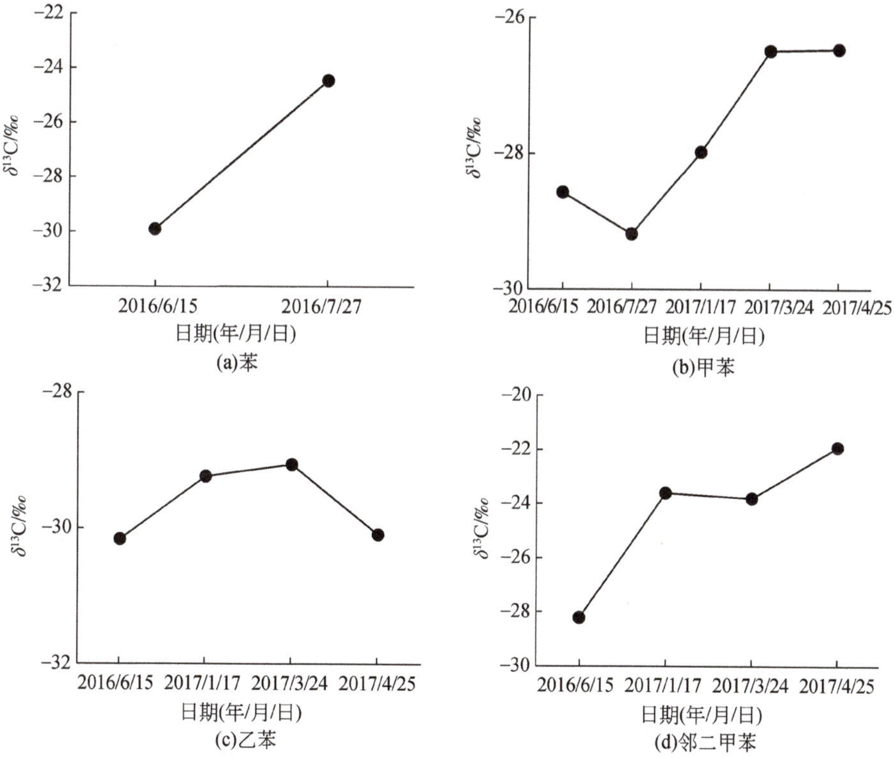

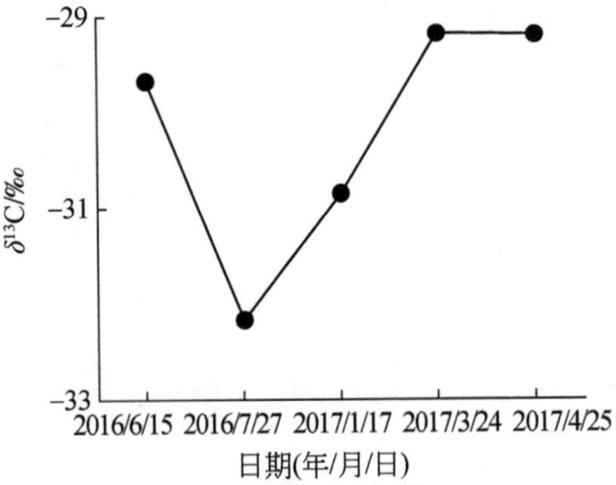

(e)间/对二甲苯

图 10-25　MW6 中 BTEX 的 $\delta^{13}C$ 随时间变化图

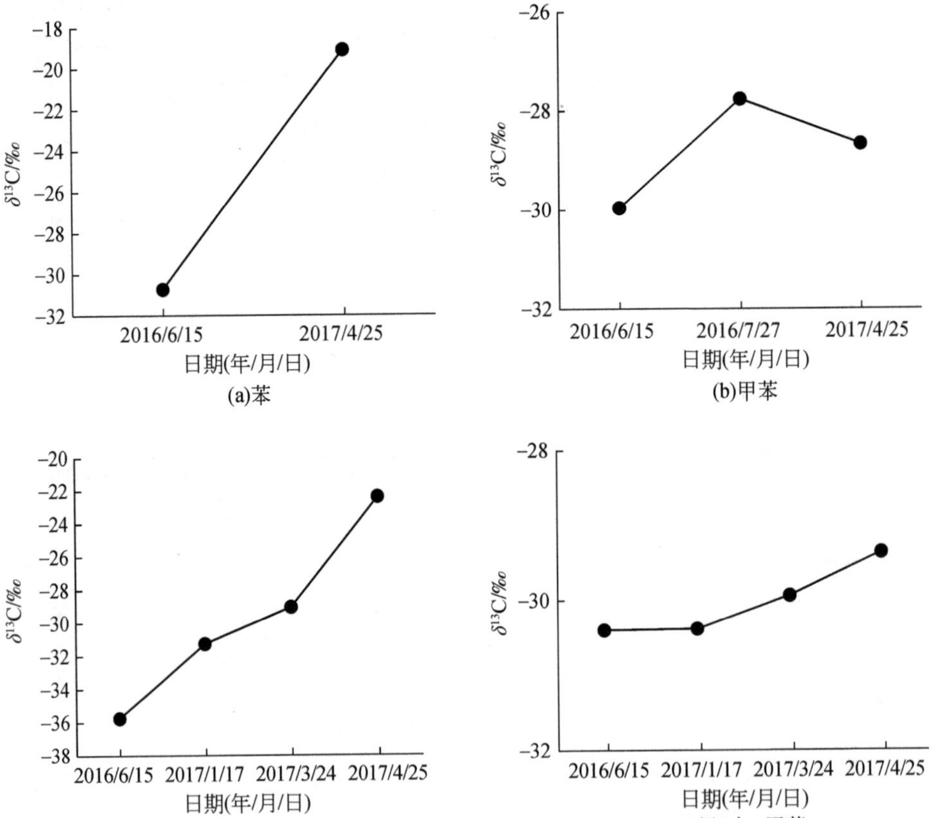

(a)苯　(b)甲苯　(c)乙苯　(d)间/对二甲苯

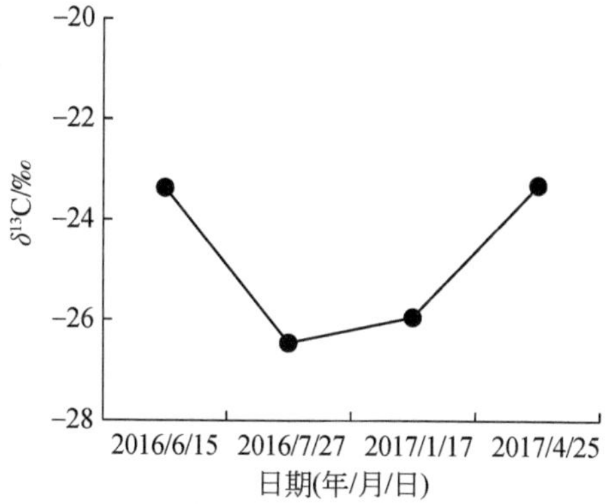

(e)邻二甲苯

图 10-26　MW10 中 BTEX 的 $\delta^{13}C$ 随时间变化图

（2）空间变化

污染物从污染源到周边的迁移转化过程也可以表征时间序列信息，BTEX 的 $\delta^{13}C$ 不断富集，其越偏正，说明微生物降解程度越大。

从表 10-8 发现，除了 2016 年 6 月 15 日间/对二甲苯的 $\delta^{13}C$ 极差（0.7‰）小于 2‰，其他时期的极差均大于 2‰，说明在空间尺度，场地地下水中 BTEX 可能普遍发生显著降解。

表 10-8　BTEX 的 $\delta^{13}C$ 空间变化极差　　（单位：‰）

BTEX	$\delta^{13}C$ 空间变化极差				
	2016/6/15	2016/7/27	2017/1/17	2017/3/24	2017/4/25
苯	2.2	—	—	—	9.0
甲苯	3.2	6.6	2.3	4.1	6.3
乙苯	6.7	—	2.4	1.9	7.7
间/对二甲苯	0.7	11.5	7.2	2.1	7.9
邻二甲苯	4.9	9.0	8.8	—	13.6

注：—表示未检出，或仅有一点检出，无极差；极差大于 2‰，指示可能显著降解。

取所有时期 BTEX 的 $\delta^{13}C$ 的最小值和最大值（表 10-9 和表 10-10），以尽量消除时间尺度影响，分别表示最贴近初始和最贴近最大降解程度状态，二者提供的是 BTEX 的 $\delta^{13}C$ 空间降解的最保守证据。分析各期数据最大值和最小值的极差，不同监测井 BTEX 的 $\delta^{13}C$ 最大值和最小值的极差分别大于 6.7‰和大于 4.8‰，基本可确定场地地下水中 BTEX 在空间发生了显著的微生物降解。

表 10-9　所有时期 BTEX 的 $\delta^{13}C$ 的最大值　　（单位：‰）

监测井	苯	甲苯	乙苯	间/对二甲苯	邻二甲苯
M18	-25.9	-28.1	—	-28.8	-28.3
M8	—	—	-25.2	-26.8	-24.2
MW10	-19.1	-27.8	-22.4	-29.4	-23.3
MW13	-28.5	-27.8	-29.1	-30.2	—
MW14	—	—	—	—	—
MW15	—	—	—	—	—
MW17	—	-31.8	—	-36.0	—
MW3	—	-27.4	-28.9	-21.4	-14.9
MW4	—	—	—	-28.5	-28.1
MW5	-27.2	-26.5	-29.1	-29.0	-26.5
MW6	-24.5	-26.5	-29.1	-29.2	-21.9
OTAW4	—	-26.6	-27.7	-28.5	-29.6
OTBW5	—	-25.6	-27.2	-27.9	-28.4
PM3	-27.7	-28.7	-27.4	-27.0	-28.3
PM7	-28.1	-23.5	—	-28.2	-28.5
MW7	—	-33.0	—	-40.0	-30.7
PM4	—	-33.1	—	-38.2	-32.6
极差	9.4	9.6	6.7	18.5	17.7

表 10-10　所有时期 BTEX 的 $\delta^{13}C$ 的最小值　　（单位：‰）

监测井	苯	甲苯	乙苯	间/对二甲苯	邻二甲苯
M18	-25.9	-28.1	—	-28.8	-28.3
M8	—	—	-25.2	-26.8	-24.2
MW10	-30.7	-30.0	-35.7	-30.4	-26.5
MW13	-28.5	-27.8	-29.1	-30.2	—
MW14	—	—	—	—	—
MW15	—	—	—	—	—
MW17	—	-31.8	—	-36.0	—
MW3	—	-30.0	-28.9	-29.5	-14.9
MW4	—	—	—	-28.5	-28.1
MW5	-29.5	-26.8	-29.1	-29.9	-28.7

续表

监测井	苯	甲苯	乙苯	间/对二甲苯	邻二甲苯
MW6	-29.9	-29.2	-30.2	-32.2	-28.2
OTAW4	—	-29.5	-28.8	-32.9	-29.6
OTBW5	—	-25.6	-27.2	-27.9	-28.4
PM3	-27.7	-28.7	-27.4	-29.3	-32.6
PM7	-28.1	-29.7	—	-34.2	-29.2
MW7	—	-33.0	—	-40.0	-30.7
PM4	—	-33.1	—	-38.2	-32.6
极差	4.8	7.5	10.6	13.2	17.7

以最小值和最大值绘制 BTEX 的 $\delta^{13}C$ 分布图（图 10-27）。对比最小值和最大值图可看出，甲苯、间/对二甲苯、邻二甲苯二图形状基本一致，且污染源分区均为最小值，说明从污染源向外迁移转化，发生了显著的微生物降解作用。

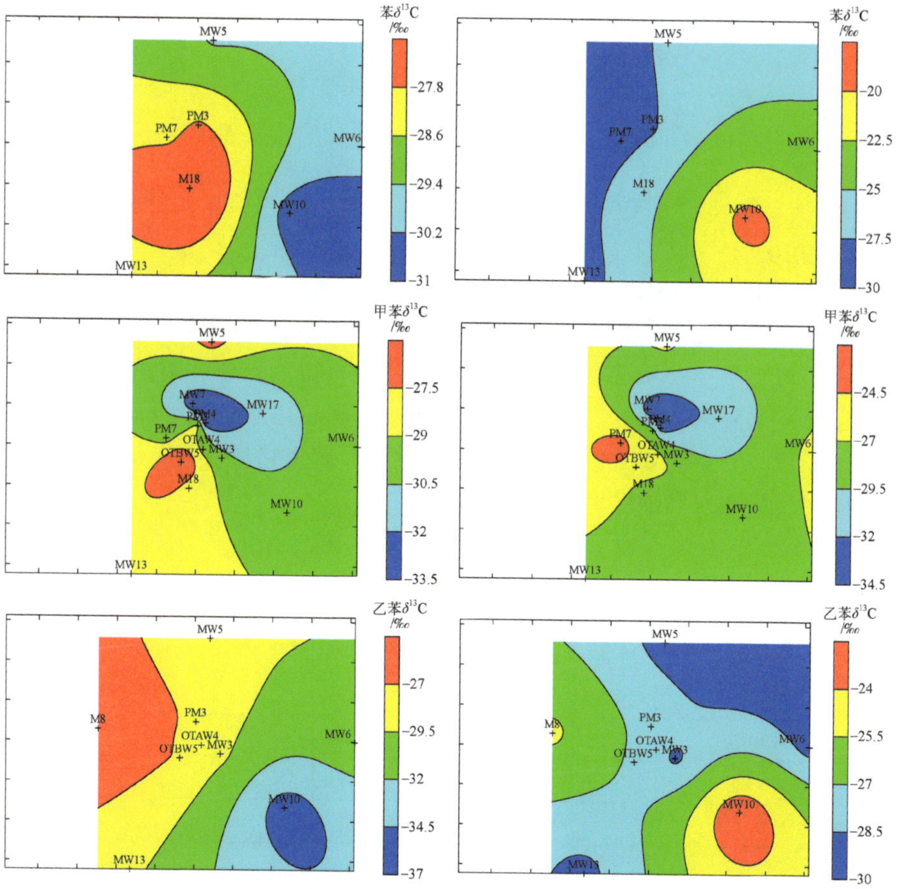

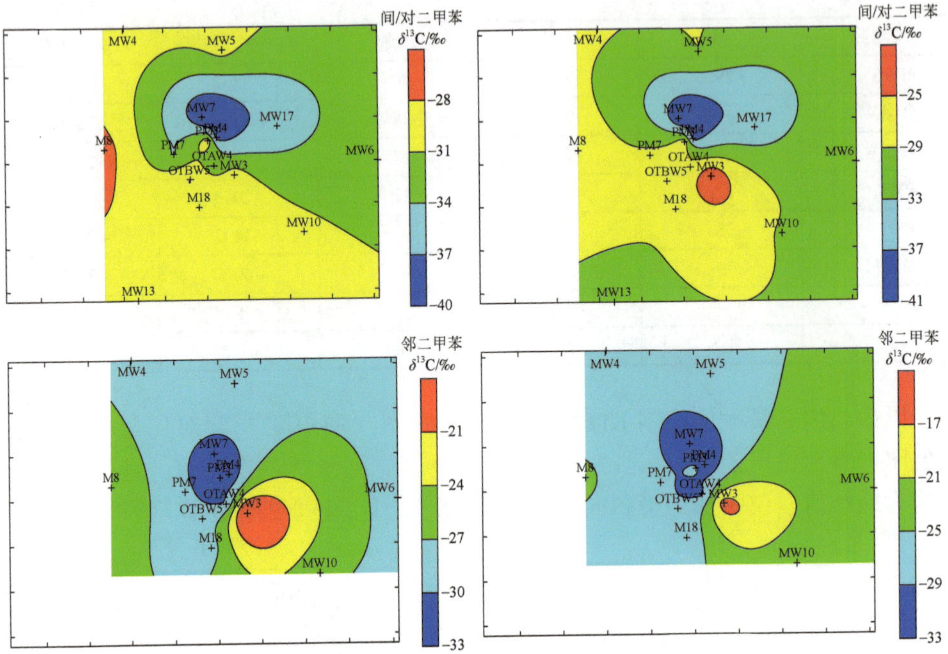

图 10-27　BTEX 的 $\delta^{13}C$ 分布图（左：最小值，右：最大值）

苯和乙苯差异较大，这是由于样品代表性问题。苯仅检出两期（表 10-11），时间跨度约 10 个月，从上文时间变化分析知，时间尺度上苯发生了显著的降解（2016 年 6 月数据均明显小于 2017 年 4 月），但 2016 年 6 月，并没有检测污染源井，即污染源最小值信息缺失，以最小值绘制的图不能反映从污染源开始的变化，最大值可基本反映从污染源开始的空间变化规律。乙苯（表 10-12）亦然，也发生了显著的降解，尤其是 MW10 显著降解（偏正 13.3‰）。因此，苯和乙苯的最大值图反映其空间变化信息相对更具代表性。基本趋势：污染源为相对低值区，下游区域为相对高值区。

表 10-11　苯的 $\delta^{13}C$　　　　（单位:‰）

监测井	$\delta^{13}C$	
	2016/6/15	2017/4/25
M18	—	-25.9
MW10	-30.7	-19.1
MW13	-28.5	—
MW5	-29.5	-27.2

续表

监测井	$\delta^{13}C$	
	2016/6/15	2017/4/25
MW6	-29.9	-24.5
PM3	—	-27.7
PM7	—	-28.1

表 10-12　乙苯的 $\delta^{13}C$ （单位：‰）

监测井	$\delta^{13}C$				
	2016/6/15	2016/7/27	2017/1/17	2017/3/24	2017/4/25
M8	—	—	—	—	-25.2
MW10	-35.7	—	-31.3	-29.0	-22.4
MW13	-29.1	—	—	—	—
MW3	—	—	—	-28.9	—
MW5	—	-29.1	—	—	—
MW6	-30.2	—	-29.2	-29.1	-30.1
OTAW4	—	—	-28.8	-27.7	—
OTBW5	—	—	—	-27.2	—
PM3	—	—	—	—	-27.4

10.3.1.2　基本原理-瑞利分馏模型

地下水中单体稳定同位素技术（CSIA）应用的理论基础是单体稳定同位素瑞利分馏模型，在地下水中有机物生物降解伴随轻重同位素（$^{13}C/^{12}C$）分馏，符合单体稳定同位素动力学分馏瑞利方程，其他化学或非生物降解作用对同位素分馏和浓度影响相对较低时，可忽略同位素分馏，基于此，可建立野外现场地下水中生物降解作用的同位素分馏与有机物浓度的关系如下：

$$R_t/R_0=(\delta_t+1000)/(\delta_0+1000)$$

$$R_t/R_0=(C_t/C_0)^{(\alpha-1)}=f^{(\alpha-1)}$$

$$\ln(R_t/R_0)=(\alpha-1)\ln(C_t/C_0) \tag{10-12}$$

$$\varepsilon=(\alpha-1)1000$$

$$f=C_t/C_0=e^{(\delta_t-\delta_0)/\varepsilon}$$

式中，ε 为同位素富集因子；α 为同位素分馏因子；δ 为地下水中同位素含量（‰）；R 为地下水中污染物重与轻单体稳定同位素之比（如$^{13}C/^{12}C$）；f 为 t 时刻地下水中污染物浓度与初始浓度之比；C 为地下水中污染物浓度（μg/L）。

10.3.1.3 降解量评估

理想条件下，将实测地下水中所有 BTEX 浓度和^{13}C 数据代入瑞利分馏模型（图 10-28），当线性回归拟合较好的情形下，认为线性回归方程斜率即为同位素富集因子 ε，可以此大致估算微生物降解速率。然而，本书线性回归 R^2 均较小（甲苯：0.5142，乙苯：0.244，间/对二甲苯：0.5122，邻二甲苯：0.1477），拟合程度相对较低，仅显示瑞利分馏模型的趋势，误差可能较大。

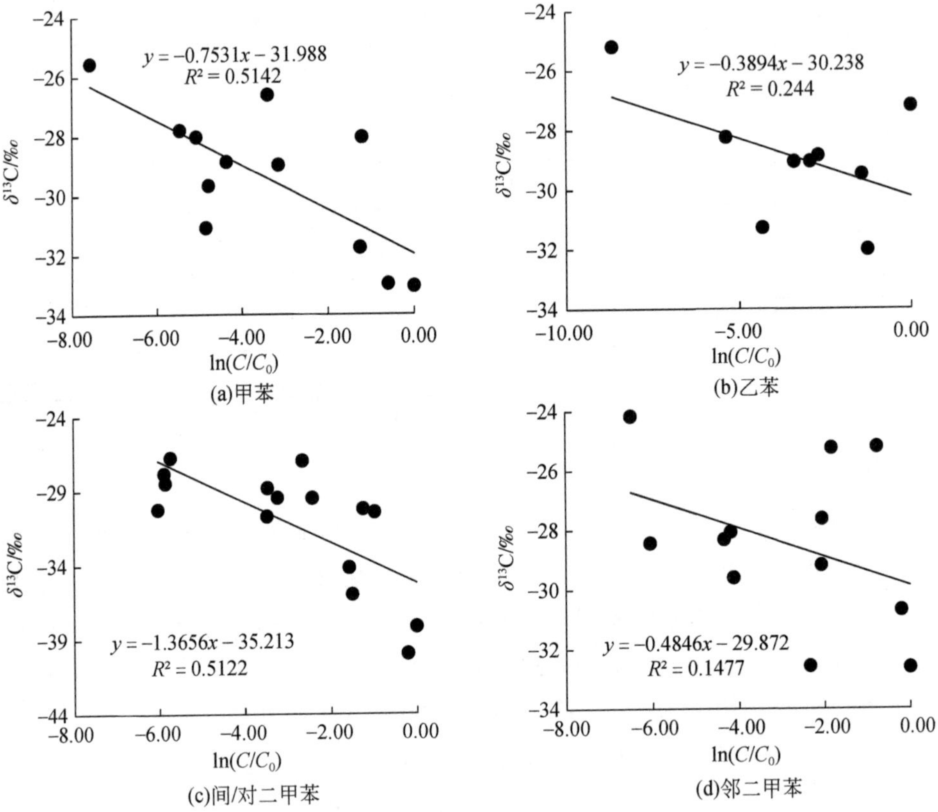

图 10-28 所有数据 BTEX 瑞利分馏模型

这是因为：首先，由典型苯系物（BTEX）的^{13}C 检测数值可知，在时空尺度，BTEX 的^{13}C 均明显变化，区分时空尺度建立瑞利分馏模型更有代表性。其次，由于监测期间添加 H_2O_2 化学氧化修复、抽水-回灌等扰动，BTEX 的 ^{13}C 及浓度的变化受影响较大，瑞利分馏模型受影响较大。

鉴于此，本书选取受修复影响较小的厂区外围 MW6 井，由于数据不足，加入了 2016 年 6、7 月数据，以五期的甲苯和邻二甲苯（其他 BTEX 数据不足）建立时间尺度瑞利分馏模型图 10-29（a）、（b）；选取 2016 年 7 月未添加 H_2O_2 修复前数据，沿着水流方向，以该期甲苯和间/对二甲苯（其他 BTEX 数据不足），建立空间尺度瑞利分馏模型 10-29（c）、（d）。由此可见，其线性回归的 R^2 均相对所有数据结果明显增大（时间尺度，甲苯：0.5416，邻二甲苯：0.707；空间尺度，甲苯：0.6727，间/对二甲苯：0.5952），拟合程度相对较高，基本可认为满足瑞利分馏模型。但在场地受影响如此强烈条件下，该瑞利分馏模型参考意义不大，不宜以此评估 BTEX 微生物降解，以免造成误解。

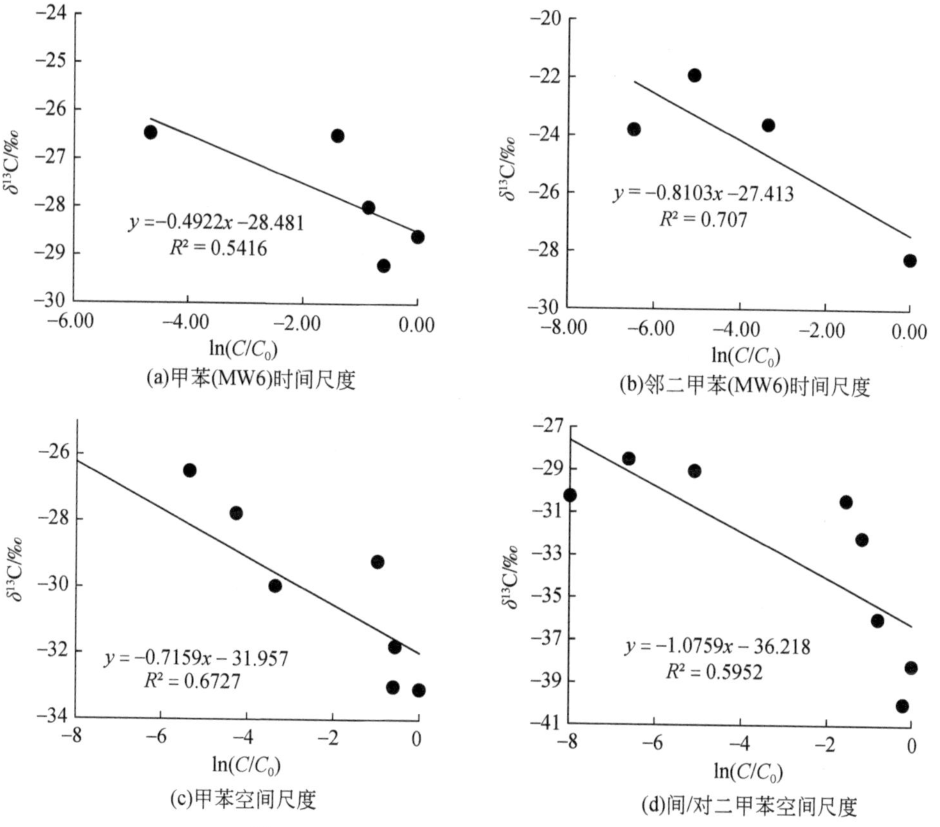

图 10-29　时间及空间尺度瑞利分馏模型

10.3.2 微生物群落结构演化

10.3.2.1 微生物基本特征

场地微生物的主要门类为 β 变形菌、γ 变形菌、α 变形菌、拟菌门和厚壁菌门（图 10-30）。不同时间同一组样品微生物的组分有显著差异。因为随着时间的推移、地下水的流动和地化条件的变化，同一井中样品的群落组成成分也在发生变化。地下水微生物群落组分主要受地下水的地化参数和地下水流动的影响。2016 年 8 月样品中 β 变形菌的含量明显比 2017 年的样品多，且 2017 年 1、3、4 月样品的微生物群落成分更相似，其中 γ 变形菌、拟菌门、厚壁菌门、parcubacteria 门和 microgenomates 门的丰度比 2016 年样品高。这可能是地化参数和地下水流动共同作用的结果。厚壁菌门主要包含 *bacillus*、*streptococcaceae*、*desulfosporosinus*。*Desulfosporosinus* 是严格厌氧硫还原菌，经常在土壤中被发现，以往研究表明，部分菌株具有氧化芳香烃化合物的作用。

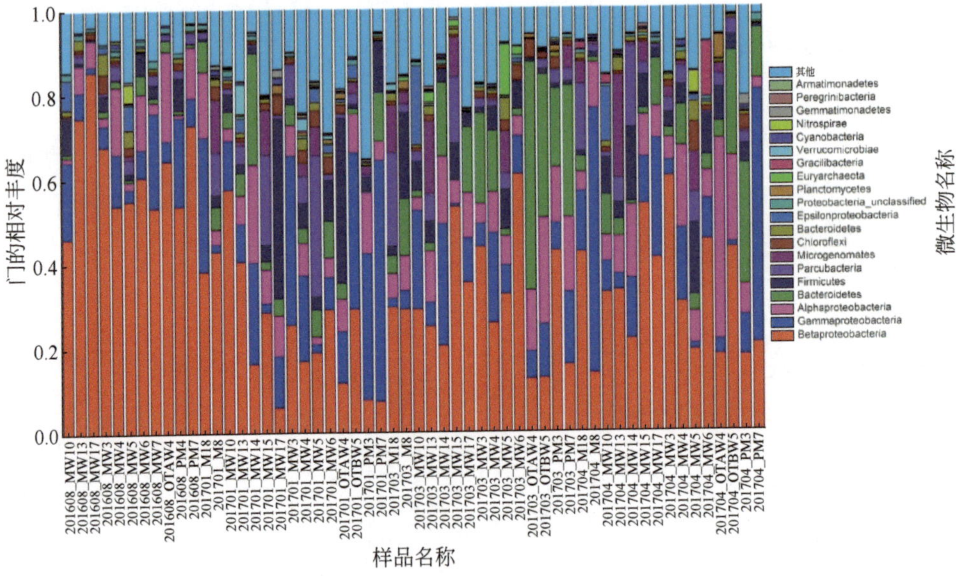

图 10-30　所有样品门分类下的直方图

图 10-31 是所有样品优势菌属的热图。Bray-Curtis 相似分析方法用于分析菌属，加权统一（Weighted Unifrac）聚类方法用于分析样品。由样品聚类分析得出，随着时间的变化样品的群落组成也在发生变化，3 月、4 月样品的群落组成

相似性较高，共有 7 对：MW10、MW4、OTBW5、MW3、MW13 和 MW15，1 月、3 月 MW14 样品的相似性也比较高，可能是时间相近的原因。由于样品受时间影响，图 10-31 很难看出样品聚类的受场地影响的程度，会在下面进行各个月份样品分析。同时，样品的群落结构受空间尺度影响较小，场地污染物对原生微生物带来了巨大的影响。

总样品的优势菌属包括 *Acidovorax*、*Albidiferax*、*Comamonas*、*Pseudomonas*、*Sulfuricurvum*、*Desulfosporosinus*、*Hydrogenophaga* 等。

菌属 *Acidovorax*，是革兰氏阴性菌，好氧细菌，有一套严格的利用氧气的氧化系统。有些菌株，如 *Acidovorax* delafieldii 和 *Acidovorax* temperans，具有异化反硝化功能。

菌属 *Albidiferax*，属于 β 变形菌门，只包含了一个菌种 *A. ferrireducens*，是铁还原菌。经常在一些污染场地中发现，在本场地中也广泛分布，如井 MW10、MW3、OTAW4、MW13、PM7、MW7、M8、M18、MW6、MW17、MW5 和 MW4，但是随着时间的变化较大（图 10-31）。早期有，之后没有的如井 OTAW4、MW10、MW13、MW5、M8、MW4，可能是在研究过程中 Fe^{3+} 消耗完了，现阶段主要进行有氧降解或者硝酸根离子的降解。井 OTBW5、PM3、PM4、MW14、MW15 中并没有发现这种菌属，污染区井 OTBW5、PM3、PM4 可能是因为 Fe^{3+} 已经消耗完，现阶段主要进行有氧降解或者硝酸根离子还原反应。背景井 MW14、MW15 则可能是因为没有污染。

菌属 *Pseudomonas*，是革兰氏阴性菌，厌氧的 γ 变形菌，水中常见菌，菌属 *Sulfuricurvum*，可能具有降解烃作用，并能够产生甲烷。目前研究较多的 *S. kujiense* 是兼性厌氧化学自养型硫氧化菌。

菌属 *Desulfosporosinus*，是严格厌氧的硫还原菌，经常在土壤中被发现。目前发现部分菌株具有氧化芳香烃化合物的作用。同时类 *Desulfosporosinus* 菌也是放射性核素污染沉积物中的优势菌属。

菌属 *Hydrogenophaga*，是革兰氏阴性菌，好氧。化学有机营养型或者化学自养型，有些菌株能够异化脱硝，以硝酸盐为电子受体。所有的 *Hydrogenophaga* 都是化学兼性自养菌，把碳氢化合物当作能量来源。

菌属 *Rhodococcus*，可以降解芳香烃（包括杂环化合物），烃类是它唯一的碳源和能源。*Microbacterium* 是专性需氧烃降解菌。*Aquaspirillum* 包含 14 种菌株，他们都是从淡水中提取出来的（可能具有反硝化作用）。其中，*Bacillus* 和 *Lactococcus* 的相似性较高，*Aquabacterium* 和 *Pseudomonadaceae-unclassified* 相似性较高。

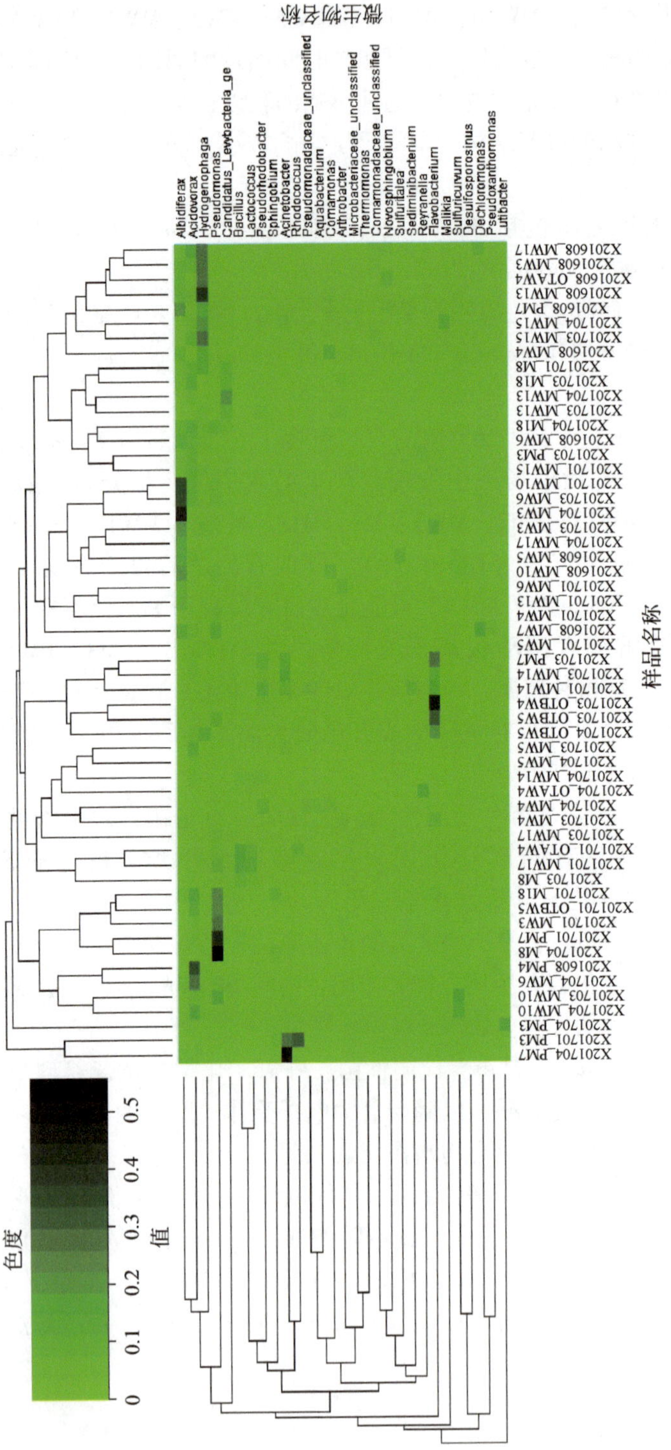

图 10-31　所有样品的热图

由以上分析可以得出，场地中的优势菌属以烃降解菌、硝酸盐还原菌和硫酸盐还原菌为主，证明场地污染物发生了明显的降解。

10.3.2.2　微生物批次分析

根据2017年每次样品的聚类情况，把其中一部分样品分为两类：重污染区、轻污染或背景区。剩下的一部分由于特殊的地理位置每次聚类会在这两类之间变化，我们把它们归为渐变区。重污染区为：OTBW5、MW3、PM4、PM3、OTAW4和PM7，轻污染或背景区：MW5、MW13、MW15，渐变区MW17、MW4、MW10、M8、MW6、M18。

2017年1月样品用热图进行群落组分差异性分析（图10-32）。由图10-32可以看出，重污染区为MW14、MW17、OTAW4、MW10、PM7、OTBW5、MW3和M18，轻污染或背景区为MW5、MW6、MW13、MW15和M8。PM3井比较特殊，将进行单独分析。重污染区都是离污染源近的监测井，它们的群落组成相似性较高，主要以 *pseudomonas*、*Acidovorax*、*Albidiferax*、*bacillus* 和 *lactococcus* 为主。*Pseudomonas* 是厌氧的γ变形菌，水中常见菌。菌属 *Acidovorax* 是好氧细菌，具有异化反硝化功能。场地污染源处很少能看到好氧菌。菌属 *Albidiferax* 属于β变形菌门，是铁还原菌，经常在一些污染场地中发现。PM3的样品比较特殊，处于污染源附近，群落组成却和附近的监测井差距较大。主要包括 *Acinetobacter* 和 *Rhodococcus* 两种可以降解芳香烃的菌属。*Rhodococcus* 可以降解芳香烃（包括杂环化合物）。*Acinetobacter* 是重要的石油降解菌，严格好氧，能降解芳香化合物。

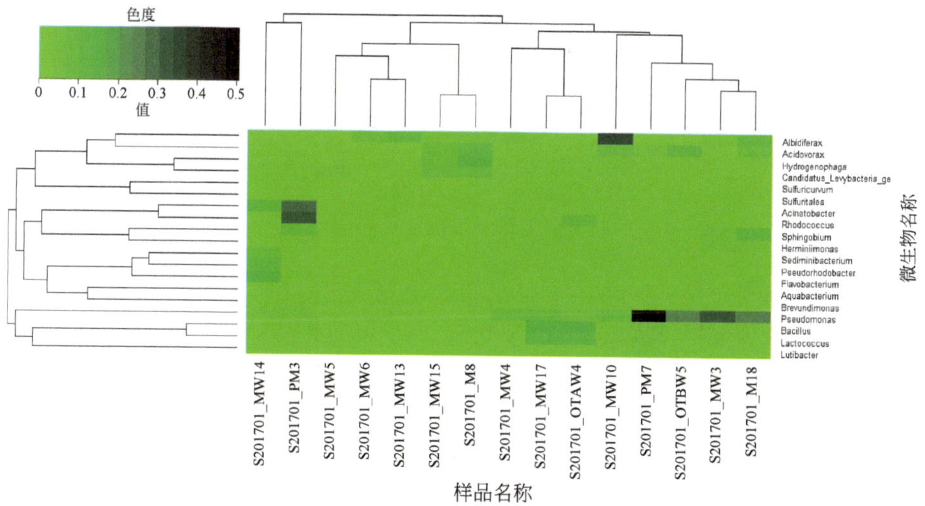

(a)2017年1月

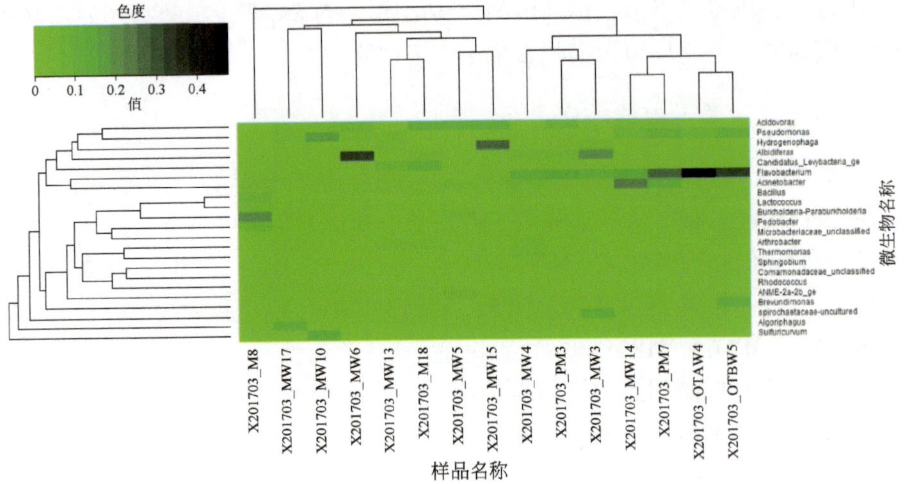

(b)2017年3月

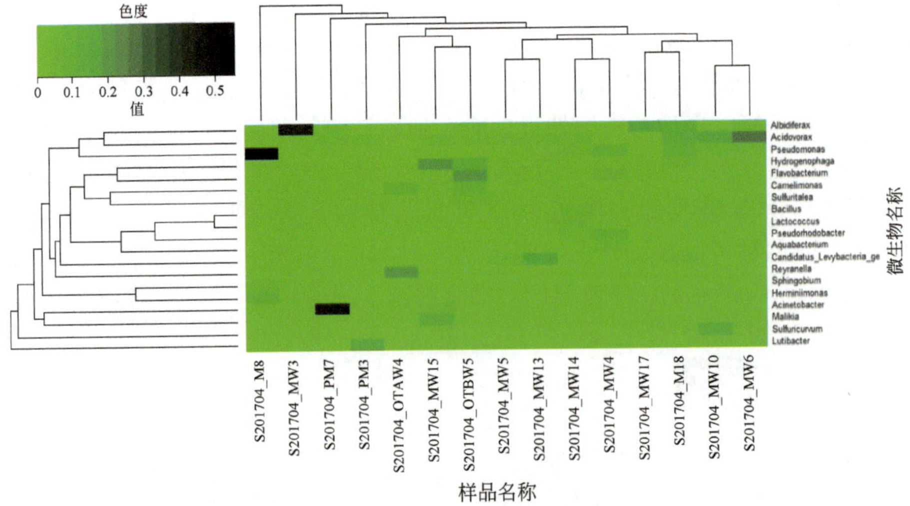

(c)2017年4月

图 10-32 批次样品热图

3 月的样品，重污染区和 1 月的重污染区类似，但是少了 M18、MW17 和 MW10，剩下的监测井为轻污染或背景区。3 月的重污染区监测井中优势菌属为 *Flavobacterium*、*Pseudomonas* 和 *Acinetobacter* 芳香烃降解菌。轻污染或背景区中 MW6 有丰度较高的铁还原菌 *Albidiferax*，MW15 有丰度较高的用碳氢化合物当作能量来源的菌种 *Hydrogenophaga*。

根据 4 月样品的聚类结果，重污染区包括 M8、MW3、PM7、PM3、OTAW4、MW15 和 OTBW5，其中 M8、MW3 和 PM7 都各自分别具有较高丰度的铁还原菌 *Albidiferax*、芳香烃降解菌 *Pseudomonas* 和 *Acinetobacter*。

10.3.2.3 微生物群落结构分析

综合以上分析我们可以看出，地下水中的地球化学环境对微生物群落结构有很大的影响。随着环境因子的变化，微生物群落也在发生变化。由此做典范对应分析（canonical correspondence analysis，CCA）图来分析环境因子对场地微生物群落的影响。

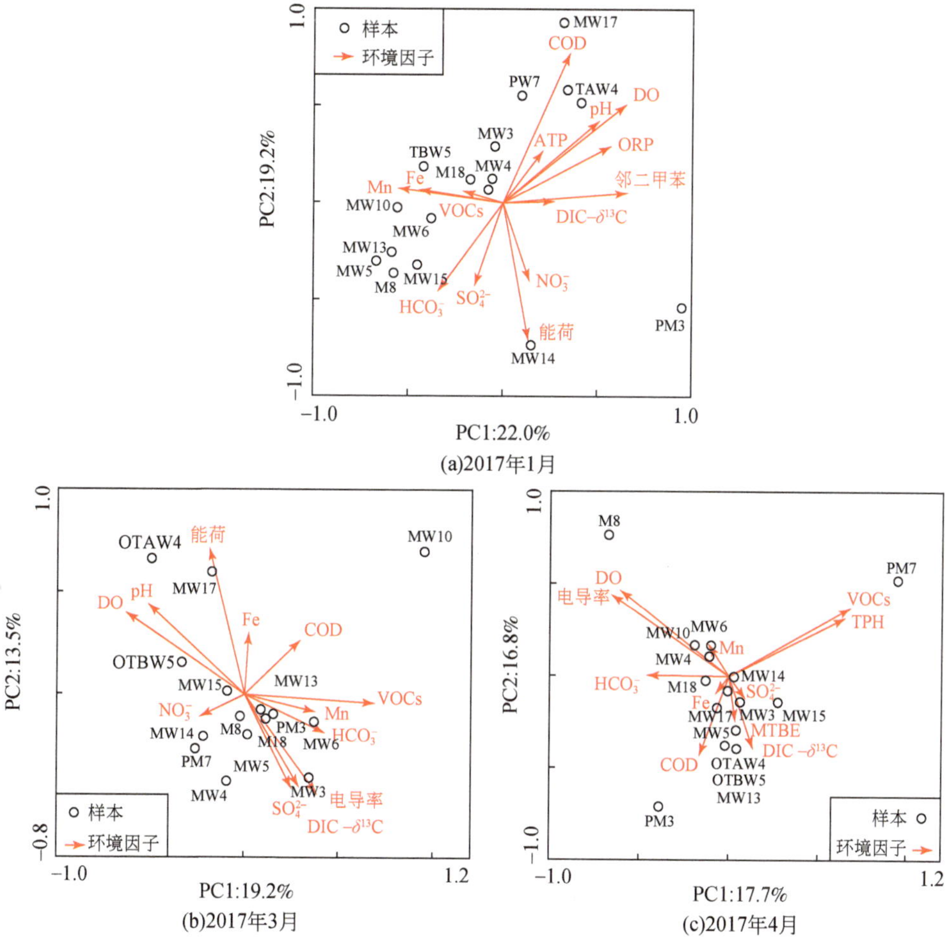

图 10-33 样本和环境因子 CCA 图

从图 10-33（a）可以看出，场地群落结构组成最大的影响因子是 COD、DO 和能荷。在图中样本明显也分成了两类（PM3 除外），重污染区和非重污染区。重污染区为 MW17、PM7、OTAW4、MW3、M18 和 OTBW5，在第一轴的上方，COD、DO、pH、ATP、ORP 都较高，而非重污染区为 MW10、MW6、MW13、

MW5、MW15、M8 和 MW14，在第一轴的下方，这一区域能荷、NO_3^-、SO_4^{2-}、HCO_3^-以及锰和铁的含量都比较高。DO 和 ORP 在重污染区应该是偏低，这里偏高，可能是因为添加过氧化氢的原因。其余的环境因子符合污染区降解反应所引起的环境变化，在重污染区，越靠近污染源，COD 越大，pH 越大，污染物浓度越高，而受体（NO_3^-、SO_4^{2-}、HCO_3^-以及 Mn^{4+}和 Fe^{3+}）则会偏少，同时因为环境的污染，微生物的生存条件变得恶劣，一些微生物无法继续生存，总体微生物量会减少，即能荷也会相应降低。

同时，我们对菌属进行分析（图 10-34），可以看出，*Bacillus*、*Pseudomonas* 和 *Lactococcus* 主要分布在污染区 MW17、OTAW4 和 PM7 中。污染源 PM3 井中芳

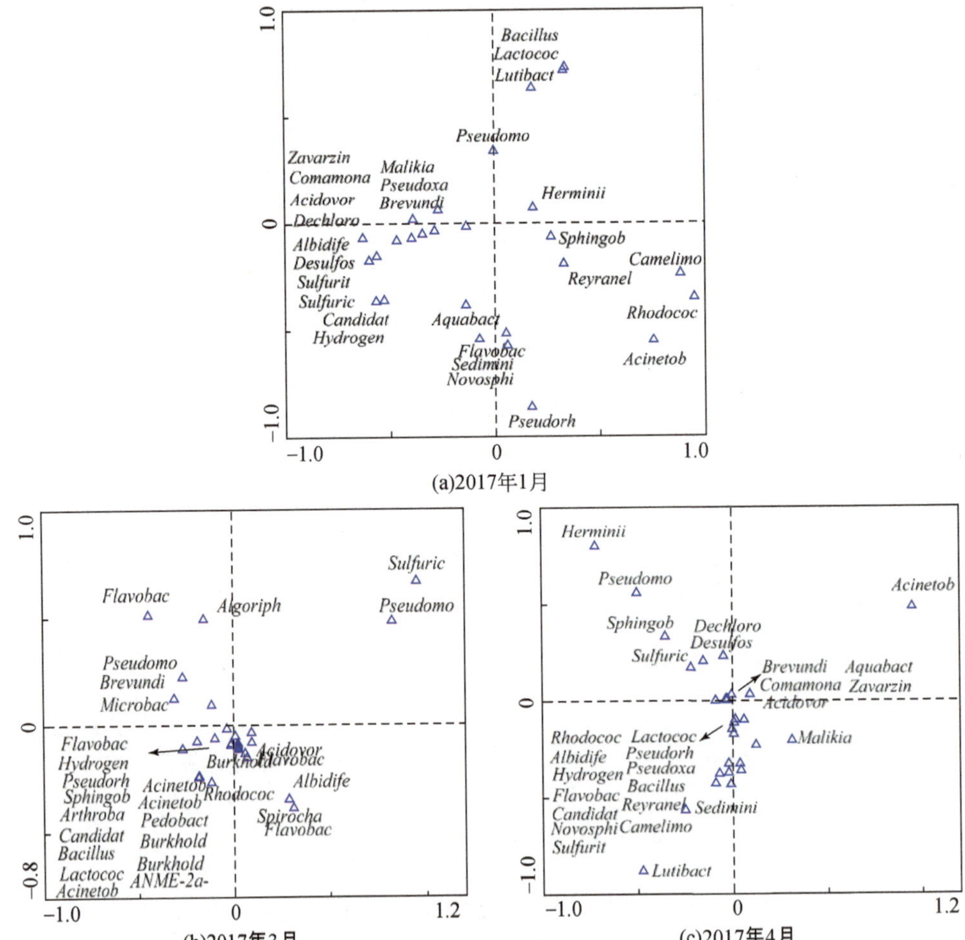

(a)2017年1月

(b)2017年3月

(c)2017年4月

图 10-34　菌属 CCA 图

图中坐标和图 10-33 坐标一一对应，是在属的水平上进行分析，数据和图 10-33 一致

香烃降解菌 *Rhodococcus*、*Acinetobacter* 和 *Camelimonas* 含量较多。而 MW5、MW6、MW13、MW15 和 M8 井中富含菌属 *Albidiferax*、*Acidovorax* 和烃降解菌 *Hydrogenophaga* 等。

从图 10-33（b）可以看出，能荷、DO、pH、电导率、SO_4^{2-} 和 VOCs 是主要的环境影响因素。这次的样本聚类并没有特别明显的把重污染区和非重污染区分开。结合菌属（图 10-34），产甲烷菌 *Sulfuricurvum* 和 *Pseudomonas* 在 MW10 中丰度较高，菌属 *Flavobacterium* 和 *Algoriphagus* 在 OTAW4、MW17 丰度较高。

对 2017 年 4 月样品进行分析，得到 DO、电导率、VOCs、TPH 和 COD 是影响微生物群落组成的主要环境影响因子 [图 10-34（c）]。这次样本分析可以看出，M8、PM7 和 PM3 样品比较独特，各自与其他样品不相聚，其中污染源 PM7 受 VOCs 和 TPH 影响最大。第二象限中的样品 M8、MW6、MW10 和 MW4 都为轻污染区。由图 10-30 得出，*Acinetobacter* 在 PM7 中丰度最高，在重污染区丰度较高，菌属 *Herminiimonas* 在 M8 中丰度最高。

整体看来，场地微生物群落结构最大的影响因素是污染相关参数 COD、能荷、VOCs、甲苯等，其次是电子受体相关参数 DO、NO_3^-、SO_4^{2-}、HCO_3^-、Fe^{2+} 和 Mn^{2+} 等。

10.3.2.4 微生物群落演化小结

本场地地下水中微生物的群落结构特征很大程度上取决于电子受体和污染物的分布特征，而地下水流场是其分布特征形成的根源。即微生物群落结构变化是地下水流场、污染物和电子受体分布变化的综合反映，是微生物降解的核心要素。本书认为，场地地下水微生物群落结构分为三个类型，一是污染源影响的群落结构（污染源微生物），二是区域环境影响的群落结构（区域微生物），三是两种影响混合形成的群落结构（混合微生物）。

从聚类分析结果可看出，三期微生物均可划分为三个类型。将其分别投至各自流场图中（图 10-35），可认为三期场地地下水均满足污染源、区域和混合三个微生物类型的划分。但三个类型之间的亲疏关系在随时间变化：2017 年 1 月 17 日，三个类型之间关系基本独立，相对而言，区域、混合关系更亲近，污染源与二者明显疏远；2017 年 3 月 24 日，三个类型之间关系仍基本独立，区域、混合关系也更亲近，但污染源与二者疏远程度减弱；2017 年 4 月 25 日，三个类型的关系不再独立，形成了“污染源-区域-混合”由亲近变疏远的关系。

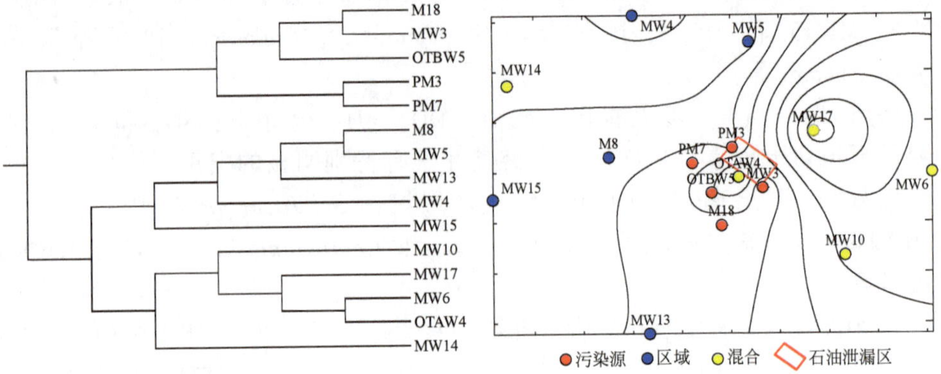

(a)2017年1月17日

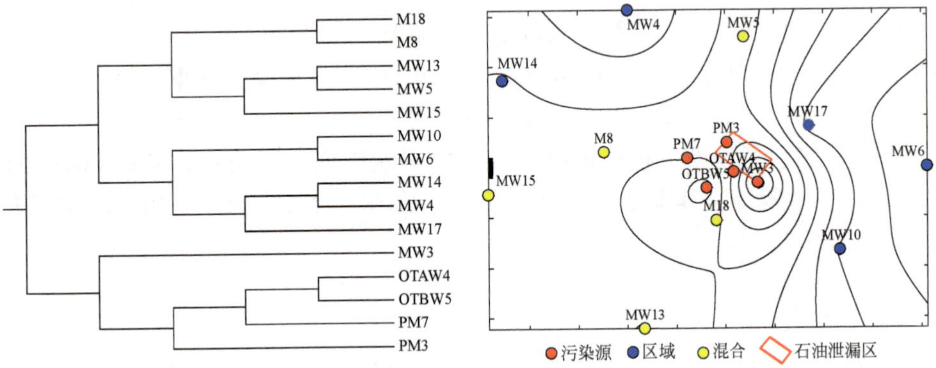

(b)2017年3月24日

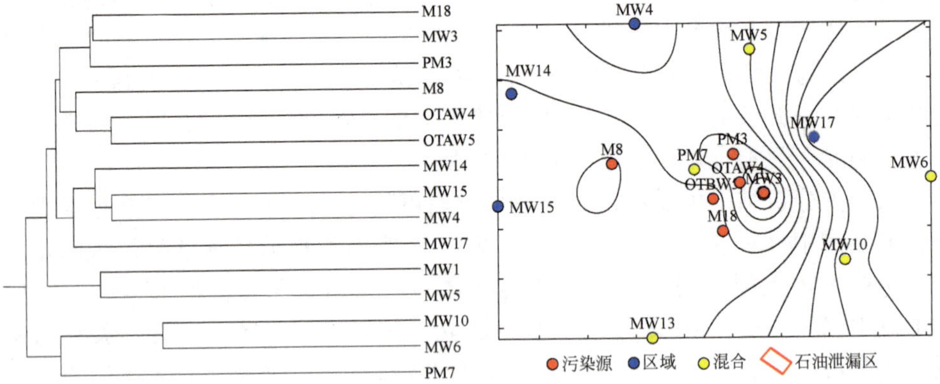

(c)2017年4月25日

图 10-35　微生物聚类分析和流场图

10.4 特色高级评估

10.4.1 溶解无机碳同位素动态规律

DIC 的 $\delta^{13}C$ 变化反映的微生物降解作用有两方面：一方面，石油类污染物降解产生 CO_2，由于石油类污染物 $\delta^{13}C$ 一般在-30‰左右，而场地所在区域地下水中 CO_2 一般在 10‰左右，当石油类污染物在异差微生物代谢下降解产生 CO_2 时，地下水中 DIC 的 ^{13}C 越来越贫，DIC 的 $\delta^{13}C$ 偏负；另一方面，微生物降解进入自养微生物代谢产甲烷作用阶段，CO_2 作为电子受体被消耗（第三阶段 $3H_2 + 0.75CO_2 \longrightarrow 0.75CH_4 + 1.5H_2O$），DIC 中的轻同位素 ^{12}C 优先反应，地下水中 DIC 的 ^{13}C 富集，DIC 的 $\delta^{13}C$ 偏正。需要指出的是，本书研究团队最新研究发现，机理上本场地存在的消耗 CO_2 的自养微生物降解很可能并非是产甲烷作用，相关成果正在整理发表中。但不管是何种自养微生物降解机理，降解的碳同位素分馏和质量守恒模型均适用，因此，本书仍以产甲烷作用论述该作用。

从图 10-36 可以看出，大部分的 DIC 的 $\delta^{13}C$ 随时间变化没有明显规律性趋势，说明时间尺度微生物降解没有明显变化。

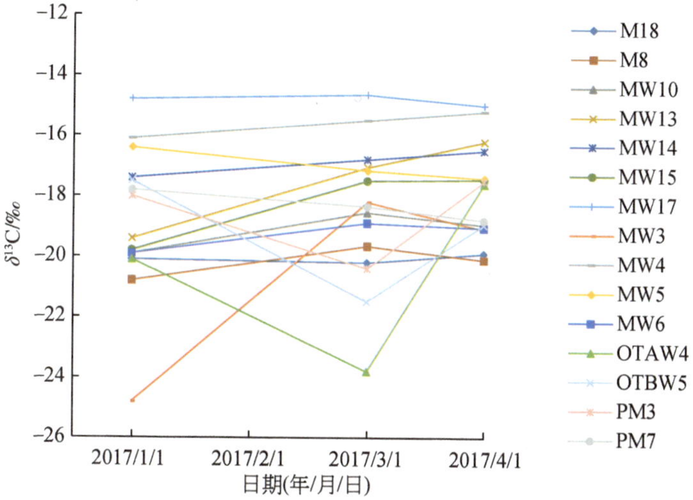

图 10-36 DIC 的 $\delta^{13}C$ 随时间变化

从表 10-13 中发现，空间极差普遍大于时间极差，说明微生物降解作用在空间发生了较大的变化。

表 10-13　DIC 的 $\delta^{13}C$ 及极差（‰）

监测井	$\delta^{13}C$			极差
	2017 年 1 月 17 日	2017 年 3 月 24 日	2017 年 4 月 25 日	
M18	-20.1	-20.2	-19.9	0.3
M8	-20.8	-19.7	-20.1	1.2
MW10	-19.9	-18.6	-19.0	1.4
MW13	-19.4	-17.1	-16.2	3.2
MW14	-17.4	-16.8	-16.5	0.9
MW15	-19.8	-17.5	-17.5	2.4
MW17	-14.8	-14.7	-15.0	0.4
MW3	-24.8	-18.2	-19.1	6.6
MW4	-16.1	-15.5	-15.2	0.9
MW5	-16.4	-17.2	-17.4	1.0
MW6	-19.9	-18.9	-19.1	1.0
OTAW4	-20.1	-23.8	-17.6	6.2
OTBW5	-17.5	-21.5	-19.0	4.0
PM3	-18.0	-20.4	-17.5	2.9
PM7	-17.8	-18.4	-18.8	1.0
极差	10.0	9.2	5.1	

从图 10-37 可以看出，三期数据均显示场地南部 DIC 的 $\delta^{13}C$ 普遍低于北部，结合地下水流场特征知，场地西北为背景分区，与此对比，场地东北下游分区 $\delta^{13}C$ 偏正，场地南部其他分区 $\delta^{13}C$ 偏负，发生的主要原因是产生 CO_2 的异养微生物代谢降解作用，场地东北下游分区 $\delta^{13}C$ 偏正，发生的主要原因是消耗 CO_2 的如产甲烷作用自养微生物代谢。与上文分析的 DIC 变化规律基本一致。

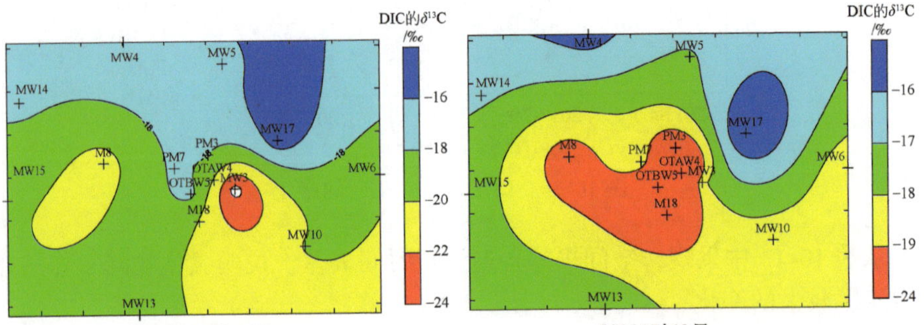

(a)2017年1月　　(b)2017年3月

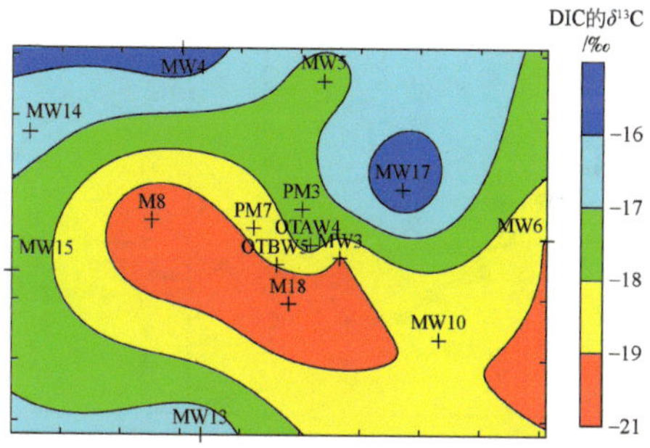

(c)2017年4月

图 10-37　DIC 的 $\delta^{13}C$ 分布图

10.4.2　溶解无机碳同位素基本原理

（1）微生物降解的 DIC & $\delta^{13}C$ 响应机理

场地地下水为封闭系统，地下水中 DIC（为 HCO_3^-、游离 CO_2 和 CO_3^{2-} 的总和，以 HCO_3^- 质量浓度计）均来自于上游地下水背景输入，与外界交换量可忽略，据此，地下水中 DIC 成因仅有两种：一种为地下水天然背景，另一种为石油类污染物降解（产 CO_2 增多量和产 CH_4 减少量综合，污染导致水岩作用 CO_2 改变小于 10%），则地下水中 DIC 及 $\delta^{13}C$ 满足同位素质量守恒方程：

$$\delta^{13}C_s \times DIC_s = \delta^{13}C_b \times DIC_b + \delta^{13}C_d \times DIC_d$$

式中，DIC_s 为二成因交互后的 DIC，取值为实测地下水样品 DIC（mg/L）；DIC_b 为地下水天然背景的 DIC，取值为背景井浓度 DIC（mg/L）；DIC_d 为有机物降解成因的 DIC（mg/L），理论上为 DIC_s 减去 DIC_b；$\delta^{13}C_s$、$\delta^{13}C_b$、$\delta^{13}C_d$ 分别是对应 DIC 的 $\delta^{13}C$ 值（‰）。

将同位素质量守恒方程变换得到：

$$\delta^{13}C_s \times DIC_s = \delta^{13}C_d \times DIC_s + DIC_b\ (\delta^{13}C_b - \delta^{13}C_d)$$

进一步假设：场地地下水天然背景 DIC_b、$\delta^{13}C_b$ 为一定值；每期取样各井地下水石油类污染物降解类型基本一致，则同位素分馏效应相同，可认为 $\delta^{13}C_d$ 为定值。

在以上假设条件下，因变量 $\delta^{13}C_s \times DIC_s$ 仅与自变量 DIC_s 有关。若上述假设成立，则 $\delta^{13}C_s \times DIC_s$ 与 DIC_s 二者应满足线性回归关系，以 DIC_s 为横坐标，$\delta^{13}C_s \times DIC_s$ 为纵坐标，则线性回归斜率为石油类污染物降解成因的 $\delta^{13}C_d$。

由图 10-38 可以看出，2017 年 1 月、2017 年 3 月和 2017 年 4 月三期数据均较好满足线性回归方程（R^2 分别为 0.8636、0.8381、0.7661），由此验证以上假设成立。

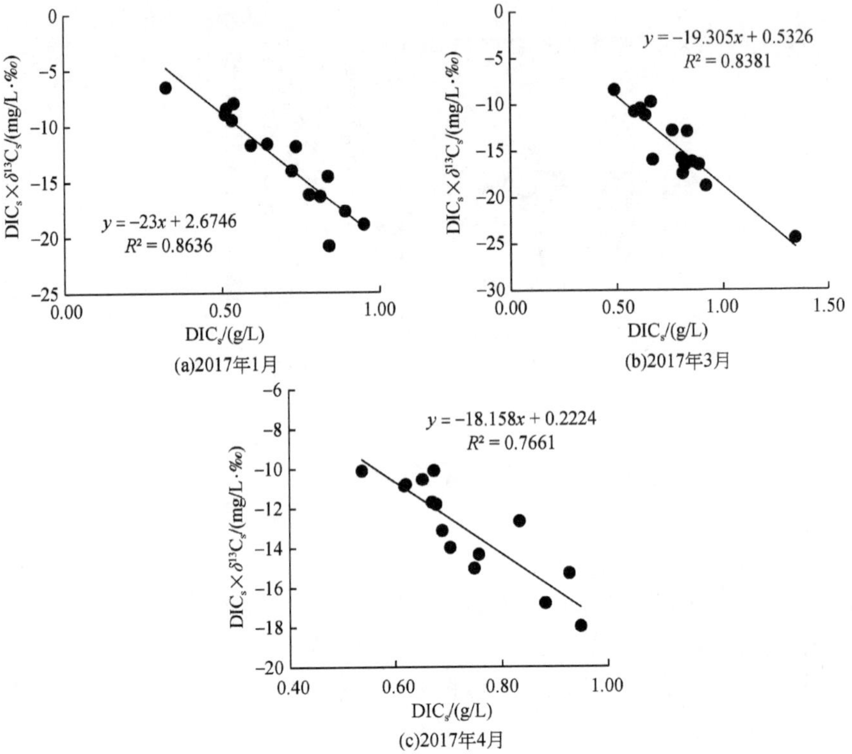

图 10-38 DIC & $\delta^{13}C$ 评估模型检验图

(2) 单井降解能力

根据碳 (C) 质量守恒，石油类污染物（有机碳，以 C_nH_n 表示）与 DIC_d（无机碳）的转化表达式为

$$CBC = \frac{|DIC_d|}{61} \times 13$$

式中，CBC 为单井降解能力（mg/L）。

需要说明的是，CBC 包含了 O_2、NO_3^-、Fe^{3+}、SO_4^{2-}、Mn^{4+}、CO_2 等所有电子受体的降解能力。

(3) 含水层降解能力

含水层降解能力表达式为

$$\overline{CBC} = \frac{\sum CBC}{n}$$

式中，$\overline{CBC}$ 为含水层降解能力（mg/L）；n 为监测井数量。

(4) 含水层降解速率

含水层降解速率原理与上文“含水层所有电子受体降解速率”相同，表达式为

$$v_{\mathrm{sum}} = (365\times Q)\times\frac{\overline{\mathrm{CBC}}}{1000}$$

式中，v_{sum}为含水层降解速率（kg/a）；Q 为地下水流量（m^3/d，取 $132m^3/d$）。

10.4.3 降解量评估

（1）基于统计的“原始模型”

每期取样场地各井石油类污染物降解的 $\delta^{13}C_d$为定值，2017 年 1 月、2017 年 3 月和 2017 年 4 月三期 $\delta^{13}C_d$分别为-23.0‰、-19.3‰、-18.1‰；天然背景以 MW4 的 $\delta^{13}C_b$为准，分别为-16.1‰、-15.5‰和-15.2‰，三期相差不超过 1‰，由此可认为，地下水背景输入的 DIC & δ^{13}C 值没有明显变化。

1）降解能力。将该系列值代入同位素质量守恒方程 $\delta^{13}C_s\times DIC_s=\delta^{13}C_b\times DIC_b+\delta^{13}C_d\times DIC_d$ 可计算得到 DIC_d，计算单井所有电子受体降解能力 CBC（同上文），计算公式为 $CBC=\frac{|DIC_d|}{61}\times13$。以 CBC 为自变量，累积百分比为因变量，作回归分析（图 10-39），发现 1 月、3 月、4 月三期数据均满足线性回归（R^2 = 0.9467，0.7152，0.8774），则含水层降解能力$\overline{\mathrm{CBC}}$可取所有井均值表征，分别为 33.22、38.64、23.98mg/L（表 10-14）。

表 10-14　DIC & δ^{13}C 原始模型降解能力评估表

时间	监测井	DIC_s /(mg/L)	$\delta^{13}C_s$ /‰	DIC_b /(mg/L)	$\delta^{13}C_b$ /‰	$\delta^{13}C_d$ /‰	DIC_d /(mg/L)	降解能力 /(mg/L)	降解能力均值
2017 年 1 月	M18	812.51	-20.1	737.6	-16.1	-23.00	193.75	41.29	33.22
	M8	778.18	-20.8	737.6	-16.1	-23.00	187.43	39.94	
	MW10	890.29	-19.9	737.6	-16.1	-23.00	253.98	54.13	
	MW13	724.01	-19.4	737.6	-16.1	-23.00	94.36	20.11	
	MW14	836.57	-17.4	737.6	-16.1	-23.00	116.56	24.84	
	MW15	593.2	-19.8	737.6	-16.1	-23.00	-5.65	1.21	
	MW17	539.14	-14.8	737.6	-16.1	-23.00	-169.4	36.1	
	MW3	839.25	-24.8	737.6	-16.1	-23.00	388.61	82.82	
	MW4	737.6	-16.1	737.6	-16.1	-23.00	0	0	
	MW5	515.59	-16.4	737.6	-16.1	-23.00	-148.68	31.69	
	MW6	949.5	-19.9	737.6	-16.1	-23.00	305.2	65.04	
	OTAW4	324.03	-20.1	737.6	-16.1	-23.00	-233.14	49.69	
	OTBW5	511.91	-17.5	737.6	-16.1	-23.00	-126.82	27.03	
	PM3	645.89	-18	737.6	-16.1	-23.00	-10.84	2.31	
	PM7	533.36	-17.8	737.6	-16.1	-23.00	-103.55	22.07	

续表

时间	监测井	DIC_s /(mg/L)	$\delta^{13}C_s$ /‰	DIC_b /(mg/L)	$\delta^{13}C_b$ /‰	$\delta^{13}C_d$ /‰	DIC_d /(mg/L)	降解能力 /(mg/L)	降解能力均值
2017年3月	M18	818.63	-20.2	831.48	-15.5	-19.305	188.99	40.28	38.64
	M8	803.52	-19.7	831.48	-15.5	-19.305	150.29	32.03	
	MW10	887.03	-18.6	831.48	-15.5	-19.305	184.75	39.37	
	MW13	611.3	-17.1	831.48	-15.5	-19.305	-127.7	27.21	
	MW14	760.94	-16.8	831.48	-15.5	-19.305	-5.39	1.15	
	MW15	635.31	-17.5	831.48	-15.5	-19.305	-91.68	19.54	
	MW17	661.72	-14.7	831.48	-15.5	-19.305	-165.43	35.26	
	MW3	1343.29	-18.2	831.48	-15.5	-19.305	598.81	127.61	
	MW4	831.48	-15.5	831.48	-15.5	-19.305	0	0	
	MW5	490.63	-17.2	831.48	-15.5	-19.305	-231.73	49.39	
	MW6	854.11	-18.9	831.48	-15.5	-19.305	168.6	35.93	
	OTAW4	668.76	-23.8	831.48	-15.5	-19.305	156.88	33.43	
	OTBW5	809.34	-21.5	831.48	-15.5	-19.305	233.77	49.82	
	PM3	919.22	-20.4	831.48	-15.5	-19.305	303.77	64.74	
	PM7	584.72	-18.4	831.48	-15.5	-19.305	-111.79	23.82	
2017年4月	M18	702.78	-19.9	833.74	-15.2	-18.158	72.27	15.4	23.98
	M8	748.24	-20.1	833.74	-15.2	-18.158	130.35	27.78	
	MW10	948.29	-19	833.74	-15.2	-18.158	291.73	62.17	
	MW13	651.47	-16.2	833.74	-15.2	-18.158	-116.7	24.87	
	MW14	926.96	-16.5	833.74	-15.2	-18.158	144.39	30.77	
	MW15	676.49	-17.5	833.74	-15.2	-18.158	-47.81	10.19	
	MW17	672.86	-15	833.74	-15.2	-18.158	-142.08	30.28	
	MW3	687.71	-19.1	833.74	-15.2	-18.158	25.46	5.43	
	MW4	833.74	-15.2	833.74	-15.2	-18.158	0	0	
	MW5	620.45	-17.4	833.74	-15.2	-18.158	-103.37	22.03	
	MW6	881.69	-19.1	833.74	-15.2	-18.158	227.08	48.39	
	OTAW4	617.75	-17.6	833.74	-15.2	-18.158	-99.15	21.13	
	OTBW5	756.86	-19	833.74	-15.2	-18.158	91.95	19.6	
	PM3	668.99	-17.5	833.74	-15.2	-18.158	-53.18	11.33	
	PM7	536.84	-18.8	833.74	-15.2	-18.158	-142.1	30.28	

注：表中 DIC 以 HCO_3^-计。

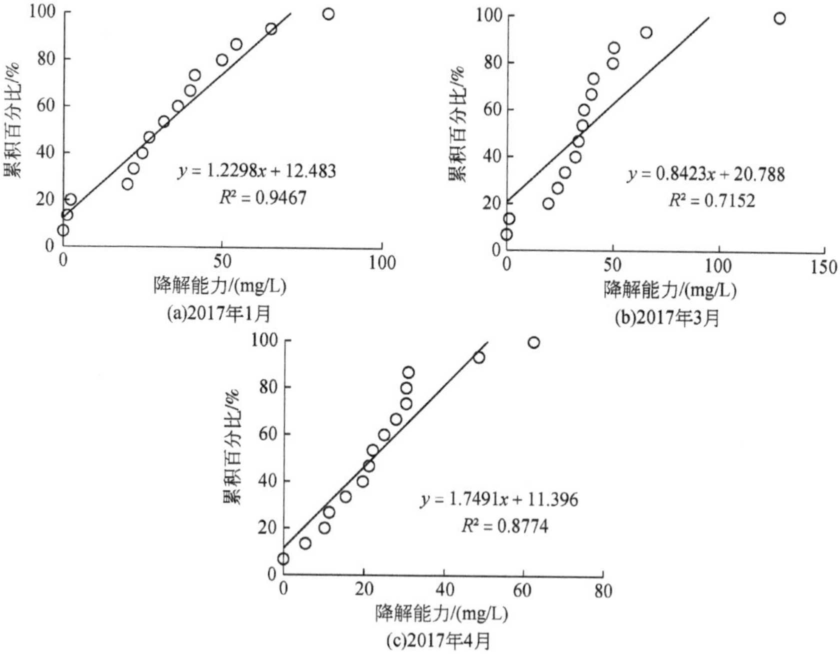

图 10-39　DIC& δ^{13}C 降解能力–累积百分比分布图（原始模型）

2）降解速率。以 $v_{sum}=(365\times Q)\times\frac{\overline{CBC}}{1000}$估算含水层降解速率，取$\overline{CBC}$三期含水层降解能力（33. 22mg/L、38. 64mg/L、23. 98mg/L）的均值为 31. 94mg/L。

$$v_{sum}=(365\times Q)\times\frac{\overline{CBC}}{1000}=(365\times 132)\times\frac{31.94}{1000}=1539\ (kg/a)$$

含水层降解速率为 1539kg/a。

（2）基于机理的“修正模型”

进一步深究石油类污染物降解^{13}C 的分馏效应：已知石油类污染物 δ^{13}C 一般为–30‰，上文单体稳定同位素检测发现，本场地地下水中 BTEX 的 δ^{13}C 为–35‰～–25‰，因此认为场地地下水中石油类污染物的 δ^{13}C 亦为–30‰。当 O_2、NO_3^-、Mn^{4+}、Fe^{3+}、SO_4^{2-}作为电子受体产 CO_2时，石油类污染物中的轻同位素优先反应，则生成物 DIC 的^{13}C 应更贫，其 δ^{13}C 应偏负，即该降解分馏的 $\delta^{13}C_d$ 必然小于–30‰；当发生以 CO_2（电子受体）作为反应物的产 CH_4作用，地下水中 DIC 中的轻同位素优先反应，则地下水中残留的 DIC 的 δ^{13}C 应更富集，其 δ^{13}C 应偏正，即该降解分馏的 $\delta^{13}C_d$ 可能大于–30‰。三期数据的 $\delta^{13}C_d$均大于–30‰，说明以 CO_2作为反应物的产甲烷作用产生的同位素分馏大于利用其他电子受体产 CO_2作用，可认为场地进入产甲烷作用为主降解阶段，且三期对比，$\delta^{13}C_d$越来越偏正，即产甲烷作用在不断增强。

因此，场地很大一部分监测井的 DIC 是产生 CO_2 和产甲烷消耗 CO_2 相互抵消后的结果，而该降解部分在原始模型法中 $CBC=\frac{|DIC_d|}{61}\times 13$ 的 DIC_d 被忽略，降解能力和速率被低估。本书依据上述机理对各监测井实测的 DIC_s 和 $\delta^{13}C_s$ 逐个分析，首先，与背景监测井实测的 DIC_S 比较，分别将低于和高于背景 DIC_b 的监测井划归为产甲烷和产 CO_2 两个类型。

则实际的 DIC 过程变化量为

$$DIC'_d=|DIC_s-DIC_b|_{产CO_2}+|DIC_{max}-DIC_s|_{产CH_4}$$

式中，DIC'_d 为 DIC 的过程变化量（mg/L）；$|DIC_s-DIC_b|_{产CO_2}$ 为产 CO_2 过程中 DIC 的增加量（mg/L）；$|DIC_{max}-DIC_s|_{产CH_4}$ 为产甲烷过程中 DIC 的减小量（mg/L），其中 DIC_{max} 为产 CO_2 过程结束 DIC 的最大值，该值实际上难以精准确定，保守评估，优先考虑以产 CO_2 类型中 $\delta^{13}Cs$ 最小值（异养代谢石油烃产生的 CO_2 使得地下水中 DIC 的 $\delta^{13}C$ 偏负）的监测井的 DIC_s 作为 DIC_{max}。同时，结合各期 DIC 数据的经验判断获得。DIC_s、DIC_b、DIC_d 同上。

降解能力计算同上，$CBC=\frac{|DIC'_d|}{61}\times 13$。

1）降解能力。按照上文方法确定各监测井的产 CH_4、产 CO_2 类型，1 月、3 月、4 月各期均取 MW4 的 DIC_s 作为 DIC_b，DIC_{max} 分别取 MW3、PM3、MW10 的 DIC_s，以 $DIC'_d=|DIC_s-DIC_b|_{产CO_2}+|DIC_{max}-DIC_s|_{产CH_4}$ 和 $CBC=\frac{|DIC'_d|}{61}\times 13$ 估算降解能力（表 10-15）。以 CBC 为自变量，累积百分比为因变量，作回归分析（图 10-40），发现 1 月、3 月、4 月三期数据均满足线性回归（R^2 = 0.9325，0.9485，0.9279），含水层降解能力 $\overline{CBC}$ 取所有井均值表征，分别为 42.73mg/L、42.98mg/L、47.55mg/L（表 10-15）。

表 10-15　DIC & $\delta^{13}C$ 机理降解能力评估表

时间	监测井	DIC_s /(mg/L)	$\delta^{13}C_s$ /‰	主导作用	降解能力 /(mg/L)	均值 /(mg/L)
2017 年 1 月	MW4	737.6	−16.1	背景	0.00	42.73
	OTAW4	324.03	−20.1	产 CH_4	109.8	
	MW5	515.59	−16.4	产 CH_4	68.98	
	OTBW5	511.91	−17.5	产 CH_4	69.76	
	PM7	533.36	−17.8	产 CH_4	65.19	
	MW17	539.14	−14.8	产 CH_4	63.96	
	MW15	593.2	−19.8	产 CH_4	52.44	

续表

时间	监测井	DIC_s /(mg/L)	$\delta^{13}C_s$ /‰	主导作用	降解能力 /(mg/L)	均值 /(mg/L)
2017 年 1 月	PM3	645.89	-18	产 CH_4	41.21	42.73
	MW13	724.01	-19.4	产 CH_4	24.56	
	M8	778.18	-20.8	产 CO_2	8.65	
	M18	812.51	-20.1	产 CO_2	15.97	
	MW14	836.57	-17.4	产 CO_2	21.09	
	MW10	890.29	-19.9	产 CO_2	32.54	
	MW3	839.25	-24.8	产 CO_2	21.66	
	MW6	949.5	-19.9	产 CO_2	45.16	
2017 年 3 月	MW4	831.48	-15.5	背景	0.00	42.98
	MW5	490.63	-17.2	产 CH_4	91.34	
	PM7	584.72	-18.4	产 CH_4	71.29	
	MW13	611.3	-17.1	产 CH_4	65.62	
	MW15	635.31	-17.5	产 CH_4	60.51	
	MW17	661.72	-14.7	产 CH_4	54.88	
	OTAW4	668.76	-23.8	产 CH_4	53.38	
	MW14	760.94	-16.8	产 CH_4	33.73	
	M8	803.52	-19.7	产 CH_4	24.66	
	M18	818.63	-20.2	产 CH_4	21.44	
	OTBW5	809.34	-21.5	产 CH_4	23.42	
	MW6	854.11	-18.9	产 CO_2	4.8	
	MW10	887.03	-18.6	产 CO_2	11.8	
	PM3	919.22	-20.4	产 CO_2	18.7	
	MW3	1343.29	-18.2	产 CO_2	109.1	
2017 年 4 月	MW4	833.74	-15.2	背景	0.00	47.55
	PM7	536.84	-18.8	产 CH_4	87.69	
	MW5	620.45	-17.4	产 CH_4	69.87	
	OTAW4	617.75	-17.6	产 CH_4	70.44	
	MW17	672.86	-15	产 CH_4	58.7	
	MW13	651.47	-16.2	产 CH_4	63.26	
	MW15	676.49	-17.5	产 CH_4	57.92	
	PM3	668.99	-17.5	产 CH_4	59.52	

续表

时间	监测井	DIC_s /(mg/L)	$\delta^{13}C_s$ /‰	主导作用	降解能力 /(mg/L)	均值 /(mg/L)
2017 年 4 月	MW3	687.71	−19.1	产 CH_4	55.53	47.55
	M18	702.78	−19.9	产 CH_4	52.32	
	M8	748.24	−20.1	产 CH_4	42.63	
	OTBW5	756.86	−19	产 CH_4	40.8	
	MW14	926.96	−16.5	产 CO_2	19.87	
	MW6	881.69	−19.1	产 CO_2	10.22	
	MW10	948.29	−19	产 CO_2	24.41	

注："主导作用"并非指仅有该作用，而是该作用占主导。

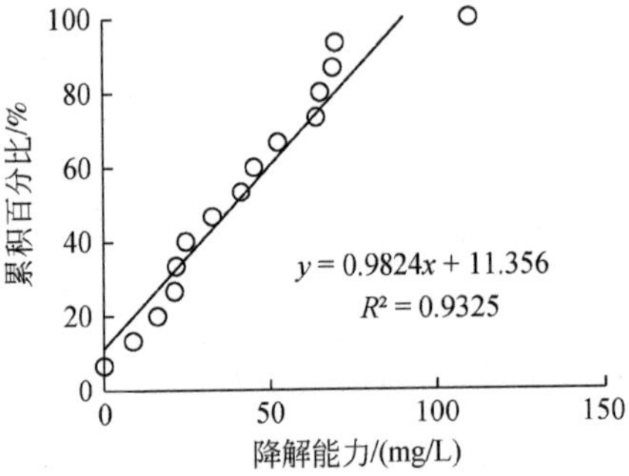

(a)2017年1月（DIC机理）

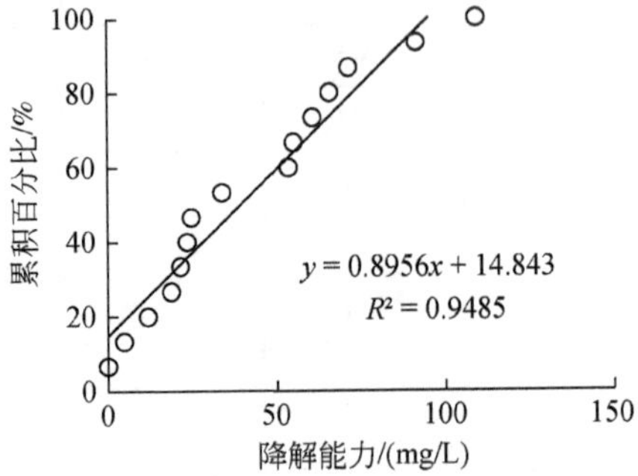

(b)2017年3月（DIC机理）

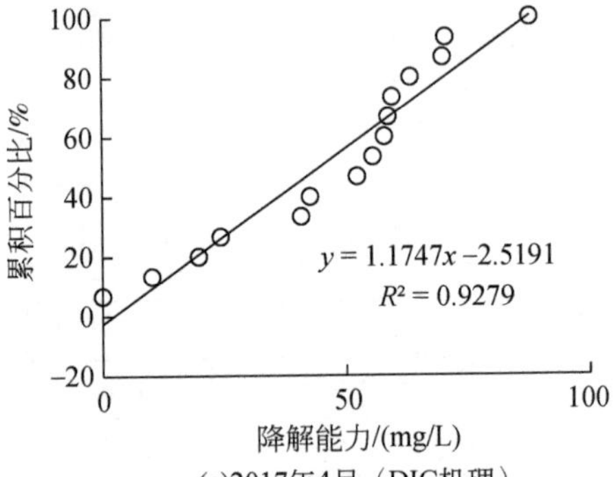

(c)2017年4月（DIC机理）

图 10-40　DIC & $\delta^{13}C$ 降解能力-累积百分比分布图（修正模型）

2）降解速率。以 $v_{sum}=(365\times Q)\times\frac{\overline{CBC}}{1000}$ 估算含水层降解速率，取 $\overline{CBC}$ 三期含水层降解能力（42.73mg/L、42.98mg/L、47.55mg/L）的均值为 44.42mg/L。

$$v_{\text{sum}}=(365\times Q)\times\frac{\overline{CBC}}{1000}=(365\times 132)\times\frac{44.42}{1000}=2140(\text{kg/a})$$

含水层降解速率为 2140kg/a。

（3）原始模型与修正模型对比

1）时间尺度。对比三期的原始模型和修正模型的含水层降解能力$\overline{CBC}$，“修正模型”（42.73mg/L、42.98mg/L、47.55mg/L）三期结果差异比原始模型（33.22mg/L、38.64mg/L、23.98mg/L）更小。根据前面关于化学需氧量（COD_{Cr}）的分析结果可知，三期石油类污染物的总量变化并不明显，电子供体浓度基本不变；根据前文关于地下水流场特征的分析结果可知，三期地下水中电子受体主流向侧向补给更新速率（流量）变化也不大，电子受体的浓度输入量基本相同。即：三期石油类污染物降解的好氧作用、反硝化作用、锰还原作用、铁还原作用、脱硫酸作用、产甲烷作用总降解能力基本一致。同时，由前文关于溶解无机碳（DIC）^{13}C 的同位素直接证据显示，三期 DIC 的^{13}C 变化不明显，证实三期石油类污染物降解能力变化不大。则三期降解能力评估结果修正模型比原始模型差异更小，修正模型更符合真实情况。

2）空间尺度。对比不同期原始模型和修正模型的 DIC & $\delta^{13}C$ 降解能力-累积百分比分布线性回归的 R^2，发现 3 月、4 月修正模型（R^2 = 0.9485，0.9279）拟合效果明显好于原始模型（R^2 = 0.7152，0.8774），1 月修正模型（R^2 = 0.9467）和原始模型（R^2 = 0.9325）基本相当。说明修正模型更符合自然规律，认为修正模型评估更符合真实情况。

从图 10-41 可以看出：图 10-41（a）中的原始图，“修正模型”与“原始模型”基本一致，其他图分区差异较大。西北分区为背景、上游分区，仅产 CO_2，产 CO_2 和产甲烷消耗 CO_2 相互抵消的影响较小，评估结果相似；其他分区则受影响较大。原始模型降解能力，1 月、3 月、4 月三期均为西北-东南增强的趋势，与地下水流场无明显耦合关系。修正模型降解能力，1、3、4 月三期污染源所在的地下水主流向上，呈现降解能力分带现象，且明显大于原始模型评估结果，由前述有机物微生物地球化学反应的基本原理可知，电子供体和受体同时存在是降解能力产生的必要条件，污染源所在地下水主流向是电子供体和受体主要化学反应带，在原始模型中并未体现。降解能力空间分布规律对比再次证明：修正模型与场地真实情况基本相符。

综合以上分析，修正模型评估更接近场地真实情况，1 月、3 月、4 月三期含水层降解能力（42.73mg/L、42.98mg/L、47.55mg/L）十分稳定，含水层降解速率为 2140kg/a。

结合前面分析的降解生物地球化学评估可知，脱硫酸、反硝化、锰还原、铁

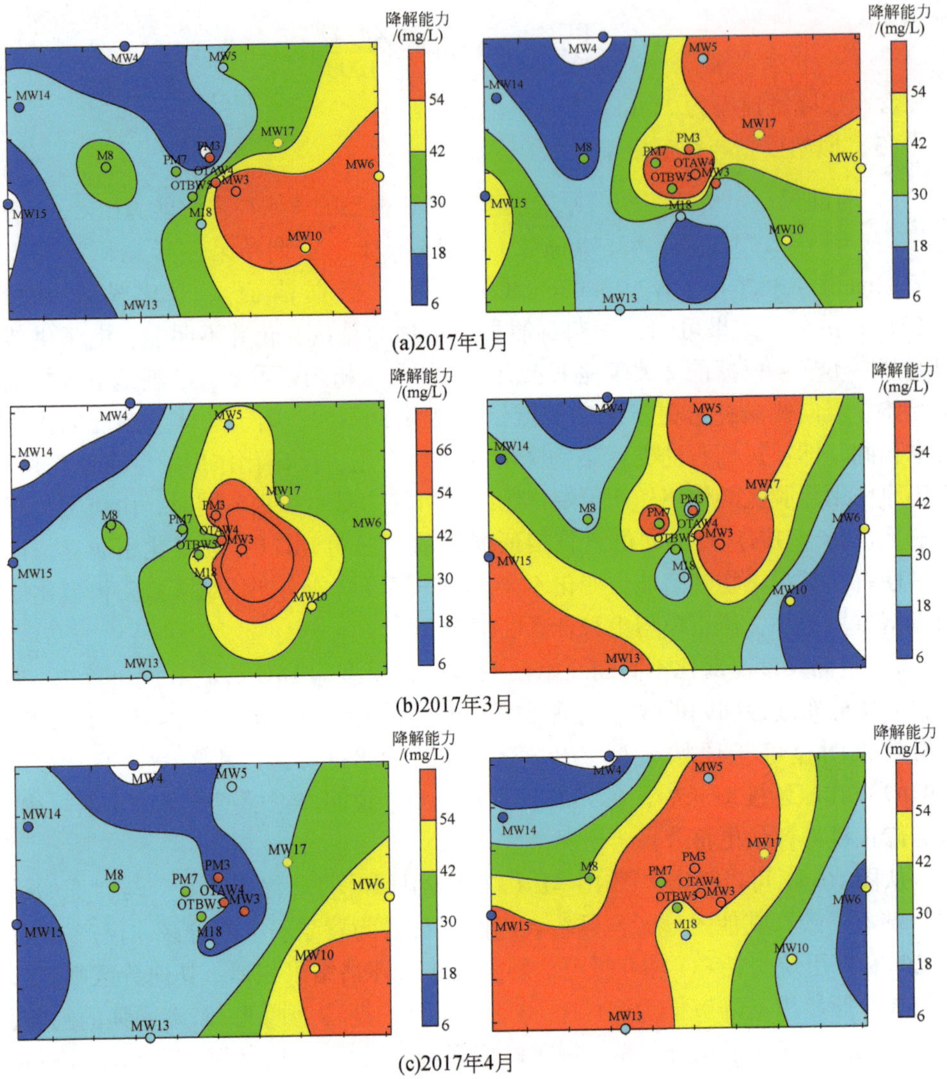

图 10-41　DIC & $\delta^{13}C$ 降解能力分布图（左：原始；右：修正）

还原的降解速率之和是 1831kg/a，分别为 1412kg/a、410kg/a、8kg/a、1kg/a，而“修正模型”则是脱硫酸、反硝化、锰还原、铁还原、好氧、产甲烷及其它作用的总降解速率 2140kg/a，则以“降解溶解有机碳（DIC）的 ^{13}C 评估”扣除“降解生物地球化学评估”的降解速率，视为好氧、产甲烷及其他作用的降解速率为 309kg/a。各氧化还原作用占总降解速率比例由高到低为：脱硫酸作用 66%，反硝化作用 19%，好氧、产甲烷及其他作用 14%，铁、锰还原作用 1%。

第 11 章　强化自然衰减措施及长期监测方案

11.1　强化自然衰减措施

11.1.1　电子受体添加

由前文微生物降解评估可知，含水层总降解速率达2140kg/a，微生物降解作用类型主要是脱硫酸、反硝化作用，二者约占总降解作用的85%。可基本确定添加电子受体 NO_3^-和 SO_4^{2-}刺激微生物降解作用是强化自然衰减的主要措施。确定不同分区添加电子受体量，对于优化实现刺激微生物降解至关重要。在此以累积概率分布法划分不同电子受体段，获取电子受体消耗分区（缺乏、大量消耗、小量消耗、充足区）阈值，确定不同分区所处的微生物降解阶段（降解完、强降解、弱降解和未降解区），为刺激微生物降解作用，实现强化自然衰减提供依据。

以 2017 年 1 月为例，从图 11-1 可以看出，SO_4^{2-}整体分布符合正态分布规律（R^2=0.9416），因此，取累积百分比25%、50%、75%作为阈值区间端点，其对应的 SO_4^{2-}浓度（C）为 102.66mg/L、158.69mg/L、214.72mg/L，则浓度在 0～102.66、102.66～158.69、158.69～214.72、>214.72mg/L 分别是 SO_4^{2-}缺乏、大量消耗、小量消耗、充足区。同样原理下，NO_3^-也可划分为三段，获取 3 个线性回归方程，从下往上线性方程的交点分别是电子受体的缺乏和大量消耗（2.99mg/L）、大量消耗和小量消耗（9.83mg/L）区分界点，以 MW4、MW14 和 MW15 三个背景井的最小值作为小量消耗和充足区分界点（24.46mg/L），即浓度为0～2.99mg/L、2.99～9.83mg/L、9.83～24.46mg/L、>24.46mg/L 分别是 NO_3^-缺乏、大量消耗、小量消耗、充足区。2017 年 3 月、4 月，NO_3^-、SO_4^{2-}均可划分为三段，则依照 2017 年 1 月 NO_3^-的方法划分不同电子受体消耗区。

根据微生物消耗电子受体发生有机物微生物降解的机理，缺乏、大量消耗、小量消耗和充足区对应的微生物降解完、强降解、弱降解和未降解四个阶段。从图 11-2 可以看出，依据各自流场特征，污染源、上游、侧翼、下游的反硝化作用均基本处于降解完或强降解阶段，NO_3^-缺乏或大量消耗，急需补充，相对而

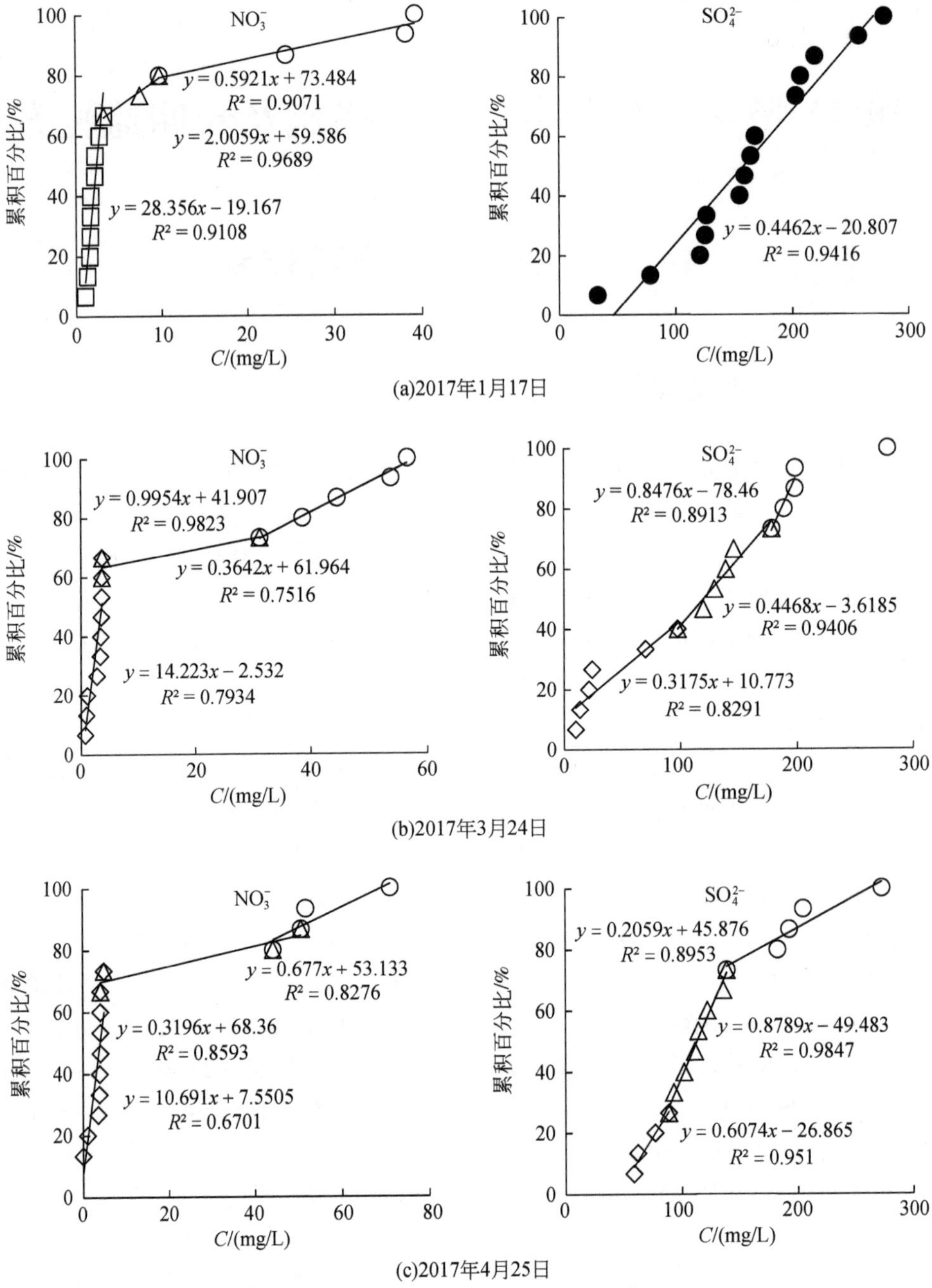

图 11-1　电子受体累积概率分布图

言，污染源、上游及下游区缺乏尤其严重；背景及其与上游结合带基本处于未降解或弱降解阶段，NO_3^-充足或小量消耗，无需补充。污染源、上游及下游的脱硫酸作用基本处于降解完或强降解阶段，SO_4^{2-}缺乏或大量消耗，急需补充；背景、侧翼的脱硫酸作用基本处于未降解或弱降解阶段，无需补充。综合而言，污染源、上游区急需添加电子受体 NO_3^-、SO_4^{2-}。

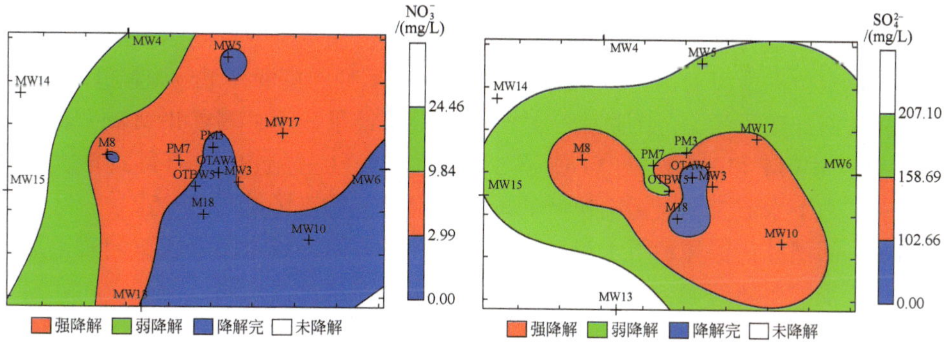

(a)2017年1月17日

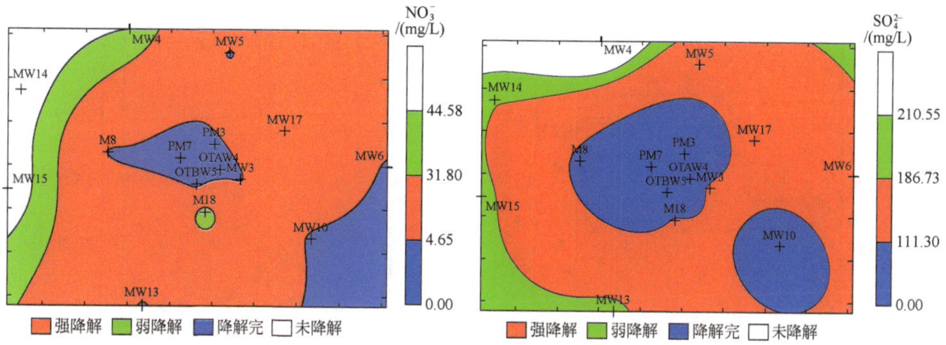

(b)2017年3月24日

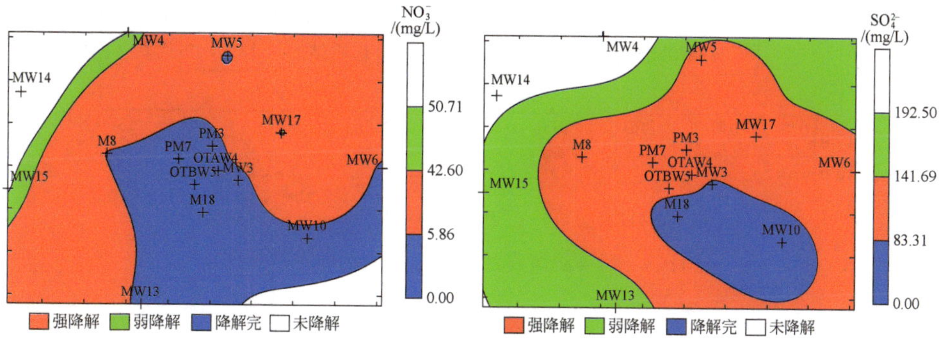

(c)2017年4月25日

图 11-2　降解阶段分区图

11.1.2 水动力场控制

由上文可知，电子受体 NO_3^-、SO_4^{2-} 的缺乏分区与其所处地下水流场位置有关（图 11-2）。地下水流场控制是电子受体 NO_3^-、SO_4^{2-} 添加到污染区，有效刺激石油类污染物微生物降解的前提。

尤其本场地含水层以卵石为主，渗透性较大，从本研究监测期内地下水主流向剖面及水位图中可看出（图 11-3），在 3 月、4 月污染源区域（MW3）出现了水丘，从而导致了污染范围扩大。结合上文分析结果显示，侧翼井 MW13 和背景井 MW4、MW14 和 MW15 的 VOCs 在 1 月未检出、3 月检出、4 月继续增大，基本证实了地下水流流动对污染扩散的影响。因此，建议场地下游、背景分区宜建造抽出、回灌井，保障地下水流场不出现反转，不使污染范围增大，同时，加大地下水流场的更新速率，刺激微生物降解作用，强化自然衰减。

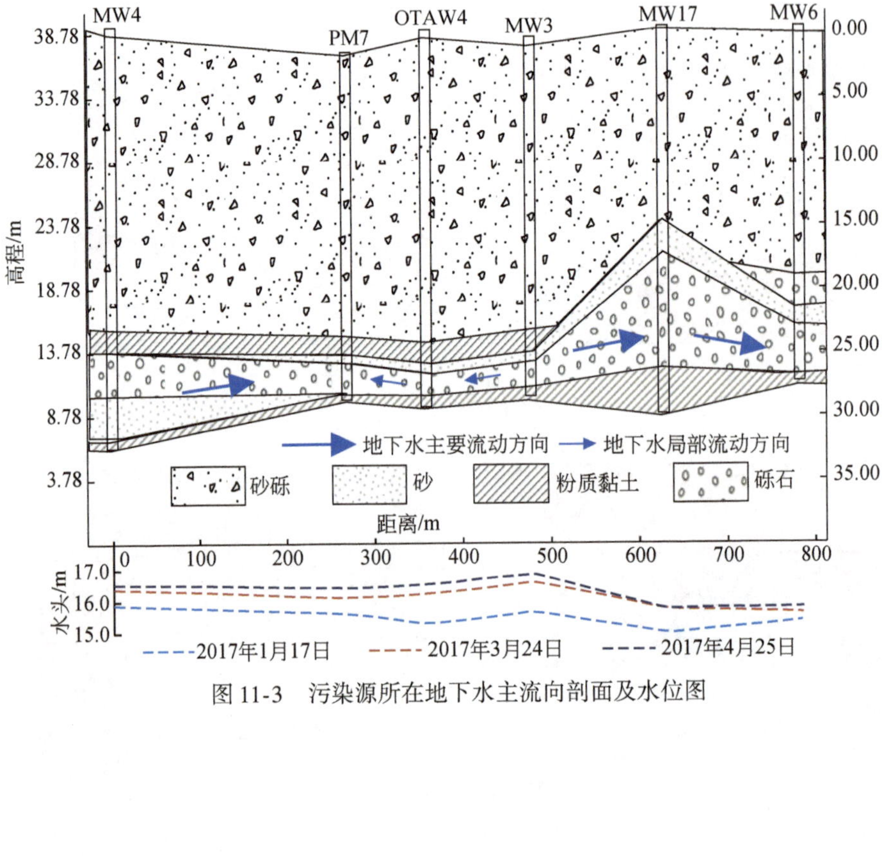

图 11-3　污染源所在地下水主流向剖面及水位图

11.2 长期自然衰减监测方案

11.2.1 监测目标

为了掌握场地地下水污染物自然衰减的动态变化，明确场外和场内地下水污染物的迁移特征，评估场地污染物的风险并及时采取应对措施，有必要进一步开展场地地下水自然衰减长期监测。

11.2.2 监测井布置及维护

（1）布井基本原则

参考中国地质调查局地质调查技术标准《污染场地土壤和地下水调查与风险评价规范》（DD2014-06）和环保部《地下水环境监测技术规范》（HJ/T 164—2004），围绕圈定的地下水污染羽范围进行布设。

监测井按照监测目的至少包含目前的背景、上游、污染源、下游、侧翼监测井五大类，建议再增加一类下游污染羽边缘控制监测井。

各监测井性质可能随污染变化而改变。如：当场地污染源迁移至下游监测井时，则其转变为污染源监测井。监测井性质改变后，需要重新设置监测井，有可能需要钻探成井。

（2）平面布井：至少 15 口，建议 18 口

背景、上游、污染源、下游、侧翼监测井 5 类至少各布置 3 口，共 15 口；建议下游现有污染羽边缘及其下游布置监测井 3 口；根据风险评价需求，设定风险监测井数口（周边民井可作为风险监测井）。

（3）垂向布井：建议 1 口

建议进一步根据地层岩性及水文地质结构，是否需要设定多级监测井，优先在污染源设置多级监测井。

（4）监测井维护

至少每年对监测井进行一次检修，主要是井管、保护管及井台等的检查与维护。至少每半年测量一次井深，若发现井中沉淀物质已上升至滤水管位置，需及时开展洗井工作，清除沉淀管中淤泥质等沉淀。

11.2.3 监测指标选择

监测指标按照重要性分为必测指标和选测指标两种，必测指标为满足自然衰减需求必须测定的指标，选测指标视动态监测结果适时选测。

(1) 流场指标

必测指标：监测井地下水埋深、监测井地面标高。选测指标：地下水流速实测、区域地下水开采量。

(2) 现场测试指标

必测指标：水温、溶解氧、酸碱度/pH、电导率、氧化还原电位、硝酸盐、重碳酸根、微生物活性（ATP）。选测指标：综合毒性。

(3) 污染综合指标

必测指标：化学需氧量（COD_{Cr}）、高锰酸盐指数（COD_{Mn}）。选测指标：五日生物化学需氧量（BOD_5）、总有机碳（TOC）、耗氧量（OC）、总需氧量（TOD）。

(4) 污染物组分

必测指标：石油烃（TPH）、挥发性有机物（VOC_s）、甲基叔丁基醚（MTBE）。选测指标：总油、半挥发性有机物（SVOCs）、多氯联苯（PCBs）和挥发酚。

(5) 生物地球化学指标

必测指标：硝酸盐、铁（总铁、二价、三价）、锰、硫酸盐。选测指标：氢气、甲烷。

(6) 微生物指标

必测指标：基因定量、高通量测序、能量代谢指标（ATP、AMP、ADP）。选测指标：宏基因组。

(7) 同位素指标

必测指标：DIC 的 ^{13}C 同位素、单体稳定同位素。选测指标：无机氮同位素、无机硫同位素。

(8) 其他水化学指标

必测指标：水质简分析。选测指标：水质全分析。

11.2.4 监测频率设定

按照监测频率可分为统测指标和长观指标。按照监测频率，监测井分为长观井和统测井两类，背景、上游、污染源、下游、侧翼 15 口（或 18 口）井均为长观井，风险监测井为统测井。

本研究地下水采样测试频率原则上不低于《地下水环境监测技术规范》（HJ/T 164—2004）要求的频率。

（1）统测井监测频率

统测井每水文年的丰、平、枯水期至少各测试一次，直到污染物连续三次统测均无检出、水质指标无异常为止。

所有必测指标均确定为统测指标。污染物组分，若连续三次统测均未检出，则不再作为统测指标。

（2）长观井监测频率

长观井至少每两个月监测一次，直至满足设定的质量目标为止。

第一个监测水文年，所有统测指标均作为长观指标。实时统计分析监测初期指标动态变化特征，寻找指示性水质指标，每结束一个监测水文年，筛选确定一次长观指标。

污染组分，若连续三次长观均未检出，可不作为长观指标，但必须作为统测指标。

11.3 风险管控建议

目前，场地残余污染可能来自两个方面：一方面，场地可能存在未查明的“遗漏”污染物聚集区域；另一方面，场地开展的抽出-处理（pump and treat，P&T）及土壤气相抽提（soil vapor extraction，SVE）修复已去除了大量石油污染物，但土壤中残余量多少尚未知。

由土层岩性和水文地质结构知，场地地下水水位附近存在粉质粘土层，且石油类是典型的轻质非水溶相污染物（LNAPLs），极易吸附在该层。无论认为其是场地尺度的微承压水的上部隔水层，还是区域尺度的低渗透“透镜体”，该层都是阻碍 LNAPLs 衰减的典型低渗透层（“low-k” zones），基质扩散（matrix diffusion）效应使其成为释放污染物的恒定源，是修复“拖尾”，甚至修复后污染物浓度“反弹”的根源，是修复完成后污染风险的主要来源。

强化自然衰减是最终去除残余污染的主要手段，但需定制特有管控方案，而其前提是查明残余污染物的空间范围，并对其残余量进行估算。

现有地球物理、地球化学与微生物勘探技术联用，基本可圈定出场地残余污染区；结合场地样品室内模拟实验，可估算污染残余量。因此，建议场地适当开展该方面工作，为强化自然衰减目标设定，实现科学化、合理化、经济化风险管控提供依据。

参考文献

[1] 李海生. 美国污染土地治理的“超级基金制度”[N]. 学习时报，2013-12-02 (2).

[2] 中国环境与发展国际合作委员会. 中国土壤环境保护政策研究 [R]. 北京：中国环境与发展国际合作委员会，2010.

[3] Percival R V，Cooper K H，Gravens M M. CERCLA in a global context [J]. Social Science Electronic Publishing，2012，41：727-772.

[4] 刘伟江，丁贞玉，文一，等. 地下水污染防治之美国经验 [J]. 环境保护，2013，(12)：33-35.

[5] 王曦，胡苑. 美国的污染治理超级基金制度 [J]. 环境保护，2007，(10)：64-67.

[6] Douglas W. McNiel，Andrew W. Foshee. Superfund financing alternatives [J]. Policy Studies Review，1988，7 (4)：751-760.

[7] 谷庆宝，颜增光，周友亚，等. 美国超级基金制度及其污染场地环境管理 [J]. 环境科学研究，2007，20 (5)：84-88.

[8] 陈成，杨玲. 西方国家棕地重建策略及其对我国的启示 [J]. 国土资源情报，2008，(6)：16-20.

[9] 余立风. 美欧污染场地环境监管机制研究 [J]. 环境与可持续发展，2011，36 (1)：7-10.

[10] Environmental Agency. Science Report Final SC 050021/SR 3：Updated Technical Background to the CLEA Model [R]. Bristol：Environment Agency，2009.

[11] Otsuka N，Dixon T，Abe H. Stock measurement and regeneration policy approaches to “hardcore” brownfield sites：England and Japan compared [J]. Land Use Policy，2013，33：36-41.

[12] 陈梦舫，骆永明，宋静，等. 中、英、美污染场地风险评估导则异同与启示 [J]. 环境监测管理与技术，2011，23 (3)：14-18.

[13] 沈百鑫，付璐. 德国污染场地治理的法律基础及对我国的启示 [J]. 中国环境法治，2011 (2)：171-189.

[14] 任隆江，李丹，周广飞. 德国如何构建污染场地管理和修复体系 [J]. 环境保护，2012，(17)：72-74.

[15] 陈卫平，谢天，李笑诺，等. 欧美发达国家场地土壤污染防治技术体系概述 [J]. 土壤学报，2018，55 (3)：527-542.

[16] 宋静，陈梦舫，骆永明，等. 制订我国污染场地土壤风险筛选值的几点建议 [J]. 环境监测管理与技术，2011，23 (3)：26-33.

[17] 王国庆，骆永明，宋静，等. 土壤环境质量指导值与标准研究 I. 国际动态及中国的修订考虑 [J]. 土壤学报，2005，(4)：666-673.

[18] 魏旭. 荷兰土壤污染修复标准制度述评 [J]. 环境保护，2018，(18)：73-77.

[19] Target D. Annexes circular on target values and intervention values for soil remediation [OL/R]. http://www.doc88.com/p-980460345386.html.

[20] Carlon C，D'Alessandro M，Swartjes F. Derivation methods of soil screening values in Europe.

A review and evaluation of national procedures towards harmonization [R]. Brussels: European Commission Joint Research Centre, 2007.
[21] Gotoh S, Udoguchi A. Japan' s policies on soil environment protection- history and present status [J]. Dordrecht, 1993: 3-10.
[22] 陈平, 陈研, 白璐. 日本土壤环境质量标准与污染现状 [J]. 中国环境监测, 2004, (3): 62-66.
[23] 宋云, 李培中, 郭逸飞. 关于兰州石化泄漏导致自来水苯超标事件的解析 [J]. 环境保护, 2015, 43 (19): 54-57.
[24] 王艳伟, 李书鹏, 康绍果, 等. 中国工业污染场地修复发展状况分析 [J]. 环境工程, 2017, (10): 175-178.
[25] 谢剑, 李发生. 中国污染场地修复与再开发 [J]. 环境保护, 2012, (2): 14-24.
[26] 蔡五田, 张敏, 刘雪松, 等. 论场地土壤和地下水污染调查与风险评价的程序和内容 [J]. 水文地质工程地质, 2011, 38 (6): 125-134.
[27] Adamson D T, Newell C J. Frequently asked questions about monitored natural attenuation in groundwater [R]. Arlington: Environmental Security and Technology Certification Program, 2014.
[28] Rice D W, Grose R D, Michaelsen J C, et al. California Leaking Underground Fuel Tank (LUFT) Historical Case Analyses [R]. Los Angeles: California State Water Resources Control Board, 1995.
[29] Mace R E, Fisher R S, Welch D M, et al. Extent, mass, and duration of hydrocarbon plumes from leaking petroleum storage tank sites in Texas [R]. Geologic Circular, 1997.
[30] Amin M M, Khanahmad H, Teimouri F, et al. Effect of monorhamnolipid contribution on anaerobic- natural attenuation of explosives in contaminated soils [J]. Journal of Environmental Engineering, 2017, 143 (8), DOI: 10. 1061/(ASCE) EE. 1943-7870. 0001227.
[31] Kohli P, Richnow H H, Lal R. Compound- specific stable isotope analysis: Implications in Hexachlorocyclohexane in- vitro and field assessment [J]. Indian Journal of Microbiology, 2017, 57 (1): 11-22.
[32] Neuhauser E F, Ripp J A, Azzolina N A, et al. Monitored natural attenuation of manufactured gas plant tar mono- and polycyclic aromatic hydrocarbons in ground water: A 14- year field study [J]. Ground Water Monitoring and Remediation, 2009, 29 (3): 66-76.
[33] 张翠云, 张胜, 殷密英, 等. 地下水污染自然衰减研究进展 [J]. 南水北调与水利科技, 2010, 8 (6): 50-52.
[34] 李元杰, 王森杰, 张敏, 等. 土壤和地下水污染的监控自然衰减修复技术研究进展 [J]. 中国环境科学, 2018, (3): 1185-1193.
[35] USEPA. Superfund remedy report (15th edition) [R]. Washington D. C.: USEPA Office of Solid Waste and Emergency Response, 2017.
[36] 李洋. 浅层地下水石油类污染物自然衰减评价与预测 [D]. 长春: 吉林大学硕士学位论文, 2012.

[37] 张文静. 垃圾渗滤液污染物在地下环境中的自然衰减及含水层污染强化修复方法研究 [D]. 长春：吉林大学博士学位论文, 2007.
[38] 王冰. 柴油在地下环境中的自然衰减研究 [D]. 长春：吉林大学硕士学位论文, 2011.
[39] 贾慧, 武晓峰, 胡黎明, 等. 基于现场试验的石油类污染物自然衰减能力研究 [J]. 环境科学, 2011, 32 (12)：3699-3703.
[40] 蒋灵芝, 陈余道, 邓超联, 等. 应用质量通量评估地下水中 BTEX 和乙醇的自然衰减 [J]. 高校地质学报, 2016, 22 (2)：395-400.
[41] 陈梦舫, 骆永明, 宋静, 等. 场地含水层氯代烃污染物自然衰减机制与纳米铁修复技术的研究进展 [J]. 环境监测管理与技术, 2011, 23 (3)：85-89.
[42] 李小平, 程曦. 场地污染土壤和地下水修复中受监控的自然修复/恢复技术的应用与研究进展 [J]. 环境污染与防治, 2013, 35 (8)：73-78.
[43] 蔡婧怡, 陈宗宇, 蔡五田, 等. 某石化污染场地含水层自然降解 BTEX 能力评估 [J]. 现代地质, 2015, (2)：383-389.
[44] 夏雨波, 杨悦锁, 杜新强, 等. 石油污染场地浅层地下水 MNA 原位修复潜能及微生物降解效益评估 [J]. 吉林大学学报, 2011, 41 (3)：831-839.
[45] An D, Xi B D, Ren J Z, et al. Sustainability assessment of groundwater remediation technologies based on multicriteria decision making method [J]. Resources, Conservation and Recycling, 2017 , (119)：36-43.
[46] USEPA. Superfund Remedy Report (13th edition) [R]. Washington D. C. : US Environmental Protection Agency, 2010.
[47] American Society for Testing Materials. Standard Guide for Remediation of Ground Water by Natural Attenuation at Petroleum Release Sites [R]. West Conshohocken：American Society for Testing Materials, 2015.
[48] Wiedemeier T, Wilson J T, Kampbell D H, et al. Technical protocol for implementing intrinsic natural remediation with long term monitoring for natural attenuation of fuel contamination dissolved in groundwater (volume I and II) [R]. San Antonio (TX)：Air Force Center for Environmental Excellence Technology Transfer Division, 1999.
[49] CH2M HILL. Agriculturally Based Bioremediation of Petroleum-Contaminated Soil and Shallow Groundwater in Pacific Island Ecosystems [R]. Colorado：Prepared for US Army Corps of Engineers, 2003.
[50] USEPA. Use of monitored natural attenuation at superfund, RCRA, corrective action and UST sites [R]. Washington D. C. : USEPA, Office of Solid Waste and Emergency Response, 1999.
[51] USEPA. Monitored natural attenuation of MTBE as a risk management option at leaking underground storage tank sites [R]. Washington D. C. : USEPA, Office of Research and Development, 2005.
[52] National Research Council. Natural Attenuation for Groundwater Remediation [M]. Washington D. C. : The National Academies Press, 2000.
[53] 环境保护部. 污染场地修复技术目录 (第一批) [R]. 北京：中华人民共和国环境保护

部, 2014.

[54] 宁卓, 蔡萍萍, 张敏, 等. 某石油污染地下水溶解性无机碳低异常的微生物地球化学成因探析 [J]. 环境科学研究, 2019, 32 (4): 1-8.

[55] Hunkeler D, Meckenstock R U, Sherwood-Lollar B, et al. A Guide for Assessing Biodegradation and Source Identification of Organic Groundwater Contaminants Using Compound Specific Isotope Analysis [R]. Washington D. C.: Environmental Protection Agency, 2008.

[56] 文一, 张涛, 刘伟江, 等. 环境分子诊断技术在污染场地环境管理中的应用进展 [J]. 中国环境监测, 2017, (1): 34-40.

[57] 王大纯. 水文地质学基础 [M]. 北京: 地质出版社, 1986.

[58] 王焕校. 污染生态学 [M]. 北京: 高等教育出版社, 2012.

[59] 韩阳. 环境污染与植物功能 [M]. 北京: 化学工业出版社, 2005.

[60] 王红云, 赵连俊. 环境化学 [M]. 北京: 化学工业出版社, 2009.

[61] 李建政. 环境毒理学 [M]. 北京: 化学工业出版社, 2006.

[62] 王洪涛. 多孔介质污染物迁移动力学 [M]. 北京: 高等教育出版社. 2008.

[63] 余钟波. 地下水水文学原理 [M]. 北京: 科学出版社, 2008.

[64] 姚槐应, 黄昌勇. 土壤微生物生态学及其实验技术 [M]. 北京: 科学出版社, 2006.

[65] 李法云, 曲向荣, 吴龙华. 污染土壤生物修复理论基础与技术 [M]. 北京: 化学工业出版社, 2006.

[66] 罗启仕, 张锡辉, 王慧, 等. 生物修复中有机污染物的生物可利用性 [J]. 生态环境学报, 2004, (1): 85-87.

[67] 任何军, 张婷娣. 环境微生物学 [M]. 北京: 清华大学出版社, 2015.

[68] 盛连喜, 李明堂, 等. 硝基苯类化合物微生物降解研究进展 [J]. 应用生态学报, 2007, 18 (7): 1654-1660.

[69] 吴小莉. 1, 4-二氯萘、2, 6-二氯萘的微生物降解实验研究 [D]. 长沙: 湖南大学博士学位论文, 2008.

[70] Varjani S J. Microbial Degradation of Petroleum Hydrocarbons [J]. Bioresource Technology, 2016, 223: 277-286.

[71] 郑西来, 钱会, 席临平, 等. 地下水系统中石油污染物的吸附转移研究 [J]. 勘察科学技术, 1998 (1): 26-29.

[72] Reinhard M, Shang S, Kitanidis P K, et al. In situ BTEX biotransformation under enhanced nitrate- and sulfate- reducing conditions [J]. Environmental Science & Technology, 1996, 31 (1): 28-36.

[73] 豆俊峰, 刘翔, 等. 苯系化合物在硝酸盐还原条件下的生物降解性能 [J]. 环境科学, 2006, 27 (9): 1846-1852.

[74] McNally D L, Mihelcic J R, Lueking D R. Biodegradation of mixtures of polycyclic aromatic hydrocarbons under aerobic and nitrate- reducing conditions [J]. Chemosphere, 1999, 38 (6): 1313-1321.

[75] 张志杰, 聂麦茜, 葛碧洲. 一株芽孢杆菌对多环芳烃的降解性能 [J]. 水处理技术, 2003,

(5): 276-278.
[76] Boonchan S, Juhasz A L, Britz M L, et al. Detoxification of soils containing high molecular weight polycyclic aromatic hydrocarbons by Gram negative bacteria and bacterial- fungal co-cultures [M]. New York: Marcel Dekker Inc, 2000.
[77] 程国玲, 李培军, 王凤友, 等. 多环芳烃污染土壤的植物与微生物修复研究进展 [J]. 环境污染治理技术与设备, 2003, 4 (6): 30-36.
[78] 郑天凌, 骆苑蓉, 曹晓星, 等. 高分子量多环芳烃-苯并 [a] 芘的生物降解研究进展 [J]. 应用与环境生物学报, 2006, 12 (6): 884-890.
[79] 夏颖, 闵航. 一株多环芳烃降解菌的鉴定及 GST 基因克隆和序列分析 [J]. 微生物学报, 2003, 43 (6): 691-697.
[80] 魏俊飞, 吴家强, 焦文娟. 多环芳烃的毒性及其治理技术研究 [J]. 污染防治技术, 2008, (3): 65-69.
[81] 韩飞. 乙醇汽油的研究现状和应用前景 [J]. 辽宁化工, 2001, (11): 493-497.
[82] Deeb R A, Scow K M, Alvarez-Cohen L. Aerobic MTBE biodegradation: An examination of past studies, current challenges and future research directions [J]. Biodegradation, 2000, 11 (2-3): 171-185.
[83] Seagren E A, Becker J G. Review of natural attenuation of BTEX and MTBE in groundwater [J]. Practice Periodical of Hazardous, Toxic, and Radioactive Waste Management, 2002, 6 (3): 156-172.
[84] Squillace P J, Zogorski J S, Wilber W G, et al. Preliminary assessment of the occurrence and possible sources of MTBE in groundwater in the United States, 1993-1994 [J]. Environmental Science & Technology, 30 (5): 1721-1730.
[85] Stephanie Fiorenza & Hanadi S. Rifai (1998). Review of MTBE Biodegradation and Bioremediation [J]. Soil and Sediment Contamination, 2003, 7 (1): 1-35.
[86] Hatzinger P B , Mcclay K , Vainberg S , et al. Biodegradation of Methyl tert-Butyl Ether by a pure bacterial culture [J]. Applied & Environmental Microbiology, 2001, 67 (12): 5601-5607.
[87] 毕二平, 张雅萍. 甲基叔丁基醚在地下水系统中的自然衰减 [J]. 生态环境学报, 2011, 20 (5): 986-990.
[88] Dispirito A A , Gulledge J , Shiemke A K , et al. Trichloroethylene oxidation by the membrane-associated methane monooxygenase in type I, type II and type X methanotrophs [J]. Biodegradation, 1991, 2 (3): 151-164.
[89] Chu K H , Alvarez- Cohen L . Trichloroethylene degradation by methane- oxidizing cultures grown with various nitrogen sources [J]. Water Environment Research, 1996, 68 (1): 76-82.
[90] 李烨, 潘涛, 刘菲, 等. 四氯乙烯在不同地下水环境的生物共代谢降解 [J]. 岩矿测试, 2012, 31 (4): 682-688.
[91] 左剑恶, 肖晶华, 陈莉莉. 氯代有机污染物在厌氧条件下还原脱氯的研究进展 [J]. 环境污染治理技术与设备, 2003, 4 (6): 43-48.

［92］李毅群、王涛、郭书好. 有机化学［M］. 北京：清华大学出版社，2007.
［93］王帅印，李旭锋，边启龙，等. 氟代、氯代芳烃氢化脱卤反应的研究进展［J］. 化学研究，2018，29（5）：108-114.
［94］王灿. 氯代有机物生物降解研究进展［J］. 环境科学与技术，2008，31（2）：51-59.
［95］韩晓东. 氯代有机物的降解研究［J］. 地下水，2011，33（6）：168-170.
［96］毕新慧，徐晓白. 多氯联苯的环境行为［J］. 化学进展，2000，12（2）：152-160.
［97］聂湘平. 多氯联苯的环境毒理研究动态［J］. 生态科学，2003，（2）：171-176.
［98］郭宏伟. 多氯联苯在水体中迁移转化研究进展［J］. 气象与环境学报，2009，25（4）：48-53.
［99］彭亚拉，靳敏，杨昌举. 二恶英对环境的污染及对人类的危害［J］. 环境保护，2000，（1）：42-44.
［100］杨永滨，郑明辉，刘征涛. 二恶英类毒理学研究新进展［J］. 生态毒理学报，2006，1（2）:105-115.
［101］郑明辉，刘鹏岩，包志成，等. 二恶英的生成及降解研究进展［J］. 科学通报，1999，44（5）：455-464.
［102］杜秀英，竺乃恺，夏晞娟，等. 氯代二恶英微生物降解性的初步探讨［J］. 环境化学，1995，（3）：187-189.
［103］谢波，杨青，钱旭红. 生物降解芳香硝基化合物研究进展［J］. 化学通报，2007，（10）：1-7.
［104］刘瑞娟，柴涛. 硝基芳香族化合物废水处理技术研究进展［J］. 当代化工研究，2011，8（6）：21-24.
［105］Arshad N , Janjua N K , Ahmed S , et al. Electrochemical investigations of antioxidant interactions with radical anion and dianion of 1,3- dinitrobenzene［J］. Electrochimica Acta，2009，54（26）：6184-6189.
［106］Rickert D E. Toxicity of Nitroaromatic Compounds［M］. New York：CRC Press，1985.
［107］Hartter D R. The use and importance of nitroaromatic chemicals in the chemical industry［J］. Toxicity of nitroaromatic compounds，1985：1-13.
［108］张永娟，刘琳，池帛洋，等. 土壤环境中硝基苯的微波萃取-气相色谱法检测技术的研究［J］. 环境科学与管理，2010，35（4）：138-140.
［109］周集体，黄丽萍，王竞，等. 芳香族硝基化合物生物降解代谢研究现状与展望［J］. 大连理工大学学报，2000，40（S1）：46-54.
［110］王艳芳，沙昊雷，等. 芳香族硝基化合物生物降解在代谢工程中的应用［J］. 浙江化工，2007，38（12）：18-21.
［111］Preuβ A，Rieger P G. Anaerobic transformation of 2,4,6-trinitrotoluene and other nitroaromatic compounds［J］. Biodegradation of Nitroaromatic Compounds，1995：69-85.
［112］Spain J C. Biodegradation of nitroaromatic compounds［J］. Annual Review of Microbiology，1995，49（1）：523-555.
［113］杨瑞红. 微生物降解硝基芳香族化合物（NAC）的研究进展［J］. 生物技术进展，

2014, (3): 171-176.
[114] 薛高尚, 胡丽娟, 田云, 等. 微生物修复技术在重金属污染治理中的研究进展 [J]. 中国农学通报, 2012, 28 (11): 266-271.
[115] 吴泽鑫, 邢文听, 高青环. 土壤重金属Cr污染及其治理研究进展 [J]. 河南化工, 2011, (13): 33-36.
[116] 彭金云, 韦良兴, 王乾登, 等. 环境中有机汞分析方法综述 [J]. 广西民族师范学院学报, 2009, 26 (4): 123-127.
[117] 杨亮, 郝瑞霞, 吴沣, 等. 耐铅微生物筛选及其铅去除能力的初步研究 [J]. 北京大学学报 (自然科学版), 2012, 48 (6): 965-970.
[118] 张玉刚. 微生物处理重金属废水的研究进展 [J]. 环境科学与技术, 2008, 31 (6): 64-69.
[119] 王俊丽, 任建国. 耐镉微生物的筛选及其吸附能力研究 [J]. 湖北农业科学, 2011, 50 (3): 499-502.
[120] 王革娇, 黄银燕, 李洁. "吃"砒霜的细菌——解析微生物的砷代谢 [J]. 微生物学报, 2011, 51 (2): 154-160.
[121] Dubey S K, Holmes D S. Biological cyanide destruction mediated by microorganisms [J]. World Journal of Microbiology and Biotechnology, 1995, 11 (3): 257-265.
[122] 宋瑞红. 好氧微生物颗粒对水体中氟、铜离子及土霉素的去除研究 [D]. 济南: 山东大学硕士学位论文, 2011.
[123] 毛岩鹏. 水体中铁盐与磷酸盐的相互作用机理及其数学模型研究 [D]. 济南: 山东大学博士学位论文, 2012.
[124] 毕学军, 赵桂芹, 毕海峰. 污水生物除磷原理及其生化反应机制研究进展 [J]. 青岛理工大学学报, 2006, 27 (2): 9-13.
[125] 李利, 叶勤, 梁贵春, 等. 改性少根根霉对钍 (Ⅳ) 的吸附研究 [J]. 四川环境, 2006, (6): 9-13.
[126] Janso J E, Carter G T. Biosynthetic potential of phylogenetically unique endophytic actinomycetes from tropical plants [J]. Applied and Environmental Microbiology, 2010, 76 (13): 4377-4386.
[127] Anderson A W. Studies on a radio resistant micrococcus. 1. Isolation, morphology, cultural characteristics, and resistance to γ radiation [J]. Food Technology, 1956, 10: 575-578.
[128] Cox M M, Battista J R. Deinococcus radiodurans—the consummate survivor [J]. Nature Reviews Microbiology, 2005, 3 (11): 882-892.
[129] 魏菊英, 王关玉. 同位素地球化学 [M]. 北京: 地质出版社, 1988.
[130] 曾献奎, 王栋, 吴吉春. 地下水流概念模型的不确定性分析 [J]. 南京大学学报 (自然科学), 2012, 48 (6): 746-752.
[131] 张敏. 地下水化学成分对水动力作用响应及模拟研究 [D]. 北京: 中国科学院大学博士学位论文, 2015.
[132] 张人权. 水文地质学基础 (第6版) [M]. 北京: 地质出版社, 2011.

[133] 李飞，王贵君．土力学与基础工程（精编本）[M]．武汉：武汉理工大学出版社，2012.

[134] 刘娴，闻洋，赵元慧，等．有机污染物土壤吸附预测模型及其影响因素 [J]．环境化学，2013，(7)：1199-1204.

[135] 中国地质调查局．污染场地土壤和地下水调查与风险评价规范（DD2014-06）[R]．北京：中国地质调查局，2014.

[136] 江思珉，张亚力，周念清，等．基于污染羽形态对比的地下水污染源识别研究 [J]．水利学报，2014，45（6）：735-741.

[137] 吴吉春，陆乐．地下水模拟不确定性分析 [J]．南京大学学报（自然科学），2011，47（3）：227-234.

[138] 蔡五田，章爱卫，张敏，等．石油污染地下水取样方式对比试验研究 [J]．地学前缘，2014，21（4）：168-179.

[139] 张琳，张永涛，刘君，等．有机单体同位素分析技术在地下水污染中的研究现状 [J]．地质科技情报，2009，28（5）：125-130.

[140] Buermans H P J，Den Dunnen J T．Next generation sequencing technology：Advances and applications [J]．Biochimica et Biophysica Acta（BBA）- Molecular Basis of Disease，2014，1842（10）：1932-1941.

[141] Sanger F，Nicklen S，Coulson A R．DNA sequencing with chain-terminating inhibitors [J]．Proceedings of the National Academy of Sciences，1977，74（12）：5463-5467.

[142] Hunkapiller T，Kaiser R，Koop B，et al．Large- scale and automated DNA sequence determination [J]．Science，1991，254（5028）：59-67.

[143] Gilbert R O．Statistical Methods for Environmental Pollution Monitoring [M]．New York：John Wiley and Sons，1987.

[144] 陈中平，徐强．Mann-Kendall 检验法分析降水量时程变化特征 [J]．科技通报，2016，32（6）：47-50.

[145] Hirsch R M，Slack J R，Smith R A．Techniques of trend analysis for monthly water quality data [J]．Water Resources Research，1982，(18)：107-121.

[146] Madsen E L．In situ biodegradation：microbiological patterns in a contaminated aquifer [J]．Science，1991，252（5007）：830-833.

[147] 陈然然，祝欣，林玉锁，等．氯代有机物污染场地的监控自然衰减修复初探 [J]．化工学报，2015，66（7）：2361-2369.

[148] 刘云，蒋仲安，王灿．氯代有机物生物降解研究进展 [J]．环境科学与技术，2008，31（2）：51-55.

[149] Todd H. Wiedemeier，Hanadi S. Rifai，Newell C J，et al．Natural attenuation of fuels and chlorinated solvents in the subsurface [J]．New York：John Wiley & Sons Inc，1998.

[150] Borden R C，Daniel R A，Lebrun L E，et al．Intrinsic biodegradation of MTBE and BTEX in a gasoline- contaminated aquifer [J]．Water Resources Research，1997，33（5）：1105-1115.

[151] Bockelmann A，Zamfirescu D，Ptak T，et al．Quantification of mass fluxes and natural

attenuation rates at an industrial site with a limited monitoring network: A case study [J]. Journal of Contaminant Hydrology, 2003, 60 (1-2): 97-121.

[152] Domenico P A. An analytical model for multidimensional transport of a decaying contaminant species [J]. Journal of Hydrology, 1987, 91: 49-58.

[153] 朱瑞利. 上海某污染场地地下水中三氯乙烷的自然衰减机制研究 [D]. 上海: 华东理工大学硕士学位论文, 2014.

[154] Newell C, McLeod R K, Gonzales J R. Bioscreen: Natural Attenuation Decision Support System. User's Manual Version 1.3 [M]. Washington D. C.: United States Environmental Protection Agency, 1996.

[155] Schreiber M E, Carey G R, Feinstein D T, et al. Mechanisms of electron acceptor utilization: implications for simulating anaerobic biodegradation [J]. Journal of Contaminant Hydrology, 2004, 73 (1): 99-127.

[156] Mihelcic J R, Luthy R G. Microbial degradation of acenaphthene and naphthalene underdenitrification conditions in soil- water systems [J] . Applied and Environmental Microbiology, 1988, 54 (5): 1188-1198.

[157] Mcnally D L, Mihelcic J R, Lueking D R. Biodegradation of three- and four- ring polycyclic aromatic hydrocarbons under aerobic and denitrifying conditions [J] . Environmental Science and Technology, 1998, 32 (17): 2633-2639.

[158] Tsai J C, Kumar M, Lin J G. Anaerobic biotransformation of fluorene and phenanthrene by sulfate- reducing bacteria and identification of biotransformation pathway [J]. Journal of Hazardous Materials, 2008, 164 (2-3): 847-855.

[159] ITRC. The Interstate Technology & Regulatory Council Molecular Diagnostics Team, Environmental Molecular Diagnostics Fact Sheets [R]. Washington D. C.: ITRC, 2011.

[160] ITRC. The Interstate Technology & Regulatory Council Molecular Diagnostics Team. Environmental Molecular Diagnostics—New Site Characterization and Remediation Enhancement Tools [R]. Washington D. C.: ITRC, 2013.

[161] 尹观, 倪师军. 同位素地球化学 [M]. 北京: 地质出版社, 2009.

[162] 郑永飞. 稳定同位素地球化学 [M]. 北京: 科学出版社, 2000.

[163] Braeckevelt M , Fischer A , Kästner M . Field applicability of Compound- Specific Isotope Analysis (CSIA) for characterization and quantification of in situ contaminant degradation in aquifers [J]. Applied Microbiology and Biotechnology, 2012, 94 (6): 1401-1421.

[164] Lollar B S, Slater G F, Ahad J, et al. Contrasting carbon isotope fractionation during biodegradation of trichloroethylene and toluene: Implications and intrinsic bioremediation [J]. Organic Geochemistry, 1999, (30): 813-820.

[165] Ahad J M E , Sherwood Lollar B , Edwards E A , et al. Carbon Isotope fractionation during anaerobic biodegradation of toluene: Implications for intrinsic bioremediation [J]. Environmental Science & Technology, 2000, 34 (5): 892-89.

[166] Mancini S A , Ulrich A C , Lacrampe-Couloume G , et al. Carbon and hydrogen isotopic frac-

tionation during anaerobic biodegradation of Benzene [J]. Applied and Environmental Microbiology, 2003, 69 (1): 191-198.

[167] Morasch B, Richnow H H, Schink B, et al. Carbon and hydrogen stable isotope fractionation during aerobic bacterial degradation of aromatic hydrocarbons [J]. Applied and Environmental Microbiology, 2002, 68 (10): 5191-5194.

[167] Van Breukelen B M, Hunkeler D, Volkering F. Quantification of sequential chlorinated ethene degradation by use of a reactive transport model incorporating isotope fractionation [J]. Environmental Science & Technology, 2005, 39 (11): 4189-4197.

[168] Morrill P L, Sleep B E, Slater G F, et al. Evaluation of isotopic enrichment factors for the biodegradation of chlorinated ethenes using a parameter estimation model: Toward an improved quantification of biodegradation [J]. Environmental Science & Technology, 2006, 40 (12): 3886-3892.

[169] Liang X, Dong Y, Kuder T, et al. Distinguishing abiotic and biotic transformation of tetrachloroethylene and trichloroethylene by stable carbon isotope fractionation [J]. Environmental Science & Technology, 2007, 41 (20): 7094-7100.

[170] Colin C F. Assessing risk from contaminated sites: Policy and practice in 16 European countries [J]. Land Contamination and Reclamation, 1999, 7 (2): 33-54.

[171] ASTM. Standard guide for risk based corrective action. Report E2081 [R]. West Conshohocken: American Society for Testing and Materials, 2000.

[172] UK Environmental Agency. Science report SC050021 /SR5: CLEA software (Version 1.05) handbook [R]. Bristol: Environmental Agency, 2009.

[173] USEPA. Soil screening guidance: User's guide [R]. Washington D.C.: Office of Emergency and Remedial Response and US Environmental Protection Agency, 1996.

[174] 陈华，刘志全，李广贺. 污染场地土壤风险基准值构建与评价方法研究 [J]. 水文地质工程地质，2006，33 (2)：84-88.

[175] 陈鸿汉，谌宏伟，何江涛，等. 污染场地健康风险评价的理论和方法 [J]. 地学前缘，2006，13 (1)：216-223.

[176] 施烈焰，曹云者，张景来，等. RBCA 和 CLEA 模型在某重金属污染场地环境风险评价中的应用比较 [J]. 环境科学研究，2009，22 (2)：241-247.

[177] 张敏，蔡五田，孙琳，等. CLEA 模型及其在中国应用典型案例剖析 [J]. 中国科学院大学学报，2013，30 (6)：779-785.

[178] 姜林，钟茂生，张丽娜，等. 基于风险的中国污染场地管理体系研究 [J]. 环境污染与防治，2014，36 (8)：1-10.

[179] 环境保护部. 污染场地风险评估技术导则 HJ25.3—2014 [S]. 北京：中国环境科学出版社，2014.

[180] Barnthouse L W. A framework for ecological risk assessment [J]. Methods to Assess the Effects on Chemical Ecosystems, SCOPE, 1995, 53: 367-377.

[181] 殷浩文. 生态风险评价 [M]. 上海：华东理工大学，2001.

[182] 梁鹏. 环境影响技术评价方法 [M]. 北京：中国环境科学出版社，2009.
[183] 张永春. 有害废物生态风险评价 [M]. 北京：中国环境科学出版社，2002.
[184] 阳文锐，王如松，黄锦楼，等. 生态风险评价及研究进展 [J]. 应用生态学报，2007，18 (8)：1869-1876.
[185] Wentsel R S, LaPoint T W, Simini M, et al. Tri-service procedural guidelines for ecological risk assessments [J]. Maryland: US Army Edgewood Research, Development, and Engineering Center, Aberdeen Proving Ground, 1996.
[186] 侯俊，赵芊渊，王超，等. 应用概率物种敏感度分布法研究太湖铜水生生物水质基准 [J]. 生态毒理学报，2015，10 (1)：191-203.
[187] 欧健，卢昌义. 厦门市外来物种入侵现状及其风险评价指标体系 [J]. 生态学杂志，2006，(10)：1240-1244.
[188] Mikkelsen T R, Andersen B, Rikke B J. The risk of crop transgene spread [J]. Nature, 2015, 380 (6569): 31-31.
[189] 任景明. 区域开发生态风险评价理论与方法研究 [M]. 北京：中国环境出版社，2013.
[190] Wiegers J K, Feder H M, Mortensen L S, et al. A regional multiple-stressor rank-based ecological risk assessment for the Fjord of Port Valdez, Alaska [J]. Human & Ecological Risk Assessment An International Journal, 1998, 4 (5): 1125-1173.
[191] Obery A M, Landis W G. Regional multiple stressor risk assessment of the codorus creek watershed applying the relative risk model [J]. Human & Ecological Risk Assessment An International Journal, 2002, 8 (2): 405-428.
[192] Aller L T, Bennett T, Lehr J H, et al. DRASTIC: Standardized system for evaluating groundwater pollution potencial using hydrogeologic settings [M]. Washington D. C.: EPA, 1987.
[193] 钟佐燊. 地下水防污性能评价方法探讨 [J]. 地学前缘，2005，12 (S1)：3-13.
[194] 孟宪萌，束龙仓，卢耀如. 基于熵权的改进 DRASTIC 模型在地下水脆弱性评价中的应用 [J]. 水利学报，2007，38 (1)：94-99.
[195] ITRC. Evaluating Natural Source Zone Depletion at Sites with LNAPL [R]. Washington D. C.: Interstate Technology and Regulatory Council, 2009.
[196] Kueper B H, Stroo H F, Vogel C M, et al. Chlorinated Solvent Source Zone Remediation [M] New York: Springer, 2014.
[197] Aziz C E, Newell C J, Gonzales A R, et al. BIOCHLOR Natural Attenuation Decision Support System User' s Manual [R]. Washington D. C.: Prepared for the U. S. Air Force Center for Environmental Excellence, 2000.
[198] McGuire T M, Newell C J, Looney B B, et al. Historical analysis of monitored natural attenuation: A survey of 191 chlorinated solvent sites and 45 solvent plumes [J]. Remediation Journal: The Journal of Environmental Cleanup Costs, Technologies & Techniques, 2004, 15 (1): 99-112.
[199] Farhat S K, Newell C J, Sale T C, et al. Matrix Diffusion Toolkit, developed for the

Environmental Security Technology Certification Program [M]. Houston: GSI Environmental Inc, 2012.

[200] Garg S , Newell C J , Kulkarni P R , et al. Overview of natural source zone depletion: Processes, controlling factors, and composition change [J]. Groundwater Monitoring & Remediation, 2017, 37 (3): 1-20.

[201] Sihota N J, Singurindy O, Mayer K U. CO_2-efflux measurements for evaluating source zone natural attenuation rates in a petroleum hydrocarbon contaminated aquifer [J]. Environmental Science & Technology, 2011, 45 (2): 482-488.

[202] Johnson P, Ekre R, Krajmalnik-Brown R, et al. Assessment of the Natural Attenuation of NAPL Source Zones and Post-Treatment NAPL Source Zone Residuals [R]. Tampe: Arizona State University Tempe, 2013.

[203] Mackay D , Hathaway E , De Sieyes N , et al. Comparing natural source zone depletion pathways at a fuel release site [J]. Groundwater Monitoring & Remediation, 2018, 38 (2): 24-39.

[204] Johnson P, Lundegard P, Liu Z . Source zone natural attenuation at petroleum hydrocarbon spill sites-I: Site-specific assessment approach [J]. Ground Water Monitoring & Remediation, 2006, 26 (4): 82-92.

[205] Aziz J J, Newell C J, Rifai H S, et al. Monitoring and Remediation Optimization System [M]. Boca Raton: CRC Press, 1998.

[206] Mchugh T E, Beckley L M, Liu C Y, et al. Factors influencing variability in groundwater monitoring data sets [J]. Ground Water Monitoring & Remediation 2011, 31 (2), 92-101.

[207] Wilson J T. An approach for evaluating the progress of natural attenuation in groundwater [M]. Oklahoma: US Environmental Protection Agency, 2011.

[208] Damgaard I, Bjerg P L, Jacobsen C S, et al. Performance of full-scale enhanced reductive dechlorination in clay till [J]. Groundwater Monitoring & Remediation, 2013, 33 (1): 48-61.

[209] Fredrickson J K, Mckinley J P, Bjornstad B N, et al. Pore-size constraints on the activity and survival of subsurface bacteria in a late cretaceous shale-sandstone sequence, northwestern New Mexico [J]. Geomicrobiology Journal, 1997, 14 (3): 183-202.

[210] Mcmahon P. Aquifer/aquitard interfaces: mixing zones that enhance biogeochemical reactions [J]. Hydrogeology Journal, 2001, 9 (1): 34-43.

[211] Scheutz C, Broholm M M, Durant N D, et al. Field evaluation of biological enhanced reductive dechlorination of chloroethenes in clayey till [J]. Environmental Science & Technology, 2010, 44 (13): 5134-5141.

[212] Bedient P B, Rifai H S, Newell C J. Ground Water contamination: Transport and Remediation [M]. New Jersey: Prentice Hall, 2000.

[213] 宁卓，郭彩娟，蔡萍萍，等. 某石油污染含水层降解能力地球化学评估 [J]. 中国环境科学，2018，38（11）：4068-4074.

[214] Ning Z, Zhang M, He Z, et al. Spatial pattern of bacterial community diversity formed in different groundwater field corresponding to electron donors and acceptors distributions at a petroleum-contaminated site [J]. Water, 2018, 10 (842): 1-14.
[215] 张敏，王森杰，陈素云，等. 地下水苯系物微生物降解及其碳同位素标记 [J]. 水文地质工程地质，2017，44 (2)：129-136.
[216] 左海英. 地下水中典型挥发性有机污染物单体碳氢同位素方法研究及应用 [D]. 北京：中国地质大学（北京）博士学位论文，2015.

后　记

污染场地修复是一项多学科交叉的复杂系统工程，自然衰减的顺利、有效实施，则需实现环境科学、水文地质学、微生物学、环境化学、分析化学等诸多理论知识及技术方法的有机融合。本书是编写团队十余人历时三年多时间整理编纂，力求以理论与实践相结合的方式，全面、准确、系统地阐述自然衰减的概念、原理、机制等。书述至此，笔者虽自觉已经倾注了十数年污染场地的研究工作经验，尝试选取有代表性的自然衰减修复场地案例，以诠释自然衰减内涵。但纵览全书，深感自身知识匮乏、水平有限，未能呈现一部理论与实践完美结合的力作。

首先，写作素材资料有待丰富。国外方面，本书搜集素材资料多出自于美国国家层面，其他国家及地区介绍较少，如英国、荷兰、加拿大等国及美国各州等有关自然衰减的研究资料并未系统整理，这与笔者研究工作中参阅较多的是美国EPA和ASTM资料有关。国内方面，素材资料参考以原环境保护部、原国土资源部等的标准、规范、指南等为主，其他科研机构、高校与企业等对于自然衰减的贡献与推动未能充分体现。另外，需要特别说明的是，笔者写作素材来源并不局限于此次出版标注的参考文献，日常工作零散阅读文献的潜移默化对于本书构思与编写起到了极大的作用，抱歉难以明确标注。

其次，案例场地典型性有所欠缺。从本书构思至成稿，“下篇 应用示范”案例场地选择一直是令笔者纠结的问题，国外有大量按标准化导则实施的自然衰减修复案例，特别是那些污染源单一、水文地质结构简单、受人为主动修复干预较少的场地，其作为案例与“上篇 基础理论”呼应，可更直观、形象、准确地向读者介绍自然衰减机制。然而，思量再三，笔者根据国情，选取了华北平原冲洪积扇中上部的某石油泄露场地。由于场地修复目标制定阶段以控制典型井区污染物浓度为目的，并未以自然衰减为依据，场地不定期开展的抽出-处理、化学氧化等人为主动修复干预，导致监测到的污染动态规律表观上与自然衰减机制存在较大差别。针对场地特点，笔者团队建立了与之匹配的自然衰减评估模型，揭示了修复干预背后的自然衰减机制，但对读者和笔者而言，均感结果直观性、形象性不佳。尽管如此，这是我国第一个正式报道的将自然衰减作为修复技术之一的工程案例，鉴于此，笔者仍以此作为我国现阶段污染场地管理模式下的自然衰减修复应用示范案例。

最后，内容介绍比重有所偏颇。国外自然衰减论著一般侧重以污染物为主线，内容以环境化学、分析化学等学科相关的污染物测试及其迁移转化机理介绍为主；本书形式上与国外专著相似，但更强调污染水文地质概念模型的构建，对有关水文地质的技术细节及工作经验介绍与探讨相对较多，此为本书特色，也是编写团队知识局限的体现。具体举例看，自然衰减评估等级介绍方面，本书中级评估介绍较多。这是因为，客观上，初级评估较为普遍且不确定性较大，高级评估尚处于科研探索中，中级评估则是现阶段主要应用的技术；主观上，中级评估属微生物水文地球化学方面，与编写团队水文地质、环境科学、微生物学的技术背景更为贴近。场地污染类型方面，本书多以有机污染场地，尤其是石油类，为例介绍自然衰减机制，客观上自然衰减在有机场地应用确实最广泛，主观上编写团队多年来主要在有机石油类污染场地开展工作，其他有机物、重金属、放射性核素等场地知识和经验相对匮乏。

总之，《污染场地自然衰减修复的原理与实践》一书的出版，对编写团队既是一次挑战，又是一次学习、提升，所述出现的疏漏和错误，再次恳请见谅与海涵！